KB037299

EBS
문해력
유치원

우리 아이
문해력 발달의 모든 것

EBS 문해력 유치원

최나야 외 지음

EBS BOOKS

서문

아이가 한글을 아직 몰라 불안하세요? 글자를 가르치려고 하면 아이가 싫증부터 내서 걱정이신가요? 취학 전인 유아기까지는 그런 고민과 실랑이에서 벗어나도 좋습니다. 다른 좋은 방법이 있거든요. 그 방법을 따르다 보면, 취학 후에 갑자기 '공부를 시키지' 않아도 아이의 문해력이 순조롭게 발달할 겁니다.

저희는 EBS <문해력 유치원> 프로그램을 구성하기 위한 바탕으로 이 책을 쓰게 되었습니다. 민정홍 PD님, 김지원 PD님, 신혜진 작가님을 비롯해 EBS 제작진 여러분께 마음 깊이 감사드립니다. 이렇게 어여쁜 책으로 만들어 주신 EBS 북스와 오하라의 많은 분들께도 감사 인사 전합니다.

이 책에는 아이의 문해력을 탄탄하게 발달시키는 구체적인 방안들이 알차게 담겨 있습니다. EBS <문해력 유치원> 방송에서는 시간 관계상 담지 못했던 활동에서부터 문해력에 관한 이론과 최신 연구까지 차곡차곡 채워 넣었습니다. 영유아기부터 초등 저학년까지 자녀를 키우는 부모가 이 책을 먼저 읽고, 아이와 함께 즐겁게 활동하면 문해력 발달은 문제없을 거예요.

문해력의 씨앗은 엄마의 뱃속에서부터 움터, 아기가 세상에 태어난 후 땅에 뿌리를 내리기 시작합니다. 유아기까지 그 뿌리가 굵고 넓게 자라나야 합니다. 너무 서둘러 키워서, 떡잎이 일찍 나고 줄기가 비실비실 길어만 진다면 어떻게 될까요? 식물을 잘 키우려면 햇빛, 물, 양분이 골고루 필요하듯, 아이의 문해력을 키우는 데도 부모의 세심한 배려와 균형 잡힌 노력이 필요합니다.

그렇다면 아이의 문해력 발달에 필요한 부모의 알맞은 도움이란 무엇일까요? 수십 년 동안 많은 경험을 쌓아온 어른이기에 그 답을 잘 알고 있을까요? 우리는 모두 한때 아이였지만, 어린 시절을 잘 기억하지 못합니다. 어떻게 한글을 깨쳤는지도 가물가물하지요. 그리고 어느덧 성인의 관점에 익숙해진 부모는 아이와 상호작용하며 문해를 지도하는 것이 어렵게만 느껴집니다. 그래서 주변의 말에 휘둘리고, 불안감에 무작정 따라하는 경우가 많습니다. 게다가 아이를 위한다는 명분으로 아이의 마음과 발달은 정작 뒷전이 되기도 하지요. 아이의 문해력을 키우기 위해 언제 어떻게 어떤 도움을 주어야 할지 이 책에서 만나보시길 바랍니다.

✔ 아이의 호기심을 소중히 여기고 더 멋지게 키워주세요. 부모의 불안감에 아이를 끌어당기면 아이의 호기심은 시들고 맙니다. 호기심이 없는 아이는 배우려 하지 않습니다.

✔ 오감(五感)으로 느끼며 잘 노는 아이가 될 수 있도록 해주세요. 아이는 놀면서 세상을 배웁니다. 아이답게 놀아보지 못한 아이는 세상을 헤쳐 나갈 자신감도 쌓지 못합니다.

✔ 수많은 이치와 원리를 아이 스스로 깨닫게 지켜봐주세요. 스스로 깨달은 아이는 그 경험을 다

른 학습에도 적용하며 자기 주도적 학습자가 됩니다.

- ✔ 책 읽기를 좋아하는 아이로 자라게 해주세요. 부모가 무조건 많이 읽혔다고 아이가 훌륭한 독자로 자라는 것은 아닙니다. 다른 아이보다 일찍 글자를 읽을 수 있는 것보다 깊이 있는 글을 읽고 이해할 수 있는 사람으로 자라는 것이 중요합니다.
- ✔ 아이가 생각을 할 기회를 풍부하게 만들어 주세요. 아이와 대화를 자주 하고 아이의 말을 기다려 주세요. 아이의 사고력은 부모의 좋은 질문과 아이 스스로 곰곰이 생각하는 시간을 통해 서서히 성장합니다.
- ✔ 생각을 글로 표현하기 좋아하는 아이로 자라게 해주세요. 글씨를 일찍 쓸 수 있게 되는 것보다 글을 잘 쓰는 사람으로 성장하는 것이 훨씬 가치 있는 일입니다.

아이가 글자에 관심을 갖기 시작하는 '제때', 그리고 '즐겁게' 배울 수 있도록 도와주세요. 한글은 세상에서 가장 쉽고 아름다운 문자체계입니다. 아이들이 그 멋진 글자의 세계에 들어설 때, 행복한 마음으로 스스로 문을 열었으면 합니다. 그 문은 본격적인 학습의 문과도 곧장 연결되어 있기 때문에 이후의 학습동기를 좌우하는 출발점이 됩니다.

아이가 재미를 느끼고 능동적으로 문해 활동에 참여할 때에 비로소 '배움'이 일어납니다. 스스로 구성하지 않은 지식은 흡수되기 어렵고 쉽게 잊히기 때문이에요. 그리고 즐겁게 배운 아이가 앞으로의 삶에서도 스스로 문해력을 키워나갈 동기를 갖게 됩니다. 그렇다면 아이가 능동적으로 참여할 수 있는 문해 활동은 어떻게 해야 할까요?

이 질문에 답하기 위해 아이가 부모와 함께 놀면서 즐길 수 있는 다양한 문해 활동을 구성하여 소개합니다. 우리가 살아가는 삶의 공간에서, 우리가 살아가는 모습 그대로를 담아 문해력을 키울 수 있게 하였습니다. 모두가 아이의 몸과 마음에서 시작하는 활동입니다. 12개의 일상적인 주제를 다루며, 6가지 기초문해력이 균형 있게 성장하도록 했습니다. 아이와 부모가 바로 따라할 수 있는 가정용 활동을 상세하고 친절하게 안내하였습니다.

모든 아이는 성장의 날갯짓을 시작할 능력을 갖고 태어납니다. 어린 날개를 붙잡고 벌려 억지로 움직여주지 않아도, 때가 되면 아이는 부모를 보고 훨훨 날아오르게 됩니다. 아이를 가르쳐야 한다는 부담을 내려놓고, 아이의 눈높이에 맞추며, 이 책에 소개된 활동을 하나씩 즐겁게 하다 보면 어느새 훌쩍 성장한 아이를 발견하게 되실 것이라 확신합니다.

서울대학교 아동언어인지연구실
저자 일동

차례

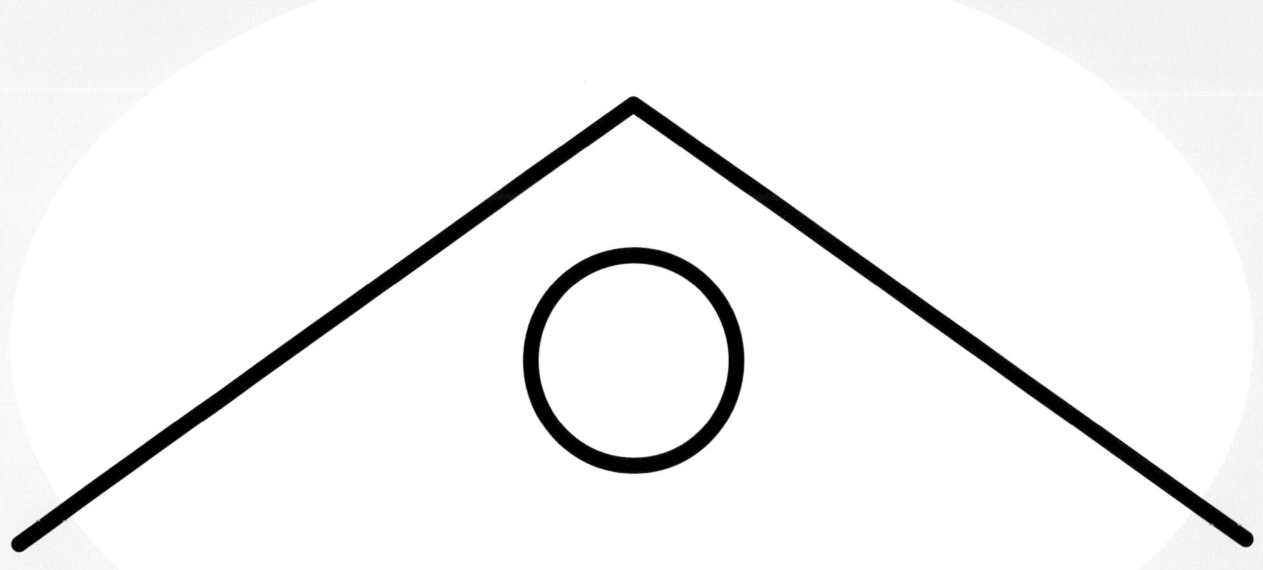

1. 유아의 기초문해력

문해력의 씨앗, 뿌리, 새싹

문해력(文解力, literacy)이란 '문자와 글에 대한 이해를 바탕으로 읽고 쓰는 능력'을 말합니다. 단순히 글자를 읽고 쓰는 능력 외에도 다양한 능력을 기반으로 해서 최근 문해력의 범위는 점점 확대되고 있지요.

문해를 실천할 때 필요한 지식의 총합을 나타낸 도표(그림 1)를 보면, 문해력은 각 개인의 언어 능력부터 사회에 대한 이해까지 모두 포괄하는 지식의 합으로 구성됩니다. 즉, 문해를 실천하려면 언어의 의미, 어휘, 문법, 사용법 등 언어 전반에 대한 지식이 필요하고, 문자와 글에 대한 이해도 필요합니다. 더 나아가 문해는 사회 속에서 사용되기 때문에 문해의 목적과 틀을 규정하는 이 사회와 문화에 대한 지식도 필요하지요.

다행인 것은 우리 아이들은 문해력에 필요한 이러한 포괄적인 지식을 성장 과정에서 자연스럽게 습득한다는 거예요. 성인이 문해 지식을 하나씩 모두 가르치지 않아도 아이들은 성인, 주변 환경과의 상호작용을 통해 문해 지식을 자연스럽게 구성해 갑니다. 아이들은 문해력을 싹 틔울 무한한 잠재력을 가진 씨앗과 같아요. 영유아기의 문해는 이처럼 자연스럽게 발현된다고 해서 '발현적 문해(emergent literacy)'라고 부릅니다.

아이들의 문해가 쑥쑥 성장하기 위해서는 부모의 관심이 필요합니다. 모든 씨앗은 잠재력을 가지고 있지만 적절한 물, 온도와 습도, 햇빛이 공급될 때 튼튼한 뿌리를 내리고 푸릇한 싹을 틔울 수 있습니다. 유아의 문해력도 마찬가지예요. 성인이 적절한 환경을 조성하고 풍부한 언어적 상

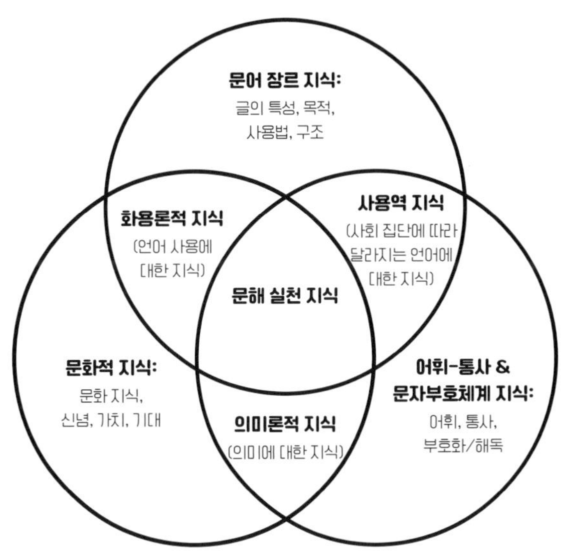

그림 1. 문해 실천에 필요한 지식의 측면[1]

호작용을 해 줄 때 유아의 문해력이 뿌리를 내리고 싹을 틔울 수 있습니다. 유아기 문해력이 잘 자라나게 하려면 부모는 유아기 문해 발달 과정을 이해하고, 어떻게 지도하는 것이 좋을지 먼저 이해해야 합니다.

유아기에는 기초문해력이 자랍니다. 기초문해력은 음운론적 인식, 이야기 이해력, 어휘력, 소근육운동, 기초 쓰기, 기초 읽기와 같은 요소들로 이루어집니다. 6대 기초문해요소와 함께 유아기 기초문해력이 어떻게 발달하는지 살펴보겠습니다. 이 책에서 제시하는 다양한 문해 활동들이 어떤 원리에 따라 구성되었는지 이해하시면 각 활동을 더 수월하게 수행하실 수 있을 거예요.

발현적 문해 VS 관습적 문해

아동의 문해는 발현적 문해와 관습적 문해(conven-

1 Perry (2009)

tional literacy)로 나뉩니다. 이 두 가지는 문해를 바라보는 서로 다른 두 가지 관점이자, 발달 수준에 따라 달라지는 발달 양상입니다.

발현적 문해는 영유아가 자연스럽게 보이는 읽기 및 쓰기 행동과 관심을 뜻합니다. 영유아가 책에 관심을 보이고, 책을 잡고 읽는 척을 하거나, 읽을 수 없는 형태의 글자를 끼적이는 행동이 발현적 문해를 보여 주는 예시입니다. 발현적 문해의 관점에서는 아이가 성장 과정에서 보이는 이러한 자연스러운 행동을 모두 의미 있는 문해 행동으로 봐요.

반면 관습적 문해는 학교의 교육과정에 따르는 정형화된 읽기 및 쓰기 행동을 뜻합니다. 정확하게 해독하며 읽기를 하거나 책상에 바르게 앉아서 연필을 잡고 네모 칸이나 줄이 있는 공책에 어른이 알아볼 수 있게 또박또박 글씨를 쓰는 것이 모두 관습적 문해의 예시입니다.

일반적으로 취학을 하며 관습적 문해를 경험하기 시작하는 것이 자연스러우나, 우리나라에서 대부분 유아들은 발현적 문해와 관습적 문해를 모두 경험하며 성장하는 경향을 보입니다. 초등학교 입학 시기가 가까워지면서 4~5세부터 유아에게 관습적인 문해 지도가 늘어나는 것이죠.[2] 어머니들은 4세부터 읽기와 쓰기 지도가 본격적으로 이루어져야 한다고 보는 경향이 있습니다.[3]

이처럼 학교 입학이 다가올수록 어머니의 관습적 문해 지도 신념이 높아지지만, 유아기에 관습적 문해가 강조되지 않도록 조심해야 합니다. 우선 관습적 문해 지도는 유아기 문해 발달에 부정적인 영향을 미칠 수 있습니다. 이는 관습적 문해가 유아기 발달 특성과 잘 맞지 않기 때문이에요. 구성주의 이론에 따르면, 유아가 스스로 지식을 구성해 나갈 때 진정한 학습이 일어납니다.[4] 관습적인 방식으로 문해를 배울 때 유아는 재미를 느끼기 어려워 결과적으로 자발적인 동기를 가지고 지식을 구성해 나갈 수 없어요. 결과적으로 관습적인 방식을 통한 학습은 그만큼 효과가 떨어지게 됩니다. 많은 학술 연구들 또한 관습적 문해가 유아기 문해 발달에 부정적이라는 결과를 보고하였습니다. 즉, 관습적이고 반복적인 방식의 문해 지도는 유아의 흥미를 유발하지 못하며 실생활과 동떨어진 지식을 가르치기 때문에, 유아의 쓰기 발달에 부정적입니다.[5]

유아를 둘러싼 환경에서 어떤 접근으로 기초 문해력을 키워 주느냐에 따라서 아이의 문해력과 문해를 대하는 태도가 달라질 수 있습니다. 어떤 접근을 택하시겠어요?

아직 읽기와 쓰기를 처음 배우는 단계의 유아에게는 관습적 문해보다는 발현적 문해를 키워 주려는 부모의 마음가짐이 필요해요. 아이가 학교에 가서 공부를 잘하려면 유아기부터 미리 관습적 문해를 연습시켜야 하지 않을까 생각하실 수 있어요. 그러나 역설적으로 학교에서 관습적 문해를 잘하기 위해서는 영유아기에 풍부한 발현적 문해를 경험해야 합니다. 앞서 강조했듯이 유아기에는 성인이 주도하는 관습적인 방식 대신, 유아의 관심을 성인이 따라가는 발현적 방식이

---

2 최윤정, 최나야(2017)
3 박은혜, 박신영(2014)
4 Fosnot & Perry(1996)
5 박수옥, 장유진, 최나야, (2019), 최나야, 전은옥, 송재명(2018), 최윤정, 최나야(2017)

유아기 발달 특성에 잘 맞기 때문입니다. 유아의 발현적 문해 기술은 이후 관습적 문해 기술의 성취를 예측합니다.[6]

정리하면, 발현적 문해가 관습적 문해보다 유아의 발달 특성에 적합하여 문해 발달에도 긍정적입니다. 따라서 재미없고 맥락이 없는 학습지로 아이의 문해를 지도하기보다는 아이에게 의미 있는 방식으로 발현적 문해 활동들을 제공할 때, 아이의 문해력이 무럭무럭 자랄 수 있어요. 이 책의 2장부터는 발현적 문해를 바탕으로 한 다양한 문해 활동을 소개해 드릴게요.

● 용어 설명 ●

- 구성주의 이론(constructivist theory): 인간이 지식을 자신의 방식으로 구성하며 발달한다고 본 이론이다. 피아제의 인지적 구성주의(cognitive constructivism)는 유아가 생물학적으로 타고난 기제를 통해 환경과 상호작용하며 능동적으로 지식을 구성해 나간다고 보았다. 비고츠키의 사회적 구성주의(social constructivism)는 사회 및 문화의 역할을 강조하며 주변 성인과 유능한 또래와의 상호작용을 통해 유아가 능동적으로 지식을 구성해 나간다고 보았다.

유아기의 기초문해력 6대 요소

앞서 문해력이 무엇인지 살펴보았습니다. 유아기 자녀를 양육하는 부모님은 유아기 문해력이 구체적으로 어떤 요소들로 구성되는지 궁금하실 거예요. 유아기 문해력의 구성 요소는 다양하지만, 그중에서 가장 핵심적인 능력을 뽑으면 음운론적 인식, 이야기 이해력, 어휘력, 소근육운동, 기초쓰기, 기초읽기 6가지 요소가 있습니다. 즉, 유아기에 6대 기초문해력 요소가 탄탄하게 준비되어야 본격적으로 문해력이 중요한 시기인 학령기부터 문해력이 쑥쑥 자라날 수 있어요.

유아기 문해력의 6대 요소는 크게 두 가지로 묶어 볼 수 있습니다. 첫 번째 묶음은 음운론적 인식, 이야기 이해, 어휘력 세 가지 요소입니다. 이 능력들은 영아기부터 꾸준히 성장하는 능력으로 하루아침에 키우기 어렵고 기초문해력의 중요한 기반이 됩니다. 두 번째 묶음은 소근육운동, 기초쓰기, 기초읽기 세 가지 요소입니다. 4세 무렵 구어 발달이 이미 완성되면 주변의 글자에 관심을 보이기 시작합니다. 소근육운동, 기초쓰기, 기초읽기 능력은 4세 무렵에 아직 시작하는 단계라서 이 시기 아이가 기초적인 읽기와 쓰기를 잘하지 못하더라도 전혀 문제가 되지 않아요. 건물을 튼튼하게 짓기 위해서는 바닥공사부터 기초가 탄탄해야 합니다. 마찬가지로 유아의 문해를 지도할 때 눈에 보이는 읽기와 쓰기 능력보다는 그보다 더 기본이 되는 음운론적 인식, 이야기 이해, 어휘력과 같은 능력이 잘 발달하였는지 살피는 것이 중요하지요.

한 유아의 6대 기초문해력 요소는 그림 2와 같이 육각형 그래프 위에 표현할 수 있습니다. 유아기는 기초문해력 발달이 한창 이루어지고 있는 단계라 그림 2에서처럼 육각형의 크기가 작고 아

6 Kim & Petscher(2011)

이마다 크기도 제각각입니다. 아이의 개성처럼 문해력 육각형도 각각 다른 모양을 보입니다. 문해력의 뿌리를 키우려면 기초문해력 6개 요소의 균형 있는 발달이 중요해요. 특히 음운론적 인식, 이야기 이해, 어휘력과 같은 더 근본적인 부분에서 어려움이 있다면 유아기에 잘 키워줘야 합니다. 예를 들어, 어떤 아이는 글자는 알아도 그림책을 읽었을 때 이야기에 대한 이해력이 떨어질 수 있습니다. 이런 아이를 위해서는 이야기 이해력을 키워 줄 수 있는 그림책 상호작용을 충분히 해 줄 필요가 있습니다.

6대 기초문해력의 요소를 하나하나 자세히 살펴보겠습니다. 첫 번째로 살펴볼 음운론적 인식(phonological awareness)은 말소리의 구조를 분석하고 조작하는 능력을 말합니다.[7] 음운론적 인식은 이후 읽기 능력의 발달을 위한 중요한 토대가 됩니다.[8] 읽기에 필요한 해독 과정에서 음운론적 인식이 중요한 역할을 하기 때문이죠.[9] 글자를 해독하려면 자소(낱글자)와 음소(낱소리)를 연결 짓는 과정이 필요합니다. 그런데 자소와 음소를 연결하기 위해서는 소리의 흐름을 음소 단위로 나누고

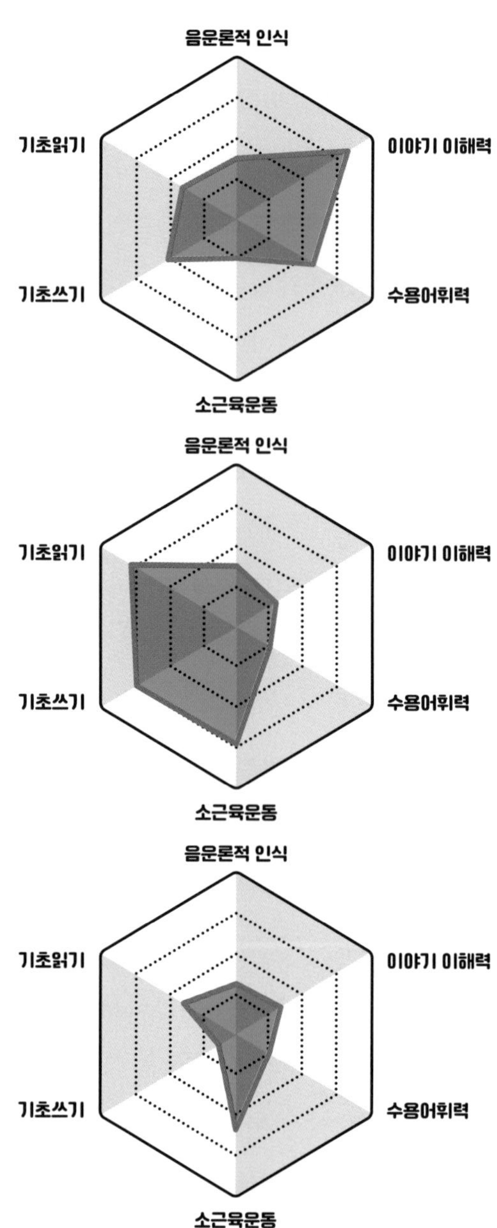

그림 2. 기초문해력 육각형의 예:
4세 아동의 기초문해력 프로파일은 위와 같이 다양하게 나타난다

• 용어 설명 •

- 자소(字素): 낱글자, 문자소라고도 한다. 문자 체계에서 의미상 구분할 수 있는 글자의 가장 작은 단위를 의미한다. ㄱ(기역)은 자소이다.

- 음소(音素): 낱소리라고도 한다. 소리 체계에서 낱말을 구분하는 소리의 가장 작은 단위를 의미한다. ㄱ의 소릿값인 /그/는 음소이다.

다루는 능력이 먼저 발달해야 하죠. 즉, 음운론적 인식은 소리를 바탕으로 하는 구어 발달과 글자를 바탕으로 하는 문어 발달의 징검다리 역할을

7 Wagner, Torgesen, Laughon, Simmons, & Rashotte(1993)
8 이임숙, 조증열(2003), 최나야, 이순형(2007), Lonigan(2006)
9 이차숙(2005), Ball & Blachman(1991)

합니다.[10]

둘째, 이야기 이해력은 이야기를 듣고 그 의미를 파악하는 능력을 의미합니다.[11] 구체적으로는 이야기에서 제시된 정보를 있는 그대로 이해하는 사실적 이해, 이야기 속 등장인물의 느낌을 추론하는 추론적 이해, 이야기 속 정보를 문제 해결에 적용하는 비평적 이해로 나눌 수 있습니다.[12] 문해력은 단순히 읽고 쓰는 능력에서 더 나아가 주어진 정보를 파악하고 이를 문제 해결을 위해 활용하는 능력까지 포함됩니다. 즉, 글을 읽어도 무슨 내용인지 이해하지 못한다면, 해독은 할 수 있으나 뜻을 몰라 나의 지식으로 흡수하지 못한다면, 문맹과 크게 다르지 않아요. 따라서 이야기 이해력은 매우 중요한 기초문해력의 요소이며, 문해 교육은 궁극적으로 이야기 이해의 향상을 목표로 한다고 할 수 있습니다.[13] 유아기 이야기 이해력은 이후 논리적인 추론 능력 발달과도 깊은 관련이 있습니다.[14] 따라서 문해력 발달을 위해서 유아기부터 이야기 이해력을 키워 줄 필요가 있어요.

셋째, 어휘력은 유아의 머릿속 사전에 얼마나 많은 단어가 있는지를 의미합니다.[15] 성인도 외국어를 배울 때 아는 어휘가 많지 않으면 글자를 소리 내 읽을 수는 있어도 글의 내용을 이해하기는 어렵죠. 이처럼 언어는 어휘의 집합이라고도 볼 수 있어 어휘력은 우리가 언어를 이해하고 표현하는 범위를 한정 짓습니다. 또한 우리는 어휘를 매개로 생각을 하고 어휘를 바탕으로 다른 사람의 생각을 이해하기 때문에 어휘력은 사고력과 같은 인지발달의 중요한 척도이기도 합니다.[16] 유아기 어휘력은 초등학교 시기뿐 아니라 10년 후 청소년기의 읽기 능력과 학업성취까지 예측한다는 결과가 나타났습니다.[17] 어휘력의 격차는 유아기부터 나타나기 시작하며[18] 한번 격차가 벌어지면 이후에는 이 격차를 좁히기가 더 어려워지기 때문에, 유아기를 놓치지 않고 어휘력을 잘 키워 주는 것이 중요해요.

음운론적 인식, 이야기 이해력, 어휘력과 같은 기초적인 요소가 충분히 발달하였다면, 유아의 소근육운동, 기초쓰기, 기초읽기와 같은 3개 요소에도 관심을 기울일 필요가 있습니다. 네 번째로 살펴볼 기초문해력은 바로 소근육운동입니다. 소근육운동은 손, 얼굴, 발의 작은 근육을 정교하게 움직이는 능력을 의미합니다.[19] 소근육운동은 쓰기와 같이 손과 손가락의 정교한 조작이 요구되는 과제를 수행할 때 중요하게 활용됩니다. 소근육운동 자극은 인지발달에 필요한 신경회로를 형성하는 데 도움을 주어[20] 유아기 소근육운동은 학교준비도와 학업성취를 예측한다고 합니다.[21] 몬테소리 교육에서도 아동의 소근육운동 발달을 중요하게 여겨서 일상생활에서 도구를 사용하여 작은 물건을 옮기거나, 단추를 끼우거나, 운동화 끈

10 최나야, 최지수, 노보람, 오태성(2021)
11 이경열, 김명순(2004)
12 최지수(2020)
13 최나야, 최지수, 노보람, 오태성(2021)
14 Ackerman(1988), Zampini, Suttora, D'Odorico, & Zanchi(2013)
15 이차숙(2005)
16 Pan(2011)
17 김순환, 정종원, 김민정(2013), 이기숙, 김순환, 김민정(2011), Cunningham & Stanovich(1991), Dickinson & Tarbors(2001)
18 Hart & Risely(1995)
19 Escolano-Perez, Herrero-Nivela, & Losada(2020)
20 Cameron et al.(2012), Grissmer, Grimm, Aiyer, Murrah, & Steele,(2010).
21 Grissmer et al.(2010), Pitchford, Papini, Outhwaite, & Gulliford(2016), Son & Meisels(2006),

을 매는 등 소근육을 활용하는 활동을 장려합니다.[22]

다섯 번째는 기초쓰기입니다. 기초쓰기는 관습적인 글자 쓰기만 포함하는 것이 아니라 글자 쓰기의 바탕이 되는 끼적이기 및 도형 그리기를 포함합니다. 유아가 쓰기를 하기 위해서는 필요한 하위 기술이 모두 골고루 갖춰져야 해요. 즉, 유아는 글자의 모양, 형태, 방향을 지각할 수 있어야 하고, 상대방이 읽을 수 있도록 조절해서 쓸 수 있는 조절 능력을 키우고, 필기도구를 조절하는 손과 눈의 협응 능력도 발달해 나가야 합니다. 또한 운동 패턴을 학습 및 회상할 수 있는 기억력도 있어야 하며, 쓰기에 필요한 운동을 계획할 수 있어야 합니다.[23] 유아는 실험적인 쓰기 시도를 통해 점차 표준화된 형태의 자모, 글자, 단어, 문장을 쓸 수 있게 됩니다.[24] 이 과정에서 유아는 스스로 만들어 낸 글자를 쓰거나 철자가 틀린 쓰기를 보이기도 하는데, 이는 관습적 쓰기로 발달해 나가는 과정에서 나타나는 자연스러운 쓰기 형태예요. 이렇게 자연스럽게 나타나는 기초쓰기 능력은 유아기 기초문해력이 잘 발달하고 있음을 보여 줍니다.

마지막으로, 기초읽기는 발현적인 읽기에서 관습적인 읽기로 발달해 가는 과정에서 나타나는 초보적인 읽기 능력을 의미합니다. 아직 글자를 모르는 유아는 맥락에 의존해서 읽어요. 글자를 모르는 유아가 과자봉지에 있는 과자 이름은 읽기도 하는데 이것은 맥락에 의존한 읽기의 예입니다.[26] 또한 유아는 낱글자의 소릿값을 다 알지 않아도 단어 전체를 기억하여 단어 단위로 읽을 수 있어요. 즉, 단어 전체에 대한 기억에 의존하여 읽어서 고빈도 단어를 저빈도 단어보다 더 잘 읽습니다. 기초읽기 능력이 더 발달하면 유아는 글자 단위로 글자를 읽게 되고, 자소와 음소를 인식하기 시작합니다.[27] 이러한 읽기 발달 과정은 지극히 자연스러운 발달 과정으로서 이후 성숙한 읽기로 발달하기 위한 중요한 초석이 됩니다. 따라서 기초읽기 또한 유아기 기초문해력의 중요한 구성요소라 할 수 있습니다.

종합해 보면 이상의 6대 요소, 음운론적 인식, 이야기 이해력, 어휘력을 바탕으로 소근육운동, 기초쓰기, 기초읽기가 발달하면 탄탄한 기초문해력이 형성됩니다. 이 책에서는 6대 요소가 모두 골고루 발달할 수 있도록 발현적 문해 활동들을 구성하였습니다. 따라서 이 점을 고려하여 문

• 용어 설명 •

- 몬테소리(Montessori) 교육과 소근육운동: 몬테소리 교육에서는 일상생활의 실용적인 활동을 통해 소근육 발달을 촉진할 것을 강조하였다. 몬테소리 학교에서는 아동에게 펜으로 글씨를 쓰도록 하기 이전에, 손가락을 이용해서 작은 물건을 옮기게 하는 등의 다양한 활동을 한다. 이런 활동은 유아의 소근육운동 발달에 효과적이다.[25]

22 Rule & Stewart(2002)
23 장문영 등(2009)
24 노보람(2020)
25 Bhatia, Davis, & Shamas-Brandt(2015)
26 손승희, 김명순(2014)
27 윤혜경(1997)

해력 유치원의 다양한 활동들을 선택적으로 활용하실 수 있습니다. 아이마다 6대 기초문해능력의 프로파일의 형태가 다르고 자극이 더 필요한 기초문해력 요소도 다르기 때문이죠. 예를 들어, 유아가 음운론적 인식이 부족하다면 해당 요소를 다룬 활동들을 먼저 중점적으로 함께 해 보세요.

• 용어 설명 •

- 행동주의 이론(behaviorism theory): 환경 속 자극과 반응이 관계를 형성함으로써 학습이 일어난다고 본다.[29] 행동주의 이론에서는 모방과 강화를 통한 습관형성의 과정을 통해 언어가 학습된다고 본다.

균형적 문해 접근법

아이를 '어떻게' 글자의 세계로 인도해야 할지에 대해서 학계에서도 많은 논란이 있었습니다. 수십 년간 문해 전쟁(literacy war)라고도 일컬어지던 현상이었지요. 낱자와 소릿값을 강조하며 성인의 지도를 좇아가자니 아이가 흥미를 잃어서 효과적이지 않고, 책 읽어 주고 노래 부르며 아이의 흥미를 좇아가자니 문해력이 저하되는 현상이 나타났기 때문입니다. 이러한 고민 속에서 탄생한 문해 지도 접근법이 바로 '균형적 문해 접근법(balanced literacy approach)'입니다. 아이의 흥미도, 문해 교육도 모두 놓치지 않겠다는 것이죠. 균형적 문해 접근법의 탄생 과정을 살펴봄으로써 균형적 문해 접근법이 무엇인지, 균형적 문해 지도 접근법은 어떻게 실천할 수 있는지 알아보겠습니다.

문해 지도 접근법 중 역사적으로 가장 먼저 나타난 접근법은 바로 '발음 중심 접근법'입니다. 발음 중심 접근법은 1960년대 등장한 개념으로 유아의 언어발달이 주변 환경에 의해 결정된다는 행동주의 이론에 기초를 두었습니다.[28] 발음 중심 접근법의 목적은 글자 하나하나를 가르쳐 글을 정확하게 읽고 쓰게 하는 것입니다. 따라서 글자를 처음 배우는 유아에게도 글자와 소릿값의 대응, 철자법의 원리를 하나씩 가르치는 것을 강조합니다. 읽고 쓰기를 더 작은 단위의 세부 기술로 나누고 각 세부 기술을 반복적으로 연습하여 각각의 세부 기술들을 습득하는 것을 목표로 삼지요. 이러한 목표를 달성하기 위해 발음 중심 접근법에서는 반복적인 읽기 및 쓰기를 할 수 있는 자료를 활용한 교육을 실시합니다. 따라서 발음 중심 접근법에서는 과거에 개인용 석판과 분필을 사용했고, 현재는 우리가 잘 아는 '학습지'를 활용해 교육을 합니다.

발음 중심 접근법은 논리적이고 체계적이라는 장점은 있지만 몇 가지 치명적인 문제점이 있어요. 먼저 발음 중심 접근법은 아동의 자연스러운 흥미와 요구를 중요하게 여기지 않아 아동의 자발적인 참여와 학습을 이끌어 내기 어렵습니다. 또한 학습지를 활용한 반복 연습은 실제 살아 있는 언어 맥락과 떨어져 언어를 배운다는 점에서 학습의 효과성이 떨어져요. 즉, 발음 중심 접근

28 이명숙, 전병운(2016), 주유빈(2014)
29 Schunk(2012)

법은 유아의 발달적 특성에 적합하지 않다는 점에서 비판을 받습니다.

1970년대에는 발음 중심 접근법의 문제점을 비판하며 구성주의를 바탕으로 한 총체적 언어 접근법(whole language approach)이 대두되었습니다.[30] 총체적 접근법은 유아의 흥미와 무관한 기능 위주의 발음 중심 접근법에 반대해 현장 교사들이 주장한 접근법입니다. 총체적 접근법에서는 구성주의 이론에 근거하여 유아가 환경에 의해 결정되는 수동적인 존재가 아니라 능동적으로 환경을 탐구하고 지식을 구성해 가는 능동적인 존재라고 보았습니다.[31] 총체적 접근은 언어의 기본 단위를 '의미'로 보아 정확하게 읽고 쓰는 것 대신 글의 의미를 이해하는 데 중점을 둡니다. 즉, 의미를 담고 있는 이야기를 통해 문해를 지도해야 한다고 보았고, 말하기, 듣기, 읽기, 쓰기를 각각 분리해서 세부 기술을 가르치기보다는 네 가지를 모두 통합한 '총체적인 경험'을 통해 문해를 가르쳐야 한다고 보았습니다. 이를 위해서 총체적 접근법을 택한 교실에서는 아이들과 그림책을 읽고, 놀이를 하고, 대화를 하고, 노래를 부르는 것 같은 교실 내의 모든 실생활 맥락을 강조하는 활동을 제시했어요.[32]

그러나 총체적 언어 접근법을 실시한 결과, 아이들의 문해력과 학업성취도가 저하되는 문제가 제기되었습니다. 자연스러운 맥락에서 문해 요소들을 쏙쏙 뽑아서 흡수할 수 있는 아동도 있지만, 그렇지 못한 아동들이 상당수 있었던 거죠. 총체적 접근법은 발음 중심 접근법보다 효과가 적은 것으로 나타났습니다.[33]

이로써 발음 중심 접근법의 한계와 총체적 언어 접근법의 한계를 모두 보완하는 균형적 접근법이 1990년대 초에 등장하게 됩니다.[34] 균형적 접근법은 아동의 흥미를 고려한 일상적인 자연스러운 맥락을 강조하면서도 성인 및 또래와의 상호작용과 풍부한 문해 환경 속에서 아동의 필요에 따라 읽기 및 쓰기 기술도 동시에 지도합니다. 다시 말해, 의미 중심의 문해 지도를 기본으로 하되 유아의 수준 및 필요에 따라 문자를 가지고도 재밌게 놀아 볼 수 있도록 도와주는 것입니다. 부모와 유아가 함께 그림책을 읽으면서 대화를 하고 그림책에 나오는 글자를 재미있는 방식으로 읽거나 써 보는 것은 균형적 접근법의 한 가지 예시입니다. 균형적 접근법은 발음 중심 접근법, 총체적 접근법의 장점을 모두 취한 접근법으로서 가장 효과적인 접근법으로 평가받고 있습니다.[35]

균형적 접근법은 아동 개개인의 흥미, 특성, 수준을 모두 고려한 문해 지도 방법입니다. 부모님이 아이와 즐겁게 함께 상호작용하면서 문해력도 키울 수 있는 적합한 지도 방법이라 할 수 있지요. 이 책의 2장부터는 균형적 접근법을 바탕으로 유아의 발현적 문해를 키워 줄 수 있는 구체적인 활동 방법들을 소개하고 있습니다. 부모님께서 아이의 흥미, 특성, 수준에 따라 자유롭게 수정하여 '우리 아이 맞춤형'으로 활용하시면 됩니다.

---

30 이명숙, 전병운(2016)
31 주유빈(2014)
32 현정희, 이지현(2014)
33 Jeynes & Littell(2000)
34 주유빈(2014)
35 현정희, 이지현(2014), Berninger et al.(2003)

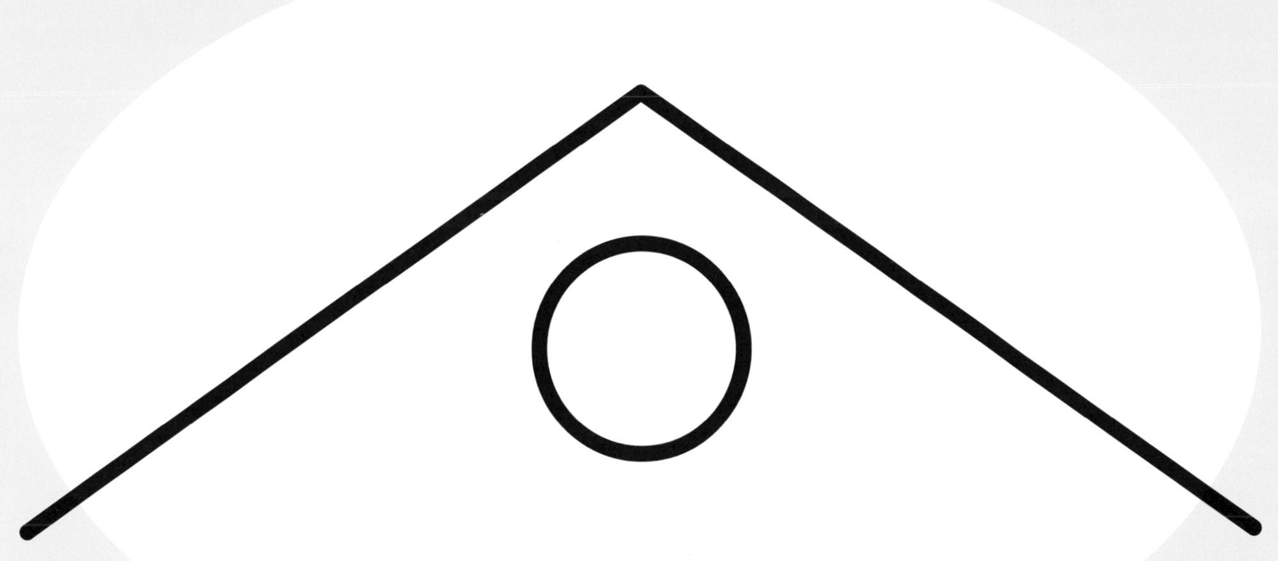

2.

이름: 이름으로 시작해요

관습적 문해 지도의 위험성

많은 부모님이 자녀의 초등학교 입학을 앞두고 그전에 가능한 한 빨리 한글 읽기, 쓰기를 떼겠다는 목표를 세웁니다. 부모가 아이에 대해 이러한 목표를 설정할 때 위험성이 있어요. 아이들의 발달 단계에 맞지 않게 관습적인 방식으로 문해를 지도할 가능성이 높기 때문이지요. 발달에 적합하지 않은 문해 지도가 이루어지면 아이는 학교에 들어가기 전부터 '공부는 어렵고 재미없다'라는 인식을 갖게 되어 이후의 학습동기에도 치명적인 영향을 끼칠 수 있습니다. 이처럼 유아기 문해는 앞으로 계속해서 하게 될 읽기와 쓰기에 대한 첫인상을 결정한다는 점에서 '어떻게' 배우느냐가 매우 중요한 문제가 됩니다.

초등학생에게 적합한 방식으로 어린 유아에게 문해 지도를 하면 효과가 떨어짐을 보여 주는 연구가 많습니다. 유아기에 한글 학습지는 많이 경험했으나, 발현적 방식의 문해 활동은 경험하지 못한 초등학교 1학년생의 국어능력은 어떨까요? 놀랍게도 외워서 본 받아쓰기는 잘해도, 갑자기 본 받아쓰기에서는 낮은 점수를 보였습니다.[1] 선생님이 미리 알려 주신 문제를 암기하고 연습해 잠깐 동안 눈가림은 할 수 있어도 글자와 소리의 관계에 대해 진정하게 알고 있다고 볼 수 없는 것이죠. 이 연구에 따르면, 유아기에 관습적 문해 지도를 많이 하신 어머니는 아이가 취학한 이후에 학업지도 스트레스도 매우 높았습니다. 유아기에 아이가 한글을 못 깨우칠까 봐, 학교에 들어가서 공부를 못할까 봐 걱정이 많은 유형이지요. 또한 1학년 아동의 듣기, 말하기, 읽기, 쓰기, 문법, 문학

영역에 대해 교사가 국어과 성취도를 평정했을 때도 유아기의 관습적 문해는 부정적인 영향이 있고 발현적 문해 방식만이 효과적인 것으로 나타났어요.[2]

EBS <문해력 유치원>에 출연한 4세 아이들의 부모님을 대상으로 한 설문조사에서도 가정에서 '받아쓰기'를 시킨다고 응답한 가정이 많았습니다. 유아기부터 작은 칸이나 줄에 맞추어 받아쓰기를 하는 유아들도 있었고요. 초등학교에 들어간 이후에는 받아쓰기가 좋은 학습방법이 될 수 있지만, 유아에게는 '시험' 같은 압박감을 강하게 줄 수 있습니다. 반복적으로 글자 쓰기 연습을 하게 되면 아이들은 재미를 느끼지 못하고 과도한 스트레스를 받거든요. 또한 이 시기 아이들은 손의 소근육도 아직 충분히 발달하지 않아서 받아쓰기를 반복하는 것은 가혹한 경험이 될 수 있습니다. 무엇보다도 이렇게 '시험'처럼 만나는 받아쓰기는 막 생기기 시작한 글자에 대한 관심을 꺼뜨릴 수 있기 때문에 심각한 문제가 됩니다.

---

1 최나야, 전은옥, 송재명(2018)
2 박수옥, 장유진, 최나야(2019)

읽고 쓰기의 소재인 내 이름

그렇다면 우리 아이 문해 지도 과연 '어떻게' 시작해야 할까요? 아이에게 가장 익숙하고, 흥미도 애착도 많은 것에서부터 시작하는 것이 바람직합니다. 아이의 삶에서 그런 단어는 바로 아이의 '이름'이겠죠. 이름은 태어나서 가장 많이 들은 말이기도 하고, 가장 많이 본 글자이기도 합니다. 소중한 나를 표현해 주기 때문에 누구나 애착을 가지고 있죠. 그래서 유아들은 자신의 이름에 들어가는 글자를 주변에서 발견하면 흥분하며 소리치곤 합니다. "내 이름에 들어가는 '김'이야!" 하고요.

아이들은 자연스럽게 자신의 이름에 대해 큰 관심을 보이고 대부분 이름 글자부터 쓰기 시작합니다. 아이들은 3세가 되면 그림과 활자를 구분하기 시작하고[3], 4세가 지나면서 쓰기 능력이 발달이 급격히 이루어져, 5세 이후부터 대부분 자신의 이름을 정확하게 쓸 수 있게 됩니다.[4] 그래서 이름을 쓰는 능력의 발달은 쓰기의 출발점이자 발현적 문해의 발달을 보여 준다고 하죠.[5] 그리고 이름 글자를 중심으로 활자에 관심을 가지기 시작하면서 인쇄물 개념을 구성해 나갑니다.[6] 따라서 유아의 이름 쓰기 능력은 소근육운동 조절 능력, 글자의 형태와 기능을 이해하는 능력, 문해에 대한 인식의 발달 정도를 보여 주는 중요한 척도가 됩니다.[7]

따라서 아이의 '이름'을 소재로 하는 재미있는 놀이는 문해 지도의 훌륭한 출발선이 됩니다. '이름'을 활용할 때 아이의 수준에 맞게, 아이가 즐겁게 글자와 친해질 수 있습니다. 또한 이름으로 '놀이를 통한 쓰기'도 자연스럽게 가능해집니다. 많은 학자들이 유아기 이름 쓰기 활동의 중요성을 강조하고 이를 유아교육기관에서 지도할 수 있는 효과적인 활동으로 소개하기도 했죠.[8] 예를 들어, 유치원이나 어린이집에서는 '이 주의 이름'을 매주 하나씩 선정해서 친구의 이름에 들어 있는 글자를 함께 살펴보고 각 글자로 시작하는 단어들도 생각해 보곤 합니다.

● 용어 설명 ●

- 인쇄물 개념(concepts about print): 인쇄물 인식(print awareness)이라고도 하며, 문자언어의 기능과 형식에 관한 인식을 말한다. 책을 다루는 방식, 문자 언어의 단위(물음표, 글자, 문장), 단위 간 관계, 문자를 쓰는 방향, 인쇄물 내용의 역할 등이 인쇄물 인식을 구성하는 요소이다.

이름 쓰기 지도 어떻게 할까?

유아와 이름 쓰기를 할 때의 방법도 중요합니다. 몇 가지 유의사항이 있어요.

첫째, 아이가 쓴 이름의 일부가 틀렸더라도 글자를 일일이 고쳐 주실 필요는 없습니다. 어린 유아는 글자를 자기만의 방식으로 쓰기도 합니다. 글자의 형태가 거꾸로 된 거울상 글자(mirror

---

3 Green(1998)
4 최나야(2009)
5 Welsch, Sullivan, & Justice(2003)
6 Haney(2002), Puranik, Lonigan, & Kim(2011)
7 Bloodgood(1999)
8 Green(1998), Nelson(1986)

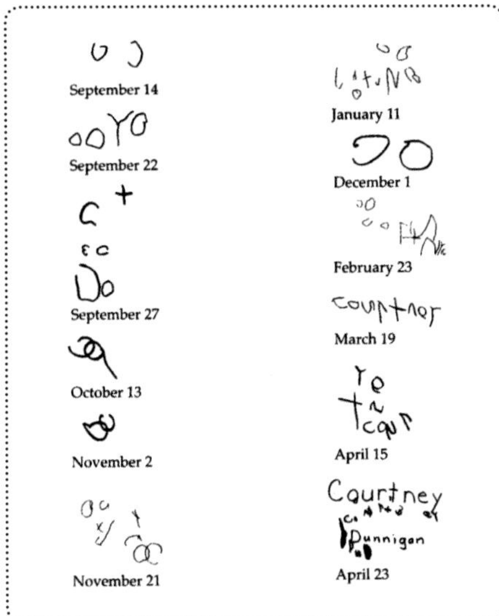

9월(왼쪽 위)부터 이듬해 4월(오른쪽 아래)까지
3세 아동(Courtney)의 이름 쓰기 발달 과정9

images)를 쓰기도 하고 세상에 없는 글자를 창조해 내기도 합니다. 그런 글자를 창안적 글자(invented spellings)라고 합니다. '창안적 글자'를 만들어 쓰는 건 쓰기 발달 단계에서 자연스럽게 나타나는 현상이라 세계 모든 아이들이 보이는 바람직한 발현적 문해 행동입니다. 유아들은 주변에서 본 글자들의 형태를 이용해 머릿속에 글자의 이미지를 형성하면서 자유롭게 창의성을 발휘합니다. 아이가 실제 글자와 비슷하게 그리거나 썼다면 이미 글자의 존재를 알고, 그 시각적 형태에 대한 대략적인 인식도 갖게 되었다는 증거입니다. 유아가 창안적 글자를 만들 때 어른이 야단치거나 고쳐 주는 게 아니라 격려하고 칭찬을 해 주면 이후 문해력 발달에 도움이 된다고 합니다.[10] 부모가 창안적 쓰기에 긍정적인 인식을 가지고 아동의 창안적 쓰기를 제한하기보다 격려해 줄 때 아동은 더 쉽게, 더 다양하게 쓰기를 시도합니다. 부모의 격려를 바탕으로 한 풍부한 쓰기 경험이 쌓이면 아이의 쓰기 발달은 촉진됩니다.

• 용어 설명 •

- 거울상 글자 쓰기(mirror wriitng): 거울에서 보는 것처럼 반대 방향으로 쓴 자음 및 모음, 글자, 문장을 의미한다. 거울상 글자 쓰기는 3~7세 사이에 나타나는 정상적인 쓰기 발달의 과정이다. 피셔(Fischer)라는 학자는 유아가 글자 쓰기를 연습하는 과정에서 '거울상 글자 쓰기'가 쓰기의 방향성을 한 방향으로 일반화하는 데 도움을 주어 오히려 읽기 및 쓰기 발달에 유익하다고 보았다.[11]

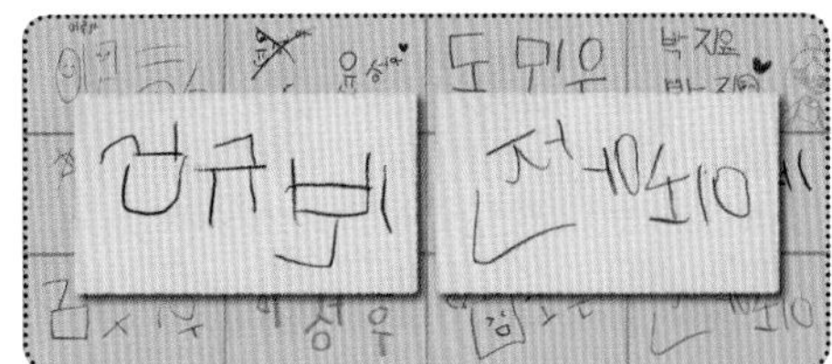

좌우를 거꾸로 쓴 거울상 글자(mirror image)

둘째, 오감을 활용할 수 있는 다양한 재료로 이름을 써 보도록 해 주세요. 즉, 종이와 연필로 정자로 쓰는 것만 강조할 필요가 없습니다. 예를 들어, 이 장에서 소개할 '소금'을 이용한 이름 쓰기 활동을 할 때 아이는 소금을 보고, 만지고, 냄새 맡고, 심지어 손으로 소금을 찍어 먹기도 하면서 그야말로 오감을 통해 학습합니다. 또 엉덩이로 이름을 쓴다면, 아이들은 온몸을 사용하면서, 시각과 청각적 정보를 동시에 활용하면서 다양한 신체의 감각을 활용하게 됩니다. 다양한 감각을 활용하면

9 Green(1998)
10 Beck(2002), Kolodziej & Columba(2005)
11 Fischer & Koch(2016)

• 용어 설명 •

- 창안적 글자(invented spellings): 유아가 글자에 대해 알고 있는 지식을 바탕으로 발명하여 쓰는 비관례적인 글자를 뜻한다. 우리나라 유아의 창안적 글자는 4~5세 경에 급격히 증가한다. 창안적 글자는 글자에 대한 유아의 내적 사고과정이 겉으로 드러나는 귀중한 자료로 점진적인 발달 단계를 거쳐 관습적인 형태의 쓰기에 도움을 주어 오히려 읽기 및 쓰기 발달에 유익하다고 본다.[12]

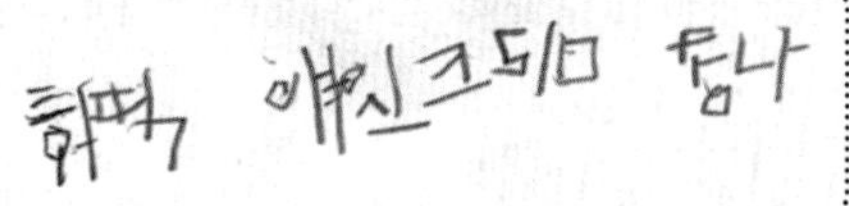

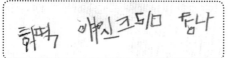

창안적 글자의 초기 단계(문자 형태 출현 단계)

• 용어 설명 •

- 작업기억(working memory) : 과제를 해결하기 위해 정보를 일시적으로 잠시 저장하는 인지체계를 말한다. 시공간적 잡기장(visuospatial sketchpad)에서 시각적 기억을, 음운론적 회로(phonological loop)에서 청각적 기억을 담당하고, 일화 완충기(episodic buffer)는 이전의 경험을 해석하고 미래 활동을 계획할 수 있게 정보를 조작한다. 중앙집행부가 이들 요소와 함께 장기기억을 연결하며 정보를 통합한다. 작업기억은 추론이나 의사결정과 같은 인간의 고차원적인 인지작용에 중요한 역할을 한다.[13]

아이의 집중력이 높아지고 학습 경험이 기억에도 오래 남게 됩니다. 이렇게 오감을 활용한 재미있는 활동과 책상에 앉아 바른 자세로 연필을 잡고 쓰는 경험 중에 무엇이 유아에게 더 흥미로울지는 분명합니다. 따라서 이 장에서는 아이의 문해 발달에 효과적인 오감을 활용한, 다양한 놀이식의 이름 읽기 및 쓰기 활동을 소개하였습니다.

셋째, 어린 유아는 이름을 보고 써도 괜찮습니다. 글자를 보고 잠깐 기억해서 옮겨 적는 것은 쓰기 발달에서 중요한 과정이에요. 이것을 복사하기(copy)라고 부릅니다. 인지적 작업을 할 때 우리는 작업기억(working memory)을 사용합니다. 시각적 작업기억과 청각적 작업기억이 있지요. 방안을 훑어 보고 어떤 물건들이 있었는지 떠올릴 수 있거나, 약 7자리 정도의 전화번호를 듣고 잠시 머릿속에 유지할 수 있는 것도 작업기억 덕분입니다. 복사하기 방법으로 쓰기를 연습할 때 아이들의 작업기억이 성장합니다. 따라서 초기 단계에서는 어른이 써 준 이름을 보고 쓰게 하는 것이 좋습니다. 쓰는 모습부터 보여 주는 게 더 좋지요. 소리 내어 말하면서 천천히, 큼직하게 써 주세요. 아이에게 쓰기에 필요한 시각적, 청각적 단서를 풍부하게 제공하는 방법입니다.

정리하면, 오감을 활용한, 놀이 방식의, 정답을 요구하지 않는, 이름 쓰기 활동은 유아의 문해 발달에서 중요한 출발선이 됩니다. 이제부터 구체적인 활동들을 하나씩 소개해 드릴게요. 순서대로 전부 하실 필요는 없습니다. 아이의 연령, 발달 수준, 흥미와 가정의 상황에 맞게 골라서 해 보세요.

---

12 조선하, 우남희(2004)
13 Diamond(2013)

1

부모님 이름으로 새 이름 짓기

- 음절 합치기 -

난이도	★★☆☆☆	소요 시간	15 분
기대 효과	친숙한 음절 단위 글자에 관심을 갖게 됩니다.		

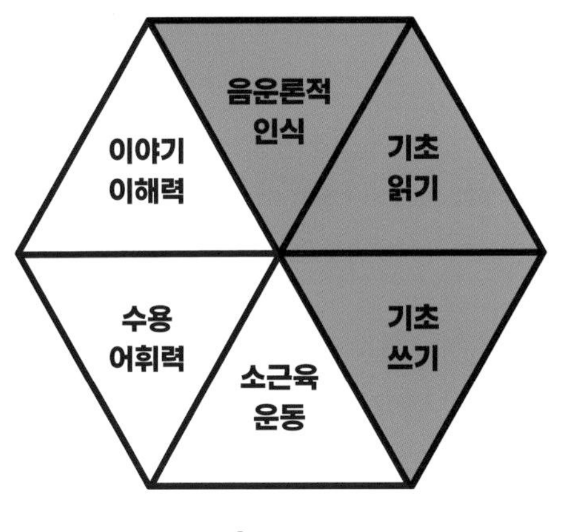

기초문해요소

2세	3세	4세	5세	저학년

추천연령

언어	수학	과학	사회
미술	음률	조작	신체

통합영역

준비물

『내 이름은 제동크』 그림책 (한지아 글·그림 / 바우솔, 2020),

'제브라', '동키', '당나귀', '얼룩말' 글자 카드, 부모님 이름이 낱글자로 적힌 카드(성은 제외하고 이름 부분만 활용)

• **A4 종이, 색종이, 스케치북, 메모지 활용하여 글자 카드 만들기** •

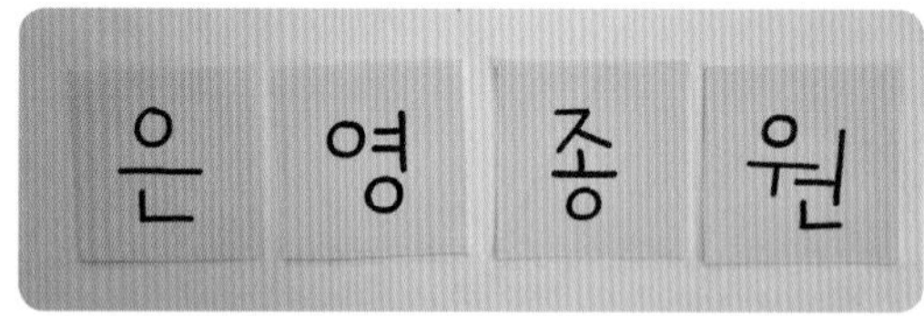

종이를 동일한 크기로 잘라서 카드를 만들어 주세요. 가정에 있는 메모지나 색종이를 그대로 사용해도 됩니다. 카드 한 장에 글자를 하나씩 적는 모습을 보여 주세요. 단어를 먼저 적은 다음에 음절 단위로 오리는 모습을 보여 주는 것도 좋아요.

추천 질문 **"제브라의 '제'와 동키의 '동'과 '키'를 더하면 '제동키'가 되어야 할 텐데, 왜 이 친구의 이름은 '제동크'였을까?"**

활동 방법

1. 『내 이름은 제동크』 그림책을 함께 읽어요. 아이가 내용 이해를 잘할 수 있게 충분히 대화를 나누며 읽어 주세요.
2. 아이가 '제동크'의 글자 카드를 보면서 음절 단위에 관심을 가지도록 돕습니다.
3. '제', '브', '라'와 '동', '키'의 음절 카드를 합쳐서 '제동크'라고 이름을 만드는 것을 보여 줍니다.

추천 질문 "제브라의 '제'와 동키의 '동'과 '키'를 더하면 '제동키'가 되어야 할 텐데, 왜 이 친구의 이름은 '제동크'였을까?"

❹ '얼', '룩', '말'과 '당', '나', '귀' 음절 카드를 합쳐서 새로운 이름을 만듭니다. 얼나귀, 당나말처럼 재미있는 이름을 만들 수 있어요.

❺ 부모님 이름이 적혀 있는 글자 카드를 골라 함께 부모님의 이름을 완성합니다.

❻ 부모님의 이름으로 다양한 이름을 만듭니다.

도움말

- 정답이 없는 활동이니 아동의 자유롭고 창의적인 반응을 격려해 주세요.
- 아이가 자유롭게 음절을 조합해 보면서 새로운 이름을 만들었을 때 부모님도 함께 즐거워하며 아이가 흥미를 느낄 수 있게 도와주세요. 아이가 만든 이름을 한 글자씩 가리키며 읽어 주면 음절의 소릿값에 관심을 갖게 할 수 있어요.
- 조부모, 형제자매 등 더 많은 가족 이름으로 카드를 만들어도 좋아요.
- 부모님 이름 활동으로 바로 건너뛰기보다는 '제동크' 만들기, '얼룩말'과 '당나귀'로 새로운 이름 만들기를 차례대로 하면서 아이가 이름 만들기 원리에 조금씩 익숙해지게 도와주세요.

2

재미있는 별명 짓기

- 합성어 만들기 -

난이도	★★★☆☆	소요 시간	10 분
기대 효과	음절 단위 소릿값을 인식할 수 있어요. 단어 형성의 원리(합성어)를 이해해요.		

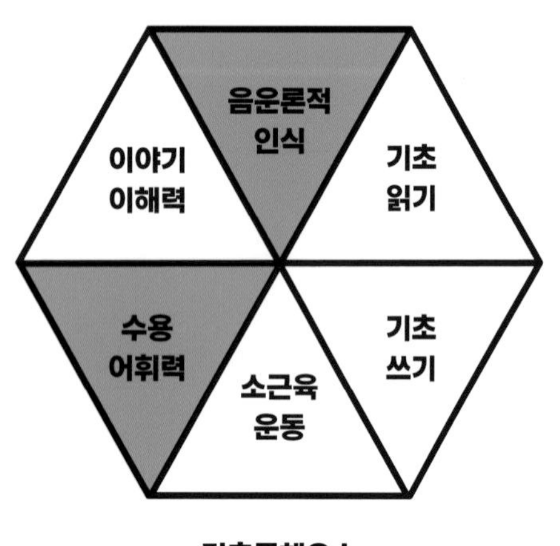

기초문해요소

2세	3세	4세	5세	저학년

추천연령

언어	수학	과학	사회
미술	음률	조작	신체

통합영역

준비물

『김수한무 거북이와 두루미 삼천갑자 동방삭』 그림책(소중애 글, 이승현 그림 / 비룡소, 2013),

스케치북, 색연필, 라벨지 또는 색종이, 양면테이프(이름표 만드는 용도)

활동 방법

❶ 아이와 『김수한무 거북이와 두루미 삼천갑자 동방삭』 그림책을 함께 읽습니다.

추천 질문

"이름을 왜 이렇게 길고 어렵게 붙인 걸까?"
"○○이 이름도 이렇게 길고 어렵게 만들 수 있다면 뭐라고 지어 보고 싶어?"

❷ 아이에게 이름과 이름이 만나면 새로운 이름을 만들 수 있음을 알려 주고 새로운 이름을 지어 볼 수 있도록 격려해 줍니다.

활동 예시

"이름과 이름이 만나서 새로운 이름을 만들 수 있어.
지금부터 내가 좋아하는 것이나 나를 표현할 수 있는 것들로
재미있는 내 이름을 지어 보자.
아빠부터 한 번 웃긴 지어 볼까? 아빠는 공룡처럼 쿵쾅거리면서 걷기도 하고,
뚝딱뚝딱 만들기도 좋아하니까 '쿵쾅 뚝딱 티라노 종원'이라고 이름 지어 볼게."

❸ 아이가 새로운 이름을 만들면 스케치북에 적어 줍니다.

❹ 색종이 또는 라벨지에 써서 이름표를 만듭니다. 이름과 관련된 그림을 그려 이름표를 꾸며 보는 것도 좋아요.

❺ 아이가 만든 이름표를 양면테이프로 아이의 가슴에 붙여 줍니다.

❻ <당신은 누구십니까?>, <○○이는 어디 있나? 여기!>와 같은 노래 가사에 부모와 아이가 새로 지은 이름을 넣어서 노래로 부릅니다.

❼ 새로 만든 별명을 역할놀이나 상상놀이에도 활용할 수 있습니다(예: "쿵쾅 뚝딱 티라노 종원씨, 어딜 그렇게 급하게 가시나요?").

도움말

- 아이의 엉뚱하고 재밌는 반응도 적극적으로 격려해 주면서 즐겁게 이야기를 나눠 주세요.
- 아이가 합성어 이름 짓기를 힘들어하면 아이에게 친숙한 다양한 단어(좋아하는 놀잇감, 동물, 만화캐릭터 등)를 활용할 수 있도록 도와주세요.

3

엉덩이로 이름 쓰기

- 몸으로 글자 표현하기 -

난이도	★☆☆☆☆	소요 시간	10 분
기대 효과	대근육 신체 표현을 통해 이름 글자의 모양을 확실히 인식하게 됩니다.		

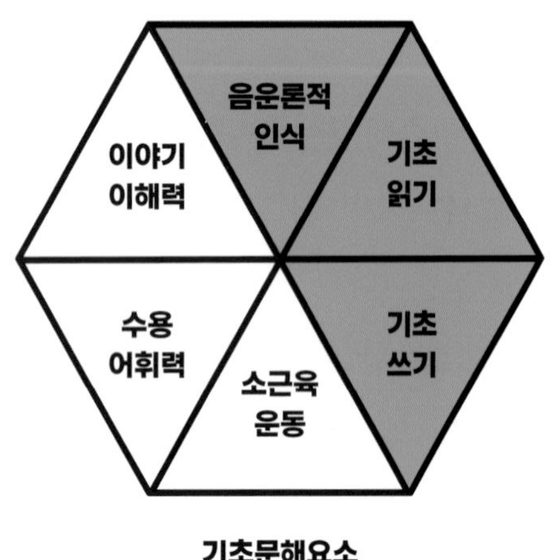

기초문해요소

2세	3세	4세	5세	저학년

추천연령

언어	수학	과학	사회
미술	음률	조작	신체

통합영역

준비물

스케치북, 색연필

활동 방법

1. 스케치북에 아이의 이름을 적어 줍니다.
2. 부모가 아이의 이름을 엉덩이로 쓰는 시범을 보입니다.
3. 아이에게도 엉덩이로 이름을 써 보도록 합니다.
4. 스케치북에 가족들의 이름들도 적어 보고 아이가 그중 한 가지를 다른 가족들에게 퀴즈로 내 보도록 합니다.
5. 가족들과 서로 퀴즈를 내고 맞히며 즐거운 게임을 합니다.

도움말

- 엉덩이로 이름을 모두 쓰는 것을 아직 어려워한다면 쉬운 글자부터 엉덩이로 표현해 보는 연습을 해 보세요(예: ㄱ을 엉덩이로 표현해 보기).
- 아이가 즐거워할 수 있도록 활동을 변형해 주세요. 아주 작게 쓰기, 아주 크게 쓰기, 입으로 방귀 소리 내면서 쓰기 등 다양한 재미 요소를 덧붙이면 좋습니다.
- 경쟁하듯이 맞히는 것보다는, 글자의 소리를 천천히 말하면서 쓰면 더 좋습니다. '김'자를 쓴다면 쓰는 동안 '기이이이임'이라고 소리 냅니다. 이미 음소의 소릿값도 아는 아이라면 '그-이-음'이라고 소리 낼 수 있어요.
- 엉덩이로 이름을 쓰기 어려워하는 아이라면 부모님의 등에 손가락으로 이름을 쓰고 맞히기 활동으로 대체할 수 있습니다. 공중이나 손바닥에 손가락으로 이름 쓰기로 확장할 수 있습니다.

4

맛있는 내 이름

- 과자로 이름 만들기 -

난이도	★★☆☆☆	소요 시간	15 분
기대 효과	친숙하고 매력적인 소재로 놀면서 글자에 대한 흥미를 높이고, 기초적인 쓰기에 대한 자신감을 갖게 됩니다. 처음 아는 글자 몇 개의 모양을 인식할 수 있습니다.		

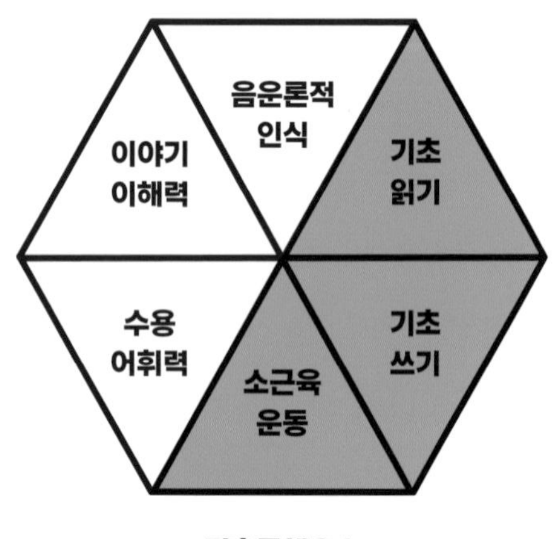

기초문해요소

2세	3세	4세	5세	저학년

추천연령

언어	수학	과학	사회
미술	음률	조작	신체

통합영역

준비물

쟁반, 다양한 모양의 과자(원, 삼각형, 사각형, 막대 등)

활동 방법

❶ 글자의 자음과 모음을 표현할 수 있는 과자들을 구입한 후 쟁반에 각각 담아서 책상에 올려놓습니다.

❷ 아이에게 이름 글자를 써서 보여 주고 이름을 보면서 과자로 표현해 보자고 제안합니다.

추천 질문 **"○○의 '아'를 만들려면 어떤 과자로 만들면 좋을까? 동그란 모양 과자는 없는데, 그럼 네모난 과자를 다듬어서 동그라미 만들어 볼래?"**

❸ 과자로 만든 이름 작품이 완성될 때마다 사진을 찍어 줍니다.

❸ 사진 촬영이 끝나면 아이와 함께 맛있게 과자를 먹습니다.

추천 질문 **"우리 그럼 ○○의 '지' 글자 부분부터 먹어 치워 볼까?"**

도움말

- 과자뿐 아니라 가래떡, 지렁이 젤리, 콩 등으로도 이름을 표현할 수 있습니다. 다양한 재료들을 활용하여 아이와 이름으로 표현하여 작품을 만들어 보세요.
- 어린 연령의 아동과 활동을 할 땐 스케치북에 글자를 크게 써 주고 그 위에 글자들을 올려 보는 것으로 활동을 시작해 보는 것도 좋습니다.
- 찍은 사진들은 출력하여 스크랩북에 붙여 주세요. 문해력 발달 기록장이 됩니다.

5

무지개 소금으로 이름 쓰기

- 알록달록 내 이름 만들기 -

난이도	★★☆☆☆	소요 시간	10 분
기대 효과	마음대로 글자를 썼다 지웠다 할 수 있기 때문에 부담 없이 반복적으로 쓰기를 경험할 수 있어요. 시각적, 촉각적, 청각적 경험을 통해 글자 쓰기에 호기심, 친밀감을 가질 수 있어요. 끼적여 쓰는 활동이 예술적인 결과물로 이어질 수 있음을 경험해요.		

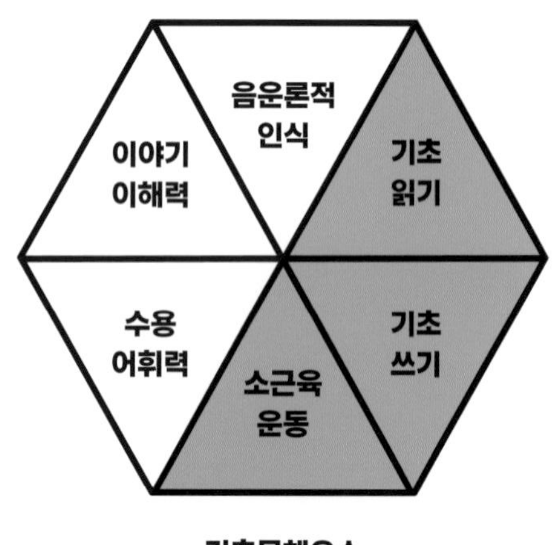

기초문해요소

2세	3세	4세	5세	저학년

추천연령

언어	수학	과학	사회
미술	음률	조작	신체

통합영역

준비물

둘레 높이가 높은 쟁반, 무지개색 종이, 테이프, 소금, 붓

이름: 이름으로 시작해요

활동 방법

1. 쟁반에 무지개색 종이를 붙이고, 그 위에 소금을 뿌려 놓습니다.
2. 아이가 쟁반 위에 붓으로 자기 이름을 씁니다.
3. 쟁반을 흔들어 지우고, 부모님과 친구들 이름도 써 봅니다.

도움말

- 3세라면 붓 대신 손가락으로 쓰면 촉감을 경험하며 더 쉽게 쓸 수 있습니다.
- 이름뿐만 아니라 아이가 그려 보고 싶은 그림도 자유롭게 그리게 해 주세요.
- '무지개 소금으로 이름 쓰기'는 잘못 쓴 글자도 쟁반을 흔들면 바로 지워지기 때문에 부담 없이 놀이할 수 있다는 장점이 있습니다. 아이가 충분한 시간을 가지고 스스로 다양한 글자와 모양을 써 보고 지울 수 있게 해 주세요.
- 눈을 감고 손가락의 촉감에 더 집중하게 할 수 있습니다.

활동 예시

"눈 감고 집게손가락만 펴 봐. 엄마/아빠가 ○○이 손가락으로 소금 위에 글자를 그려 볼 테니 어떤 모양인지 말해 봐."

(예: 아이의 손가락으로 동그라미 그려 주기)

6

비밀 이름표 만들기

- 글자 모양 인식하기 -

난이도	★☆☆☆☆	소요 시간	10 분
기대 효과	내 이름의 글자들을 인식하고 기억할 수 있게 됩니다. 글자를 좌→우 방향으로 읽는 것을 알게 됩니다. 이름을 소리 내어 읽으며 글자에 소리가 담겨 있음을 인식할 수 있어요.		

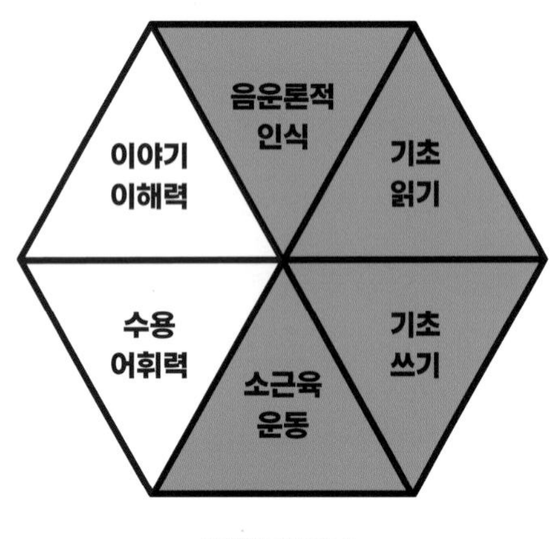

기초문해요소

2세	3세	4세	5세	저학년

추천연령

언어	수학	과학	사회
미술	음률	조작	신체

통합영역

준비물

도화지, 하얀색 크레파스, 물감, 붓, 물통

활동 방법

1. 유아의 이름, 그림책을 읽은 후 만들었던 이름, 가족의 이름, 좋아하는 동물, 놀잇감, 캐릭터의 이름을 하얀색 크레파스로 도화지에 씁니다.
2. 유아가 원하는 여러 가지 색의 물감을 붓에 묻혀 하얀색으로 쓴 이름이 나오도록 색칠합니다.
3. 나타난 글자에 대해 유아와 대화를 나눕니다.

도움말

- 글자를 쓰기 어려운 단계에는 부모님이 쓰는 모습을 보여 주시고, 따라 쓰기가 가능한 단계라면 다른 종이에 적은 단어를 보며 직접 써 보게 해 주세요.
- 물감의 농도가 너무 진하면 색칠했을 때 크레파스로 적은 단어가 잘 보이지 않을 수 있습니다. 물감에 물을 적당히 섞어서 사용해 주세요.
- 왼쪽부터 붓질을 해서 한 글자씩 나타나게 해 주세요. 좌→우 순서 진행(left-to-right progression)을 경험할 수 있습니다. 글자가 나타날 때마다 함께 소리 내어 읽어 주세요.
- 한 글자씩 나타날 때 글자의 소리를 내주세요. '최'자의 각 부분이 보일 때마다 츠-오-이? 최!처럼 천천히 말하면 됩니다.
- 유아가 흥미를 느끼면, '비밀 이름 맞히기' 게임, '비밀 편지 쓰기' 놀이로 발전시켜서 진행할 수 있습니다.

7

지퍼백에 이름 쓰기

- 새로운 방법으로 글자 써 보기 -

난이도	★★☆☆☆	소요 시간	10 분
기대 효과	물감의 특성과 비닐이라는 소재를 경험하며 글자 쓰기에 흥미를 느끼게 됩니다. 쓰기를 위한 소근육 조작을 해요.		

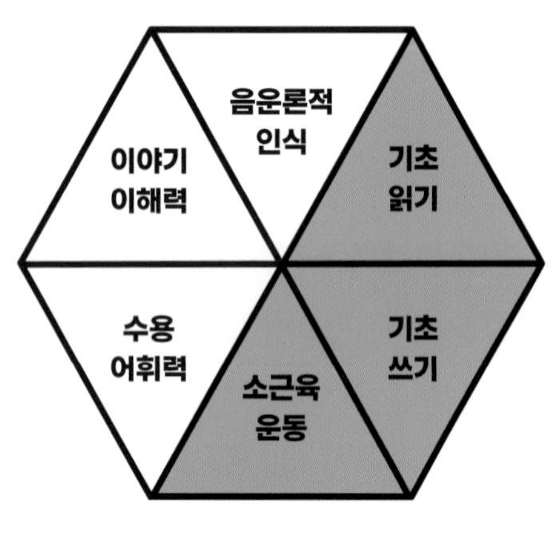

기초문해요소

2세	3세	4세	5세	저학년

추천연령

언어	수학	과학	사회
미술	음률	조작	신체

통합영역

준비물

지퍼백, 물감, 면봉

활동 방법

1. 지퍼백 안에 물감을 충분히 짜 넣습니다.
2. 공기가 들어가지 않게 잘 밀봉한 뒤, 한 번 더 테이프로 지퍼백을 봉합니다.

추천 질문 **"지퍼백 안에다가 물감을 넣은 다음에 손으로 꾹꾹 눌러서 펼쳐 볼까?"**

3. 부모가 먼저 글자 쓰기 시범을 보입니다.

추천 질문 **"면봉으로 이렇게 위에서 움직이면 어떻게 될 거 같아? 한번 그어 볼까? 손으로 다시 문지르면 글자가 지워져!"**

4. 아이가 면봉으로 지퍼백 위에 자신의 이름을 그립니다.

주의 물감의 질이 좋지 않을 경우, 물감이 지퍼백 안에서 잘 퍼지지 않을 수 있습니다. 그럴 경우에는 식용유를 살짝 넣어 주면 좋습니다.

도움말

- 아이가 글씨 쓰기를 어려워하면 지퍼백 아래에 글자가 적힌 종이를 깔고 아이가 면봉으로 물감을 문지르면서 글자를 찾는 '글자 발굴 게임'을 할 수 있습니다.

추천 질문 **"엄마/아빠가 지퍼백 아래에 글자를 숨겨 놨어. ○○가 면봉으로 문질러서 어떤 글자가 나오는지 찾아볼래?"**

- 썼다 지웠다 할 수 있는 특성을 활용하여 아동이 스스로 여러 가지 글씨를 썼다 지웠다 하는 과정을 즐겁게 경험할 수 있도록 도와주세요.

8

플레이콘, 밀가루로 이름 그리기

- 미술재료로 글자 표현하기 -

난이도	★★★☆☆	소요 시간	15 분
기대 효과	소근육운동을 연습해요. 종이에 연필로 쓰는 정형화된 방식뿐 아니라 다양한 쓰기 표현 방식이 있음을 알고 자신감을 느끼게 됩니다.		

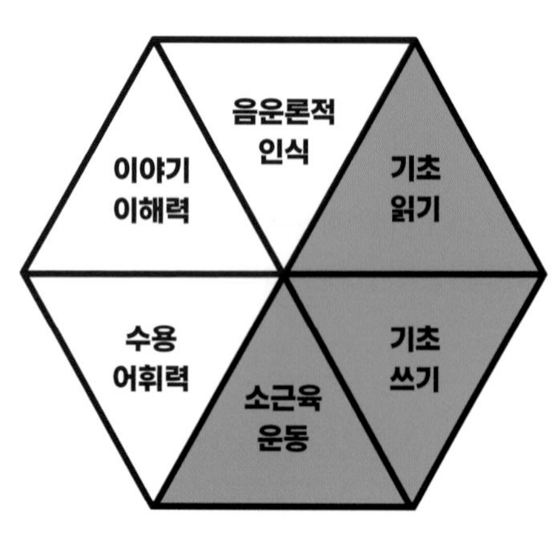

기초문해요소

추천연령

언어	수학	과학	사회
미술	음률	조작	신체

통합영역

준비물

플레이콘, 색지, 물티슈, 종이접시, 색종이, 색도화지, 밀가루, 물풀

활동 방법

❶ 플레이콘 활용

- 종이접시에 물티슈를 올리고 물을 살짝 적십니다. 플레이콘을 물티슈에 톡톡 문지른 뒤 색종이에 올리면 잘 붙습니다.
- 색도화지 또는 색종이에 플레이콘을 활용하여 이름을 꾸밉니다.

색종이에 플레이콘으로 이름 표현하기

❷ 밀가루 활용

- 색도화지 또는 색종이에 물풀로 아동의 이름을 적어 주세요. 아이가 스스로 적기 어려워하면 아이의 이름을 색종이에 한 글자씩 크게 연필로 먼저 적어 주세요. 연필을 따라가면서 물풀로 이름을 적을 수 있게 해 주세요.
- 물풀 위에 밀가루를 골고루 뿌린 뒤 털어 내고 나타난 이름을 아이와 관찰하세요.
- 아이가 자신의 이름 외에 다양한 이름(각자 재미있게 지은 별명 등)을 표현할 수 있게 도와주세요.

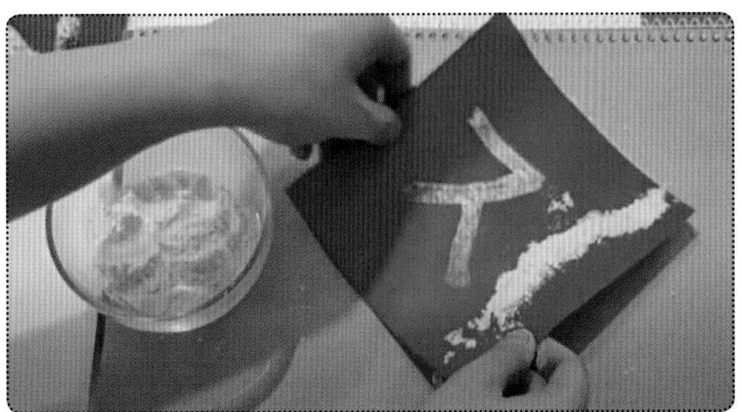

밀가루로 이름을 표현하기

도움말

- 이름 외에도 아이가 표현하고 싶은 그림이나 모양 등을 함께 표현해 보세요.
- 글자를 쓴 색종이, 그림을 그린 색종이를 여러 장을 알록달록하게 모아서 벽면에 커다란 타일 작품을 만들어서 전시할 수 있습니다.
- 각종 반죽(밀가루 점토, 색깔 점토, 쿠키 반죽 등)을 길게 말아서 글자 모양을 표현해 보세요. 쿠키 반죽을 활용한다면 건포도, 아몬드와 같은 토핑을 올려서 이름 모양 쿠키를 만들고 구워서 먹는 것도 좋습니다.
- 색모래처럼 다양한 재료로 시도할 수 있습니다.
- 밀가루나 색모래가 마르면 손가락으로 만져 보며 글자의 모양을 재탐색합니다.

9

소중한 내 이름

- 내 이름의 의미 알아보고 표현하기 -

난이도	★★★☆☆	소요 시간	20 분
기대 효과	단어에 뜻이 담겨 있음을 알게 됩니다. 한자, 순우리말이 무엇인지, 각각 의미 단위가 어떻게 되는지 알 수 있어요.		

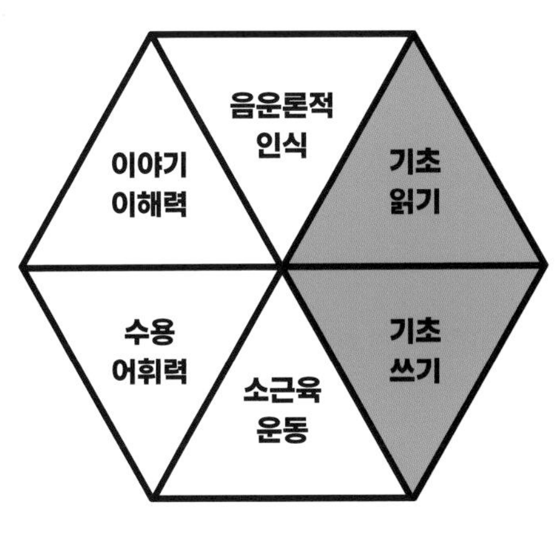

기초문해요소

2세	3세	4세	5세	6세	저학년

추천연령

언어	수학	과학	사회
미술	음률	조작	신체

통합영역

준비물

『내 이름』 그림책 (신혜은 글, 이철민 그림 / 장영, 2014), 도화지, 크레파스, 색연필

활동 방법

1. 이름과 관련된 그림책을 대화하며 함께 읽어 주세요.
2. 자녀의 '이름'에 어떤 의미가 담겨 있는지 이야기를 나누세요(예: 지민 → "지민이라는 이름은 '지혜 지'와 '총명할 민'이라는 한자로 만들었어. '지혜롭고 총명하다'라는 뜻이야. 지민이가 지혜롭고 총명한 사람이 되길 바라고 엄마, 아빠가 지었지.").
3. 자녀의 이름을 글과 그림으로 표현해 보세요.

추천 질문 **"○○이는 '지혜'를 그림으로 표현한다면 어떻게 표현하고 싶어?"**

도움말

- 아이의 이름을 짓기 위해 어떤 고민을 했었는지 이야기 나눠 보세요. 진짜 이름을 짓기 전 태명에 대해서도 들려주세요. 부모님께서 자녀를 얼마나 소중하게 생각하는지 아이들이 느낄 수 있어요.
- 한자로 지은 이름은 아이에게 한자의 존재를 처음 알려 주기 좋은 소재가 됩니다. 우리가 쓰는 말 중에 한자어가 많고, 한자에는 한 음절마다 의미가 있음을 알려 줄 수 있어요. 아이의 이름에 들어간 한자와 같은 한자가 쓰이는 단어를 알려 주면서 어휘를 확장해 주세요.

추천 질문

"민성이 이름의 '성' 자가 '이룰 성' 자라고 말했었지?
이 글자가 '성공(成功)'이라는 말에도 들어가. '성공'이 무슨 뜻일까?
그래. 마음먹은 걸 이뤄낸다는 뜻이야. 민성이는 어떤 것에 성공하고 싶어?"

10

과일 이름 빙고 게임

- 같은 이름 과일 찾기 -

난이도	★★★★☆	소요 시간	20 분
기대 효과	범주별 사물의 이름에 대한 관심이 늘고, 어휘력도 다질 수 있어요. 그림이나 글자의 모양에 집중하여 같은 것을 식별해내는 시지각능력이 향상됩니다.		

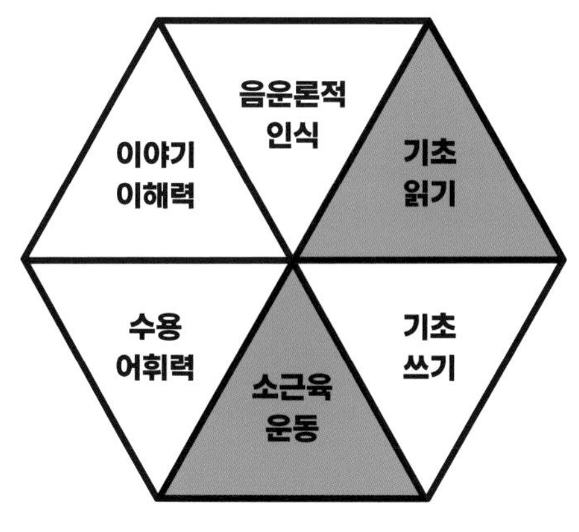

기초문해요소

추천연령

언어	수학	과학	사회
미술	음률	조작	신체

통합영역

준비물

빙고 판(3×3), **과일 카드**(한쪽 면에 과일 그림, 뒷면에는 과일의 이름이 적힌 카드), **스케치북, 가위, 크레파스**

- 두꺼운 도화지를 같은 크기의 정사각형 모양으로 자릅니다.
- 앞에는 과일 그림을 그리고 뒤에는 과일의 이름을 적습니다.
- 빙고 판은 카드의 크기와 동일하도록 3 × 3 배열로 그립니다.

활동 방법

❶ 과일의 이름으로 빙고 게임을 하기 전에 카드의 그림 면을 먼저 활용해 주세요. 같은 그림을 찾는 활동은 아이들의 형태지각력 증진을 돕기 때문에 같은 모양의 글자를 찾을 수 있게 돕는 준비 단계가 됩니다.

추천 질문

"여기에서 '사과'만 찾아서 모아 볼까?"
"윗부분이 뾰족뾰족한 풀처럼 생겼고, 아래는 울퉁불퉁한 이 과일 이름은 뭘까? 네 글자야. /프/ 소리로 시작해. 맞아, 파인애플!"

❷ 빙고 판 위에 과일 그림 카드를 올리고 가로 또는 세로에 있는 카드를 모두 뒤집어 보면서 과일 이름을 맞춰 봅니다.

활동 예시

"가로로 또는 세로로 카드를 하나씩 뒤집어 주면서 과일 이름을 맞춰 보고, 다 맞춘 다음에는 빙고! 하고 외치면 돼."

❸ 과일의 이름 면이 나오도록 모두 뒤집고 같은 단어끼리 찾아서 모아 봅니다.

추천 질문

"이 중에서 '복숭아' 단어만 찾아볼까? 복숭아는 첫 글자에 이렇게 생긴 '비읍'이 들어가. 그리고 '이응'이 가운데 글자에도 하나, 마지막 글자에도 하나씩 들어가. '복숭아' 단어만 찾아서 모아 볼래?"

❹ 과일 이름만 보이도록 빙고 판 위에 카드를 올려요. 가로로 놓여 있는 카드 3개 또는 세로로 놓여 있는 카드 3개를 하나씩 뒤집어 보면서 과일 이름 카드로 빙고 게임을 합니다. 아래 그림에서 첫 번째 가로줄에 있는 사과, 파인애플, 수박의 이름을 하나씩 말하며 뒤집어서 과일의 이름이 맞는지 확인합니다. 이처럼 가로로 3개 있는 과일의 이름을 모두 맞추면 빙고 한 줄이 완성됩니다. 세로 또는 대각선에 있는 과일 이름들을 차례로 뒤집어 보며 맞추는 것도 가능합니다(예: 세로-사과, 복숭아, 키위를 모두 뒤집어서 맞춰도 1 빙고 / 대각선-수박, 오렌지, 키위를 모두 뒤집어서 맞춰도 1 빙고).

사과	파인애플	수박
복숭아	오렌지	망고
키위	딸기	포도

과일 이름카드 빙고 예시
(뒤집기 전)

1 빙고 예시
(아이가 첫 번째 줄 과일의 이름을 모두 맞췄을 때)

도움말

- 과일의 그림에 관심을 갖고 같은 것끼리 찾아 짝짓기에서 시작해서 같은 과일의 이름 단어 찾기로 확장해 주세요.
- 아이가 좋아하는 동물, 캐릭터 등을 섞어 카드를 만들면 게임에 더 큰 흥미를 느낄 수 있습니다.
- 빙고 게임을 재미있어한다면, 빙고 게임을 위한 카드 만들기 활동으로 확장해 볼 수 있습니다. 그림을 그리고 단어를 쓰거나 스티커를 붙여 만들 수 있습니다.
- 학령기 아동이라면 빙고 판을 그리고 직접 글씨를 써서 빙고 게임을 해 보는 것도 좋습니다. 부모님과 함께 하나의 주제를 정하여 빙고 게임을 해 보세요(예: '자동차/나라/과자' 등의 주제를 정해 각자 이름을 빙고 판에 적고 빙고 3~5줄을 누가 먼저 완성하는지 시합하기).

11

우리 가족 이름 그래프 만들기

- 자음 개수 세기 -

난이도	★★★★☆	소요 시간	20 분
기대 효과	한글 자음과 모음의 모양에 집중하여 형태지각력을 키워요. 자음이 초성과 종성을 낼 수 있고, 모음은 글자(음절)마다 하나씩 들어간다는 사실을 발견할 수 있어요. 수학적 결과를 적절한 형식(그래프)으로 표현할 수 있게 됩니다.		

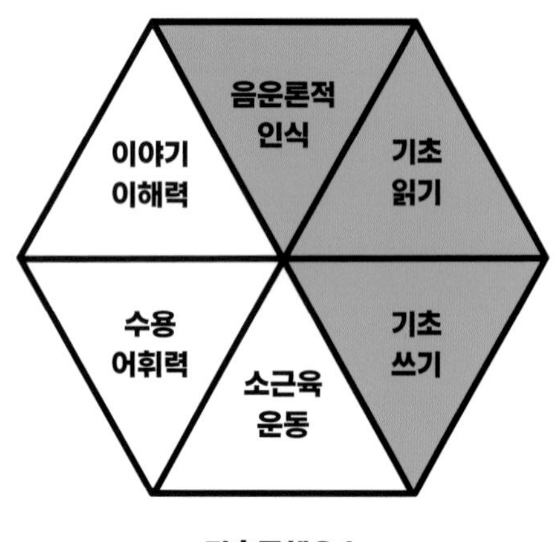

기초문해요소

추천연령

언어	수학	과학	사회
미술	음률	조작	신체

통합영역

준비물

그래프 판(가족 이름과 얼굴 사진을 붙임), **글자 모양 스티커**

- 소가족이라면 할머니, 할아버지 성함도 사용하면 좋아요.
- 사촌 형제자매나 친구들 이름으로 할 수도 있습니다.
- 자음과 모음의 색깔이 서로 다르면 좋아요(예: 자음은 파란색, 모음은 빨간색).
- 글자 모양 스티커 대신 색종이와 가위 활용하기(색종이에 이름을 적은 후 가위로 자음과 모음을 오리면 글자 모양 스티커를 대체할 수 있습니다.)
- 그래프 판은 달력 종이 뒷면, 4절 도화지나 전지와 같은 큰 종이에 마커로 선을 그어 만드세요.

활동 방법

① 아이의 이름에 들어가는 글자들을 늘어놓고 이야기를 나눠 보세요.

추천 질문

"○○이 이름에는 네모 모양 '미음'이 몇 개나 들어 있을까? 한 번 세어 볼까?"

② 그래프 판에 각 이름의 자모를 순서대로 하나씩 붙여요. 붙이면서 자모의 이름을 말해도 좋고, 소리를 내도 좋습니다.

③ 다 붙이고 자모의 개수를 함께 세요. 이때 같은 모양의 자음이 있는지 아이와 함께 찾아보세요. 연령이 높은 아이라면 자음과 모음의 개수를 따로 세고 덧셈도 해 봅니다.

추천 질문

"스티커가 전부 몇 개 붙었지?"
"누구 이름에 글자가 가장 많이 들어갈까?"
"우리 가족 이름은 모두 세 글자씩이네. 글자마다 모음이 하나씩 들어가지?"

④ 우리 가족 이름 그래프를 완성하고 자음과 모음의 개수와 각각의 모양에 대해 이야기를 나눕니다.

추천 질문

"ㅇㅇ랑 엄마, 아빠 이름 중에
'기역'이 가장 많이 들어 있는 이름은 누구 이름일까?"
"'이응'이 하나도 없는 이름도 있는 건 누구 이름일까?"
"받침이 하나도 없는 이름도 있을까?"
"ㅇㅇ이 이름 글자에 전부 '미음' 받침을 붙이면 어떤 소리가 날까?"

도움말

- 아이가 자음의 모양에 관심을 가지고 스스로 같은 모양의 자음끼리 짝지을 수 있도록 충분한 시간과 기회를 주세요.
- 그래프 판만 미리 만들어 두고, 그래프를 표현하는 건 다양하게 시도해 보세요. 아이가 직접 글자를 써서 그래프를 표현하는 것도 좋습니다.
- 학령기 아동이라면 그래프 판을 어떻게 구성하면 좋을지 스스로 생각하는 것으로 활동을 시작할 수 있어요.

그림책 함께 읽는 부모

- 그림책의 표지와 면지 읽기 -

'표지'는 그림책의 첫인상을 결정하는 얼굴입니다. 표지는 대표 그림으로 그림책의 중심 내용을 함축하여 보여 주기도 하고, 독자들을 그림책의 세계로 초대하기 위해 궁금함을 유발하는 장치예요. 대화할 거리가 많으니 표지도 그냥 지나치지 마시고 눈여겨 살펴보세요. 특히, 처음 읽는 그림책이라면 표지를 보면서 어떤 내용일지 내용을 추측해 보는 것이 좋습니다. 아이들이 흥미를 갖고 그림책에 관심을 갖도록 돕는답니다.

그림책의 표지에는 제목과 함께 그림책을 만든 글 작가, 그림 작가, 옮긴이, 수상 여부 등의 정보도 담겨 있어요. 이전에 읽었던 작가의 다른 책을 읽는다면 "이거 우리가 전에 읽었던 『○○』의 작가가 만든 그림책이래."라고 말해 줄 수 있겠죠. 옮긴이는 무엇을 옮겼다는 건지, 이 책이 어떤 상을 받았다는 건지도 짚을 수 있고요.

표지로 대화 나누는 연습을 해 볼까요? 『내 이름은 제동크』라는 그림책의 표지입니다. 어른이 혼자 질문하고 대답하는 것보다는 아이가 먼저 질문하거나 스스로 추측해 보는 게 더 좋겠죠.

『내 이름은 제동크』 앞표지

『내 이름은 제동크』 뒷표지

아이가 엉뚱한 말을 하더라도 생각을 수용해 주세요. 아빠 엄마가 답을 다 알고 묻는 게 아니라 정말 궁금해서 묻는 태도로 질문하셔야 해요.

"이 그림책 제목은 『내 이름은 제동크』래. 이 친구가 주인공 제동크인가 보다. 그런데 얼굴 둘레에 이 무늬는 뭐지? 뒤표지도 한번 볼까? 어? 앞에 있는 무늬랑 다른 무늬네? 왜 그런 걸까 궁금한데?"

그림책의 표지를 살펴보았다면 '면지(end paper)'도 잊지 말고 살펴봐 주세요. 면지는 그림책을 만들 때 표지와 속표지 사이에 넣는 종이를 말합니다. 이 부분은 표지보다 더 주목을 받기 어렵죠. 아마 대부분 그냥 지나치는 부분일 거예요. 하지만 면지에도 그림책에 대한 귀중한 정보들이 많이 담겨 있답니다. 이런 면지만 모아 활용하는 교육 프로그램도 있을 정도지요.

그림책을 읽기 전에 앞면지와 뒷면지를 비교하면서 살펴보면 본문에서 어떤 일이 벌어질지 예측해 볼 수 있답니다. 그림책을 다 읽고 나서도 면지를 다시 한번 같이 읽어 보세요. 줄거리 이해를 잘했다면 면지 속에 담긴 단서들을 아이들이 스스로 발견해낼 수 있습니다. 면지로도 연습해 볼까요? 『곰이 강을 따라갔을 때』(리처드 T. 모리스 글, 르웬 팜 그림, 이상희 옮김/소원나무, 2020)라는 그림책의 앞면지와 뒷면지입니다. 어떻게 다른가요?

『곰이 강을 따라갔을 때』 앞면지

『곰이 강을 따라갔을 때』 뒷면지

앞면지는 숲에 색이 없었는데 뒷면지에는 알록달록 색들이 생겨났어요. 그림책의 본문에서 어떤 사건이 있었을 거라고 추측해 볼 수 있겠네요. 앞면지를 자세히 살펴보면 곰이 동굴 속에 혼자 움츠리고 숨어 있고, 그 앞에는 부러진 나무가 보여요. 뒷면지에는 곰이 다른 동물 친구들과 폭포 아래에 모여서 함께 놀고 있는 모습이 보이고 부러졌던 나무는 사라져 버렸네요. 곰이 나무를 가지고 뭘 했길래 이렇게 바뀐 걸까요? 아이들은 누구보다도 그림을 관찰하는 능력이 뛰어나답니다. 아이들과 함께 숨은그림찾기를 하듯 비교해 보세요. 그림을 관찰하고 이에 대해 말로 설명해 보며 시각 문해(visual literacy)와 표현력 향상을 도울 수 있어요.

함께 살펴본 그림책의 표지와 면지와 같은 부분을 준텍스트(paratext)라고 합니다. 본문 외의 텍스트이기 때문에 붙은 이름이지요. 그림책의 표지, 면지, 판형 등 그림책을 그림책으로 존재할 수 있도록 해 주는 동시에 그림책의 이야기를 확장해 주는 공간이라고 할 수 있습니다. 이 부분도 기억하면서 새 책 읽을 때 재미있는 대화를 나눠 보세요.

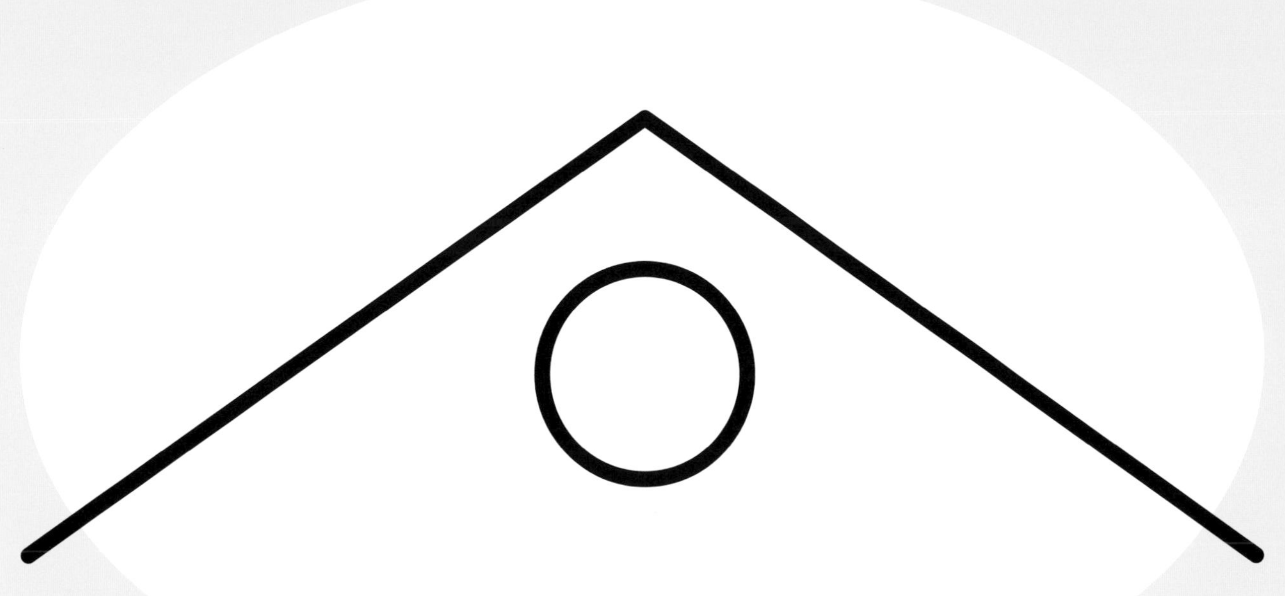

3.

디지털 미디어: 스크린에서 만나는 문해력

미디어, 문해력에 독일까 득일까

요즘 아이를 키우는 가정에서는 디지털 미디어 때문에 고민이 참 많습니다. 어린아이가 오랜 시간 컴퓨터, 태블릿PC, 스마트폰을 집중해서 보고 있는 모습을 보면 그냥 둬도 괜찮을지 걱정이 되시죠? 지금 자라나는 영유아는 아주 어렸을 때부터 디지털 미디어와 함께 성장하고 있는 디지털 네이티브(digital native)입니다. 반면, 부모님은 지금의 자녀 세대와 매우 다른 환경에서 다른 경험을 하며 성장하였기 때문에 자녀의 디지털 미디어 사용에 대해 어떻게 지도해야 할지 알기가 어렵습니다. 미디어 리터러시(media literacy), 기술 문해, 정보 문해를 모두 키워야 하는 현대사회에서 아이들의 디지털 미디어 사용 자체가 문제는 아닙니다. 부모가 좋은 콘텐츠를 골라 주고, 적절한 설명과 질문을 해서 이해력, 어휘력, 사고력 증진을 돕는다면, 미디어도 얼마든지 좋은 학습 매체가 될 수 있습니다.

디지털 미디어 사용 현황

영유아의 디지털 기기 사용은 보편적인 현상이 되었으며, 디지털 기기를 처음 접하는 연령이 점점 낮아지고 있습니다. 북미 지역과 우리나라에서는 영유아 10명 중 9명이 디지털 기기를 사용하고 있습니다.[1] 또한 우리나라 영유아의 절반 이상은 돌 전후에 스마트 기기를 처음 사용하고요.[2] 스마트 기기 사용 시작 시기가 점점 더 빨라지는 거죠.[3] 게다가 코로나 19 사태로 인해 가정에 머무는 시간이 많아지면서, 영유아의 디지털 기기 사

용도 더 늘어났습니다.[4]

사용 시간을 살펴보면, 만 3~4세 유아가 하루 평균 4시간 8분 동안 디지털 미디어를 사용하는데, 이는 세계보건기구(WHO)의 권고 기준인 하루 1시간의 4배가 넘는 시간입니다.[5] 주중에는 하루 4.4시간, 주말에는 5.9시간 동안 사용하고 있어 특히 주말에는 깨어 있는 시간의 절반을 디지털 기기와 함께 보내고 있다네요.[6]

3~6세 유아가 가장 많이 이용하는 플랫폼은 온라인 동영상 플랫폼이고, 다음은 게임 플랫폼입니다. 콘텐츠 선택자를 살펴보면, 3~4세 유아의 58.7%, 5~6세 유아의 75.6%가 유튜브 영상을 스스로 골라 보며,[7] 연령이 증가할수록 디지털 기기를 혼자 사용하는 경향이 점점 더 커집니다.[8] 따라서 부모가 적극적으로 관심을 가지고 감독하지

---

1 문진화(2021)
2 곽지혜(2016), 김용주, 문진화, 설인준, 노주형, 고민숙, 이진(2016), 오주현, 박용완(2019)
3 한국언론진흥재단(2020)
4 김소희(2020)
5 한국언론진흥재단(2020)
6 Chang, Park, Yoo, Lee, & Shin(2018)
7 한국언론진흥재단(2020)
8 곽지혜(2016)

않으면, 아이는 점점 더 혼자 디지털 기기를 활용하게 되면서 이로 인한 위험성도 함께 커질 수 있습니다.

디지털 미디어 사용의 문제점

디지털 미디어가 영유아기에 필요한 다양한 감각 경험과 상호작용을 대체하면 발달에 부정적인 영향을 미치게 됩니다. 인간의 뇌 신경망은 생후 4년 동안 가장 활발하게 형성되는데, 이 시기 뇌 신경망은 다양한 감각을 이용한 경험과 사람과의 상호작용을 통해 형성되기 때문이에요.[9] 영유아가 디지털 기기에 과도하게 노출되면 발달에 중요한 경험을 할 기회도 자연히 줄어들게 되어 부정적인 결과가 나타날 수밖에 없겠죠.

영유아기 디지털 기기 사용은 자조행동, 소근육운동, 만족지연능력, 의사소통 능력, 문해력 발달에 부정적인 영향을 주고, 충동성 및 자기조절의 어려움과 같은 문제를 일으킨다고 합니다.[10] 언어발달이 지연되는 아이 중 95%는 생후 24개월 이전에 디지털 미디어에 노출되었고 미디어를 보는 방법에서도 혼자 보는 경우가 79%였다고 합니다.[11] 이러한 연구 결과는 이른 시기부터 혼자 디지털 미디어에 노출되는 것이 언어발달을 지연시킴을 의미합니다. 한편 아동의 미디어 사용 시간이 길수록 어휘력은 낮지만, 미디어 사용 시간이 유사하다면 부모의 상호작용 수준이 더 높을 때 어휘력도 더 우수한 것으로 나타났습니다.[12] 따라서 아이가 미디어를 꼭 사용해야 한다면 부모님이 아이와 함께 언어적 상호작용을 충분히 해 줄 필요가 있습니다.

• 용어 설명 •

- 디지털 네이티브(digital native): 디지털 유목민, 즉, 태어날 때부터 스마트폰, 컴퓨터 등 디지털 기기에 둘러싸여 자라는 아이들을 가리킨다.

디지털 미디어는 부모와 함께 잘 활용한다면 유용한 학습 도구가 될 수 있지만, 부모의 감독 없이 아이가 디지털 미디어를 활용하다 보면 많은 문제에 노출될 수 있습니다. 특히 아이가 '혼자' 디지털 기기를 몇 시간째 본다면 문제가 됩니다. 디지털 기기에 과몰입하거나 중독될 위험성이 커져서 문제이기도 하지만, 문해력 측면에서는 디지털 기기를 과도하게 사용하게 됨으로써 유아에게 필요한 언어적 입력이 부족해진다는 점에서 가장 큰 문제예요. 성인과의 풍부한 언어적 상호작용이 유아기 문해력, 더 나아가 전반적인 언어발달에 대단히 중요하기 때문입니다.

또한 자극적인 디지털 미디어에 익숙해지면 책 같은 아날로그 미디어는 심심하게 느끼고 거들떠보지 않게 된다는 점도 큰 문제입니다. 예를 들어, 게임은 자극과 반응 사이 간격이 무척 짧지요? 아이가 여기에 익숙해지면 아날로그 자극은 조금만 지루해져도 참기가 어려워집니다. 더불어 지루함을 이기고 스스로 생각하는 능력도 떨어질 수 있습니다. 아이가 생각하고 싶어 하지 않으면,

---

9 서울특별시육아종합지원센터, 스마트쉼센터(2021)
10 강병재(2018), 김지연, 이하연, 이가림(2021), 성지현, 변혜원, 남지해(2015)
11 조민수, 최세린, 김경미, 이윤영, 김성구(2017)
12 이영신, 이지현, 김지연(2018)

사고력 발달에도 부정적 영향을 미칩니다. 자극적인 미디어에 많이 노출된 아이일수록 부모와의 언어적 상호작용이 더욱 필요합니다.

아이가 혼자 미디어를 사용한다면 특히 어휘력 및 이해력 측면에서 손해를 보게 됩니다. 실험을 통해 유아가 성인과 대화 없이 만화를 시청하는 조건와 성인과 대화하며 만화를 시청하는 조건을 비교하면, 대화 조건에서 더 많은 수의 새로운 어휘를 학습합니다. 겉보기에는 두 조건의 유아 모두 만화에 집중한 것 같지만, 성인과의 상호작용 여부에 따라 실제 미디어 내용을 깊이 있게 이해하는 정도가 달랐던 것입니다. 다른 실험에서는 음성녹음을 들으며 유아가 혼자 그림책을 읽는 것보다, 옆에서 성인이 설명을 해주고 그림을 손가락으로 가리키며 상호작용을 해 줄 때 유아가 이야기를 더 잘 이해하는 것으로 나타났습니다.[13]

실험 결과를 종합해 볼 때, 혼자 미디어를 보기만 하는 유아가 언어발달에서 얼마나 많은 것을 놓치는지 잘 보여 줍니다. 즉, 디지털 미디어를 사용할 때 성인이 계속 상호작용을 해 주면 좋은 매체가 되지만, 그렇지 않으면 독이 될 수 있다는 걸 알려 주지요. 혼자 미디어에 반복적으로 노출되는 유아는 생각하지 않고 바라만 보는 수동적 시청자가 되기 쉬워요.

또한 혼자 미디어를 사용하는 아이는 질 낮은 자극에 노출되어 바람직하지 않은 어휘를 습득하게 될 가능성도 높아집니다. 아이가 디지털 콘텐츠에 많이 노출되면 그 시기에 배워야 할 질 높은 어휘를 배우지 못하고 인터넷상에서 특정 집단 내에서만 통용되는 신조어, 비속어, 은어까지 배울 가능성이 높기 때문이에요. 이러한 신조어, 비속어, 은어는 바른 언어 사용과는 거리가 멀기 때문에 미디어 노출이 많아지면 바람직한 언어를 사용하지 못해 문해력에도 당연히 부정적인 영향

그림 1. 언어발달 지연군의 미디어 노출 시간, 시기 형태

13 최지수, 최나야, 서지효(2022)

을 미치게 됩니다. 기초문해력 검사에 참여한 한 유아는 검사 결과 어휘력이 또래에 비해 많이 부족한 것으로 나타났지만, 어른이 모르는 게임 용어는 많이 알고 있었습니다. 이런 사례는 부모님과의 상호작용이 제대로 이루어지지 않아 아이의 어휘력에 구멍이 생긴 경우라 할 수 있습니다.

꼭 필요한 미디어 사용 규칙

아이가 미디어를 사용할 때 부모의 역할이 정말 중요합니다. 특히 중요한 것은 바로 가정에서 미디어 사용의 규칙을 정하는 것입니다. 어린이의 미디어 사용에는 규칙이 꼭 필요합니다. 아이의 미디어 사용 규칙은 어떻게 정하면 좋을지 하나씩 살펴보겠습니다.

첫째, 아이가 미디어를 혼자 사용하도록 방임하지 않아야 해요. 먼저 아이가 볼 콘텐츠가 유해하지는 않은지 양육자가 미리 확인할 필요가 있습니다. 그리고 아이가 미디어를 볼 때 부모가 곁에서 상호작용하면서 보아야 합니다.[14] 부모가 집안일을 하거나 식당에서 외식할 때, 아이를 돌보는 매체로 디지털 기기를 활용하는 경우가 흔한데, 유아가 혼자서만 미디어를 사용하게 두면 안 됩니다. 이런 상황이 반복되면, 아이는 부모님이 집안일을 하거나 식당에 가면 반사적으로 미디어를 찾게 됩니다. 아이와 놀거나 돌보지 못하고 설거지 등 다른 일을 해야 한다면, 아이가 아날로그 놀잇감을 가지고 놀도록 해 주세요. 아이와 상호작용하기에 어려운 상황에서 디지털 기기를 써야 한다면, 이미 충분히 함께 다루어 봤고, 상호작용했던 콘텐츠를 이용하는 게 좋습니다. 아이와 밖에 나갈 때에도 그림책 한 권을 들고 가서 같이 보거나, 색연필로 색칠하거나, 미로 찾기를 시도해 보세요. 디지털 기기 말고도 재미있는 활동이 많다는 것을 아이가 느껴야 합니다.

영유아기 미디어 사용 규칙 정하기

1. 아이가 혼자 미디어보지 않게 하기

2. 미디어 사용 규칙 구체적으로 정하기

3. 미디어 사용을 보상 개념으로 사용하지 않기

4. 미디어 콘텐츠나 앱을 아이 혼자 다운받지 않도록 하기

5. 아이가 미디어를 통해 배운 나쁜 표현에 대해 설명해 주기

6. 부모의 디지털 미디어 습관부터 점검하기

둘째, 미디어 사용 시간, 사용 빈도에 대한 규칙을 아이와 함께 의논해서 구체적으로 정하세요. 규칙은 명확하고 일관성 있어야 유아가 잘 따를 수 있습니다. 어디에서, 언제, 얼마 동안 사용할 것인지 구체적으로 규칙을 정해서 가족 모두 지키려고 노력하는 것이 중요합니다.[15] 규칙을 정할 때는 아이와 함께 정해야 아이가 스스로 규칙을 지키려는 동기가 생깁니다. 그리고 규칙을 정했다면 아이가 그걸 잘 지킬 때를 노려서 칭찬을 충분히 해 주세요. 아이가 규칙을 못 지킨다고 나무라기보다는, 우연히라도 규칙을 지켰을 때 칭찬해서 스스로에 대해 자부심을 느끼게 하는 것이 장기적으로 도움이 됩니다. 규칙을 지키는 기쁨

---

14 서울특별시육아종합지원센터, 스마트쉼센터(2021)

15 서울특별시육아종합지원센터, 스마트쉼센터(2021)

을 알게 된 아이는 부모가 말하지 않아도 스스로 규칙을 지킬 수 있게 됩니다. 다시 말해, 자기조절 능력이 발달하는 것입니다.

셋째, 미디어 사용을 보상 개념으로 사용하지 마세요. 예를 들어서 '○○하면, 미디어보게 해 줄게.'와 같은 약속은 하지 말아야 합니다. 미디어 사용을 보상 개념으로 사용하면 아이는 미디어 사용이 좋은 것이라 부모가 자신에게 상으로 주면서도 평소에 과하게 제약을 한다고 여기게 됩니다. 보상에 익숙해지면 아이는 자기가 당연히 하는 일을 할 때에도 부모에게 늘 미디어 사용을 보상으로 요구할 수 있습니다. 결과적으로 아이가 부모로부터 미디어 사용 시간을 얻어 내고 협상하는 데에 집중하다 보면 스스로 미디어 사용을 조절할 수 있는 자기조절능력이 제대로 길러지기 어려워요.

넷째, 아이가 디지털 콘텐츠나 앱을 혼자 탐색하거나 마음대로 내려받지 않도록 하는 규칙도 꼭 필요합니다. 아직 디지털 콘텐츠에 대한 변별력이 부족한 아이에게 그 선택권을 넘기는 건 부정적인 영향이 더 커요. 기기의 소유주는 '부모'여야 한다는 사실을 기억하고 아이에게도 인식시켜야 합니다. 게임 앱을 고를 때에도 아이가 혼자 고르기보다는, 부모가 아이와 함께 아이의 나이에 맞는 게임을 골라 줄 필요가 있습니다. 부모가 같이 콘텐츠를 고르고, 게임도 같이 해 보면 아이와 대화도 쉽게 이어갈 수 있습니다. 이러한 상호작용이 함께 이루어질 때 미디어 사용 시간이 더 유익해집니다.

다섯째, 아이가 디지털 콘텐츠로부터 바람직하지 않은 신조어, 은어, 비속어를 배워 사용한다면 이에 대해 적절한 설명을 해 주세요. '어떤 배경에서 나온 어떤 뜻'인지 아이가 알아들을 수 있게 진지하게 설명해 줄 필요가 있습니다. 예를 들어서, 폭력적인 게임에서 사람의 머리를 뚝배기라고 하고 총을 쏜다면, "이게 '음식을 따뜻하게 먹게 해 주는 그릇'인 뚝배기야. 이걸 떨어뜨려서 깨뜨린다면 어떨까? 이걸 사람 머리에 비교할 수 있을까? 어떻게 생각해?"와 같이 이런 말이 왜 나쁜지 아이가 이해할 수 있도록 상호작용할 필요가 있습니다. 이를 위해서는 디지털 미디어를 볼 때 부모와 함께 상호작용하며 보는 습관을 들일 필요가 있겠죠?

마지막으로, 가족의 디지털 미디어 사용 습관은 닮아가기 때문에 부모인 내가 디지털 미디어에 과몰입하고 있지는 않은지 먼저 점검할 필요가 있습니다. 아이는 부모의 모습을 관찰하고 이를 쉽게 모방합니다. 부모가 일상에서 아이와 상호작용하는 대신 스마트 기기만 계속 들여다보는 모습을 보여 준다면, 아이는 이러한 모습을 쉽게 모방합니다. 양육이 이루어지는 일상적인 상황에서 부모가 아이와 직접 상호작용하지 않고 스마트폰을 사용하는 것만으로도 아이의 언어발달에 부정적 영향이 생긴다고 합니다.[16] 부모는 아이 앞에서 디지털 미디어를 얼마든지 사용하면서 아이에게는 하지 말라고 제한하면 아이는 부모의 말을 받아들이기 어려워요. 아이와 함께 있을 때는 디지털 미디어를 내려놓고 함께 상호작용하고, 놀이하는 것을 원칙으로 삼아 주세요.

---

16 서울특별시육아종합지원센터, 스마트쉼센터(2021)

미디어 리터러시 키우기

유아가 규칙을 지키며 미디어를 적절히 사용한다면, 적극적으로 미디어 리터러시를 키워 줄 방법도 알아볼 필요가 있겠습니다. 미디어 리터러시는 디지털 시대에 사회 구성원으로서 삶을 영위하기 위한 필수 능력이기 때문입니다. 원래 미디어 리터러시는 미디어를 이해하고 활용하는 능력을 의미하였지만, 점점 그 의미가 더 확장되어 받은 메시지를 평가하고, 메시지를 능숙하게 창출하고, 메시지를 매개로 사회와 소통하는 능력까지 포괄하는 것으로 변화하고 있습니다.[17] 이러한 미디어 리터러시는 디지털 시대에 성장하는 아이들에게 꼭 필요한 역량으로 주목받고 있습니다.[18]

미디어는 잘만 활용하면 미디어 리터러시를 키워 주는 도구가 될 수 있습니다. 꼭 종이로 된 책만이 문해력에 도움이 되는 건 아닙니다. 디지털 기기를 통해 보는 책도 종이로 된 책과 마찬가지의 효과가 있습니다. 종이책을 전자책으로 다시 보면 같은 책에 대해 색다른 경험을 할 수도 있습니다.

또한 미디어를 능동적으로 활용함으로써 기초 문해력 발달에 도움을 얻을 수 있습니다. 예를 들어, 전자책에 아이의 목소리를 스스로 녹음해서 들어봄으로써 아이가 더 능동적인 독자가 되어 표현의 기회를 가질 수 있어요. 더 나아가 미디어 기기를 이용해 직접 그림을 그리고 목소리를 녹음하여 책을 만들어 볼 수도 있습니다. 이러한 활동을 통해 유아는 인쇄물 개념도 익히고 소근육 운동, 이야기이해력, 어휘력, 문장구사력 등 여러 영역에서 동시에 큰 도움을 받을 수 있어요. 디지털 기기의 간단한 기능만으로도 아이의 문해력을 키우는 활동이 가능한 거죠. 이제부터 디지털 미디어로 우리 아이의 문해력을 키울 수 있는 다양한 활동들을 소개해 드릴게요.

• 용어 설명 •

- 미디어 리터러시(media literacy): 인쇄매체, 방송매체를 포함해 다양한 매체를 이해하고 사용할 수 있는 능력을 말한다.

---

17 안정임, 서윤경, 김성미(2013)
18 신하나, 정세훈(2018)

디지털 기기를 얼마나 사용하나요?

- 나의 디지털 기기 사용 현황 파악하기 -

난이도	★☆☆☆☆	소요 시간	10 분
기대 효과	우리 가족의 디지털 기기 사용 실태를 되돌아볼 수 있어요. 앞으로 우리 가족이 디지털 기기를 어떻게 사용할지 계획을 세우기 위한 자료로 사용할 수 있어요.		

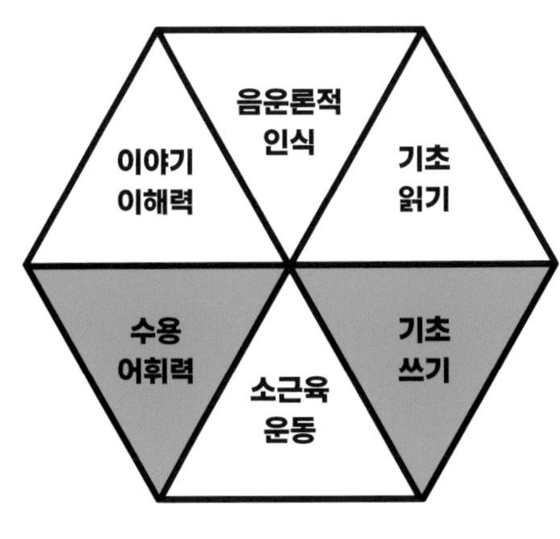

기초문해요소

2세	3세	4세	5세	저학년

추천연령

언어	수학	과학	사회
미술	음률	조작	신체

통합영역

준비물

디지털 기기 사용 기록지, 연필 또는 색연필

활동 방법

❶ 디지털 기기 사용에 대한 기록지의 문항을 하나씩 읽어 주세요.

❷ 가족 구성원 모두의 미디어 기기 사용 실태를 기기 종류별로 시간, 장소, 콘텐츠의 종류로 나누어 파악해요.

❸ 조사 결과를 글, 그림, 숫자, 그래프로 표현해요.

❹ 가족들의 미디어 기기 사용에 대해 서로 비교해요.

도움말

- 아직 글로 표현하지 못하는 아이는 그림, 숫자, 그래프 등 다양한 표현 방법으로 적어 볼 수 있도록 도와주세요. 보고 그대로 따라 적는 것도 아이들의 기초쓰기 발달에 도움이 됩니다. 아이가 직접 쓰고 싶은 글은 보고 따라 적을 수 있도록 엄마/아빠가 종이에 적어서 보여 주세요.

• 우리 가족과 미디어 기기 사용 •

- 언제 미디어 기기를 처음 사용했나요? ________세
- 어떤 미디어 기기를 자주 사용하나요? (중복응답 가능)

① TV ② 핸드폰 ③ 컴퓨터(노트북) ④ 유아용 디지털 기기

- 언제 미디어 기기를 사용하나요?

① 밥 먹을 때 ② 이동하는 중 ③ 자기 전 ④ 형제자매와 놀이할 때

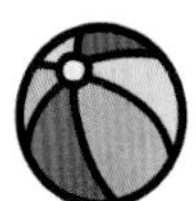

⑤ 기타 (　　　)

- 어디에서 미디어 기기를 사용하나요?

① 집 ② 학교/사무실 ③ 식당 ④ 기타 (　　)

- 하루 중 언제 주로 미디어 기기를 사용하나요?

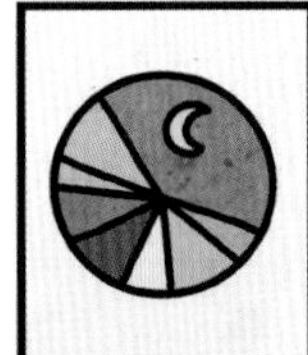

- 하루에 얼마나 미디어 기기를 사용하나요? ________시간 ________분
- 미디어 기기를 많이 사용하는 요일은 언제인가요? (중복응답 가능)

월	화	수	목	금	토	일

- 어떤 콘텐츠(프로그램, 앱)를 가장 많이 시청 또는 사용하나요?

2

미디어 사용 규칙 회의

- 미디어 사용에 대해 가족 규칙 만들기 -

난이도	★☆☆☆☆	소요 시간	10 분
기대 효과	미디어를 무분별하게 사용하면 안 되는 이유를 알아요. 미디어 사용 규칙판을 만들며 기초쓰기를 경험해요. 미디어 사용 규칙을 스스로 정하고 지키기 위해 노력하게 돼요.		

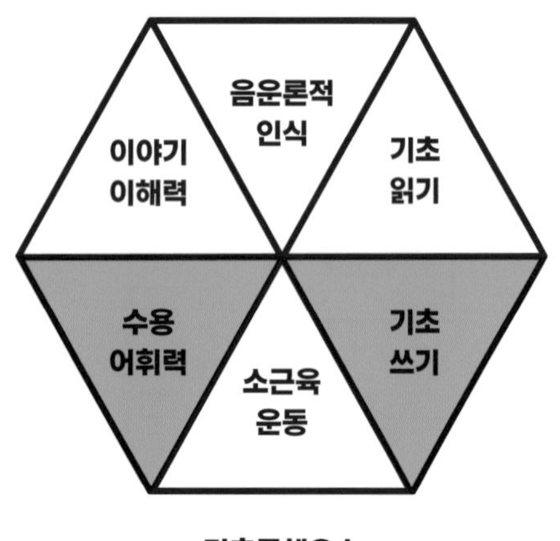

기초문해요소

2세	3세	4세	5세	저학년

추천연령

언어	수학	과학	사회
미술	음률	조작	신체

통합영역

준비물

스케치북, 색연필

• 미디어 사용 규칙 예시 •

- TV는 그냥 틀어 두지 않아요. 보고 싶은 TV 프로그램을 정해서 1시간 이내로 가족이 함께 봐요.
- 디지털 기기(스마트폰, 태블릿PC 등)는 저녁 먹기 전에 20분 동안만 사용해요.
- 동영상은 부모님께 봐도 괜찮은 건지 먼저 확인받고 부모님과 같이 봐요.
- 디지털 기기로 동영상을 볼 때는 부모님과 이야기하면서 시청해요.
- 디지털 기기를 사용할 때는 충분한 거리를 두고 바른 자세로 앉아서 봐요.
- 부모님과 약속한 시간이 끝나면 스스로 디지털 기기를 꺼요.
- 디지털 기기를 사용하지 않는 시간에는 재미있게 놀이를 해요.
- 디지털 기기는 잠자기 전, 식사 시간에는 사용하지 않아요.
- 디지털 기기는 거실에 있는 소파에서만 사용해요.
- 미디어를 사용하는 시간을 스스로 잘 지키면 칭찬스티커를 하나씩 받아요. 칭찬스티커를 20개 모으면 ㅇㅇ가 갖고 싶은 멋진 그림책 한 권을 함께 사러 가요.
- 엄마/아빠도 ㅇㅇ 앞에서 미디어를 무분별하게 사용하지 않아요.

활동 방법

1. 첫 번째로 소개한 <디지털 기기를 얼마나 사용하나요?> 활동을 통해 우리 가족의 사용 현황에 대해 알아봅니다.
2. 디지털 기기를 사용할 때 어떤 규칙이 필요할지 이야기 나눠요. 이전 활동에서 디지털 기기 사용의 정도가 높은 것으로 나왔다면, 어떻게 줄일 수 있을지 구체적인 방안도 모색해요.
3. 아이와 함께 정한 규칙을 성인이 종이에 먼저 써 줍니다.
4. (5세 이상이라면)아이가 스케치북에 성인이 적어 준 규칙을 보며 한 글자씩 따라 써요.

도움말

- 미디어 사용 규칙은 아동을 양육하는 가정에서 필수입니다. 처음 시작 때부터 정하면 좋으나, 지금이라도 함께 만들어 지켜 보세요. 양육자 간에 일관적인 태도도 필수적입니다.
- 성인이 일방적으로 정해서 디지털 기기 사용 규칙을 통보하는 것은 효과적이지 않아요. 디지털 기기를 어떻게 사용하는 게 올바른 방법일지 아이와 충분히 이야기 나눠 보세요.
- 디지털 기기가 좋지 않은 이유에 대해서 쉽게 설명해 주세요.

- 아이가 미디어 사용 규칙을 스스로 지킨 순간을 놓치지 말고 칭찬해 주세요. "엄마/아빠가 말하지도 않았는데 ○○가 알아서 핸드폰으로 동영상 다 보고 돌려줬네? 더 보고 싶었을 텐데 스스로 그만 보다니 멋져."
- 디지털 미디어를 사용하는 것 말고 할 수 있는 놀이가 무엇이 있는지 이야기 나누고 떠오르는 대로 모두 적어 보세요. 생각보다 재미있는 아날로그 놀이가 무궁무진하답니다. 미디어 사용 규칙판 옆에 같이 붙여 놓고 다른 놀이는 어떤 걸 하고 싶은지 아이가 골랐다면, 부모님은 아이와 집중해서 즐거운 시간을 보낼 수 있게 노력해 주세요.
- 아이가 미디어 사용을 스스로 통제할 수 있고, 디지털 미디어보다 놀이나 책 읽기 같은 다른 활동을 더 좋아할 수 있도록 하기 위해선 부모님의 역할이 아주 중요해요. 부모님도 아이 앞에서 미디어를 무분별하게 사용하지 않기로 규칙을 정해야 효과적입니다.
- 가족들이 모두 규칙을 잘 지키고 얻을 수 있는 보상을 정해서 시작하세요. 일주일 동안 잘 지키면 가족들이 할 수 있는 일, 받을 수 있는 선물을 생각해 보세요.

3

전자책을 마음대로 바꿔 보자

- 규칙을 바꾸고 따라 하며 통글자로 한글 익히기 -

난이도	★★★☆☆	소요 시간	20 분
기대 효과	책을 읽을 때 집중력과 규칙을 기억해 적용하는 실행기능을 키울 수 있어요. 말소리를 글자로 적는 것을 관찰하며 음절 단위 글자에 익숙해져요.		

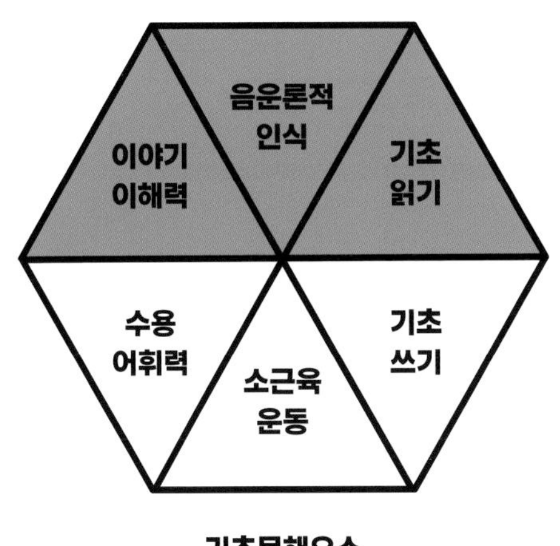

기초문해요소

추천연령

언어	수학	과학	사회
미술	음률	조작	신체

통합영역

준비물

『나는 오, 너는 아!』 그림책 (존 케인 글·그림, 이순영 옮김 / 북극곰, 2020), 도화지, 크레파스, 색연필

활동 방법

❶ 『나는 오, 너는 아!』 그림책을 함께 반복하여 읽으며 규칙에 익숙해져요.

❷ 태블릿PC로 『나는 오, 너는 아!』의 규칙과 관련된 글자 부분을 지워요.

❸ 아이와 함께 새로운 규칙을 만들고 적어요.

❹ 아이와 정한 규칙으로 새롭게 책을 읽어요.

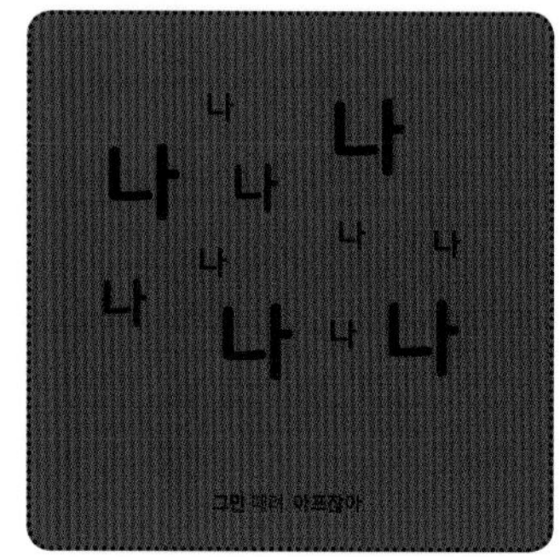

『나는 오, 너는 아!』 그림책의 '오'가 나오면 '아'라고 말하기로 한 장면을 '나'가 나오면 '너'라고 대답하기로 정하고 그림책을 바꾼 모습

• 그림책의 규칙을 그림과 글로 표현하기 •

태블릿PC에 끼적여 규칙들을 표현해 봐도 좋지만, 종이, 스케치북, 칠판, 포스트잇과 같이 쓸 수 있는 종이와 필기구만 있어도 충분해요. 그림책을 읽으면서 나오는 규칙을 그림과 글로 표현해 보며 읽으면 좋아요. 하나씩 늘어나는 규칙을 아이들이 메모한 것을 보며 잊지 않고 말할 수 있도록 도와줄 수 있어요. 아이들이 이해하기 쉽게 그림과 글을 함께 표기해 주세요. 아이는 이러한 과정을 통해 '쓰기'라는 행위에 들어 있는 기능과 그 의미를 자연스럽게 깨달을 수 있어요. 이러한 활동은 아이가 글자 쓰기에 호기심을 느끼고 스스로 써 보고 싶도록 이끌어 줄 수 있어 좋아요.

재미있게 그림책 읽기

- 『나는 오, 너는 아!』 그림책은 성인과 아이가 그림책과 상호작용하며 놀이하듯 읽을 수 있도록 만들어져 있어요. 성인은 그림책의 글을 그대로 읽기보다는 아이들과 놀이를 한다는 느낌으로 그림책을 읽어 주는 게 좋아요. 그림책을 아이와 함께 읽기 전에 여러 번 읽어서 내용을 충분히 숙지해 주세요.
- 성인이 그림책을 읽으며 말하는 규칙에 대해 아이가 반응을 보여야 그림책 읽기가 가능한 구조의 그림책이에요. 아이가 처음 접하는 그림책 유형이고, 규칙을 기억하는 걸 어려워하면 한 명의 성인이 그림책을 읽어 주고, 다른 성인과 아이가 그림책을 읽는 독자의 역할을 함께 하면 좋아요.
- 규칙이 너무 여러 개 나와서 아이가 일부만 대답을 한다면, 다른 규칙을 상기시켜 주세요. 앞에서 설명한 것처럼 규칙에 대해 간단히 적은 메모를 함께 활용하면 좋아요. "개미가 나오면 우리 뭐라고 외치기로 했지? 빨강이 나오면 우리 어디를 톡 치기로 했지?" 와 같이 물으며 규칙을 기억하고 말할 수 있도록 도와주세요. 이렇게 반복해서 읽어 보면 아이가 규칙을 모두 이해하고 잊지 않고 대답하면서 재미를 느끼게 돼요. 한 번에 완벽하게 읽으려고 하기보다는 반복해서 읽으며 재미를 느껴 보세요. 이렇게 여러 규칙을 기억하고 지키며 행동하려면 아주 높은 수준의 '실행기능'이 필요해요. 실행기능은 '집행기능'이라고도 불리는데 인지적인 활동, 외현적 행동과 정서적 반응 등을 조직화하고 지시하는 자기조절 및 통제적 기능을 말해요. 아이들이 그림책에서 제시되는 규칙들을 지키며 그림책을 읽어 보는 것만으로도 인지적으로 큰 도움이 돼요.
- 진하고 크게 적혀 있는 글자를 강조해서 읽어 주세요. 작은 글자는 점점 더 작아지는 목소리로 속삭이듯이, 굵고 진한 글자는 굵고 큰 목소리로 읽어 주세요. 강조된 글자를 읽을 때 손으로 가리키면 글자의 모양과 소리에 주의를 두도록 할 수 있어요. 그림책을 읽으며 글자의 형태와 소리를 연관 지어 기억함으로써 자주 보는 단어(sight words)를 기억해 읽게 됩니다.

도움말

- 아이가 규칙에 익숙해지면 새로운 소리 규칙을 만들어 보거나 소리와 몸동작을 결합하는 방식을 통해 점점 더 복잡한 규칙을 만들어 책을 읽을 수 있어요(예: '오' 하면 '아' 하면서 손뼉 치기, 개미가 나오면 발을 구르며 '팬티'라고 말하기).
- 일상생활에서 아이와 규칙을 사용해 말해 보는 놀이로 확장할 수 있어요(예: '○○야'라고 하면 '사랑해' 하는 거야!).

4

전자펜은 생각연필

- 이야기 꾸미고 그림과 글로 표현하기 -

난이도	★★☆☆☆	소요 시간	15 분
기대 효과	상상한 것을 그림과 글로 표현하며 기초적인 쓰기를 경험해요. 전자펜으로 그림을 그리면서 다양한 소근육운동을 경험해요.		

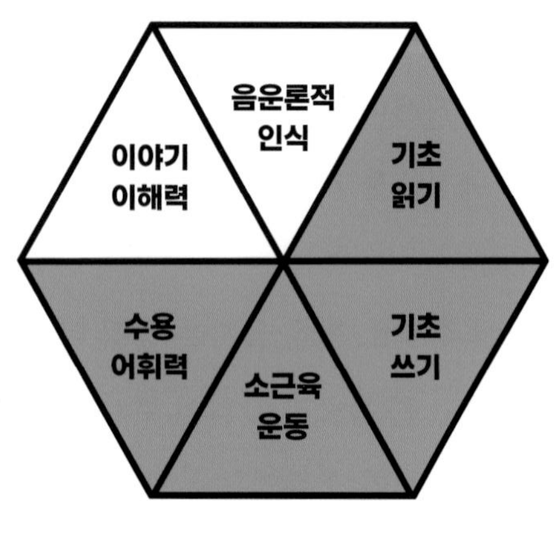

기초문해요소

2세	3세	4세	5세	저학년

추천연령

언어	수학	과학	사회
미술	음률	조작	신체

통합영역

준비물

『생각연필』 그림책(이보나 흐미엘레프스카 글·그림, 이지원 옮김 / 논장, 2011), 태블릿PC, 전자펜, 연필 모양으로 그린 도안

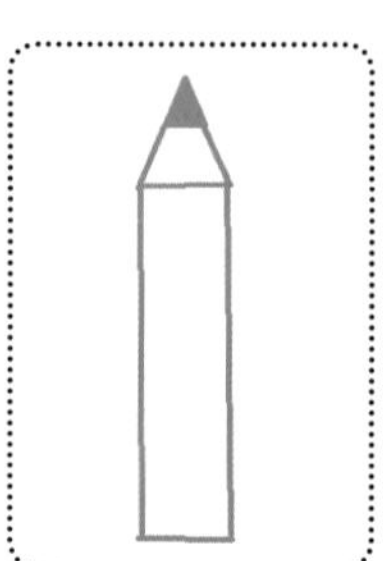

활동 방법

❶ 『생각연필』 그림책을 함께 읽어요.

❷ '좋은 생각'이 어디에서 올 수 있는지 상상하고 말해요.

❸ 아이가 상상한 것을 단어로 적어 주세요. 아이는 연필 모양을 활용해 상상한 것을 자유롭게 그림으로 표현해요. 아이가 상상하기를 힘들어하면 구체적인 대상을 예시로 들어 주면 좋아요(예: 과일, 채소, 놀잇감 등). 성인이 먼저 상상해서 그림으로 표현하는 걸 보여 주는 것도 도움이 됩니다. 그림책에 나왔던 것처럼 글자도 그림처럼 다양하게 꾸며 보세요.

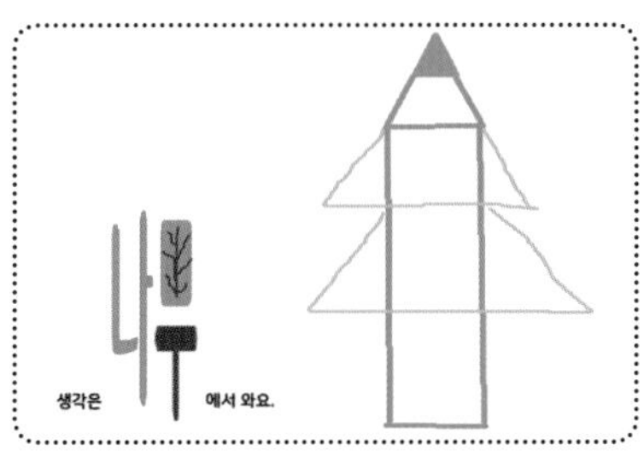

"엄마는 생각이 나무에서 오는 거 같아.
나무 옆에 가만히 앉아 눈을 감고 있으면
좋은 생각들이 쏙쏙 떠오르거든.
그러니까 엄마는 연필 모양을 이용해서
나무를 그려 볼래. '나무'라고 적을 건데
나무처럼 기-일-쭉 하게 적어야지."

재미있게 그림책 읽기

- 연필 모양을 활용해서 표현된 그림들을 유심히 관찰해요. 재미있게 표현된 글자에도 관심을 가질 수 있도록 해 주세요. 이 그림책의 글은 그림과 잘 어울리도록 독특하게 표현된 부분이 많아요. 그래서 아이들이 글에도 관심을 갖고 볼 수 있게 도와주지요. 각 장면에 표현된 단어의 모양과 내용의 특징을 잘 살려서 읽어 주세요.

"좋은 생각은 구름 사이에서 헤매고 있을까요?
여기 구름이라고 적혀 있는
회색 구름이 두둥실 떠 있네.
여기 옆의 그림에도 연필이 숨어 있어?
어느 부분이 연필의 뾰족한 끝부분인 거 같아?"

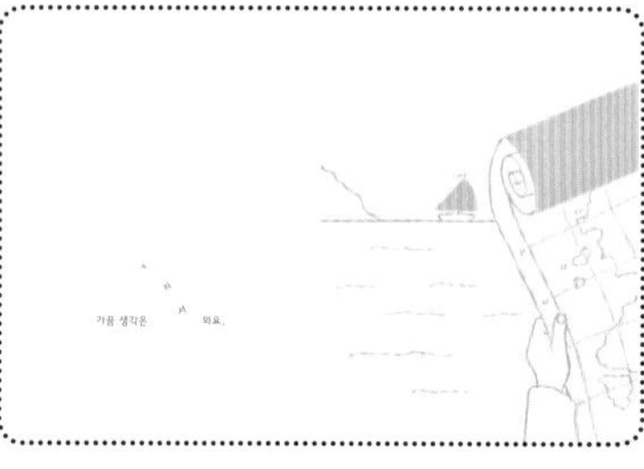

"가끔 생각은
(글자를 하나씩 순서대로 가리키며 천천히)
멀~ 리~ 서 와요. 글자가 정말
멀~ 리~ 서~ 날아온다. 생각이 멀리서 오니까
글자를 그렇게 썼나 봐."

도움말

- 정답이 없는 활동이니 아이의 자유롭고 창의적인 반응을 격려해 주세요.
- 아이의 상상에 대해 이야기를 나누고, 이를 그림과 글로 표현하는 과정에서 성인과 아이가 주고받는 언어적 상호작용이 아이의 문해력 발달에 큰 힘이 돼요. 결과물을 만드는 것이 아닌 아이와 함께 이야기 나누는 시간 자체에 집중해 주세요. 그림을 그리다가 아이가 다른 상상의 세계로 가버렸다면 이를 존중해서 역할놀이, 그림 그리기 등으로 확장해도 좋아요.

5

내가 말하는 이야기

- 이야기 만들어 녹음하고 듣기 -

난이도	★★☆☆☆	소요 시간	20 분
기대 효과	다양한 어휘를 활용해 이야기를 구성하며 문장구사능력을 기를 수 있어요. 이야기를 지어 내어 말해 보는 즐거움을 느끼며 능동적인 독자가 될 수 있어요.		

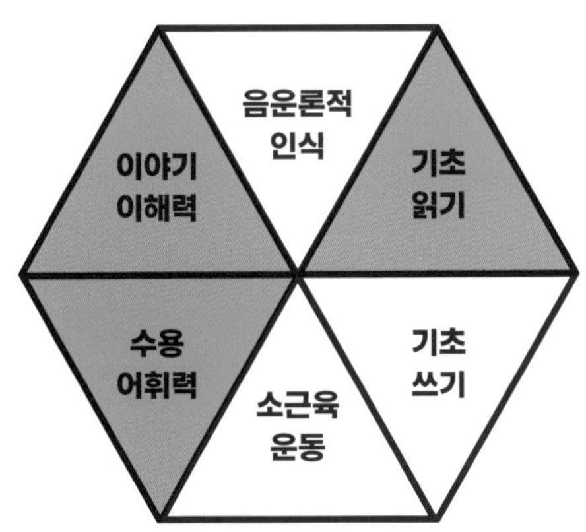

기초문해요소

2세	3세	4세	5세	저학년

추천연령

언어	수학	과학	사회
미술	음률	조작	신체

통합영역

준비물

미디어 사용에 관한 그림책 『텔레비전보다 훨~씬』(장 르루아 글, 마티외 모데 그림, 박선주 옮김 / 책과콩나무, 2019), 『텔레비전이 고장났어요!』(이수영 글·그림 / 책읽는곰, 2012), 녹음 기능이 포함된 디지털 기기(태블릿PC, 스마트폰 등)

활동 방법

❶ 아이와 미디어에 관한 그림책을 함께 읽어요.

❷ 그림책의 그림을 보면서 아이가 스스로 이야기를 꾸며 말하는 것을 녹음기로 녹음해요.

❸ 그림책을 한 장씩 넘겨 보며 녹음기로 녹음한 파일을 들어요.

도움말

- 어떤 그림책이든 상관없이 해 볼 수 있는 활동이에요. 아이가 여러 번 반복해서 읽어서 친숙한 그림책이 좋아요.
- 처음 읽는 그림책이라면 그림만 관찰하며 읽어 보는 그림산책 활동을 한 뒤, 그림책의 이야기를 들려주시는 것도 좋아요.
- 아이가 혼자서 그림책의 이야기를 짓는 것을 부담스러워한다면, 한 장씩 번갈아 가면서 읽어 보세요. 그림책에 나오는 인물들의 역할을 나누어 이야기를 만들 수도 있어요.

6

전자책에 그림 글자 넣기

- 의성어, 의태어를 그림과 글로 표현하기 -

난이도	★★☆☆☆	소요 시간	15 분
기대 효과	상황에 맞는 적절한 의성어, 의태어를 사용하며 어휘력을 키워요. 단어를 소리내어 말하고 써 보며 음운론적 인식의 발달을 도와요. 글을 그림 글자로 표현하며 기초쓰기를 경험해요.		

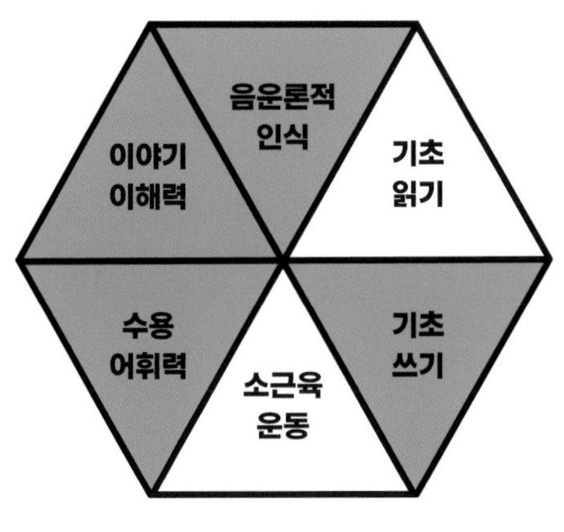

기초문해요소

2세	3세	4세	5세	저학년

추천연령

언어	수학	과학	사회
미술	음률	조작	신체

통합영역

준비물

『곰이 강을 따라갔을 때』 전자 그림책 (리처드 T. 모리스 글, 르웬 팜 그림, 이상희 옮김 / 소원나무, 2020), 태블릿PC, 전자펜

활동 방법

❶ 아이와 『곰이 강을 따라갔을 때』 그림책을 함께 읽어요.

❷ 그림책을 보며 어떤 그림이 더 있으면 좋을지 상상해 보고 전자펜으로 꾸며요.

❸ 그림책의 장면에서 들릴 수 있는 소리와 인물의 움직이는 모습을 의성어·의태어로 표현해서 그림 위에 적어요. 의성어·의태어를 적을 땐 글자를 그림처럼 표현하면서 글자가 그림의 역할처럼 기능할 수 있음을 보여 주세요(예: 폭포 옆에 '쏴아아': 물이 빠르게 떨어지는 것처럼 날아가듯 적기, 물 위에 '첨벙': 물속으로 쏙 빠지는 것처럼 표현하기).

도움말

- 소리를 녹음할 수 있는 애플리케이션을 같이 활용할 수 있다면 의성어·의태어를 아이들의 목소리로 녹음해 보세요. 아이가 새롭게 추가한 그림과 의성어·의태어를 위주로 설명하는 이야기를 지어 보세요.
- 아이가 아직 글자를 쓸 줄 모른다면 아이가 표현한 의성어·의태어를 글로 표현하는 과정을 보여 주는 것만으로도 좋습니다. 자신이 말한 소리가 글로 표현되는 과정을 의미 있는 맥락 속에서 자주 보여 주세요.
- 그림책의 면지를 비교하며 틀린 그림 찾기 놀이를 해 보세요. 앞면지와 뒷면지를 나란히 두고 달라진 부분을 찾아 전자펜으로 동그라미 쳐 보세요.

7

우리가 만드는 전자책

- 사진, 녹음을 활용해 스마트기기로 책 만들기 -

난이도	★★★☆☆	소요 시간	30 분
기대 효과	인터랙티브 기능이 포함된 앱을 사용하며 흥미를 느끼고, 미디어의 다양한 기능 활용에 자신감을 느껴요. 완결된 이야기를 구성하며 작가 경험을 해요. 이야기의 구조에 익숙해질 수 있어요.		

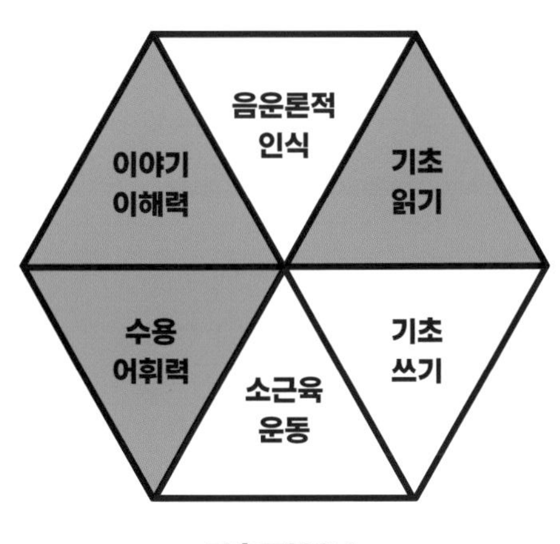

기초문해요소

2세	3세	4세	5세	저학년

추천연령

언어	수학	과학	사회
미술	음률	조작	신체

통합영역

준비물

스마트폰 또는 태블릿PC

활동 방법

❶ 스마트폰 또는 태블릿PC를 준비해 주세요.
❷ 전자책을 만들 수 있는 애플리케이션을 다운로드합니다. '파워포인트'를 활용해서 그림을 넣고 자막을 넣은 뒤 녹음하는 것도 가능해요.
❸ 자녀의 얼굴을 촬영하여 그림책 속 주인공이 될 수 있어요. 부모님과 자녀가 함께 그림을 그리고 목소리를 녹음하여 전자책을 만들 수 있습니다.
❹ 만든 장면이 어떤 내용인지 함께 이야기를 구성하고 목소리로 녹음해 주세요.
❺ 이야기를 재생하며 다 같이 감상해요. 조부모님께 파일을 보내 드려도 좋아요.

도움말

- 아이가 이야기를 꾸미는 것을 어려워하면 주제를 좁혀 생각해 볼 수 있게 주제어를 제시해 주세요(예: 내가 좋아하는 사람, 동물원에서 있었던 일, 우리 가족, 여행 등). 주제를 듣고 생각나는 것에 대해 이야기 나누며 줄거리를 함께 만들어요.
- 아이들은 가장 친숙한 가족, 친구, 자신 등을 소재로 할 때 이야기를 잘 만들어요. 아이가 경험했던 일 중 특별히 기억에 남는 에피소드를 소재로 해서 이야기에 살을 붙여 풍부하게 만들 수 있어요.
- 아이가 새로운 이야기를 만드는 것을 어려워하면, 아이가 좋아하는 그림책의 뒷이야기 또는 앞이야기 꾸미기 활동도 좋습니다.
- 스마트폰에 이미 저장해 둔 가족사진들을 몇 장 추려 이야기를 만드는 방법도 좋아요. 행사(생일잔치, 산책 등)를 하거나 어떤 장소(놀이동산, 마트 등)에 갔을 때 처음부터

이야기 만들기를 염두에 두고 함께 사진을 찍을 수도 있어요. 카메라도 아이들에게 효과 좋은 디지털 미디어랍니다. 아이 자신이 경험한 일이어서 이야기 만들기가 쉬워집니다. 그냥 사진만 저장해 두는 것에 비해 이렇게 묶어서 이야기책으로 만들어 두면 추억도 쌓고 미디어 문해도 키울 수 있어요.

그림책 함께 읽는 부모

- 전자책 활용하기 -

종이 그림책과 닮은 듯 다른 '전자책'을 아이와 사용해 본 적이 있나요? 미디어 기기의 활용이 보편화되면서 '전자책'에 대한 수요도 점점 증가하고 있습니다. 전자책은 단말기 하나만 있으면 엄청나게 많은 책을 손쉽게 들고 다니며 볼 수 있다는 점에서 휴대성이 뛰어나죠. 하지만 전자책을 사용하는 방법에 따라 아이들에게 독이 될 수도 있으니 주의하셔야 합니다. 전자책, 어떻게 사용하면 현명하게 활용할 수 있을까요?

먼저 전자책에 어떤 종류가 있는지부터 함께 살펴보겠습니다. 한국의 출판 시장에서 가장 흔한 전자책의 형태는 종이 그림책의 그림을 그대로 옮겨 놓은 가장 일차적인 수준의 전자책입니다. 그림책을 미디어 기기, 특히 태블릿을 활용해서 볼 수 있게 되어 있는 것이죠. 의외로 이렇게 단순한 형태의 전자책이 아이들과 상호작용하며 읽기에는 가장 좋습니다. 태블릿의 특성상 앞뒤로 빠르게 넘기면서 보기에도 용이하고, 더 자세히 관찰하고 싶은 부분은 손으로 확대해서 살펴볼 수도 있죠. 애플리케이션의 추가적인 기능을 활용해서 그림책에 아이가 직접 그림을 그려 넣거나 글을 적어 넣어 보는 것도 좋습니다. 종이 그림책이었을 때는 해 보기 어려웠던 것들을 전자책에는 다양하게 시도해 볼 수 있어요. 그림책의 중간 또는 앞, 뒷부분에 아이가 추가하고 싶은 장면을 추가하여 이야기를 더 꾸며 넣어 보는 것도 좋은 방법입니다. 그림책이라는 판형에 갇히지 않고 아이가 능동적인 독자가 되어 그림책을 다양하게 바꿔 볼 수 있어서 가끔 전자책을 활용해 보는 것도 적극적으로 추천합니다. 특히 이런 기능을 이용하면 더 유리한 책들이 있어요.

일반적인 수준의 전자책에서 더 나아가, 부가적인 기능이 추가된 전자책들도 있습니다. 눌렀을 때 소리가 나기도 하고, 영상이 움직이거나 번쩍이기도 하죠. 하지만 이러한 효과들이 그림책의 내용 이해를 도울 수 있게 적재적소에 들어 있지 않고, 현란하기만 하면 아이들의 이야기 이해에 도움이 되지 않습니다. 오히려 그림책을 집중해서 읽지 못하도록 방해하는 요소가 될 뿐이죠.[1] 그래서 전자책을 아이와 같이 읽기 전에 성인이 먼저 읽어 보면서 심혈을 기울여 질적으로 우수하게 만들어진 전자책인지 살펴볼 필요가 있습니다.

전자책 중에는 전문 성우가 읽어 주는 기능이 포함된 경우도 있습니다. 하지만 이러한 읽어 주기 기능의 사용은 지양하는 것이 좋습니다. 성우가 그림책의 글을 읽어 주니 좋은 것 아니냐고 반문하는 부모님들이 계시겠죠. 하지만 아이를 성장하게 하는 요소는 단순히 그림책을 소리 내어 읽어 주는 것이 아니라 '성인과 풍부한 언어적 상호작용'을 하며 읽는 과정입니다. 성우가 읽어 주는 글은 일방향적이고, 아이에게 질문을 할 수도, 아이가 묻는 질문에 대답을 해 줄 수도 없죠. 되도록 이러한 읽어 주는 기능은 끄고, 부모님과 아이가 서로의 속도에 맞춰 서로 이야기를 주고받으며 웃음꽃 피우는 시간을 가져 주세요. 아이들은 부모님과 그림책을 함께 읽는 시간을 따뜻하다고 기억할 겁니다.

미국 스콜라스틱(Scholarstic)사의 전자책처럼 읽는 중간이나 끝에 스마트 기기로 할 수 있는 놀이나 퀴즈가 포함된 경우도 있습니다. 사전 기능을 이용해 전문 용어에 대한 추가 탐색도 가능하고, 책의 내용과 관련된 재미난 놀이나 파닉스 게임 등도 할 수 있지요. 영어 그림책을 함께 볼 때 해 보시기를 추천합니다. 우리나라 전자책에도 이렇게 책의 내용과 직접적으로 관련된 문해 활동이 다채롭게 포함되면 좋겠어요.

한편, 아동기에 스마트 기기 과몰입이나 중독의 문제도 심각합니다. 전자책을 읽으려면 대부분 스마트 기기를 사용하게 되니 주의가 필요하겠지요. 문해력 전문가들은 전통적인 종이책과 전자책의 이용 비율을 잘 조절하라고 권고합니다. 적어도 반반을 유지하거나, 어릴 때 시작은 반드시 종이책으로 먼저 하라는 것이죠.

전자책과 더불어 함께 사용해 보기 좋은 애플리케이션도 소개합니다. 한글의 자음과 모음을 손으로 색칠하면 글자 모양이 완성되면서 글자의 소릿값을 알려 주는 기능을 가진 애플리케이션이 있어요. 이러한 조작 경험은 소근육운동의 발달을 도우며, 글자의 형태와 소릿값에도 관심을 가질 수 있어 일석이조예요. 자음과 모음 중 아이가 관심을 가지는 글자들부터 하나씩 탐색해 보세요. 태블릿PC를 위, 아래, 옆으로 움직이며 볼 수 있는 VR그림책들도 있어요. 곤충, 공룡, 탈것과 같은 정보 그림책에 적용되었을 때 생동감 넘치는 정보를 제공할 수 있죠. 아이들이 스스로 관찰해 보며 발견한 것을 표현해 보도록 도와주세요. 곤충 VR 그림책을 본다면 곤충의 생김새를 말 또는 몸으로 표현하고, 사전경험과도 연결시킬 수 있죠. 이런 종류의 애플리케이션 또한 성인과 상호작용하며 읽는 것이 중요하다는 사실을 잊지 마세요.

1　김태연, 이순형(2014)

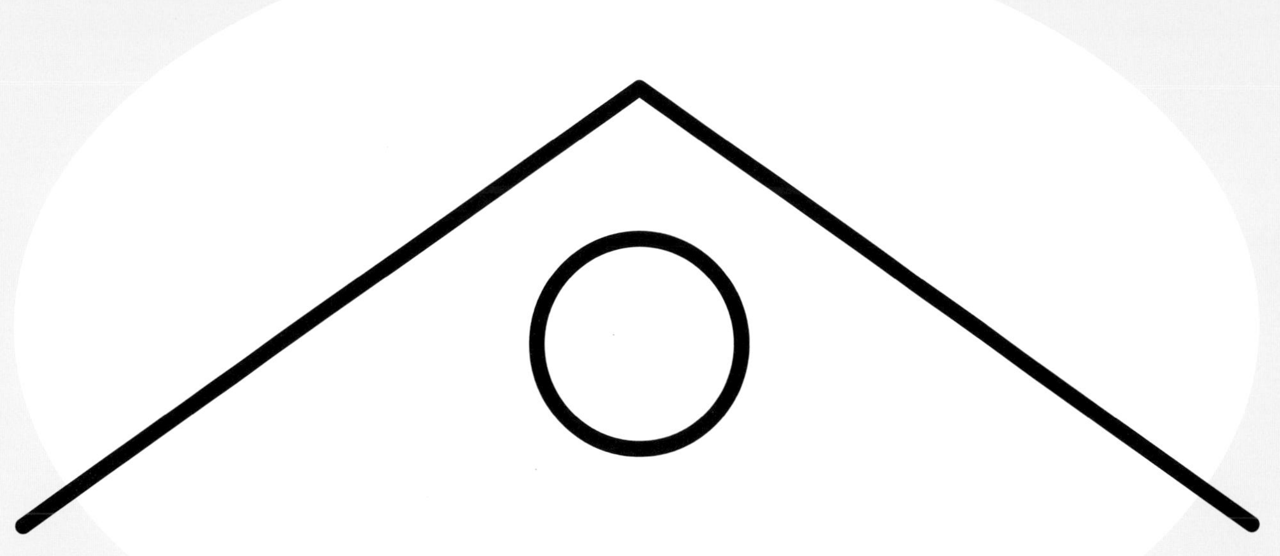

4.

환경인쇄물:
온 세상이 다 글자

학습지가 최선일까요?

많은 아이들이 유아기부터 학습지로 공부를 합니다. 한글, 수학, 영어, 파닉스 등 종류도 다양하지요. 물론 학습지를 좋아하고 스스로 잘 이용하는 유아도 있지만 전체의 5%도 되지 않습니다. 즉, 대부분의 유아에게는 학습지를 이용한 학습이 아직 맞지 않다는 뜻입니다.

대부분의 아이들은 학습지를 싫어합니다. 특히나 놀이 시간 대신 학습지를 풀어야 하거나, 부모님이 학습지 하라고 잔소리를 하면 더 싫어하게 되지요. 자발적으로 하고 싶은 게 아니고, 강요에 따라 해야 하기 때문입니다.

또한 학습지는 그림책과 달리 맥락이 없고, 실생활과 동떨어진 내용을 묶어 놓은 교재라서 유아에게 발달적으로 적합하지 않습니다. 즉, 유아기에 맞는 암묵적인 학습이 아니라, 전형적인 명시적 학습에 해당합니다. 유아들은 자신이 뭔가 배우고 있다는 것을 인식하지 못한 채로 즐겁게 잘 배우는 단계에 있습니다. 보통 방문교사나 부모가 아이의 학습지를 옆에서 봐주며 가르치는 경우가 많은데 이렇게 일일이 가르쳐야 한다는 것이 학습지가 이 시기에 맞지 않는 학습 방식임을 보여 줍니다.

그리고 대부분의 학습지는 한 번에 다루는 내용의 양이 많고 '체계적'이라는 핑계로 반복도 지나치게 하다 보니 아이에게 성취감보다는 의무감이나 좌절감을 주게 됩니다. 해도 해도 또 해야 하는 거죠. 그러다 보니 학습지를 하는 과정에서 부모와 아이 간 갈등이 생기는 일도 많습니다. 이러한 갈등 경험 또한 아이의 발달에 부정적입니다. 이러한 갈등이 반복될수록 부모는 불신을, 아이는 회피를 키우게 됩니다.

마지막으로, 학습지의 또 다른 큰 문제는 바로 아이와 부모 모두에게 학업 스트레스를 준다는 점입니다. 아이의 경우도 하기 싫은 학습지를 계속 하다 보면 스트레스를 받게 되고 결과적으로 학습동기까지 떨어지게 됩니다. 자기가 싫어하는 방식으로 글자나 문제를 접하면서 학습에 거부감이 생기는 거죠. 아이가 학습을 시작하면서 아이뿐 아니라 부모도 스트레스를 느끼는데 이를 '학업지도 스트레스'라고 합니다. 아이가 스스로 잘하는 경우를 빼고는 우리나라 엄마의 학업지도 스트레스는 엄마의 정신건강을 생각할 때 무시할 수 없는 수준으로 높습니다. 아이와 부모를 모두 고려할 때 유아기에는 학습지보다 더 적합한 방식으로 지도할 필요가 있습니다.

환경인쇄물이 훌륭한 문해력 교재가 되는 이유

그렇다면 우리 아이를 어떻게 글자와 친해지게 할 수 있을까요? 공짜라서 학습지보다 구하기 쉽

• 용어 설명 •

- 암묵적 학습(implicit learning)과 명시적 학습(explicit learning): 암묵적 학습은 경험과 놀이를 통해 무의식적으로 배우는 방식을 의미하고, 명시적 학습은 학습 공간에서 의식적으로 배우는 방식을 의미한다. 유아에게는 암묵적 학습이 명시적 학습보다 더 효과적이다. 암묵적 학습과 달리 명시적 학습에는 학습자의 학습 동기가 중요하게 작용한다.

- 학습 동기(learning motivation): 학습이 유발되고 지속되는 과정과 원동력을 말한다.[1] 학습자가 공부를 하려는 의지에 해당한다.

고, 재미도 있고, 효과도 좋은 교재가 있답니다! 바로 '환경인쇄물'입니다(environmental print).[2] 환경인쇄물은 우리를 둘러싼 환경에 자연스럽게 존재하는 모든 기호를 의미합니다. 즉, 신문, 전단지와 같은 종이 위의 글자뿐 아니라, 가게 간판, 교통 표지판, 상표, 장난감의 로고 등이 모두 환경인쇄물입니다. 이러한 환경인쇄물은 유아에게 매력적이고 친숙하며 즉각적인 흥미와 관심을 자극하는 효과가 있어 문해력 발달에도 효과 만점이지요. 환경인쇄물은 발현적 문해발달에 폭넓은 도움을 줍니다. 유아의 환경인쇄물 읽기 능력은 음운론적 인식, 인쇄물 개념, 초기 읽기 및 쓰기 능력, 읽기 및 쓰기 흥미, 자모지식, 어휘력 발달과 관련이 있습니다.[3] 또한 환경인쇄물을 잘 활용하는 부모의 문해 행동은 유아의 발현적 문해 발달을 촉진합니다.[4]

환경인쇄물 중 아이들이 가장 좋아하기도 하

• 용어 설명 •

- 해독(decoding): 단어를 소릿값으로 나누고 이를 합쳐서 인식하고 이를 바탕으로 글자를 읽어 그 의미를 알 수 있는 능력을 의미한다.

고 쉽게 활용할 수 있는 것이 바로 과자 봉지죠. 실험에서 과자의 이름만 보여 줬을 때보다 환경인쇄물인 과자 봉지로 보여 줬을 때 유아들은 과자 이름을 훨씬 더 잘 읽었습니다(그림 1). 이 결과는 유아기 읽기의 특성을 보여 줍니다. 즉, 이 시기 유아는 '맥락'을 활용한 읽기를 한다는 거예요. 아직 한글 해독 능력이 없거나 추측해서 읽는 유아는 과자 봉지에 있는 그림이나 로고 같은 다른 정보들을 활용하여 글자를 읽습니다.

시각적 단서에 의지해서 글자를 읽는 능력은 이후에 글자를 해독하는 능력을 기르기 전에 나타나는 초기 읽기 능력입니다. 나중에 글자 읽기를 좋아하고 잘하는 아이가 되기 위해서는 이러한 초기 읽기 능력을 잘 키워 줄 필요가 있습니다. 환경인쇄물 읽기를 통해 아이들은 좋아하는 과자, 장난감 그림이나 로고를 기억하면서 '내가 뭔가 읽을 수 있다'는 자신감을 처음 가지게 됩니다. 그리고 우리 삶에서 문자가 기능하는 방식을 이해하며 글자에 관심을 가지게 되지요. 즉, 주변에

1 Pintrich & Schunk(2002)
2 Kirkland, Aldridge, & Kuby(1991)
3 김은지, 김명순, 손승희(2016), 김효진, 손승희, 나종혜(2013), 문병환, 이상미(2018), Neumann, Hood, Ford, & Neumann(2011)
4 심지현, 배선영(2016)

익숙한 환경인쇄물을 보면서 아이는 자기도 모르는 사이에 글자의 세계로 들어가게 됩니다.

환경인쇄물을 활용한 문해 지도 어떻게 할까?

다양한 환경인쇄물로 유아가 글자의 세계에 들어가게 하는 구체적인 방법을 살펴보겠습니다. 환경인쇄물을 일상생활에서 손쉽게 이용하는 첫 번째 방법은 바로 '간판 사냥'입니다. '간판 사냥'은 아이와 밖으로 나가서 간판에서 특정 글자를 찾아보는 활동입니다. 길거리에서 마주치는 간판이야말로 아이들이 자연스럽게 글자와 친해질 수 있는 환경인쇄물 중 하나입니다. 아이가 좋아하는 종류의 가게 간판에 집중하여 간판 사냥을 하면 좋습니다. 간판 사냥은 아이에게 어휘나 글자의 생김새에 대해 설명해 줄 수 있는 좋은 기회가 됩니다. 예를 들어, 병원을 자주 이용하면 병원 근처에서 약국을 찾는 방식으로 간판 사냥을 할 수 있습니다. 아이가 간판에서 '동'을 '통'이라고 읽었다면 두 글자의 생김새가 어떻게 다른지 말해 줄 수 있습니다. 아이와 미션 글자를 정하고 간판에서 글자를 찾다 보면 보물찾기하는 기분으로 할 수 있습니다.

간판 사냥을 통해 아이들은 인쇄물 기능, 글자의 모양과 소리 간 관계를 알아차리게 됩니다. 다시 말해, 아이들은 간판 사냥을 하면서 우리 동네에 '글자가 가득하다', '글자는 의미를 담는다', '글자는 우리의 삶에 필요하다'는 걸 직접 깨닫게 됩니다. 그리고 한글에서는 음절 단위로 글자의 모양을 인식하고 기억하게 됩니다. 이러한 과정

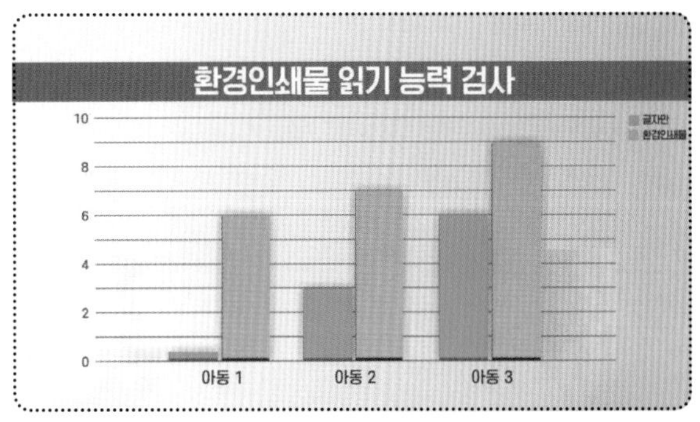

그림 1. 환경인쇄물 실험 결과:
유아는 글자만 볼 때보다 환경인쇄물(과자 봉지)을 더 잘 읽었다.

을 통해 아이는 읽기에 대해 자신감을 가지게 되고, 글자의 형태와 소리 간 관계에도 관심을 갖게 됩니다. 길에서 쉽게 볼 수 있는 간판이 최고의 글자 학습 재료가 되는 것입니다. 동네 산책길에, 막히는 차 안에서, 언제든 간판 사냥을 해 보세요.

간판 사냥이 아니더라도 우리가 사는 동네를 활용한 문해 활동도 가능합니다. 가게나 기관에 갈 때 그 이름 글자와 뜻을 언급하면, 아이에게 실생활과 관련된 언어를 공급할 수 있는 '가르침의 기회'로 활용할 수 있습니다. 어휘력을 키우는 경험이 되지요. 예를 들어서, 서점에 가는 길에 "서점은 책 가게라는 뜻이야. '서'가 책을 뜻하거든. 서점 말고 '-점'으로 끝나는 가게가 또 있을까?" 처럼 대화를 이어갈 수 있습니다. 병원의 이름으로 대화를 한다면 "피부과는 피부가 아픈 사람이 가는 병원이야. 우리 몸에서 겉으로 보이는 살을 피부라고 해. 치과는 치아, 즉, 이가 아픈 사람이 가는 병원이야. '치'가 이라는 뜻이거든."처럼 아픈 곳과 병원을 연결하여 대화할 수 있겠지요. 적절한 때 한 번씩 짚어 주면 좋아요.

또한 가정에 있는 환경인쇄물도 적극적으로 활용해 보세요. 가전제품에 쓰여 있는 표시, 냉장

그림 2. 좋아하는 과자 봉지를 이어붙여 로봇 모양 작품

그림 3. 과자 봉지를 보고 그린 작품

그림 4. 과자 봉지에 쓰인 글자체를 따라서 쓰고 자기 이름도 같은 글자체로 쓴 작품

고에 붙여 놓은 쪽지, 달력, 계기판, 식품포장지 모두 기능이 있는 기호입니다. 앞서 소개한 실험에서 과자 봉지나 상자도 훌륭한 환경인쇄물 자료였지요? 가정에 배달되는 마트 전단지, 광고지도 활용하기 좋은 환경인쇄물 자료입니다. 이렇게 오릴 수 있는 과자 봉지, 상자, 전단지 등의 자료를 활용해서 오리고 붙이면서 문해 활동과 미술 활동을 할 수 있어요. 아이들이 과자 봉지를 이어 붙여서 멋진 로봇 모양을 만들어 볼 수 있고(그림 2), 과자 봉지를 보고 그림을 그리거나(그림 3), 과자 봉지에 쓰인 이름 형태를 똑같이 따라서 그리고 자신의 이름도 같은 형태로 써 볼 수 있습니다(그림 4). 아니면 마트 전단지의 먹을거리를 오려서 스케치북에 종류별로 나눠 붙이고 '정육점', '과일 가게'처럼 이름을 써서 '가게 만들기 놀이'를 할 수도 있습니다. 구체적인 표현 방식은 각 아이의 문해 성향에 따라 백이면 백 모두 다릅니다. 공룡, 차, 로봇, 기차, 드레스 등등 아이가 각자 좋아하는 소재와 관련 있는 환경인쇄물을 활용하면, 아이의 인쇄물 개념, 읽기, 쓰기, 소근육운동을 포함하여 문해력을 다방면으로 키울 수 있답니다.

이처럼 환경인쇄물을 이용한 활동은 이미 우리 주변에 있는 자연스러운 환경을 활용하는 것이 포인트입니다. 간혹 아이에게 글자를 알려 주기 위해 집에 있는 물건마다 이름을 써서 붙여 놓는 경우가 있는데, 아쉽게도 이는 실생활과는 맞지 않는 교육법입니다. 빨리 글자를 익히라는 기대가 담긴 노골적인 메시지로 받아들여져서 아이가 부담을 느낄 가능성이 크거든요. 앞서 설명한 것처럼 우리가 살아가는 방식 그대로의 문해를 경험하게 할 필요가 있습니다. 따라서 글자를 써 붙이고 싶다면, 'TV', '컴퓨터', '컵' 이런 식으로 어색하게 단어를 물건에 써 붙이기보다는 속옷과 양말 장에 내용물이나 자녀들의 이름을 붙여 공간을 구분하는 것처럼 의미 있게 사용되는 단어를 써 붙이는 편이 낫습니다. 의미 있는 환경인쇄물을 통해 글자의 기능을 강조할 뿐 아니라 자연스럽게 글자와 그 의미를 인식하게 도울 수 있습니다.

정리하면, 환경인쇄물을 통해 아이들은 문자의 세상에 자연스럽게 들어가게 됩니다. 아이들은 글자와 친해지면서 온 세상에 글자가 쓰이고 그 안에 의미가 있다는 것, 글자가 무엇을 나타낸다는 것을 깨닫게 되지요. 다양한 환경인쇄물 중에서 아이가 먼저 관심을 보이는 것을 활용하면 됩니다. 예를 들어, 문해 성향상 쓰기를 싫어하는 아이라면 굳이 쓰기를 강요하기보다는 환경인쇄물을 오리고, 붙이고, 배열하고, 따라서 써 보는 것으로 충분합니다. 이때 아이가 좋아하는 과자, 간판, 전자제품, 지도, 노선도, 광고지, 패스트푸드점이나 기업의 로고, 자동차 엠블럼 등 활용할 수 있는 소재는 무궁무진하답니다.

1

그림 산책으로 간판 찾기

- 그림책에서 간판 글자 찾기 -

난이도	★★★☆☆	소요 시간	15 분
기대 효과	환경인쇄물의 기능을 이해해요. 한글 간판을 가려내며 한글의 모양을 인식해요.		

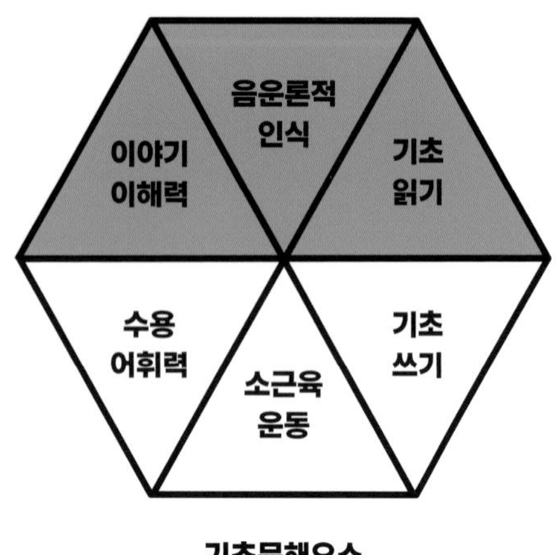

기초문해요소

2세	3세	4세	5세	저학년

추천연령

언어	수학	과학	사회
미술	음률	조작	신체

통합영역

준비물

『시골 쥐의 서울구경』(방정환 글, 김동성 그림 / 길벗어린이, 2019), 가운데가 뚫린 지시봉(word swatters), 스티커

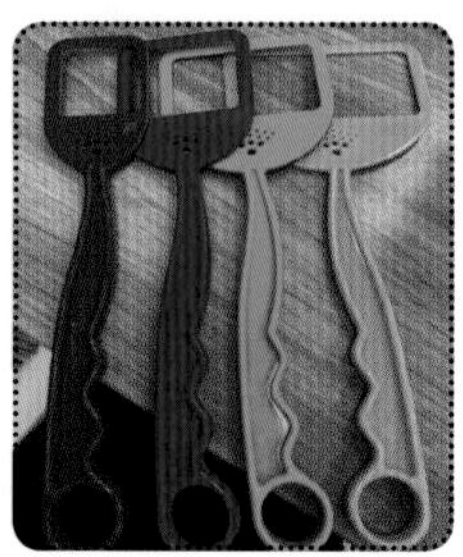

• 나무젓가락 또는 아이스크림 막대로 만든 지시봉 활용하기 •

나무젓가락 또는 아이스크림 막대를 테이프로 고정해서 가운데가 뻥 뚫린 지시봉을 만들어 보세요. 아이가 좋아하는 색깔의 색종이를 감아서 알록달록하게 꾸밀 수도 있어요. 지시봉을 적절히 활용하면 아이가 그림책 장면에 호기심을 가지고 더 집중하게 됩니다. 내가 만든 지시봉으로 글자를 찾으며 더 재미있게 글자를 찾고 식별해요.

활동 방법

1. 아이와 『시골 쥐의 서울구경』 그림책을 함께 읽어요.
2. 그림책의 주요 장면을 보고 간판을 찾아보세요.
3. 그림책에서 찾은 간판과 주변에서 볼 수 있는 간판의 차이점을 이야기 나눠요.

추천 질문

**"이번에는 이 책의 몇 장면을 다시 살펴볼 거야.
옛날 서울의 '간판'을 찾아보는 거야.
그런데 여기에는 우리가 요즘 볼 수 있는 간판이 있고, 낯선 간판도 있네.
무슨 차이가 있을까?"**

4. 다양한 간판 중 한글 간판을 찾아서 지시봉으로 가리킵니다.

추천 질문

**"몇십 년 전 이야기라서 한글이 아니고 한자로 된 간판이 많이 쓰였나 봐.
OO이가 어떤 게 한글 간판인지 가려낼 수 있겠어?
찾으면 OO이가 만든 지시봉으로
이렇게(부모님이 지시봉으로 간판을 가리키는 모델링을 보여 주며) 알려 줄래?"**

5. 찾은 한글 간판에 아이가 직접 스티커를 붙여 표시할 수 있어요. 어떤 가게의 간판으로 뭐라고 쓰여 있는지에 대해 이야기 나눠요.

재미있게 그림책 읽기

- 표지의 '쥐' 글자와 시골 쥐 그림에 접착식 메모지를 붙여 놓으면, 아이의 호기심을 유발할 수 있어요. 추측을 해 본 뒤에 메모지를 떼어 확인합니다.

추천 질문 **"그림책 표지에 어떤 동물의 발만 보이네. 이 그림책에는 어떤 동물이 나올 것 같아?"**

재미있게 그림책 읽기

- 아이와 막대 인형으로 시골 쥐와 서울 쥐 역할극을 해 보세요. 막대 인형은 아이랑 종이에 시골 쥐와 서울 쥐 얼굴을 그리고, 아이가 직접 오리고 나무젓가락에 붙여서 만들 수 있어요. 역할극을 하면서 아이는 부모님과 함께 그림책 속 인물이 되어서 인물의 가작화를 경험하게 됩니다.

추천 질문 **"만약 OO가 서울 쥐라면 시골 쥐를 처음 만났을 때 뭐라고 이야기했을까?"**

시골 쥐·서울 쥐 막대인형

- 시골 쥐의 등장으로 놀란 사람들의 모습을 신체로 표현해 보세요. 등장인물의 생각과 느낌을 추측하며 온몸으로 표현하는 경험을 하면서 아이들은 그림책 속 주인공이 되어 이야기 속에 완전히 몰입하는 경험을 할 수 있어요. 그림책에 깊이 몰입하는 경험은 아이들이 내용을 이해하고, 그림책에 대한 긍정적인 인식을 가질 수 있게 도와준답니다.

추천 질문 "집배원 아저씨가 들어온 곳이네. 무슨 일이 일어났을까?
아하, 사람들이 시골 쥐를 보고 너무 놀랐나 봐. 꼭 춤을 추는 것 같아.
만약 OO가 여기 있었다면 어떻게 했을 것 같아?"

『시골 쥐의 서울구경』(방정환 글, 김동성 그림 / 길벗어린이, 2019)

도움말

- picture walking(그림 중심으로 읽기)은 그림책을 처음 읽을 때나, 연령, 읽기 수준에 비해 다소 높은 수준의 글 텍스트를 가진 책을 볼 때 먼저 그림 위주로 간단히 훑어보는 방법이에요. 그림으로 내용을 예측하고 이야기에 몰입을 유도하는 효과가 있어요. 이 방법으로 그림책을 읽으면 내용을 예측하고, 어려운 이야기에도 아이가 쉽게 몰입할 수 있고, 사전 지식을 점검하기에도 좋아요.

추천 질문 "와, 많은 사람들이 나타났네. 이 사람들은 어때 보여?
여기저기로 바쁘게 움직이고 있구나."
"여긴 어디일까? 서울의 모습 같긴 한데, 요즘이 아니라 옛날인가 봐.
뭘 보면 그걸 알 수 있을까?"

- 그림 산책으로 그림책을 읽으면 글에 초점을 맞출 때에 비해 그림의 세부사항에 더 집중할 수 있는 장점이 있어요.

추천 질문 "그림책 속 이 장면에서는 시골 쥐가 어디 숨어 있을까? 찾아보자."

- 아이의 수준과 흥미에 따라 부모님이 도움의 정도를 조절해 주는 것을 비계 설정(scaffolding)이라고 해요. 아이가 그림책에서 간판 글자를 찾기 힘들어 할 때는 부모님이 먼저 모델링을 보여 주세요.

2

스피드 카드 게임

- 그림이 똑같은 카드 찾기 -

난이도	★★☆☆☆	소요 시간	15 분
기대 효과	똑같은 모양 짝짓기를 통해 시각적 변별력이 발달해요. 카드 뒤집기 활동을 하면서 시각적 기억력이 향상돼요.		

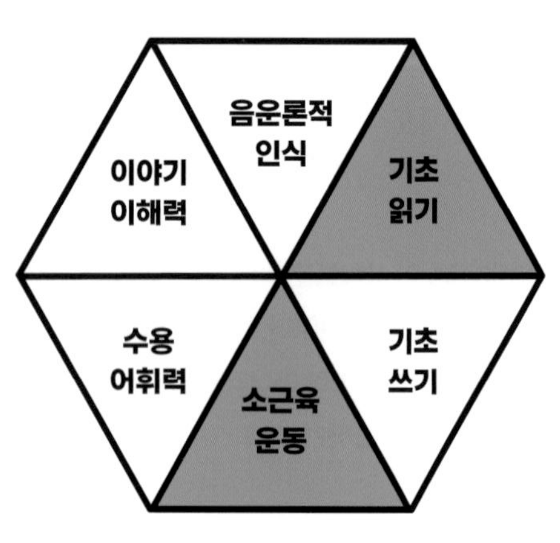

기초문해요소

2세	3세	4세	5세	저학년

추천연령

언어	수학	과학	사회
미술	음률	조작	신체

통합영역

준비물

『시골 쥐의 서울구경』 그림책, 그림책의 주인공 그림 카드(총 4장), 도형·상징카드 2세트(1세트에 30장씩), 바구니 2개

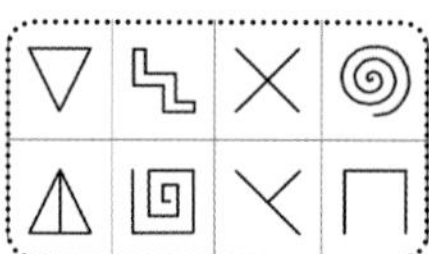
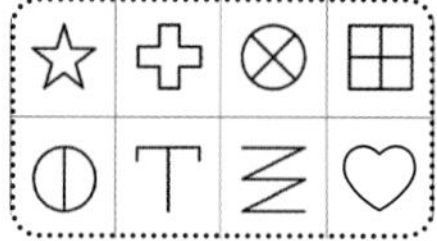

환경인쇄물: 온 세상이 다 글자

활동 방법

1. 아이와 『시골 쥐의 서울구경』 그림책을 함께 읽어요.
2. 그림책에 나온 등장인물(시골 쥐, 서울 쥐)의 카드 중에서 똑같은 카드를 짝지어 보세요.
3. 이번에는 도형·상징 카드를 여러 장 뿌려 놓고 똑같은 카드를 두 장씩 짝지어 보세요. 짝지은 카드는 바구니에 모아요.
4. 카드 뒤집기 활동(늘어놓은 카드 중에 뒷면이 같은 것끼리 찾아 바구니에 모으는 스피드 게임)으로 확장합니다. 가족들이 순서대로 돌아가며 한 장을 뒤집고, 똑같은 카드를 뒤집으면 한 쌍을 가져옵니다. 이렇게 성공하면 기회를 한 번 더 갖습니다. 가장 많은 카드를 모으는 사람이 승자예요.

도움말

- 가족 구성원들과 팀을 나누어 게임할 수 있어요.
- 아이가 좋아하는 그림책의 인물 카드를 만들어 활용해 보세요.
- 헷갈리는 카드가 있다면, 아이와 함께 카드를 자세히 관찰하며 어떤 부분이 다른지 차이점을 이야기해요.
- 이런 게임을 하면 시지각 중 시각적 변별력과 시각적 기억력이 발달해요. 이런 경험을 통해 글자의 모양을 인식하고 늘 같은 형태로 기억할 수 있답니다.

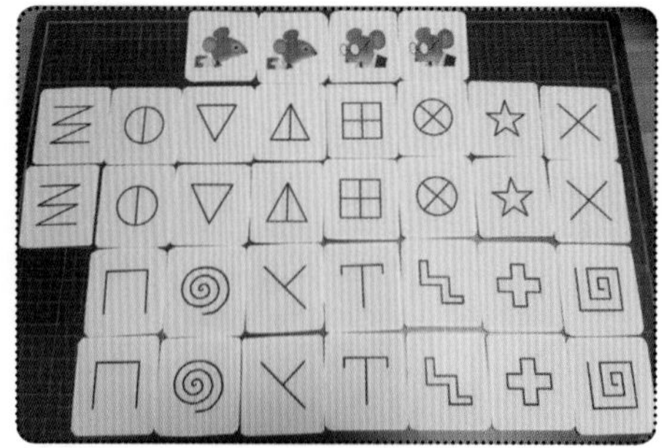
도형·상징 카드 앞면

• 좋아하는 도형·상징카드 만들어 활용하기 •

시중에서 '기억력 카드 게임'을 다양하게 구할 수 있어요. 아이가 좋아하는 도형·상징으로 직접 카드를 만들어 게임에 활용해도 됩니다. 다양한 종이(색종이, 도화지, 스케치북 등)를 카드 모양으로 오리고, 여러 가지 도형·상징을 그려 나만의 카드를 만들어 보세요. 단순한 선으로만 그려진 흑백의 카드가 시지각 발달에 더 유리합니다. 색이 화려하면 식별이 더 쉽기 때문이에요.

확장 활동

• 똑같은 모양 컵 쌓기 •

- 난이도 ★☆☆☆☆ / 추천 연령: 만 2~5세
- 소요 시간 : 10분
- 기초문해요소 : 소근육운동, 기초읽기
- 통합영역 : 언어, 조작, 신체
- 준비물 : 할리갈리 컵스 또는 종이컵
- 활동 방법 : 카드의 그림을 보고 똑같은 모양으로 미니 컵 쌓기를 해요.

"카드를 보고 똑같은 모양으로 미니 컵을 쌓는 게임이야. 똑같은 색깔, 똑같은 모양으로 컵을 쌓아야 성공할 수 있다."

- 도움말 : 처음부터 두 가지 조건(똑같은 색깔, 똑같은 모양)을 적용하기 어려워하는 경우, 아이의 수준에 적합한 한 가지 조건(색깔 또는 모양)으로 게임을 진행해도 괜찮아요. 아이가 게임의 규칙에 익숙해지면 조건을 늘립니다.

할리갈리 컵스

3

내가 좋아하는 과자이름 벽

- 환경인쇄물로 과자이름 벽 꾸미기 -

난이도	★★☆☆☆	소요 시간	15 분
기대 효과	과자 포장지의 이름 글자에 친숙해지며 발현적 읽기를 경험해요. 환경인쇄물의 맥락 속에서 인쇄물에 의미가 있음을 이해해요.		

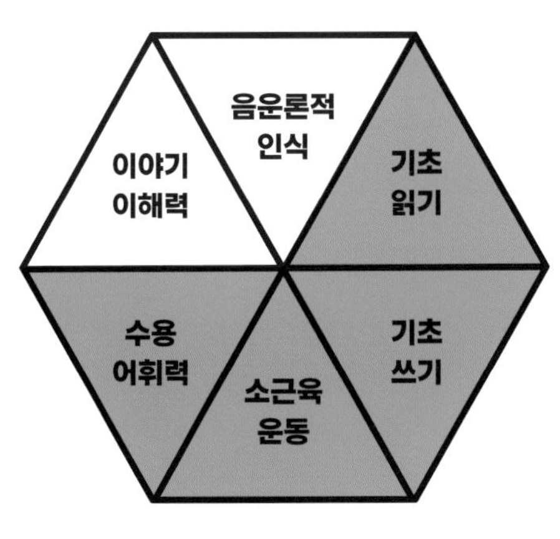

기초문해요소

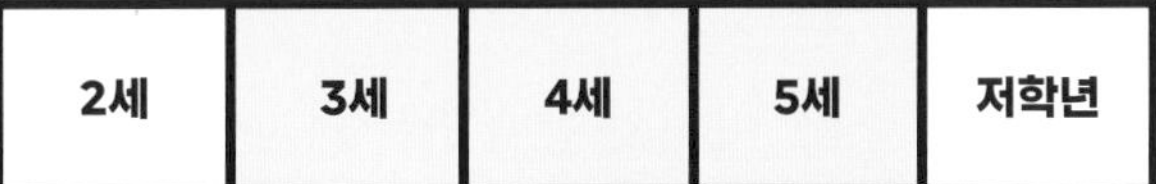

추천연령

언어	수학	과학	사회
미술	음률	조작	신체

통합영역

준비물

아이가 좋아하는 과자봉지·상자, 테이프, 전지, 여러 가지 필기구(색연필, 크레파스, 사인펜 등)

활동 방법

❶ 아이가 좋아하는 과자봉지·상자를 가위로 오려요.

❷ 벽면에 전지를 붙여서, 빈 과자벽을 준비해요.

❸ 빈 과자벽에 과자봉지·상자 오린 것을 붙여서 과자이름 벽을 만들어요.

❹ 아이와 함께 만든 과자이름 벽에서 친숙한 글자를 찾아 읽어 보세요

과자봉지·상자 오린 것

문해력 유치원 유아들이 함께 만든 과자벽

도움말

- 과자이름을 정확하게 읽지 못하더라도 인쇄물을 읽으려는 시도를 격려해 주세요. 예를 들어 아이가 펩시콜라 캔을 보고 '코카콜라'라고 읽는 경우 글자를 그림으로 인식한 거예요.

• '작은 글씨를 크게, 큰 글씨를 작게' 과학 활동 •

아이가 만든 과자이름 벽에서 작게 쓰여 있는 글자는 돋보기로 확대하여 찾아보고, 큰 글씨는 졸보기로 작게 만들어 보며 과자 이름 글자를 자세히 관찰할 수 있어요. 돋보기와 졸보기를 사용할 때, 부모님이 비교 어휘(~보다 크다. ~보다 작다)를 사용하여 비교 어휘 사용의 모델링을 보여 주세요. 아이가 찾은 작은 글씨와 큰 글씨는 부모님이 스케치북에 받아써 주면서 한 번 더 읽어 줄 수도 있어요.

추천 질문

"과자이름에서 큰 글자를 먼저 찾아보자. 큰 글자에 졸보기를 비춰 볼래?
엄마처럼 이렇게… (졸보기로 큰 글자 부분을 관찰하는 모델링을 보여줌)
과자 이름이 어떻게 보이니? 졸보기로 보니까 그냥 볼 때보다 과자 이름이 작아졌지.
졸보기를 빼고 과자 이름을 다시 관찰해 보자."

• 나만의 작은 과자이름 벽 만들기 •

과자봉지나 상자를 오리고 스케치북·도화지에 붙여서 꾸며도 괜찮아요. '쓰기'는 종이 위에 글자로 공간을 디자인하는 고도의 지적 행위입니다. 이렇게 인쇄물을 오려 붙이는 것도 그 기초를 보여 주는 행동이에요. 이 과정에서 아이는 과자이름을 따라 써 보기도 하고, 아는 단어를 이용해 새로운 과자 이름을 합성어로 만들어 낼 수도 있어요. 글자를 쓰기 어려운 경우에는 끼적이기로 자신의 생각을 표현해 봐도 괜찮아요.

- 과자봉지·상자 외에도 아이가 먼저 관심을 보이는 다양한 종류의 환경인쇄물을 활용하면 좋아요. 간판, 전기제품, 지도, 노선도, 광고지, 식당이나 기업 로고, 자동차 엠블럼 등 활용할 수 있는 방법은 무궁무진해요. 구독하는 신문에 딸려 오는 광고지를 오려서 스케치북 면마다 종류별로 나누어 붙이며 가게 만들기 활동도 추천합니다. 오리고 붙이는 것도 쓰기의 밑작업으로 좋은 활동이거든요. '정육점', '과일 가게' 이렇게 이름도 쓰고요.

4

환경인쇄물 사진첩 만들기

- 이정표·노선도로 사진첩 만들기 -

난이도	★★☆☆☆	소요 시간	20 분
기대 효과	환경인쇄물에 관심을 가지면서 글자의 필요성을 알게 돼요. 글자의 모양을 자세히 관찰하며 소릿값을 익혀요.		

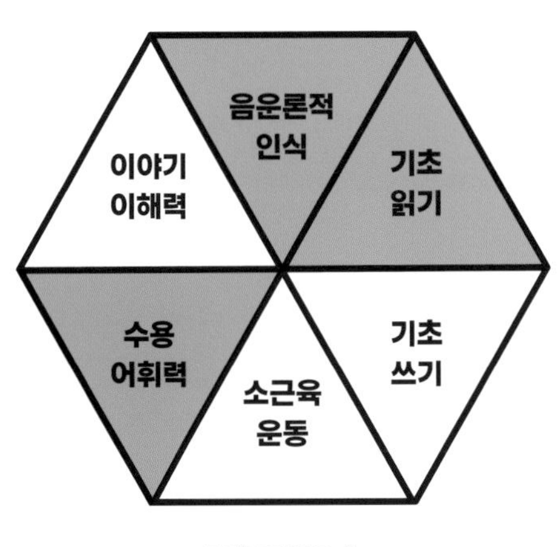

기초문해요소

2세	3세	4세	5세	저학년

추천연령

언어	수학	과학	사회
미술	음률	조작	신체

통합영역

준비물

스마트폰 또는 폴라로이드 카메라, 사진첩, 필기도구

활동 방법

1. 아이와 함께 평소 자주 가던 버스정류장과 지하철역에 가서 주변 환경의 글자를 탐색해요(예: 도로 이정표, 버스·지하철 노선도, 신호등, 버스 정류장의 표지판 등).
2. 아이와 함께 탐색하며 발견한 주변 환경의 글자를 사진으로 찍어 보세요.
3. 찍은 사진을 출력하고 모아서 환경인쇄물 사진첩을 만들고, 아이와 함께 감상하면 좋아요.

도움말

- 주변 환경에서 글자를 찾으면서 아이는 환경인쇄물에 자연스럽게 노출될 거예요. 이 과정에서 글자에 대한 관심과 자모지식이 증가해요.
- 아이와 함께 가까운 나들이를 갈 때, 노선도에서 출발점과 도착점에 스티커를 붙이고 글자를 읽어 보세요. 자신이 경험한 장소의 글자이기 때문에 아이에게 의미가 있어요.
- 사진첩 대신 사진을 종이로 출력하고 몇 장 모아 집게로 집으면 간단한 환경인쇄물 사진첩을 만들 수 있어요. 비닐지퍼백에 꾸준히 모아도 '나만의 환경인쇄물 사진첩'이 완성될 거예요. 책꽂이나 침대 머리맡, 식탁 위에 두고 자주 꺼내 보면 좋아요. 뒷면에 날짜와 장소도 써 두세요.
- 평소 자주 가던 곳 외에도 아이와 함께 나들이를 간 장소의 이정표와 노선도를 사진 찍어 사진첩으로 모아 보세요. 가족의 추억이 쌓이면서 더불어 아이의 문해력도 성장할 거예요.

5

우리 동네 간판 글자 사냥

- 동네 간판에서 친숙한 글자 찾기 -

난이도	★★★☆☆	소요 시간	25 분

기대 효과

우리 주변의 간판을 통해 환경인쇄물의 의미와 기능을 깨달아요. 글자의 필요성을 이해해요.
간판에서 친숙한 글자를 찾으며 음절 단위 글자 모양을 인식해요.
표 같은 도식에 기록하며 활동의 결과를 나타내고 사고를 조직화해요.

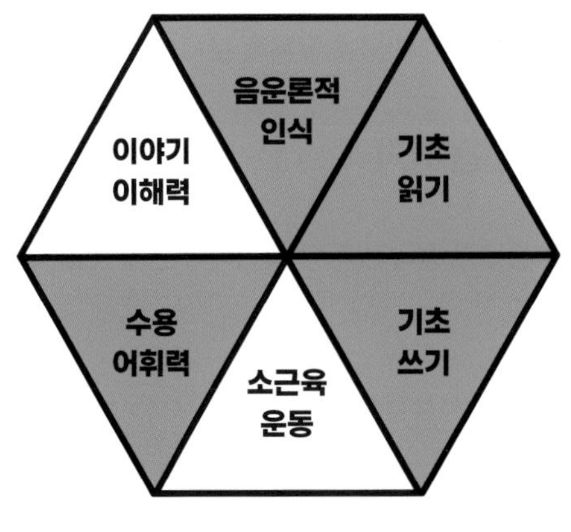

기초문해요소

2세	3세	4세	5세	저학년

추천연령

언어	수학	과학	사회
미술	음률	조작	신체

통합영역

준비물

유아용 클립보드, 글자 사냥 기록 용지, 색연필, 태블릿PC 또는 스마트폰

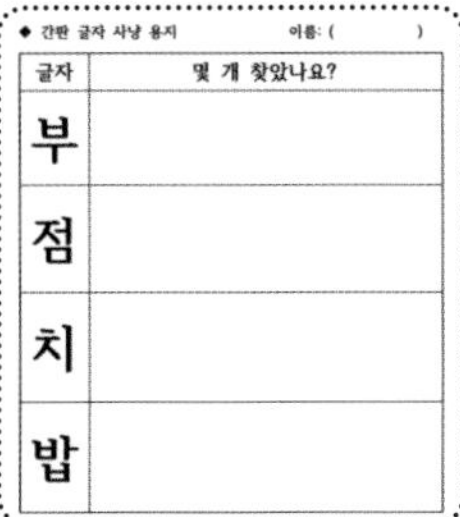
◆ 간판 글자 사냥 용지 이름: ( )

글자	몇 개 찾았나요?
부	
점	
치	
밥	

• 스케치북·수첩 활용하기 •

클립보드뿐 아니라 아이가 찾은 글자를 기록할 수 있는 스케치북이나 수첩을 준비해 글자 사냥을 떠날 수 있어요. 아이가 손에 쥐고 기록하기 편한 준비물을 활용해 보세요.

• 종이에 선 그어 활용하기 •

글자 사냥 용지를 출력해서 써도 좋지만, 아이와 동네를 걷다가 아무 종이에나 선을 긋고 즉흥적으로 표를 만들어 기록지로 활용해도 괜찮아요.

활동 방법

1. 먼저 주변 동네 간판에서 목표로 할 음절 글자를 정해요.
2. 간판에서 목표 글자(예: 부, 점, 치, 밥 등)를 찾을 때마다, 글자 사냥 용지에 아이가 편한 방식으로 표시하게 해요.
   ① 동그라미 하나씩 그리기
   ② 탤리 마크(tally mark)로 다섯 번씩(////) 묶어 표시하기
   ③ 숫자 1,2,3,4,5로 표시하기
3. 몇 개를 찾았는지 아이와 함께 세어 봐요.
4. 아이가 관심을 보이는 간판 글자는 태블릿PC 또는 스마트폰으로 사진 찍어 주세요.
5. 집에 돌아와서 태블릿PC로 사진 찍은 간판 글자를 살펴보며 이야기 나누면 좋아요.

도움말

- 아이가 좋아하는 종류의 가게 간판에 집중하면 좋아요.
- 동네를 산책하며 아이와 함께 여러 가지 읽을거리(간판, 표지판, 현수막, 광고지)를 찾으며 속닥속닥 대화를 나눠 보세요.

추천 질문

"'치'자는 어떤 곳에서 찾을 수 있을까?" (치과, 치킨집 등)
"그럼 '피'자는? (힌트로) **우리 얼굴이나 팔에 뭐가 나고 간지러우면 어떤 병원에 가야 할까?"** (피자가게, 피부과 등)

- 아이가 간판의 글자를 잘못 읽었을 때는 좋은 기회가 됩니다. 두 글자의 생김새가 어떻게 다른지 말해 주세요.

추천 질문

"'통닭'을 '동닭'이라고 읽었네. '동'이랑 '통'은 생김새가 조금 달라. 엄마가 두 글자를 써 줄게. 자세히 관찰해 볼래? 어떤 점이 다를까? 맞아! 'ㅌ' 은 가운데 막대가 하나 더 그어져 있지. 이렇게 디귿이 티읕이 되는 거야. 다른 점을 잘 발견했구나!"

- 의미를 확장해 재진술해 주세요. 예를 들어 제과점 간판을 보고 아이가 "빵"이라고 하거나 "빵 파는 데"라고 말할 경우, 간판의 글자를 읽어 주며 "○○라는 빵 가게를 찾았구나"라고 말해 주세요.
- 간판 글자의 소릿값도 자연스럽게 말해 주세요.

추천 질문

"'부'는 /브/와 /우/를 붙여서 /부/소리가 돼."
"/스/와 /어/가 만나면 /서/소리가 돼."

- 목표 글자는 의미 있는 글자이면 좋아요. 가게 이름에 쓰이는 어휘와 상관이 있는 활동이기 때문이에요.

• 글자 사냥하기 좋은 목표 글자 •

부	점	치	밥	과	나
동	사	관	운	소	약
마	편	빵	떡	태	리

- 어휘에 대해 설명해 주기 좋은 상황이에요.

추천 질문

(서점을 발견하면)

"서점은 책 가게라는 뜻이야. '서'가 책을 뜻하거든. 또 '-점'으로 끝나는 가게가 있을까?"

(병원을 발견하면)

"OO처럼 어린이들이 배가 아프거나 몸이 아플 때 어떤 병원에 가야 할까?"

(부동산을 발견하면)

"우리가 사는 곳을 뭐라고 할까? 집이나 아파트라고 하지.
집이나 사무실, 땅 같은 것을 부동산이라고 해.
이런 가게는 그런 장소를 빌리거나 사고팔 수 있게 도와주는 곳이야."

- 목표 글자 외에도 아이가 관심을 보이는 글자가 있으면 격려해 주세요.

6

식품 이름 구매 목록 적기

- 장바구니 도안에 구매 목록을 그림과 글자로 표현하기 -

난이도	★★★☆☆	소요 시간	20 분
기대 효과	먹고 싶은 식품의 이름을 찾으면서, 환경인쇄물의 글자에 관심을 가지고 읽을 수 있게 됩니다. 구매 목록에 자신의 생각을 그림이나 글자로 표현하며 기초쓰기 경험을 해요.		

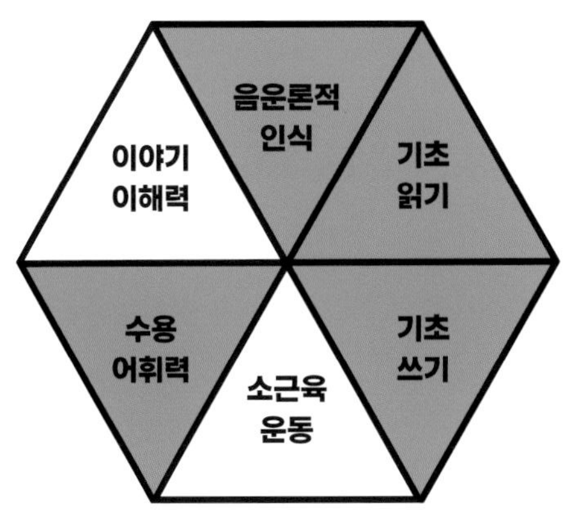

기초문해요소

2세	3세	4세	5세	저학년

추천연령

언어	수학	과학	사회
미술	음률	조작	신체

통합영역

준비물

환경인쇄물 관련 그림책 『빵도둑』(시바타 케이코 글·그림, 황진희 옮김 / 길벗어린이, 2021), 『시골쥐와 감자튀김』(고서원 글·그림 / 웅진주니어, 2012), 『꽁꽁꽁 피자』(윤정주 글·그림 / 책읽는곰, 2020), 장바구니 모양 도안, 색연필, 사인펜, 연필

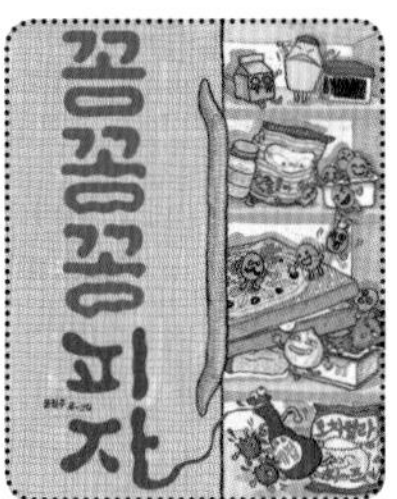

활동 방법

1. 아이와 함께 환경인쇄물 관련 그림책을 한 권 읽습니다.
2. 그림책에서 먹고 싶은 식품(예: 빵, 과자, 음료수 등) 이름을 찾고 이야기 나눠요.
3. 장바구니 모양 도안을 준비해요. 스케치북에 장바구니를 직접 그려서 활용해도 좋아요.
4. 장바구니 모양 도안에 구매 목록을 그림 또는 글자로 표현해 보세요.

도움말

- 장바구니 모양 도안에 전단지를 오려 붙여도 좋아요.
- 활동 후, 아이와 함께 구매 목록의 식품을 실제로 사러 갑니다.
- 자신이 골라서 목록을 쓰고 식품을 직접 구매해 보면 아이에게 잊히지 않는 의미 있는 문해 경험이 될 거예요.

7

우리 집 간판 만들기

- 경험을 문해 활동으로 확장하기 -

난이도	★★★★☆	소요 시간	20 분
기대 효과	자신의 경험(주변의 간판 관찰)을 문해 활동(직접 간판 만들기)으로 확장할 수 있어요. 다양한 미술재료를 활용하며 소근육운동이 발달해요. 가족들과 협동작품을 만들면서 협동심을 기르고 성취감을 느껴요.		

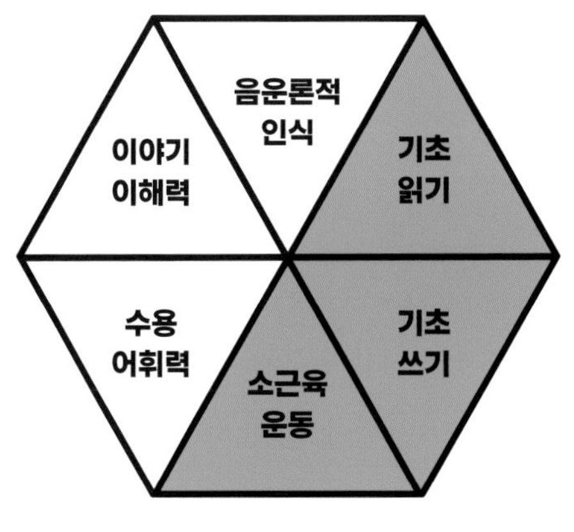

기초문해요소

2세	3세	4세	5세	저학년

추천연령

언어	수학	과학	사회
미술	음률	조작	신체

통합영역

준비물

『시골 쥐의 서울구경』 그림책, 종이, puffy 페인트(쉐이빙 크림 + 식용색소), puffy 페인트를 색깔별로 담을 통, 붓, 스탬프, 스탬프 잉크패드(또는 물감)

환경인쇄물: 온 세상이 다 글자

활동 방법

1. 아이와 『시골 쥐의 서울구경』 그림책을 함께 읽어요.
2. 그림책의 간판 사진을 보면서, 우리 집 간판을 만든다면 어떻게 만들고 싶은지 이야기 나눠요.
3. 다양한 미술재료를 활용하여 우리 집 간판을 만들고, 거실의 잘 보이는 곳에 붙여요.

도움말

- 미술재료 중 puffy 페인트와 스탬프 패드는 색깔이 선명하고 눈에 잘 띄어 글자 모양 변별에 효과적이에요.
- puffy 페인트는 쉐이빙 크림과 식용색소를 섞어서 만들어요. 식용색소가 없다면 물감을 몇 방울 섞어도 괜찮아요. 종이컵이나 머핀틀에 담아서 사용하면 편리해요. puffy 페인트를 만드는 과정에 아빠가 적극적으로 참여하기 좋아요.
- 만약 아이가 글자 쓰기를 어려워하면, 먼저 부모님이 종이 위에 글자를 연하게 써 주세요. 아이가 그 위에 진하게 글자를 새기고 미술재료로 꾸밀 수 있어요.

• 우리 집 가훈 만들기 •

아이가 간판 만들기를 즐거워했다면, '우리 집 가훈 만들기'로 확장할 수 있어요. 간판보다 가훈의 글자의 수가 더 많을 거예요. 아이와 함께 정한 가훈을 부모님이 종이에 받아써 주는 과정에서 아이는 소리가 글자로 바뀌는 것을 관찰하고, 글자의 기능을 이해하게 됩니다.

그림책 함께 읽는 부모

- 그림 산책 -

'그림 산책(picture walking)'이라고 들어 보셨나요? 말 그대로 그림책의 그림 속을 거닐 듯 그림들을 보며 가볍게 이야기 나누는 걸 말합니다. 아이가 처음 접하는 그림책일 때 흥미를 가질 수 있도록 돕는 방법 중 하나입니다. 그림만 보면서 무엇에 대한 이야기일지, 어떻게 전개가 되는 건지 예측해 보기 좋아요. 아이의 사전 지식을 중심으로 대화를 이끌 수 있습니다.

그림책의 표지부터 시작해서 면지, 속지 모두 하나씩 천천히 넘기며 훑어 보세요. 한 장의 그림을 보는 데 시간이 얼마나 걸리든 상관하지 말고 그림을 실컷 구경하시면 됩니다. 그림을 천천히 음미하다 보면 그림책 작가가 그림으로 하고 싶은 말에 귀 기울일 수 있답니다.

그림 산책은 그림책을 '잘' 읽어야 한다는 부담 없이 어른과 아이가 마음 편하게 그림을 즐기는 시간을 줄 수 있다는 점에서도 좋습니다. 연령에 비해 글이 많거나 내용이 어려운 그림책을 읽을 때도 요긴하게 사용할 수 있는 방법입니다. 부모님은 글을 모두 읽어 주어야 한다는 부담을 내려놓을 수 있고, 아이는 그림책의 내용을 주의 깊게 듣고 이해해야 한다는 압박감을 떨쳐 버릴 수 있죠. 그림 산책을 할 때뿐만 아니라, 그림책을 일반적으로 읽어 줄 때도 쓰여 있는 글을 모두 문자 그대로 읽어야 한다는 압박에서도 벗어날 필요가 있습니다. 아이들의 흥미와 이해도에 따라 글의 내용을 요약하거나 각색해서 읽어 주는 게 좋을 때도 많거든요. 그림책을 읽어 주는 어른, 보고 듣는 아이가 누구인지에 따라 이야기가 달라지는 것이죠. 이러한 점이 바로 그림책의 묘미입니다. 읽는 사람에 따라 그림책은 다른 얼굴을 가진 생명체가 된답니다.

그림 산책을 하기 전 알아 두면 좋은 그림책의 '그림'이 지닌 특징들을 한번 알아볼까요? 그림책의 주인공들이 어딘가로 떠날 때 왼쪽에서 오른쪽으로 움직여요. 대부분의 문자 체계에서 일반적으로 읽기 방향이 왼쪽에서 오른쪽으로 움직인다는 사회문화적인 규칙이 있기 때문에 주인공들도 이와 비슷하게 움직이도록 표현된 것이죠. 반대로 여행이나 모험을 끝내고 돌아갈 땐 오른쪽에서 왼쪽으로 움직이고요.

주인공의 감정 상태, 등장인물 사이의 관계나 분위기를 상징적으로 보여 주기 위해 다양한 '색'을 활용하기도 해요. 그림 산책을 하다 보면 어느 것 하나 허투루 볼 게 없다는 걸 깨달을 수 있죠. 앤서니 브라운의 『고릴라』 또는 모리스 샌닥의 『괴물들이 사는 나라』에서 중심 사건의 전후를 비교해 보세요. 문제가 생겼을 때는 인물들의 옷이나 방 색깔이 어두침침하고 가라앉아 있습니다. 그러나 사건이 해결되고 다시 평화가 찾아올 때는 밝고 화사한 색으로 바뀌는 걸 발견할 수 있습니다. 이렇게 쉽게 지나칠 수 있는 요소들을 비교해 보면서 찾아보는 묘미를 아이와 함께 느껴 보세요

또한 '선'도 눈여겨봐야 할 요소들 중 하나입니다. 선은 등장인물의 움직임, 감정, 심리 상태 등을 표현하기 위해 종종 사용되지요. 직선과 곡선, 연속선과 파선, 수평선과 수직선, 대각선, 가는 선과 굵은 선 등 선의 종류도 굉장히 다양합니다. 선의 형태에 따라서 의미가 달라지기도 하는데요. 희미하거나 굵은 선은 편안하거나 안정된 상태를, 지그재그로 표현되거나 각진 선은 혼란스럽거나 역동적인 모습을 나타낼 때 사용되죠. 이러한 그림들의 요소를 보며 느낀 점을 성인이 이야기해 주는 것도 좋은 방법이 됩니다. 선에 초점을 두고 이야기를 나누어 보자면, 『밥·춤』 그림을 보며 다음과 같이 이야기해 볼 수 있겠지요. "팔과 다리를 앞뒤로 쭉 뻗으니 날아가는 것처럼 보인다. 물감으로 그린 선이 연해서 맑고 부드러운 기분이 들지?"

다름으로 주목해서 살펴보면 좋은 요소는 프

『밥·춤』
(정인하 글·그림 / 고래뱃속, 2017)

레임(frame)입니다. 프레임은 그림텍스트의 서사 단위로 그림텍스트 한 면 전체나 일부를 둘러싼 틀을 말합니다. 전체 이미지를 둘러싸는 틀을 외곽 프레임이라고 하는데, 이를 통해 거리두기 효과를 주기도 하고, 하나의 면 안에 여러 개의 프레임이 배치됨으로써 인과적, 시간적 시퀀스를 구성하는 걸 돕죠. 읽기 방향과 마찬가지로 왼쪽에서 오른쪽으로 읽어 나가요. 이러한 틀 말고도 창문, 문, 거울과 같이 그림텍스트 자체가 프레임과 비슷한 역할을 하는 경우도 있는데 이를 내부 프레임이라고 말합니다.

프레이밍(framing)은 그림책의 작가가 다양한 앵글로 등장인물이나 화자의 시각을 보여 주는 것을 뜻합니다. 어떤 시각을 선택하여 만들어진 그림책인지에 따라 독자가 느끼는 바가 달라져요. 앵글의 높이에 따라 부감(high angle)과 앙각(low angle)으로 나눌 수 있습니다. 부감은 독자가 위에서 아래를 내려다보는 시선을, 앙각은 아래에서 위를 올려다보는 시선을 만들어 주죠. 화면 안에 등장인물이 등장하는지, 등장하지 않는지에 따라서 화면 영역과 비화면 영역으로도 나눌 수 있습니다. 그림과 글이 각자의 역할을 담당함으로써 효과적

으로 이야기를 꾸려 나갈 때, 그리고 작가가 원하는 독자의 시선을 만들 때 프레이밍이 사용되곤 합니다. 아이들에게 이런 명칭까지 일일이 알려 줄 필요는 없지만, 점차 이러한 점을 눈여겨볼 수 있도록 한다면 그림 산책이 더 즐거워질 거예요.

그림의 크기와 위치에 따라서 작가가 전달하려는 의미가 다르기도 해요. 커다랗게 그려져 있더라도 별로 중요한 대상이 아닐 수 있고, 반대로 아주 작게 그려져 있어도 이야기를 이해하려면 더 눈여겨봐야 하는 경우도 있죠. 그림책 『작은 배』의 한 장면을 살펴보자면, 화면 가득히 그려져 있는 커다란 배는 장면의 대부분을 차지하고는 있지만 전체 이야기에 있어서 중요한 대상은 아니에요. 반면에 오른쪽 하단에 작게 그려져 있지만 작은 배는 독자가 눈여겨봐야 할 대상이지요. 이런 작은 세부 표현의 변화를 발견하는 것 또한 그림 산책을 하며 얻을 수 있는 묘미랍니다. 아이들은 이런 작은 부분까지도 놓치지 않고 관찰하는 능력이 대단히 탁월해요. 아이와 같이 그림 산책을 하며 그림을 보는 재미를 느껴 보세요.

(좌) 『구름빵』 (백희나 글·그림 / 한솔수북, 2019)
위에서 아래를 내려다보는 '부감'
(우) 『흰곰가족의 5층짜리 신발가게』
(오오데 유카코 글·그림, 김영주 옮김 / 북스토리아이, 2016)
아래에서 위를 올려다보는 '앙각'

『작은 배』
(캐시 핸더슨 글, 패트릭 벤슨 그림, 황의방 옮김 / 보림, 2000)
종이로 접은 작은 배가 바다를 항해하는 장면

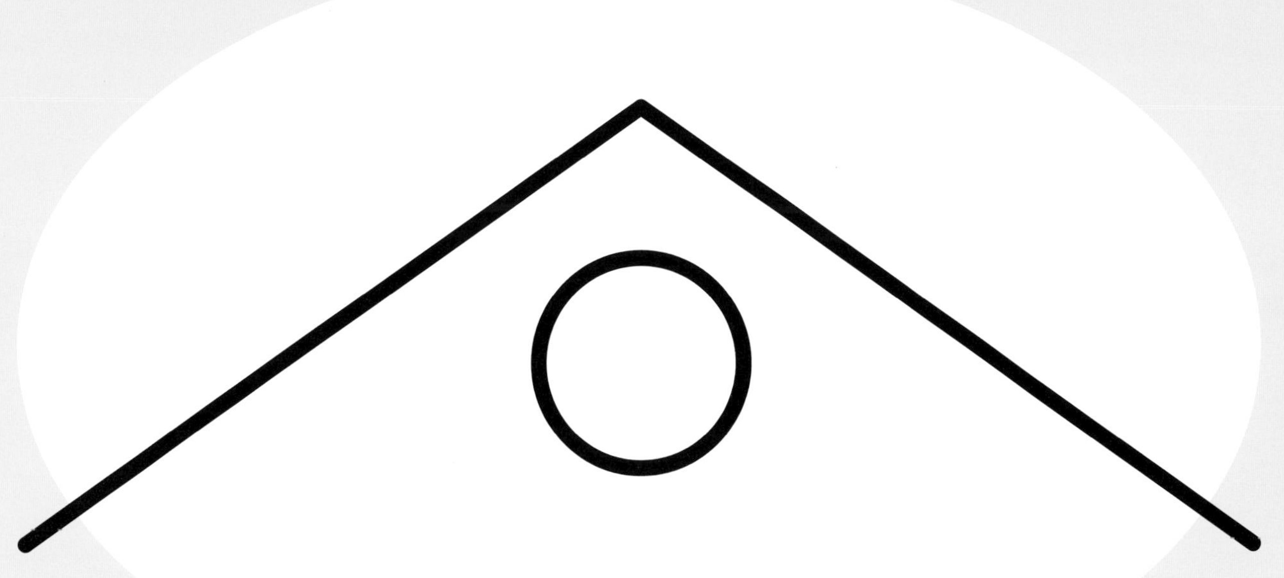

5.

글 없는 그림책: 그림도 읽을 수 있어요

우리 아이, 왜 책 읽기를 싫어할까요?

부모님께 아이에게 책을 읽어 주시라고 하면 아이가 책 읽기를 싫어한다고 걱정하는 경우가 있습니다. 또 어떤 부모님은 첫째 아이는 의젓하게 책을 잘 읽었는데 둘째는 책만 펼치면 도망간다고 말씀하기도 합니다. 이런 고민을 들어 보면 책을 좋아하는 아이는 따로 타고나는 것만 같습니다. 책 읽기를 싫어하는 우리 아이, 왜 그런 것일까요? 책을 좋아하게 될 수는 없을까요?

그러나 우리의 기대와 달리 정말 처음부터 책 읽기를 좋아하는 아이는 아주 드뭅니다. 아이의 타고난 성향보다는 부모가 각 아이의 관심사와 성향을 최대한 존중하면서 점점 더 책을 좋아하게 만들어 주는 게 중요해요. 그래서 이 장에서는 우리 아이가 책과 가까워지도록 돕는 방법들을 소개하고자 합니다. 그 전에 아이가 책과 멀어지도록 하는 부모의 잘못된 책 읽어 주기 습관부터 먼저 점검해 보도록 하겠습니다. 아래에 부모–아이 간 책 읽기 상호작용의 예시를 다섯 가지를 소개하였습니다. 아래 다섯 가지 중 내가 아이에게 책을 읽어 줄 때 했던 행동이 있지 않은지 확인해 보세요.

아이를 책 읽기와 멀어지게 만드는 부모의 상호작용 방식

❶ 책을 읽을 때 새로운 단어를 발견하면 그 뜻을 모두 알려 준다.

❷ 글자와 소리가 연결되도록 손가락으로 글자를 하나하나 짚으며 읽어 준다.

❸ 책을 끝까지 읽고 난 후 내용에 대해 이야기를 나눈다.

❹ 아이가 책에 집중하지 못하면 바로 앞에 읽은 내용을 물어보면서 환기시킨다.

❺ 책 읽기 도중에 질문을 할 경우에는 단답형의 정답이 있는 질문을 한다.

하나씩 살펴볼까요? 책을 읽을 때 새로운 단어를 발견할 때마다 아이에게 그 뜻을 모두 알려 주면 아이의 책 읽기 흥미가 떨어질 수 있습니다. 모든 단어의 뜻을 알려 주기보다는 한 권에서 한두 단어 정도에만 집중해서 뜻을 쉽게 풀어 주거나 예를 들어 주시는 게 좋습니다. 너무 과도하게 단어의 뜻을 알려 주다 보면 그림책을 함께 읽는 것이 아니라 사전으로 단어 공부하는 시간이 되어 버릴 수 있기 때문입니다. 아이에게 단어의 뜻을 알려 주는 가장 효과적인 방법은 아이가 먼저 뜻을 물을 때 알려 주는 것입니다.

둘째, 글자와 소리가 연결되도록 손가락으로 글자를 짚으며 알려 주는 상호작용도 유아에게는 좋지 않습니다. 이는 아이가 초등학교 들어간 후에 해 주면 좋은 '학습법'입니다. 아이가 글자 읽기를 본격적으로 연습하는 초등학생 시기에는 손가락으로 단어를 짚으며 알려 주는 방식(point reading)이 단어 개념의 성장을 도울 수 있습니다. 그러나 아직 글자를 잘 모르는 유아기에는 이러한 상호작용은 부정적인 효과가 더 클 수 있습니다. 어린 유아에게 글자를 강조하다 보면 유아가 그림을 통해 그림책을 이해하는 부분을 놓치기 때문입니다. 유아기에는 부모님이 책을 읽어 주는 소리를 듣고 그림을 충분히 보면서 생각할 수 있도록 해 주는 편이 더 좋습니다.

셋째, 책을 끝까지 읽고 난 후 전체 내용에 대해 이야기를 나누는 상호작용도 유아기에는 효과적이지 못합니다. 대신 책 읽어 주는 '사이사이에' 상호작용을 충분히 하는 것이 필요합니다. 책을 읽는 도중에 아이가 관심을 보이는 부분이 있다면 놓치지 말고 도중에 그 부분에 대해 이야기를 나누는 편이 아이의 책에 대한 몰입을 높이는 데 훨씬 유리합니다. 아이가 관심을 보이는 부분을 포착해서 그때마다 설명하고, 질문하고, 답도 해 주면서 책 읽는 내내 아이와 충분한 대화시간을 확보하는 것이 문해력을 발달시킵니다.

넷째, 아이가 책에 집중하지 못할 때 아이에게 책 내용을 물어보면서 집중을 유도하는 것은 어떨까요? 이 또한 효과적인 상호작용이 아닙니다. 부모가 아이에게 '우리 아이가 잘 듣고 있나?' 하고 책 내용을 확인하는 질문을 하면 아이도 '지금 엄마가 나를 시험하고 있구나.'라고 느끼고 책 읽는 재미를 잃어버리게 됩니다. 대신 아이와 그 맥락에서 벗어난 흥미로운 대화를 해 보는 것이 좋습니다. 아이가 "재미없어."라고 말한다면 "그럼 뭐가 하고 싶어? 뭐가 재밌어?"라고 바로 수용해 주세요. 책 읽는 중간에 아이의 집중력이 흐트러지는 것처럼 느껴지면 부모와 아이, 우리의 이야기를 책의 내용과 연결해 보는 것도 좋은 방법입니다. 만약 책에 신체 부위(예: 큰 발)에 관한 이야기가 나온다면 "우리 오랜만에 발 좀 대 볼까? ○○이 발이 얼마나 컸나? 몇 년쯤 더 있으면 엄마보다 더 클까?" 하면서 우리 이야기를 책의 내용과 연결해 볼 수 있습니다. 책의 내용과 연결할 이야기가 마땅히 떠오르지 않는다면 말이나 행동으로 한번 아이를 신나게 웃겨 주는 것도 좋습니다.

다섯째, 책 읽는 도중에 아이에게 질문을 한다면 답이 정해져 있는 질문보다 다양한 대답이 가능한 개방형 질문이 더 유용합니다. 즉, '누가, 언제, 어디서, 무엇을'보다는 '어떻게, 왜'로 시작하는 질문이 좋습니다. '누가, 언제, 어디서, 무엇을'으로 시작하는 질문은 아이에게 정답을 말해야 한다는 부담을 느끼게 하고 책 읽는 재미를 떨어뜨리게 됩니다. 반면 '어떻게, 왜'로 시작하는 개방형 질문은 정해진 답이 없고 각자 서로 다른 대답이 가능하기 때문에 아이는 질문에 대한 자신의 생각을 표현하면서 책 읽기에 더 몰입하게 됩니다. 개방형 질문을 할 때 부모님도 몰라서 정말 궁금하다는 듯 "그림 속 친구는 도대체 왜 이런 행동을 한 걸까?"와 같이 질문하면 좋습니다. 또는 부모님의 솔직한 생각을 먼저 말하면서 "넌 어떻게 생각해? 넌 이걸 보고 어떤 기분이 들어?"와 같은 질문을 하는 것도 훌륭한 상호작용 방법입니다.

'글 없는 그림책'이 무엇인가요?

이제 책에 관심이 없는 아이를 책과 가깝게 만드는 방법에 대해 알아볼 게요. 문자에 관심이 없거나 심지어 두려워하는 아이를 책의 세계로 끌어들이려면 '글 없는 그림책(wordless picture book)'을 활용해 보세요.

글 없는 그림책은 아동 문학의 한 장르로 '그림이 모든 것을 말하는 책'입니다. 글 없는 그림책은 책 제목, 저자, 출판사 이름과 같은 최소한의 문자 텍스트만 있거나 글 텍스트가 거의 없이 구성됩니다. 즉, 글 없는 그림책은 그림이 주인공이 되는 진정한 의미의 '그림책'이라 할 수 있죠.[1] 글 없는 그림책에서는 일반적인 그림책과 달리 글의 역할은 최소화되고 대신 연속되는 그림에 의해 이야기가 전개됩니다.[2] 글 없는 그림책의 이야기는 그림들로 이어지기 때문에 일반 그림책과 달리 풍성한 해석의 여지가 있습니다. 글 없는 그림책을 읽을 때 독자는 글 텍스트를 바르게 해석해야 한다는 압박감 없이 마음껏 상상의 나래를 펼치며 나만의 이야기를 만들어 낼 수 있습니다.[3] 읽을 때마다 새로운 이야기를 만들어 낼 수도 있고요. 이러한 특성으로 인해 글 없는 그림책은 글자를 모르는 아동부터 성인까지 모두 폭넓게 즐길 수 있는 문학 장르라 할 수 있습니다.

글 없는 그림책은 20세기 후반부터 본격적으로 출판되면서 점점 더 많이 출판되기 시작했는데요.[4] 고전적인 글 없는 그림책으로는 안노 미쓰마사의 여행 그림책 시리즈가 있습니다. 여행 그림책 시리즈는 1960년도부터 스페인, 영국, 이탈리아 등 여행지를 직접 다녀와서 60~80년대의 유럽의 풍경을 그림을 그린 책입니다. 아름다운 유럽의 풍경과 함께 곳곳에 있는 사람들이 무엇을 하는지 찾아보는 재미가 쏠쏠합니다. 또 출판된 지 오래되었지만 지금까지도 꾸준히 사랑받는 글 없는 그림책도 있는데요. 바로 레이먼드 브릭스의 『눈사람 아저씨』입니다. 그림 장면들을 따라가다 보면 글로 읽지 않아도 아이와 눈사람 아저씨가 나누는 대화가 머릿속에 그려지는 마법이 일어납니다.

최근의 대표적인 글 없는 그림책 작가로 데이비드 위즈너를 들 수 있습니다. 데이비드 위즈너는 글 없는 그림책으로 칼데콧 상을 세 번이나 수상했어요. 사실적이면서도 초현실적인 그림과 기발한 이야기로 많은 사랑을 받는 작가입니다. 『이상한 화요일』, 『아기 돼지 세 마리』, 『시간 상자』로 칼데콧 상을 받았고, 『자유 낙하』, 『구름공항』, 『이봐요, 까망 씨!』로 칼데콧 아너 상을 받았습니다.

우리나라 작가의 글 없는 그림책도 높은 수준으로 인정받고 있습니다. 우리나라 작가인 이수지는 『여름이 온다』로 아동문학계의 노벨상이라고 불리는 한스 크리스티안 안데르센상을 수상하기도 했습니다. 그리고 『파도야 놀자』와 『그림자놀이』는 뉴욕타임스 우수그림책으로 선정되어 해외에서도 인정을 받았습니다. 신나게 노는 아이의 모습에 몰입하다 보면 나도 모르게 이야기 속 주인공이 되어 한바탕 놀이를 하고 난 느낌을 받게 됩니다. 이지현의 『수영장』은 미국 일러스트레이터협회가 선정하는 올해의 어린이책 일러스트레이션 최고상을 포함해 여러 상을 수상한 작품입니다. 아름다운 그림이 매력적이고 독자로 하

---

1 Jalongo, Dragich, Conrad, & Zhang(2002)
2 이연규(2016), Serafini(2014)
3 최지수, 최나야(2020)
4 Lindauer(1988)

여금 끝없는 상상을 하게 하는 작품입니다.

글 없는 그림책의 효과

글 없는 그림책은 책을 좋아하지 않는 아이도 '책은 재미있다'라는 생각이 들게 하는 아주 좋은 도구입니다. 글 없는 그림책을 읽을 때 아이들은 책에 글자가 없으니 평소보다 자기 생각을 더 많이 이야기하게 되고 더 쉽게 재미를 느낄 수 있습니다. 글자를 정확하게 읽어야 한다는 부담이 없기 때문에 자유로움 속에서 책 읽기의 재미를 느끼고 성공적인 읽기 경험을 쌓을 수 있다는 것이 큰 효과입니다. 글자가 없으니 부모도 아이와 눈높이를 똑같이 맞춰서 상호작용하는 방법을 배우는 거죠. 결과적으로 글 없는 그림책을 통해 아이가 책과 가까워지게 할 수 있습니다.

글 없는 그림책에는 글자가 없기 때문에 해독 수준과 상관없이 아이들 모두 볼 수 있어서 좋아요. 그래서 글 없는 그림책은 유아뿐 아니라 초등학생들에게도 아주 적합한 책입니다. 이야기 수준이 높아서 초등학교 고학년은 되어야 잘 이해할 수 있는 글 없는 그림책도 많답니다. 특히 초등학교에 입학했지만 아직 책 읽기가 어려운 친구들에게도 글 없는 그림책이 유용합니다. 이해력을 키우는 데 글 없는 그림책이 큰 도움이 될 수 있어요.

이뿐만 아니라 글 없는 그림책은 시각 문해, 언어 및 인지, 창의성, 정서, 미적 감각 발달에 도움을 주는 것으로 연구되었습니다.[5] 글 없는 그림책을 통해 책에 대한 흥미를 높일 수 있을 뿐 아니라 아동발달상 많은 이점도 챙길 수 있다는 것이죠.

먼저 글 없는 그림책은 시각 문해를 키워줌으로써 아이의 이해력을 향상하는 데 큰 도움을 줍니다. 시각 문해란 시각적인 이미지를 해석하는 법을 배우는 것입니다. 즉, 시각 문해는 그림에 담긴 다양한 정보의 의미를 파악해서 이해하는 것입니다.[6] TV와 각종 스크린에서 보는 시각적 이미지의 홍수 속에서 자라나는 이 시대의 아이들에게 시각 문해는 필수적입니다. 그림은 글보다 쉽게 인식되고, 글과 함께 학습을 도와주기 때문에 시각 문해가 발달하면 학습에도 큰 도움이 되죠. 그러나 시각 문해는 저절로 생겨나지 않고 학습을 통해 자라납니다.[7] 따라서 양질의 시각적인 경험을 제공하여 아이의 시각 문해를 길러줄 필요가 있어요. 글 없는 그림책은 바로 시각 문해 발달에 필요한 양질의 시각적 경험을 제공하는 좋은 매체입니다.[8]

다음으로 글 없는 그림책 읽기 경험은 언어와 인지 발달, 그리고 더 나아가 창의성 발달에 도움을 줍니다. 그림에 대해서 이야기를 해 보면서 유아는 적절한 어휘를 사용하여 문장을 만들고, 문장을 이어서 이야기를 만드는 능력을 기르게 됩니다.[9] 그리고 그림의 세밀한 부분을 설명하고, 순서를 인식하고, 이야기의 흐름을 예상 및 추론하는 과정을 통해 논리적인 사고능력을 키워 나갈 수 있습니다.[10] 또한 글 없는 그림책은 다양한

---

5 이연규(2016)
6 Janlongo, Dragich, Conrad, & Zhang(2002)
7 Avgerinou & Pettersson(2011)
8 Janlongo, Dragich, Conrad, & Zhang(2002)
9 강정숙(2008)
10 윤진주(2004)

창의적 요소를 많이 포함하고 있습니다.[11] 유아는 글 없는 그림책을 읽으며 자유롭게 의미를 스스로 해석하고 구성해 나가는 과정을 통해 확산적 사고를 자연스럽게 경험하고 창의성을 키워 나갈 수 있습니다.[12]

또한 글 없는 그림책을 통해 예술적 경험을 하게 되어 이를 통해 미적 감각과 감수성을 키울 수 있습니다. 글 없는 그림책은 작가의 예술적 표현인 그림으로만 구성된 책이기 때문에 유아는 글 없는 그림책을 읽으며 자연히 그림을 감상하는 미적 경험을 하게 되고 풍부한 감수성도 느끼게 됩니다. 미적 감각과 감수성은 어린 시기부터 경험을 통해 길러지기 때문에 글 없는 그림책을 통한 심미적 경험은 매우 긍정적입니다.[13] 따라서 글 없는 그림책 읽기는 심미적 가치 또한 가지고 있는 활동이라 할 수 있죠.

이처럼 글 없는 그림책은 책을 좋아하지 않아도, 글자를 잘 몰라도 재밌게 읽을 수 있는 책이면서도 문해력을 포함한 다양한 영역의 발달에 긍정적인 효과가 있습니다. 글 없는 그림책으로 아이의 문해력을 튼튼히 하고 책에 대한 긍정적인 마음을 가질 수 있도록 도와주세요.

• 용어 설명 •

- **확산적 사고(divergent thinking):** 문제해결을 위해 가능한 정보를 광범위하게 탐색하여 해결책을 다양하게 도출하는 사고방식을 의미한다.[14]

그림 1. 글 없는 그림책 『모양들의 여행』의 장면들

글 없는 그림책, 어떻게 활용할까?

이렇게 아이의 문해력 발달에 큰 도움을 주는 글 없는 그림책을 잘 활용하는 방법을 살펴볼까요? 첫 번째로는 글 없는 그림책을 읽어 주는 사이사이에 개방적 질문을 하는 것입니다. 글 없는 그림책을 처음 접한 부모님들은 글이 없어서 어떻게 읽어 줘야 할지 막막하다고 하는 분들이 계세요. 그런데 사실 반대로 글이 없기 때문에 오히려 읽어 주기 더 쉽습니다. 예를 들어, 그림 1의 장면들을 보면서 "여기 말풍선이 있네? 이 친구가 뭐라고 말했을까?", "엄마는 이 작은 조각을 여기 딱 끼워서 꽉 찬 동그라미를 만들 줄 알았거든? 너는 뭘 생각했어?", "우리 부산 마트에서 이런 빨간 물고기 봤던 거 기억 나?"와 같은 질문을 할 수 있습니다. 이렇게 상상이나 예측을 하게 하는 질문, 경험을 떠올리게 하는 질문, 또 질문할 게 없으면 부모님의 떠오르는 감정을 그냥 말하거나 아이에게 어

---

11 오한나, 전경원(2019)
12 김미숙, 장영숙(2016)
13 이경우(1998)
14 한국심리학회(2014)

떤 감정이 드냐고 물어보는 것도 글 없는 그림책을 읽을 때 할 수 있는 매우 좋은 상호작용입니다.

둘째, 글 없는 그림책을 읽고 그림책의 장면을 시간의 흐름에 따라 배열해 보세요. 이러한 활동은 아이들이 사건이 일어나는 순서에 대해 관심을 갖게 도와주고 원인과 결과에 대해 생각하게 합니다. 글 없는 그림책을 바로 써도 되고, 일반 그림책에서 중요한 사건을 담은 장면 몇 개를 사진으로 찍은 뒤 출력해도 됩니다. 그림 카드가 준비되었다면 그림들을 보고 순서가 어떻게 되는지 아이와 함께 따져 보고, 배경 변화와 인물의 행동에 따라 카드를 적절하게 배열합니다. 그리고 각 장면을 표현하는 말을 하고, 다음 장면과 이어 주는 말로 각 장면을 서로 연결하고, 각 장면 사이사이는 상상으로 채워 나가면 됩니다. 처음에는 어려울 수 있지만 하면 할수록 재미를 느끼고 더 잘하게 될 거예요.

셋째, 글 없는 그림책에서 소리와 움직임을 찾아내 보세요. 글 없는 그림책에서는 다양한 행동과 움직임이 그림으로 표현되기 때문에 다양한 의성어 및 의태어와 연결할 수 있습니다. 장면에 맞는 의성어 및 의태어를 떠올려서 말로 표현할 수 있습니다. 여기에서 더 나아가 의성어 및 의태어를 한글로 적어 본다면 어휘력도 다지고 글자와 소리의 관계를 파악하는 데 도움을 줍니다. 이런 식으로 상호작용을 확장하면 글 없는 그림책으로 아이와 아주 흥미로운 언어 놀이를 할 수 있답니다.

넷째, 가족들과 함께 글 없는 그림책을 읽어 보세요. 앞서 말씀드린 것처럼 글 없는 그림책은 나이와 상관없이 재밌게 읽으면서 문해력도 키워

● 용어 설명 ●

- 가족 문해(family literacy): 가정 내에서 자연스럽게 일어나는 문해 활동을 의미한다. 가족 문해는 아동의 문해 발달에 중요한 영향을 미친다.

주기 때문에 아이가 부모뿐 아니라, 형제자매와 함께 읽어도 좋습니다. 아이들끼리 책을 읽는 것을 '함께 읽기(buddy reading)'라고 하는데요. 또래와 함께 협동하여 그림책을 읽으면 혼자 읽거나 경쟁하며 읽을 때보다 이야기 이해를 더 잘하고 상호작용도 더 풍부해집니다.[15] 즉, 자녀들이 협동하여 글 없는 그림책을 번갈아 가며 읽을 때, 혼자 읽을 때보다 책 내용에 대해 더 깊이 이해하게 되고 더 풍부한 상호작용과 상상력을 이끌어 낼 수 있습니다. 이렇게 또래끼리 책을 읽으면 어른만큼 풍부한 언어를 사용하기는 힘들지만, 자유와 재미를 느끼면서 충분히 책을 읽을 수 있다는 장점이 있습니다. 또는 한 번은 형제자매와, 한 번은 엄마, 아빠와 함께 글 없는 그림책을 읽으면 매번 조금씩 달라지는 이야기에 아이가 재미를 느낄 수도 있습니다. 이처럼 글 없는 그림책은 가족들이 모두 함께 공유할 수 있는 책이라서 가족 문해 향상에도 도움을 주게 됩니다.

책에 글자가 없어도 충분히 재미있게 책을 읽고 문해력도 키울 수 있습니다. 책 읽기가 아이에

---

15 최지수, 최나야(2020)

게 부담이 되지 않도록 글 없는 그림책을 충분히 활용하기를 추천합니다. 글 없는 그림책을 통해 그림을 즐겁게 보면서 책에 대한 좋은 기억이 쌓이게 되면 아이는 곧 스스로 책을 펼치게 될 것입니다. 다음의 활동들을 하면서 아이와 함께 글 없는 그림책의 세계에 풍덩 빠져 보세요.

1

몸으로 읽는 그림책

- 그림책의 그림을 관찰해 몸으로 표현하기 -

난이도	★☆☆☆☆	소요 시간	10 분
기대 효과	그림책에 나타난 그림의 세부적인 부분까지 관찰하고 표현하며 능동적인 읽기를 경험해요. 그림에 대한 자세한 관찰과 표현을 통해 이야기에 대한 이해를 높여요.		

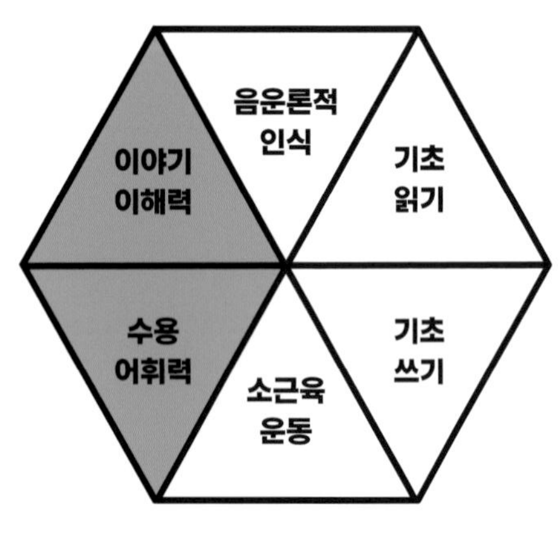

기초문해요소

2세	3세	4세	5세	저학년

추천연령

언어	수학	과학	사회
미술	음률	조작	신체

통합영역

준비물

『야호, 비 온다!』 그림책 (피터 스피어 지음 / 비룡소, 2011), 주인공을 표현할 수 있는 소품들(예: 우산, 우비, 장화, 분무기 등)

활동 방법

1. 아이와 『야호, 비 온다!』 그림책을 함께 읽어요.
2. 주인공의 모습을 몸으로 표현해요. 우산, 우비, 장화 등 인물들의 모습을 표현할 수 있는 소품들을 함께 활용하는 것도 좋아요.
3. 어떤 장면을 따라한 건지 그림책의 그림들을 보면서 찾아보고 맞히는 놀이를 해요. 말을 하지 않고 몸으로만 표현하기, 말로만 표현하기, 말과 몸으로 동시에 표현하기로 나누어 활동을 진행해 볼 수 있어요.

재미있게 그림책 읽기

- 『야호, 비 온다!』 그림책은 글이 없는 그림책이라고 아이에게 먼저 소개해요. 정말 글자가 없는지 표지와 속지를 살펴보며 관찰해요.

추천 질문 **"이 그림책은 글이 없는 그림책이래. 정말 글자가 없는지 살펴볼까?"**

- 그림책의 표지를 보면서 관찰하고 보이는 것들에 대해 말해요. 그리고 아이의 사전경험과 연결 지어 이야기 나눠요.

추천 질문 **"우리도 이렇게 비가 쏟아지는 날 우산에 우비 쓰고 걸어갔었는데, 기억나?"**

- 그림의 프레임을 읽는 방법을 알려 주세요. 같은 줄에 있는 프레임은 왼쪽에서 오른쪽으로 하나씩 보고, 위에서 아래의 방향으로 그림을 읽습니다. 필요에 따라 한 화면에 보이는 프레임에 순서대로 숫자를 적어 주는 것도 좋아요.
- 아이가 그림을 보면서 이야기 꾸미는 것을 어려워하면 그림을 관찰하고 보이는 그대로 말하는 것으로 시작해도 됩니다. 그림 관찰하기에 익숙해지면 관찰한 것을 토대로 이야기를 꾸며 말해요. 성인이 먼저 시범을 보여 주면 아이가 이해하기 쉬워요. 그림을 관찰하면서 하는 아이의 말을 성인이 문장으로 표현해 주는 것도 좋아요.

추천 질문

"어, 비 오는 날이라고 하는데 비가 안 오고 있네?"
"먹구름이 막 몰려 오면서 곧 비가 오기 시작하는 거 아닐까?"
"정말 그런 것 같다. 그럼 엄마/아빠가 먼저 이야기 꾸며 볼게.
비가 안 오는 화창한 여름날이었어요.
그런데 갑자기 먹구름이 몰려 오면서 비가 쏟아지기 시작했어요."

- 그림책의 인물이 되어 대화를 하듯이 이야기를 꾸미거나, 전지적 작가 시점이 되어 해설하듯 상황을 표현할 수 있어요.

도움말

- 그림책의 장면을 표현하기 위해 필요한 소품을 직접 만들어 보세요. 소품을 직접 만들고 이를 활용해서 역할극 놀이를 할 수 있습니다. 아이의 표현력과 상상력을 기를 수 있어요.
- 글 없는 그림책이 아니어도 적용해 볼 수 있는 활동이에요. 아이가 여러 번 읽어 봐서 익숙한 그림책으로 그림을 몸으로만 말하는 게임을 함께 즐겨요.

2

그림에 소리를 써 넣어요

- 그림책 장면에 의성어 삽입하기 -

난이도	★☆☆☆☆	소요 시간	10 분
기대 효과	글 없는 그림책의 그림을 관찰하고 적절한 의성어를 떠올려 어휘력과 음운론적 인식의 향상을 도와요. 의성어를 종이에 적는 과정을 보며 소리가 글자로 표현되는 과정에 관심을 가져요.		

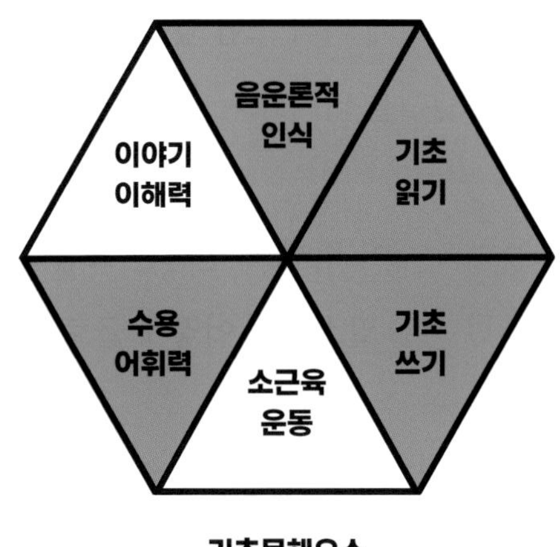

기초문해요소

2세	3세	4세	5세	저학년

추천연령

언어	수학	과학	사회
미술	음률	조작	신체

통합영역

준비물

의성어·의태어를 풍부하게 표현할 수 있는 글 없는 그림책, 말풍선 모양 포스트잇, 사인펜, 연필

활동 방법

❶ 그림책을 읽으며, 그림책의 각각의 장면에서 어떤 소리가 날 것 같은지 이야기를 나눠요(예: 드르륵, 쏴아아, 우당탕, 째깍째깍, 푸슝 등).

❷ 아이가 말한 의성어를 말풍선 모양 접착식 메모지에 써서 그림 옆에 붙여요.

❸ 적은 의성어를 효과적으로 살려 다시 한번 그림책을 읽어요.

도움말

- 아이가 새롭게 지어낸 의성어를 말해도 그대로 적어 주세요. 한글은 표음능력이 뛰어나 소리의 대부분을 글자로 표현할 수 있어요. 말소리가 어떻게 글로 표현되는지를 경험하면서 글자와 소리의 관계를 파악할 수 있어요.
- 아이와 적은 의성어를 다시 읽을 때 소리를 실감 나게 표현해 주세요. 의성어를 활용한 문장을 표현해 보는 것도 좋아요.

추천 질문

"그럼 이걸 넣어서 다시 읽어 볼까?"
"자전거가 지붕 위로 지지지 소리를 내며 올라가자,
자전거랑 연결된 선이 움직이면서 양동이를 쳐서 딩딩딩 소리가 나요."

추천하는 글 없는 그림책

『수영장』
(이지현 글·그림
/ 이야기꽃, 2013)

『이봐요 까망씨!』
(데이비드 위즈너 지음,
길미향 옮김 / 비룡소, 2014)

『불 끄기 대작전』
(아서 가이서트 지음
/ 보림, 2020)

『또 다른 아이』
(크리스티안 로빈슨 지음
/ 보물창고, 2021)

3

이야기 순서 나열하기

- 그림 카드를 순서 지어 이야기 말하기 -

난이도	★★☆☆☆	소요 시간	20 분
기대 효과	사건이 일어난 순서에 따라 그림 카드를 나열하고 말로 표현하며 이야기 이해력을 증진해요.		

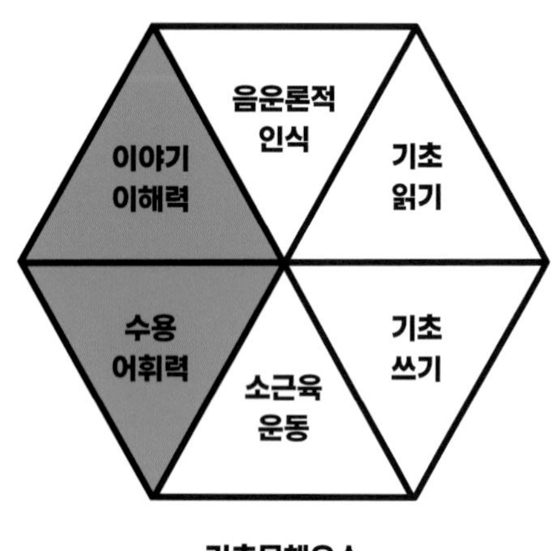

기초문해요소

2세	3세	4세	5세	저학년

추천연령

언어	수학	과학	사회
미술	음률	조작	신체

통합영역

준비물

『야호, 비 온다!』 그림책, 그림 장면의 일부를 촬영하여 만든 그림 카드, 도화지, 색연필, 사인펜 등

활동 방법

1. 아이와 함께 『야호, 비 온다!』 그림책을 읽어요.
2. 『야호, 비 온다!』에서 시간에 따른 흐름 또는 인과관계가 명확히 나타난 장면의 그림을 골라요.
3. 각 장면의 그림을 촬영하여 그림 카드를 만들어요. 인쇄를 해서 그림 카드로 사용해도 좋고, 촬영한 사진을 태블릿으로 조작할 수도 있어요.
4. 카드를 섞었다가 이야기의 순서대로 배열해요. 카드를 나열한 순서대로 이야기를 꾸며 말해요. 아이가 말한 이야기를 간단하게 문장으로 적어 주세요.

도움말

- 카드를 나열하면서 읽었던 이야기를 회상하고 재구성할 수 있어요. 그림책을 읽기 전 그림 카드만 사용해서 먼저 이야기 꾸미기를 해 보는 것도 좋아요. 기승전결 또는 시간의 순서가 확실한 그림책을 활용하세요.
- 아이와 함께 했던 일들 중 기억에 남는 에피소드로 시퀀스 카드를 만들어 보세요. 아이와 함께 보낸 하루를 사진으로 기록해 두었다면, 5~10장 정도의 장면을 사진으로 인화해서 시퀀스 카드로 활용하면 됩니다.

4

첨벙첨벙 장화 노래

- 동요 들으며 가사를 바꾸고 말놀이하기 -

난이도	★★☆☆☆	소요 시간	10 분
기대 효과	각 글자의 소릿값을 이해해요. 비슷한 형태를 가진 모음들의 소리 차이를 인식해요.		

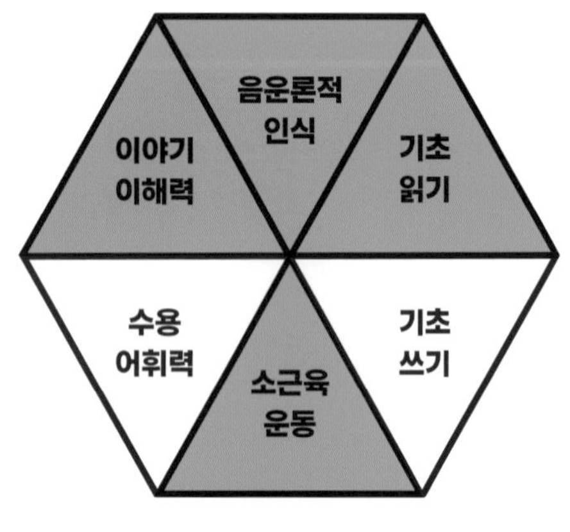

기초문해요소

2세	3세	4세	5세	저학년

추천연령

언어	수학	과학	사회
미술	음률	조작	신체

통합영역

준비물

『야호, 비 온다!』 그림책, <비 오는 날> 동요 음원, 동요 가사판,
색종이로 만든 첨벙, 쿵쿵 글자 또는 한글 자석 블록

• 한글 자석 블록 활용하기 •

가정에 있는 한글 자석 블록을 조합하여 음절 단위의 글자를 만들 수 있어요. 글자를 만들기 위해 어떤 자음과 모음이 필요한지 같이 찾아보세요. 블록을 가지고 놀이하며 글자의 형태와 소리에 관심을 갖게 도와주세요.

"우리 블록으로 '첨벙'이랑 '쿵쿵' 글자 만들어 볼까?
'지읒'에 짧은 막대가 붙은 '치읓' 찾아보자.
긴 막대 'ㅣ'에 짧은 막대가 붙은 'ㅓ' 찾아보자.
'ㅓ' 모양을 이렇게 돌리면 'ㅗ'도 되고, 'ㅏ'도 되고, 'ㅜ'도 되네?
마지막으로 네모 모양 '미음' 찾아볼까? 이제 다 찾았네.
'치읓', '어', '미음' 이렇게 같이 합쳐 주면 '첨' 완성!"

활동 방법

1. <비 오는 날> 동요를 들으며 노래를 따라 불러요.
2. 노래를 들으며 '발장구쳐요'라는 구절이 나올 때 장화를 신고 발장구를 쳐요. 다양한 방식으로 가사에서 반복해서 나오는 단어에 맞게 움직여 봅니다(예: 발장구쳐요-발 구르기, 첨벙-손뼉치기, 쿵쿵-주먹 쥐고 식탁 두드리기 등).
3. '첨벙', '쿵쿵' 글자 블록을 첨벙/참방, 쿵쿵/콩콩과 같이 비슷한 의성어로 바꾸고 말해요.

추천 질문

"쿵쿵 글자에 있는 'ㅜ'를 이렇게 돌리면 'ㅗ'가 돼.
(한 번 더 바꾸는 걸 보여 주면서) 쿵쿵(크게), 콩콩(작게). 쿵쿵보다 작은 소리가 나는 거 같다."

④ 첨벙/참방, 쿵쿵/콩콩의 차이에 주목하여 가사를 바꿔 불러요. '첨벙'과 '쿵쿵'으로 부를 땐 발을 큰 소리가 나게 구르고, '참방'과 '콩콩'으로 부를 땐 작은 소리로 발을 굴러 보세요.

추천 질문

"첨벙은 참방으로, 쿵쿵은 콩콩으로 바꿔서 불러 볼까?
이번엔 더 작은 소리로 노래를 부르고 더 작게 발을 굴러 보자."

● <비 오는 날> 동요 가사 ●

첨벙! 첨벙! / 발장구쳐요!
첨벙! 첨벙! / 발장구쳐요!
우산 쓰고 장화 신고 / 밖에 나가요
비가 와도 끄떡없어 / 정말 신나요 (헤이!)
신나게 친구들과 / 발장구쳐요
쿵 쿵쿵 쿵쿵쿵 / 발장구쳐요
첨벙! 첨벙! / 발장구쳐요!

첨벙! 첨벙! / 발장구쳐요!
우산 쓰고 장화 신고 / 밖에 나가요
비가 와도 끄떡없어 / 정말 신나요 (헤이!)
신나게 친구들과 / 발장구쳐요
쿵 쿵쿵 쿵쿵쿵 / 발장구쳐요
첨벙! 첨벙! / 발장구쳐요!

도움말

- 글자 교구를 활용하여 '첨벙'을 참방, 촘봉, 춤붕, '쿵쿵'을 콩콩, 컹컹, 캉캉 등 다양하게 만들 수 있어요. 글자의 형태를 바꿔 보면서 어떻게 소리가 달라지는지 한 글자씩 읽어 주세요.
- 자음은 그대로 두고 모음을 변형하는 것으로 활동을 먼저 시작해 보세요. 'ㅏ'와 'ㅓ'의 차이, 'ㅏ'와 'ㅑ'의 차이를 인식할 수 있도록 도울 수 있어요. 막대의 방향이나 수에 따라서 소리가 달라진다는 점(모음의 가획원리)을 인식하면 아이가 글자의 형태와 소리를 연결 지어 기억하게 도울 수 있어요. 'ㅓ'를 'ㅏ'로, 'ㅗ'를 'ㅜ'로 바꿀 때에는 시계 또는 반시계 방향으로 회전시키는 것보다 180도로 뒤집어서 바꾸는 것이 아이들이 이해하기가 더 수월해요.

5

나의 이야기 만들기

- 자신의 경험을 그림으로 표현하기 -

난이도	★★☆☆☆	소요 시간	20 분
기대 효과	생각을 문장으로 표현하며 다양한 어휘를 사용해 볼 수 있어요. 사전경험을 그림과 글로 표현해 보며 기초적인 쓰기를 경험해요.		

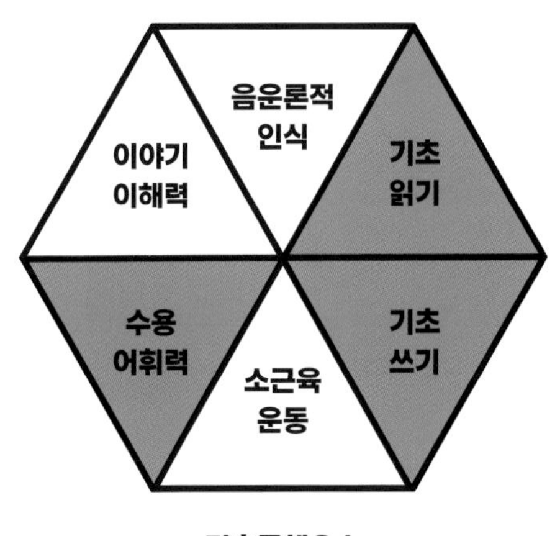

기초문해요소

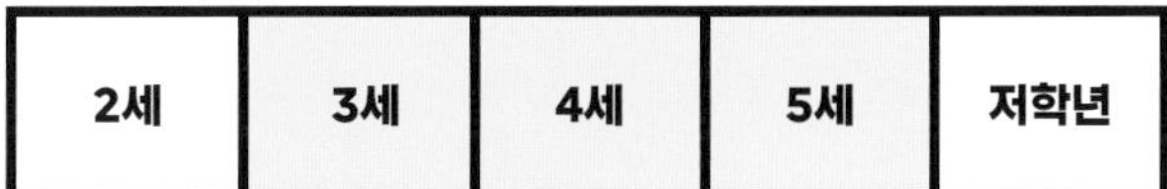

2세	3세	4세	5세	저학년

추천연령

언어	수학	과학	사회
미술	음률	조작	신체

통합영역

준비물

계절과 관련된 글 없는 그림책, 그래픽 오거나이저(graphic organizer), 연필, 색연필

추천하는 글 없는 그림책

『수잔네의 봄』 (로트라우트 수잔네 베르너 지음, 윤혜정 옮김 / 보림큐비, 2007)

『야호, 비 온다!』 (피터 스피어 지음 / 비룡소, 2011)

『이파리로 그릴까』 (이보너 라세트 지음 / 시금치, 2018)

『눈사람 아저씨』 (레이먼드 브리그스 지음 / 마루벌, 1997)

꽃잎 모양 그래픽 오거나이저

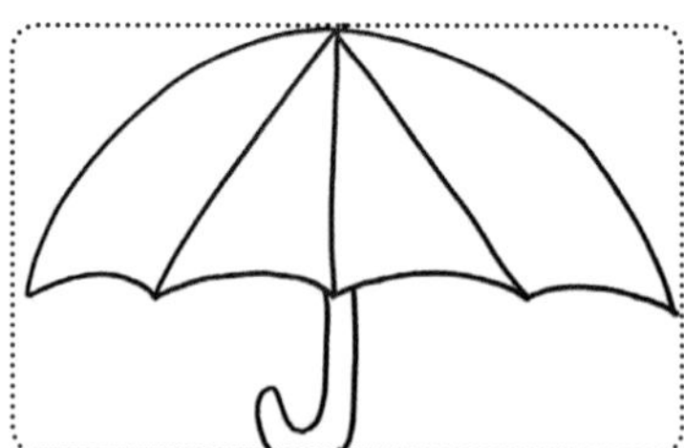
우산 모양의 그래픽 오거나이저

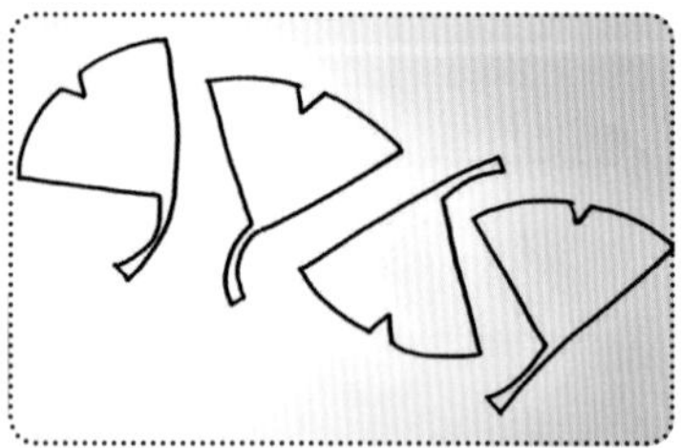
나뭇잎 모양 그래픽 오거나이저

목도리 모양의 그래픽 오거나이저

활동 방법

1. 계절과 관련된 그림책을 읽어요.
2. 계절과 관련한 아이의 경험에 대해 이야기를 나눠요.
3. 사전경험을 시간의 순서에 맞게 정리해서 문장으로 표현해요. 아이가 하는 말을 성인이 문장으로 정리해줘도 좋아요.
4. 그래픽 오거나이저에 한 칸씩 순서대로 그림을 그려요.
5. 그린 그림을 보면서 순서대로 다시 이야기를 지어 말해요.

도움말

- 계절과 관련된 그림책을 읽은 뒤 아이와 관련된 사전경험에 대해 이야기해요. 봄에 꽃을 구경하러 간 일, 여름에 비가 주룩주룩 내리는 날 우비 입고 유치원에 간 일, 가을에 낙엽을 밟으며 걸어 본 일, 겨울에 눈을 뭉쳐 눈싸움을 해 본 일 등 다양한 이야깃거리를 나누어요.
- 처음부터 문장으로 완벽히 자신의 생각을 시간의 순서에 따라 말하는 것은 어려워요. 떠오르는 대로 이야기를 해 보고 아이가 자신의 경험을 풍부하게 표현해 볼 수 있도록 질문하고 보완해 주면서 문장을 만들 수 있도록 도와주세요.

추천 질문

"○○도 이 친구처럼 비 오는 날 기억나?
엄마/아빠랑 같이 커다란 우산 쓰고 후다닥 뛰어갔었잖아.
○○는 그때 우비도 스스로 챙겨 입었지?
우리 커다란 우산 쓰고 어디 갔었는지 기억나?"

6

우리가 이어 그리는 결말

- 상상력을 발휘하여 이야기 꾸미기 -

난이도	★★★☆☆	소요 시간	20 분
기대 효과	자유롭게 상상하여 이야기를 꾸며 보며 상상력과 이야기 이해력을 길러요. 자신의 생각을 글과 그림으로 표현하며 표현력을 길러요.		

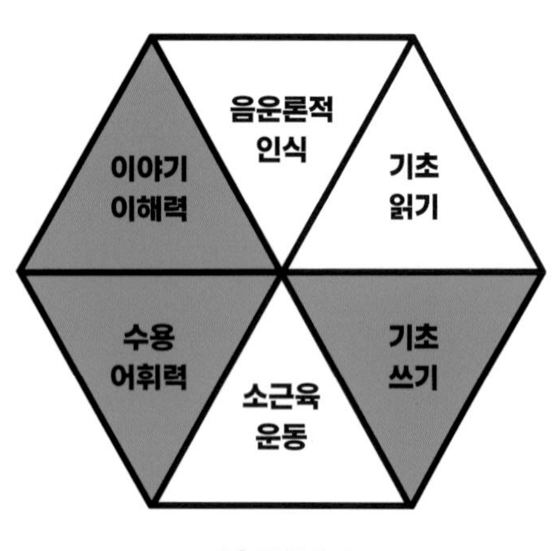

기초문해요소

2세	3세	4세	5세	저학년

추천연령

언어	수학	과학	사회
미술	음률	조작	신체

통합영역

준비물

글 없는 그림책, 도화지, 크레파스, 색연필, 도형 스티커, 색종이, 풀, 가위 등

추천하는 글 없는 그림책

『모양들의 여행』
(크라우디아 루에다 지음,
김세희 해설 / 담푸스, 2009)

『빨강 책』
(바바라 리만 지음
/ 북극곰, 2019)

『세상에서 가장 용감한 소녀』
(매튜 코델 지음
/ 비룡소, 2018)

활동 방법

1. 아이와 글 없는 그림책을 함께 읽어요.
2. 그림책의 마지막 장면을 보며 뒷이야기를 상상해요.
3. 아이가 꾸민 이야기를 그림으로 표현해요. 색종이나 도형 스티커를 활용하여 표현하는 것도 좋아요.
4. 이어서 그린 결말의 그림을 보며 이야기를 나누고 그림책을 다시 읽어요. 책의 마지막 장에 끼워 두고 나중에 다시 보면 추억이 됩니다.

도움말

- 정답이 없는 활동이니 아동의 자유롭고 창의적인 반응을 격려해 주세요. 아이가 더 구체적으로 생각해 볼 수 있는 질문을 해 주세요.

추천 질문

**"열기구를 타던 고양이가 열기구를 타고 가다가 어떻게 됐을까?
더워서 바다로 풍덩 하고 들어간 거구나.
고양이가 바다에서 헤엄을 치는 거야?"**

- 성인과 아이가 각자 결말을 따로 그려서 어떤 이야기인지 서로에게 소개해 주는 것도 좋아요.
- 결말을 이어 그리는 활동을 해 본 뒤에는, 책의 이야기가 시작되기 전의 앞 이야기를 상상해서 그려 볼 수 있어요.

7

내가 만드는 이야기

- 글 없는 그림책의 그림을 보며 이야기 만들기 -

난이도	★★★☆☆	소요 시간	30 분
기대 효과	책의 내용을 직접 만들어 보며 능동적으로 책을 읽는 독자로 성장해요. 이야기를 지어 보는 활동을 통해 이야기 이해력과 어휘력을 키워요.		

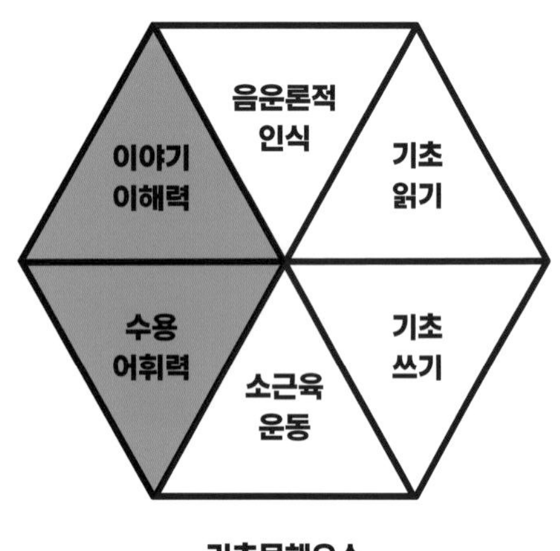

기초문해요소

2세	3세	4세	5세	저학년

추천연령

언어	수학	과학	사회
미술	음률	조작	신체

통합영역

준비물

글 없는 그림책, A4 용지를 길게 자른 종이띠 또는 마스킹 테이프, 접착식 메모

추천하는 글 없는 그림책

『사과와 나비』
(이엘라 마리, 엔조 마리 그림 / 보림, 2003)

『빨간 풍선의 모험』
(옐라 마리 그림 / 시공주니어, 2000)

『알과 암탉』
(옐라 마리, 엔조 마리 그림 / 시공주니어, 2006)

『높이 더 높이』
(셜리 휴즈 그림 / 시공주니어, 2004)

『이상한 자연사 박물관』
(에릭 로만 지음, 이지유 해설 / 미래아이, 2001)

『수염 할아버지』
(이상교 글, 한성옥 그림 / 보림, 2001)

『구름공항』
(데이비드 위즈너 지음 / 시공주니어, 2017)

『외다리 병정의 모험』
(한스 크리스티안 안데르센 원작, 요르크 뮐러 그림 / 비룡소, 2007)

『자유 낙하』
(데이비드 위즈너 지음, 이지유 해설 / 미래아이, 2021)

활동 방법

❶ 글 없는 그림책의 그림을 한 장씩 꼼꼼하게 관찰하며 내용을 말로 표현해요.
❷ 그림책을 다시 읽으며 그림책 장면마다 어떤 이야기를 담고 싶은지 고민해요.
❸ 그림을 설명하는 이야기를 종이띠나 접착식 메모지, 마스킹 테이프에 1~2문장으로 적어요.
❹ 아이와 함께 적은 이야기를 녹화 또는 녹음해요.
❺ 녹화 또는 녹음한 것을 들으며 글 없는 그림책을 감상해요.

도움말

- 글 없는 그림책마다 특성을 살려 해 볼 수 있는 독후 활동을 고민해 보세요. 그림책을 읽고 해 보기 좋은 독후 활동이 생각났을 때 가끔 해 보면 좋아요(예: 『구름공항』 만들고 싶은 구름 이름 적어 보기, 『사과와 나비』 점토로 내가 만들고 싶은 모양 만들기, 『이상한 자연사 박물관』 동물 피규어로 박물관 놀이).
- 문장을 적을 때 성인의 도움이 필요해요. 아이가 이야기를 문장으로 표현해 보는 것만으로도 충분히 좋은 문해 활동입니다. 문장을 글로 적는 과정을 보면서 아이는 글의 기능을 이해하게 돼요.
- 번갈아 가며 이야기를 만들면 성인이 어떻게 그림의 내용을 문장으로 표현하는지 모델링을 하게 되고, 아이도 부담을 덜 느껴요.

8

물방울 마인드맵 그리기

- 단어를 범주별로 분류하기 -

난이도	★★★★☆	소요 시간	30 분
기대 효과	주제와 관련한 단어를 떠올리고 적어 보면서 어휘력을 발달시켜요. 단어를 범주별로 분류해 보면서 상위어휘인식을 길러요.		

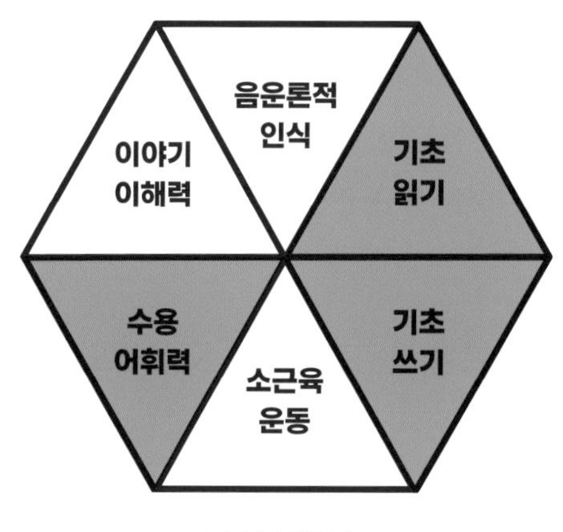

기초문해요소

2세	3세	4세	5세	저학년

추천연령

언어	수학	과학	사회
미술	음률	조작	신체

통합영역

준비물

비와 관련된 그림책, 물방울 모양 접착식 메모지, 스케치북 또는 도화지,
필기구, 비와 관련된 사진 글자 카드

• 비와 관련된 사진 글자 카드 만들기 •

비와 관련된 단어들을 미리 생각해 보고 사진을 찾아서 카드로 준비하면 도움이 돼요. 앞에는 사진, 뒤에는 단어를 적어 주세요. 마인드맵 활동을 처음 해 보는 아이들은 범주별로 분류해서 관련된 어휘를 떠올리는 것을 도울 수 있어요. 같은 범주끼리 같은 색상의 색지에 사진을 붙여서 만들면 분류하기 수월해요.

비와 관련된 사진 글자 카드

활동 방법

❶ 아이와 비와 관련된 그림책(예: 『야호, 비 온다!』, 『쏴아아』)을 함께 읽어요.

❷ '비'하면 떠오르는 단어를 함께 생각해서 물방울 모양의 접착식 메모지에 하나씩 적어요.

❸ 나온 단어들을 비슷한 종류끼리 분류한 뒤 이를 마인드맵으로 구성해요.

도움말

- 떠오르는 대로 단어를 일단 적고 나서 같은 범주끼리 분류하는 것이 좋아요. 단어를 같은 종류끼리 모아 보는 활동을 통해 상위범주에 대한 개념을 형성할 수 있어요. 거꾸로 '비 올 때 사용하는 물건', '비가 온 뒤 볼 수 있는 것들'과 같이 상위범주를 주고 나서 단어를 떠올리는 것도 좋은 방법이에요.
- 아이가 단어를 잘 떠올리지 못할 경우에는 수수께끼를 맞히는 것처럼 단어의 정의를 퀴즈처럼 설명해 주세요.

활동 예시 **"한동안 비가 오지 않다가 비가 오면 반갑고 달달하다고 'ㅇ비'라고 부른대. 이 비의 이름은 뭘까? 정답은 '단비'야."**

- 아이가 비와 관련된 단어를 떠올리기 어려워하면 휴대폰 또는 태블릿PC를 활용해서 비와 관련된 그림이나 사진을 함께 검색해 보세요. 이런 활동은 아이들의 디지털 리터러시 능력을 키워 주고, 궁금한 것을 스스로 찾아보는 태도를 길러줍니다.

• 마인드맵을 통해 나올 수 있는 비와 관련된 단어의 예시 •

- 비 올 때 사용하는 물건: 우산(장우산, 접이식 우산, 양산), 우비, 장화, 빗물제거기(빗물털이기), 우산꽂이
- 비의 종류: 안개비, 이슬비, 가랑비, 보슬비, 진눈깨비, 여우비, 단비, 장대비, 소나기, 실비, 폭우, 장마
- 비가 오면 볼 수 있는 것들: 천둥, 번개, 먹구름, 무지개, 웅덩이, 이슬, 안개
- 비와 관련된 의성어: 주룩주룩, 톡톡톡, 첨벙첨벙, 또르르
- 비와 관련된 표현: 하늘에 구멍이 뚫린 것 같다(폭우). 가랑비에 옷 젖는 줄 모른다(가랑비), 비 오는 날 나막신 찾듯, 달무리가 지면 비가 온다
- 비를 좋아하는 친구들: 꽃, 나무, 새싹, 지렁이, 달팽이, 개구리
- 비와 비슷한 모양: 물뿌리개, 분무기, 분수, 샤워기
- 비가 지나가는 곳: 흙, 시냇물, 강, 바다, 연못, 구름

비와 관련한 그림책을 읽고 나서 만든 '비'를 주제로 한 주제망

• '비'의 다양한 이름에 대해 이야기 나누기 •

비에도 종류별로 다양한 이름이 붙어 있어요. 다양한 비의 이름에 대해 알아보고 왜 이런 이름이 붙었을지 추측해 보세요. 어휘력 발달을 돕고, 어휘에 대한 지식인 상위어휘인식의 발달을 도울 수 있어요. 한자어인 경우 단어의 한자가 무슨 뜻을 가지고 있는지 정도만 추가로 설명해 주면 좋습니다. 동일한 한자가 쓰인 다른 단어를 말하면서 어휘력을 확장시킬 수 있어요.

"'실비'는 어떻게 내리는 비일까? 실은 어떤 모양이야?
실처럼 가늘고 길게 금을 그으며 내리는 것 같은 비를 '실비'라고 한대."

"비가 거세고 많이 내리는 걸 '폭우'라고 해. '폭우'는 사나운 비라는 뜻이야.
폭우라고 말할 때의 '우'는 '비'라는 걸 뜻해.
그래서 우산, 우비에도 똑같이 '우'가 들어가."

• 다양한 '비'의 이름과 뜻 •

- 안개비: 분무기로 물을 뿌리는 것처럼 비가 아주 작게 흩날리는 비
- 가랑비: 가늘게 내리는 비. '가랑'은 매우 작다는 뜻의 순우리말
- 이슬비: 아주 가늘게 내리는 비. 가랑비보다 가는 비
- 보슬비: 바람이 없을 때 보슬보슬 내리는 비
- 진눈깨비: 눈과 비가 섞여서 내리는 비
- 여우비: 해가 떠 있는데 내리는 비
- 단비: 한동안 비가 오지 않다가 오는 비, 달달한 비
- 장대비: 굵은 빗줄기로 세게 내리는 비
- 실비: 실처럼 가늘고 길게 금을 그으며 내리는 비
- 소나기: 갑자기 세차게 쏟아지다가 그치는 비
- 폭우: 거세고 많이 내리는 비. '호우'라고도 함
- 장마: 여름철에 계속해서 비가 내리는 기간을 가리키는 말

그림책 함께 읽는 부모

- 내가 만드는 이야기 -

그림책을 부모가 아이에게 읽어 주기만 했었다면 한 번쯤은 아이가 부모에게 이야기를 지어서 읽어 주는 시간을 가져 보는 건 어떨까요? 아이들은 그림책의 그림만 보면서도 이야기를 꾸며 말하는 것을 생각보다 즐거워하고 잘한답니다.

그림책을 보며 스스로 이야기 만들기를 처음 시도할 때는 아이가 반복해 읽어서 이미 익숙한 그림책을 활용하세요. 그림을 보며 이야기 꾸미기를 좋아하고 이전에도 많이 해 봤다면 처음 읽어 보는 그림책이어도 문제없답니다. 글이 아예 없는 그림책이라면 이런 방법으로 읽는 게 더 적합해요. 아이들의 수준에 맞게 그림책을 골라 이야기 꾸미기에 도전해 보세요.

그림책으로 이야기를 꾸밀 때는 다양한 방법이 가능합니다. 부모님과 아이가 번갈아 가면서 한 면씩 그림을 보고 내용을 말해 보세요. 처음에는 부모님이 먼저 시범을 보여 주세요. "엄마/아빠가 먼저 말해 볼게. 옛날 옛적에 토끼와 거북이가 살았답니다."와 같이 책을 읽을 때 쓰는 고전적인 표현이나 문어체를 활용하는 것도 추천합니다. 그러면서 책 읽기에 더 익숙해지거든요.

또는 책 속의 한 인물에 초점을 맞춰 이야기를 만드는 것도 좋은 방법이에요. 인물을 바꿀 때마다 관점이 다른 이야기가 만들어집니다. 이런 경험을 통해 어렴풋이 이야기의 '화자'에 대한 기초 감각이 생기겠죠? 특히 수많은 인물이 등장하는 글 없는 그림책[예: 수잔네의 봄·여름·가을·겨울 시리즈 (로트라우트 수잔네 베르너 그림 / 보림큐비, 2007), 케이크 시리즈 '케이크 도둑, 케이크 소동, 케이크 야단법석, 케이크 도둑을 잡아라!'(데청 킹 그림 / 거인, 2007, 2010, 2018)] 이라면 이런 접근이 아주 재미있어요. 도저히 동시에 모든 인물을 조망할 수 없기 때문에 한 번에 한 명만 따라가며 이야기를 만드는 게 적합하거든요. 그림에서 한 명만 찾아내며 집중력도 키울 수 있고요.

그림책의 그림으로 이야기를 꾸미는 또 다른 방법은 등장인물들을 하나씩 맡아서 역할극 놀이를 하듯 힘을 합쳐 읽는 것입니다. 엄마, 아빠는 물론 형제자매, 조부모님까지 각자 역할을 나누어 그림책을 함께 읽어 보세요. 가족들이 모두 즐거운 시간을 보낼 수 있습니다. 각자가 맡은 등장인물이 어떤 대사를 하면 좋을지 아이와 같이 정하는 게 좋겠지요. 등장인물을 상징하는 소품도 직접 만들고 이를 활용하여 실감 나게 연극을 할 수도 있어요. 동영상으로 촬영해서 같이 관람까지 하면 온 가족에게 즐거운 추억이 될 것입니다.

역할극 놀이를 위한 그림책으로 '옛이야기 그림책'을 추천합니다. 아이들과 이야기 꾸미기에 적합한 장르예요. 사건 간의 인과관계와 기승전결이 뚜렷하고, 사건이나 표현의 반복이 많으며, 권선징악, 효도, 꾀 등과 같은 단순한 내용을 바탕으로 하고, 전형적인 특징(가난함, 부지런함, 게으름, 슬기로움, 착함, 욕심쟁이, 나무꾼, 노총각, 원님 등)을 지닌 인물들이 등장하여 내용 파악이 쉽기 때문입니다. 그래서 옛이야기 그림책은 아이들이 한두 번만 접해 보더라도 쉽게 줄거리를 이해해서 그림을 보며 적절히 꾸며 볼 수 있습니다.

형제자매가 있다면, 혹은 또래와 함께하는 시간에 힘을 합쳐 그림책의 이야기를 꾸미기에 좋아요. 이러한 읽기 방법을 '또래와 함께 읽기(buddy reading)'라고 합니다. 아이들은 유능한 협력자가 있을 때, 특히 자신과 비슷한 또래와 책을 함께 읽으며 이야기를 스스로 구성할 수 있습니다. 연구해 보니, 유아가 혼자 그림책을 읽을 때보다 또래와 함께 읽을 때 이야기를 더 재미있게 꾸미고 이야기에 대한 이해도 더 높았습니다.[1]

'그림책 읽어 주기'란 부담감을 내려놓고 아이와 같이 동등한 위치에서 그림책 읽기를 시도해 보세요. 특히 글 없는 그림책이라면 글을 읽어야 한다는 부담 없이 아이와 그림을 탐색하며 이야기를 꾸미기에 좋습니다. 부모님이 그림책을 읽어 주는 걸 듣기만 하는 수동적인 독자가 아닌, 아이 스스로 이야기를 꾸미고 다른 놀이로도 확장할 수 있는 능동적인 독자로 자랄 수 있도록 도와주세요.

『팥죽 할멈과 호랑이』
(백희나 그림, 박윤규 글 / 시공주니어, 2006)

『도깨비 감투』
(이승현 그림, 정해왕 글 / 시공주니어, 2008)

『빨간 부채 파란 부채』
(심은숙 그림, 이상교 글 / 시공주니어, 2006)

1 최지수, 최나야(2020)

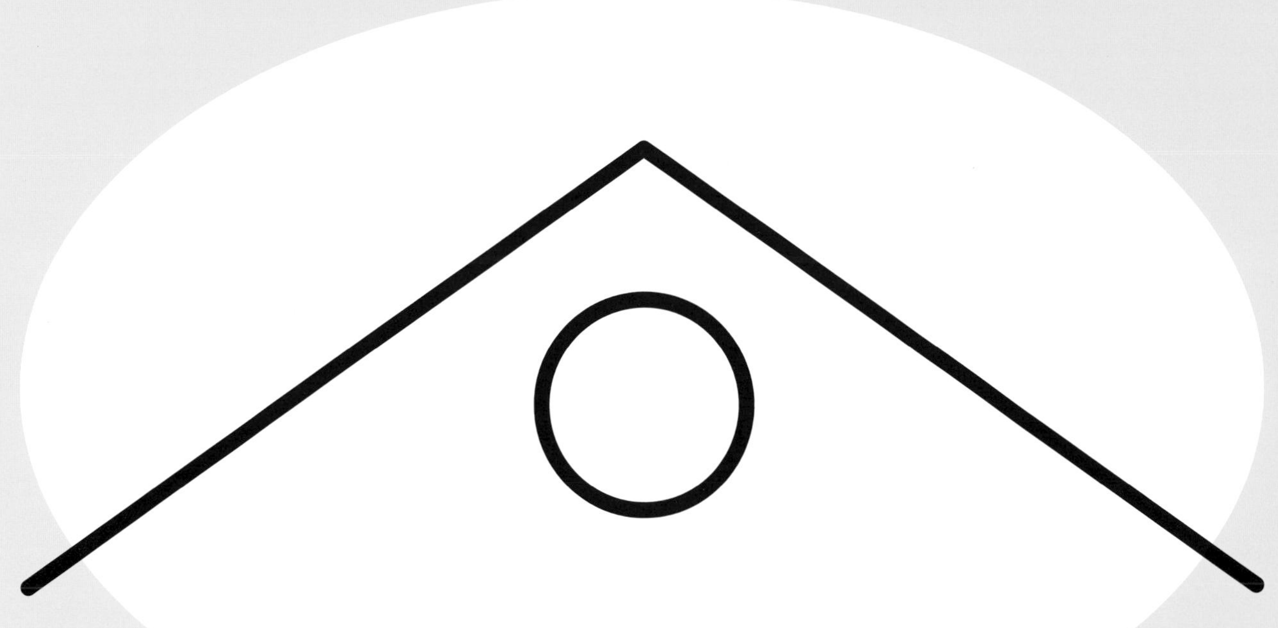

6.

놀이터:
바깥에서 만나는 글자

문해력 키우러 밖으로 나가요!

우리는 보통 '문해력' 하면 책, 종이, 연필을 떠올립니다. 그러다 보니 유아에게 한글을 가르친다고 책상에 앉혀서 연필로 책을 읽히고 종이에 글자를 쓰게 하는 경우가 많습니다. 그러나 부모가 이런 식의 관습적인 문해 지도만 반복하게 되면 유아는 읽기와 쓰기를 싫어하게 되거나, 한글 공부에 거부감을 가지게 될 수 있습니다. 이런 관습적인 지도 방식은 유아기 발달 특성에 맞지 않기 때문이죠.

유아기의 발달 특성에 적합하게 문해를 지도하기 위해서는 '문해 지도'에 대한 편견에서 벗어날 필요가 있습니다. 우리가 문해 지도에 대해 흔히 가지고 있는 편견은 다음과 같습니다.

첫째, 문해 지도를 위해서 책, 종이, 연필이 꼭 있어야 한다는 생각입니다. 그러나 책, 종이, 연필 없이도 우리 아이의 문해력은 쑥쑥 자랄 수 있습니다.

둘째, 문해 지도는 실내에서 책상에 앉아서 해야만 한다는 생각입니다. 그러나 실내뿐만 아니라 실외에서도 문해를 지도할 수 있답니다.

마지막, 문해력은 시간을 정해 두고 진지하게 앉아서 배울 때만 길러지는 것이라는 생각입니다. 그러나 아이가 놀면서 배울 때 문해력을 더 효과적으로 키울 수 있습니다.

실외 환경은 아이가 놀면서 문해 활동을 하기에 아주 좋은 맥락입니다. 놀이터, 공원, 캠핑장 등 다양한 실외 공간에서도 아이와 다양한 문해 활동을 할 수 있습니다. 그중에서도 '놀이터'는 우리의 일상과 가장 가까우면서 아이와 신나게 놀 수

있는 공간입니다. 놀이터는 안전한 울타리 안에서 높은 수준의 놀이가 보장되는 공간이고 아이들이 자유롭게 놀 수 있어서 편안함을 느끼는 곳입니다. 그래서 놀이터에 가면 아이들 표정부터 달라지지요. 놀이터에서 놀면서도 보물찾기를 하듯 재밌게 아이가 글자에 관심을 가지게 할 수 있어요. 이런 방법으로 글자를 접하면 아이는 거부감 없이 한글을 받아들일 수 있습니다.

바깥에서 하는 문해 활동의 장점

실외에서 하는 문해 활동의 이점은 무엇일까요? 답은 움직임에 있습니다. 아이마다 배우는 방식은 서로 다릅니다. 예를 들어, 교실에서 수업을 들을 때는 집중을 잘하지 못하다가 실외에서 몸을 움직이면서 수업을 하면 언제 그랬냐는 듯이 적극적으로 수업에 참여하는 아이도 있습니다.

학습자의 유형은 시각적 학습자, 청각적 학습자, 역동적 학습자와 같이 크게 세 가지로 구분할 수 있습니다.[1] 먼저 시각적 학습자는 '보면서' 배우는 유형입니다. 그림, 글, 도표 등을 보고 잘 이해하는 아이라면 시각적 학습자라 할 수 있습니다.

다음으로 청각적 학습자는 '들어서' 이해하는 것을 잘합니다. 부모가 책을 읽어 주는 것을 좋아하고, 음악에 민감하고, 친구에게 말을 하면서 내용을 더 잘 파악한다면 청각적 학습자라 할 수 있습니다. 마지막으로 역동적 학습자는 몸을 움직이면서 하는 학습을 좋아하는 유형입니다. 자신이 직접 손으로 만져 보거나 춤을 추는 등 신체를 움직이는 것을 좋아합니다. 역동적 학습자는 실내에 앉아서 책으로 문제를 푸는 정적인 학습은 유난히 싫어하지만, 바깥에서 몸을 움직이며 놀면서도 잘 배웁니다. 연령이 어릴수록 역동적 학습을 잘하는 경향이 있어요.

아이들이 잘 배우는 방식은 성별에 따라서도 차이가 있을 수 있습니다. 출생 후 몇 년간 아이가 경험한 게 영향을 미쳐서 문해 활동에서 성차가 나타나게 됩니다. 연구 결과, 유아기 여아는 남아보다 공부에 가까운 읽기와 쓰기 활동을 더 선호하는 것으로 나타났습니다. 즉, 능력이나 성취 이전에 선호도에서도 남아와 여아 간 차이가 있다는 것입니다. 반면에 놀면서 하는 문해 활동은 남아와 여아 모두 똑같이 좋아하는 것으로 나타났습니다.[2] 딸과 아들을 모두 키우는 부모님들은 문해 성향에 성차가 있음을 느끼셨을 수 있어요. 기질로 타고났다기보다는 사회화의 영향이 크니 아들 키우는 분들도 걱정하지는 마세요. 놀이를 통한 문해 지도는 딸들도 모두 좋아한다는 것도 잊지 마시고요.

실외 문해 활동 어떻게 할까?

실외에서 하는 문해 활동은 생소하죠? 가장 쉽게 해 볼 수 있는 첫 번째 활동은 실외에서 글자 모양을 찾아보는 거예요. 놀이터에 나가서 글자 모양을 찾아보자고 하면 아이들은 생각보다 쉽게 창의적으로 자음과 모음을 닮은 모양들을 찾아냅니다. 아직 글자를 많이 알지 못하는 아이들도 자신의 이름에 들어가는 글자부터 찾아내지요. 2장에서 말씀드린 것처럼 '이름'은 아이가 처음으로 알게 되고, 애착을 갖는 글자이기 때문입니다.

영어에 관심을 보이는 아이라면 알파벳 모양을 찾아봐도 좋아요. 이런 활동을 한두 번 해 보면, 어른이 먼저 제안하지 않아도 환경 여기저기에서 글자 모양을 발견할 수 있어요.

두 번째로 실외에서 '연필' 외에 다양한 도구들로 쓰기를 할 수 있어요. 꼭 종이에 연필로 쓰는 것만 쓰기가 아닙니다. 어린 시절 나뭇가지로 땅바닥에 이름도 쓰고 그림도 그려 본 적 있으시죠? 이런 것도 의미 있는 문해 활동입니다. 여기에서 나아가면 분필이나 페인트 붓을 잡고 팔과 다리를 크게 움직이며 허공, 벽, 바닥에 큼직하게 글자를 쓸 수 있습니다.

이럴 때 색색의 분필, 옥수수 전분으로 만든 페인트, 물총, 분무기와 같이 다양한 도구로 쓰기를 할 수 있습니다. 유아기는 감각을 통해 학습하는 시기이기 때문에 이렇게 전신의 감각을 활용해서 글씨를 한 번 써 보는 것이 공책에 글자를 100번 쓰는 것보다 더 학습에 유리합니다.

또 글씨를 쓰는 것에서 그치지 않고 쓴 글씨를

---

1 Gilakjani(2012)
2 최나야(2017)

물로 다시 지워 보는 것도 좋습니다. 모래 위에 썼다 지우는 것도 가능하고요. 지우는 것도 쓰기 연습이 될 수 있답니다. 아이가 글씨를 지우면서 썼을 때와 똑같은 방향으로 몸을 다시 움직이며 한 번 더 크게 쓰는 연습을 하는 거죠.

미리 재료를 준비하지 못했다면 실외에 있는 자연물을 활용해 쓰기로 연결해 보세요. 공원에 가면 떨어진 나뭇가지나 나뭇잎, 돌멩이나 솔방울 같은 자연물이 정말 많습니다. 이렇게 쉽게 구할 수 있는 자연물을 모아서 글자 모양으로 만들어 볼 수 있습니다. 아이에게 '어떤 글자 만들고 싶어?'라고 물어본 다음에 그걸 큼직하게 적어 주고, 아이가 그 위에 주워온 자연물로 글자를 완성하는 겁니다. "이응은 뭐로 만들면 좋을까?"와 같이 물으면 아이가 고민하면서 주변을 둘러보겠죠. 이렇게 하면 아주 천천히 쓰기를 하면서 각 글자의 소릿값도 다룰 수 있어서 좋은 문해 활동이 됩니다.

세 번째로 야외에서 아이와 책을 읽어 보세요. 색다른 경험을 통해 아이의 문해력을 쑥쑥 자라게 할 수 있습니다. 놀이터, 동네 공원, 캠핑장과 같이 아이가 평소 재밌게 놀이하는 공간 모두 야외 읽기에 적합한 장소가 됩니다. 이야기 속 배경과 같은 곳에서 책을 읽으면 아이는 더 재밌게 책을 읽을 수 있습니다. 그리고 아이는 책 내용을 주변 세상과 더 쉽게 연결 지을 수 있습니다.[3] 예를 들어, 놀이터에 나갈 때 『놀이터』 책을 들고 나가서 펼쳐 보면 놀이터의 그림을 내가 노는 놀이터와 연결 지어 책의 그림을 더 깊이 이해할 수 있겠죠. 이때 부모가 글과 그림에 대한 설명을 덧붙이면 효과는 더 커집니다. 아이와 책 속에 숨어 있는 다양한 그림들을 관찰하고 묘사하는 것도 좋습니다.

또는 날씨와 계절을 묘사하는 책을 들고 나가도 좋습니다. 바람, 구름, 온도와 습도를 오감으로 느끼며 책을 읽는다면, 책 읽기를 좋아하게 될 확률이 높아요. 읽기는 배경지식을 바탕으로 자신만의 의미를 만들어 나가는 과정입니다. 따라서 아이가 이야기 배경과 같은 곳에서 책을 읽어 보면 풍부한 배경지식을 가지게 되어 자신만의 의미 구성, 즉 읽기를 더 잘할 수 있습니다.[4]

야외 읽기를 할 때는 아이가 편하게 뒹굴 수 있는 매트나 돗자리를 챙겨 나가는 것이 좋습니다. 매트나 돗자리를 어디에 깔고 책을 읽을지 자리를 탐색하는 과정도 야외 읽기의 재미입니다. 아이가 원한다면 자연물에 앉아서 책을 읽어 보는 것도 색다른 경험이 될 수 있습니다. 직사광선을 피해 책을 읽을 수 있는 곳을 찾아주세요. 캠핑장의 텐트라면 적절한 조명을 준비해 주시고요. 그리고 놀이터, 캠핑장과 같은 신나는 장소에 갈 때 먼저 아이가 한바탕 신나게 뛰어놀게 한 후 잠시 쉬어가는 틈을 타서 책을 함께 읽고 이야기를 나누는 것도 좋습니다. 밖에서 책이 물에 젖는 것이 걱정된다면, 방수가 되는 재질의 책을 챙기거나 이때 전자책을 활용해 보는 것도 좋습니다.[5] 야외 읽기를 한 후 집에 돌아와서 다시 책을 펼치면 밖에서 그날 있었던 추억도 함께 되살아나 아이와 신나게 이야기꽃을 피울 수 있을 것입니다.

---

3 Robertson(2021)
4 Novack(2014)
5 Robertson(2021)

실외 문해 활동에서 중요한 아빠의 역할

아빠가 문해 활동에 적극적으로 참여해 주면 아이의 문해력 향상에 매우 긍정적인 효과가 있습니다. 많은 가정에서 엄마는 적극적으로 아이의 학습을 지도하지만, 아빠는 물러서 있는 경우가 많습니다. 그래서 아빠가 아이와의 상호작용에 조금만 참여해 주셔도 그 영향력은 아주 강합니다. 아빠가 자녀의 발달과 학습에 관심을 기울여 주실 때 상호작용의 양에서 차이가 나는 것이죠.

또한 아빠는 엄마와는 달리 주로 몸을 쓰는 놀이를 많이 해줍니다. 아빠와의 거친 신체놀이는 유아의 공격성을 완화하고, 사회적 유능성, 정서적 능력, 자기조절능력을 키워 줍니다.[6] 엄마와 달리 아빠가 기여할 수 있는 부분도 있기 때문에 아이의 문해 발달에 아빠가 관심을 가지고 아이와 같이 다양한 문해 활동을 할수록 더 효과가 좋을 수밖에 없겠지요.

요즘 주말에 캠핑을 가는 가족도 많은데요. 아이와 실외로 놀러 갔을 때 아빠가 해 줄 수 있는 상호작용이 있습니다. 아빠가 텐트를 치거나 식사를 준비하는 과정을 아이에게 보여 주며 말로 순서를 알려 줄 수 있겠지요. 상황에 딱 맞는 어휘를 쓰면서 사건의 순서를 아이에게 알려 준다면, 아이는 책에서 배우는 것보다 더 구체적으로 배울 수 있습니다.

또 '자기 전에 이야기 들려주기'도 아빠가 하기에 좋은 문해 활동입니다. 아이에게 이야기를 들려주는 것도 책을 읽는 것만큼 효과가 있습니다. 이야기 듣기를 통해 집중하며 듣는 태도와 이해력을 기를 수 있어요. 그리고 이야기를 들려주며 아이와의 대화도 길어집니다. 옛날이야기도 좋고, 아빠의 어린 시절 이야기, 오늘 하루 있었던 일 모두 좋은 이야기가 됩니다.

그리고 차로 이동하거나 음식을 기다리는 자투리 시간에도 아이와 끝말잇기, 단어 거꾸로 말하기, 스무고개 수수께끼 등 말놀이를 할 수도 있습니다. 이처럼 아빠도 아이랑 함께 할 수 있는 문해 활동이 정말 많답니다.

● 용어 설명 ●

- 거친 신체놀이(rough tumble play) : 아이가 자신의 신체와 힘을 발휘하도록 도전하는 격렬한 신체 놀이를 의미한다. 엄마보다 아빠가 아이와 거친 신체놀이에 더 많이 참여하며, 거친 신체놀이는 아동의 정서행동 발달에 긍정적인 효과가 있다.[7]

---

6 Stgeorge & Freeman(2017)

7 Stgeorge & Freeman(2017)

1

놀이터의 자음과 모음

- 한글 자모 모양 찾아 사진 찍기 -

난이도	★★☆☆☆	소요 시간	25 분
기대 효과	동네의 일상 환경에서 자연스럽게 글자에 관심을 가지고 친숙해져요. 한글 자모 모양을 시각적으로 식별하고 기억할 수 있어요.		

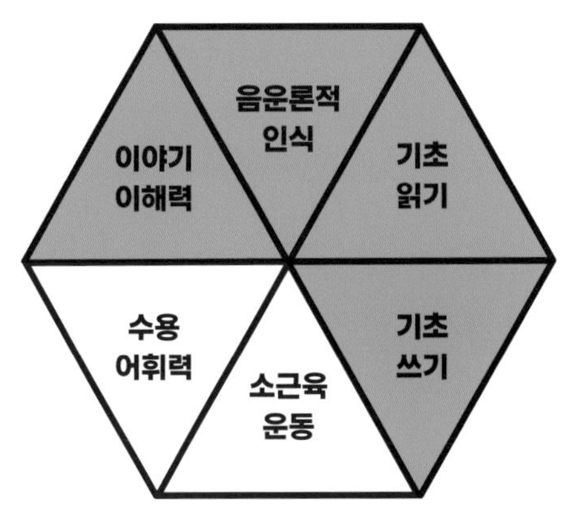

기초문해요소

2세	3세	4세	5세	저학년

추천연령

언어	수학	과학	사회
미술	음률	조작	신체

통합영역

준비물

『놀이터』 그림책 (문종훈 지음 / 늘보의 섬, 2020), 태블릿PC 또는 스마트폰, 자음·모음 모양 목걸이, 스티커

활동 방법

1. 『놀이터』 그림책을 가족 또는 친구와 함께 읽어요. 막대인형이 되어 그림책 속에서 놀아요.
2. 그림책에서 한글 자음·모음 모양을 찾아요.
3. 실제 놀이터를 산책하며 자음·모음 모양을 찾아요. 찾은 모양 앞에서 팔로 크게 글자 모양을 쓰며 확인해요.
4. 태블릿PC 또는 스마트폰으로 아이가 찾은 글자 모양을 사진 찍어 주세요.
5. 찍은 사진들을 출력해 책처럼 만들고 함께 감상해요.

놀이터에서 자음을 발견한 유아

놀이터에서 모음을 발견한 유아

재미있게 그림책 읽기

- 『놀이터』 그림책을 가족 또는 친구와 함께 이야기 나누며 읽어요. 이 과정에서 협동적인 그림책 읽기를 경험하며 그림책에 긍정적인 정서를 가질 수 있어요.
- 그림책의 장면마다 함께 이야기 나눌 수 있는 주제를 주세요. 이때 허용적인 분위기를 만들어 주세요. 그러면 아이들이 하고 싶은 이야기를 마음껏 나눌 수 있어요.

추천 질문

(할아버지·할머니가 많이 등장하는 장면)
"옆에 가서 도와드리고 싶은 분이 있니? 왜 그렇게 생각했어?"

(놀이터에서 즐겁게 놀고 있는 어린이가 많이 등장하는 장면)
"놀이터에서 놀고 있는 친구들 중 누구랑 같이 놀이하고 싶어? 왜 그 친구랑 같이 놀고 싶니?"

- 아이의 얼굴 또는 전신 사진으로 막대인형을 만들어 그림책의 그림에 투입해 보세요. 막대인형으로 그림책 속 등장인물이 되면, 생생한 체험(lived-through experience)의 과정을 경험할 수 있어요. 아이스크림 막대, 나무젓가락 또는 빨대 등으로 만들면 돼요. 레고 캐릭터나 작은 인형으로 대신해도 되지만, 아이 사진이 최고랍니다.
- 그림책의 놀이터 장면에서부터 숨어 있는 글자 모양을 찾아보세요. 아이가 찾기 힘들어하거나 아직 자모를 거의 모른다면, '자음·모음 목걸이'를 만들어 걸어 주세요. 목걸이에 끼운 종이카드에 자음과 모음을 앞뒤로 써 줍니다. 찾은 글자에 스티커를 붙이게 하면 성취감을 느끼면서 활동에 더 적극적으로 참여할 수 있어요. 또 아직 못 찾은 글자를 확인하면서 찾아보려고 애쓰게 될 거예요.

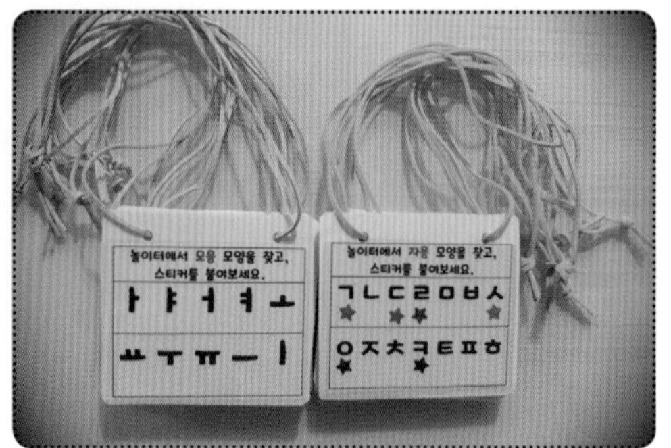

자음·모음 모양 목걸이(앞면 자음 / 뒷면 모음)

자음, 모음 목걸이에 자신이 찾은 글자의 스티커를 붙이는 유아

도움말

- 놀이터에서 자음·모음의 모양을 닮은 놀이기구나 장식을 찾을 때, 부모님이 글자의 모양에 대해 자연스럽게 상호작용해 주세요. 글자의 이름은 정확하게 말해 주세요.

활동 예시

('ㅎ'을 만들고 싶은데, 'ㅇ' 모양을 찾았을 때)

"'ㅎ'을 만들려면 '이응' 글자 위에 지붕이 필요해.
나무 막대 2개로 지붕을 올려서 'ㅎ'을 만들자."

나무 막대로 'ㅎ'을 만드는 유아

- 같이 활용하면 좋은 그림책: 『숨어 있는 그림책』 (송명진 지음 / 보림, 2002)
  태블릿PC 바탕화면의 배경으로 미리 설정해서 준비해요. 숨어 있는 글자 찾기 연습을 한 뒤, 실제 놀이터에서 글자를 찾으면 아이가 쉽게 글자 모양을 찾을 수 있을 거예요.

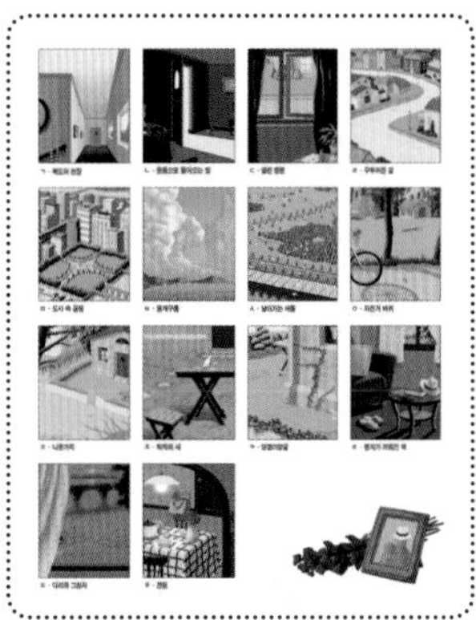

『숨어 있는 그림책』 (송명진 지음 / 보림, 2002)

- 찍은 사진들을 여러 장 비교해 보며 같은 자음·같은 모음의 모양을 비교하는 활동으로 확장하면 글자 모양의 항상성과 규칙성, 가획원리를 발견할 수 있어요.
- 찍은 사진을 모으고 출력하여 '○○의 한글 그림책'을 만들고 가족 또는 친구들과 함께 감상합니다. 그림책 작가가 되는 경험을 하면서, 문해력 발달에도 큰 의미가 있답니다.

- 세상에 존재하는 다양한 지형지물에 글자 모양이 숨어 있다는 것을 인식하고, 일상생활에서 글자에 관심을 갖게 됩니다.
- 찍은 자음·모음 사진을 모아 음절 단위 글자 또는 단어로 조합할 수 있어요.

2

스프레이 글자 청소 게임

- 분무기로 물을 뿌려 글자 지우기 -

난이도	★☆☆☆☆	소요 시간	15 분
기대 효과	지우면서 글자를 썼던 것과 동일한 방식으로 글자를 다시 경험해요. 아이가 자신도 모르는 사이에 쓰기를 아주 의미 있게 경험하는 방식이에요.		

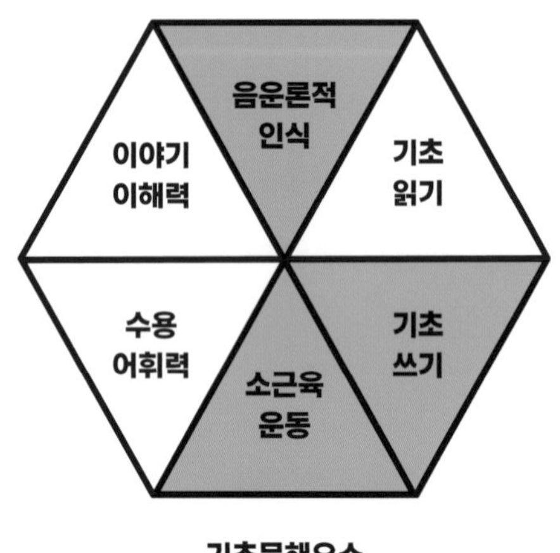

기초문해요소

2세	3세	4세	5세	저학년

추천연령

언어	수학	과학	사회
미술	음률	조작	신체

통합영역

준비물

물총, 분무기, 물

활동 방법

❶ 벽 또는 바닥에 쓴 글자를 함께 읽어 보세요.

❷ 물총 또는 분무기로 물을 뿌려서 글자를 지워요. 헝겊이나 휴지에 물을 묻혀 손의 느낌을 느끼며 지울 수도 있어요.

도움말

- 지우는 것도 쓰기예요. 글자를 지우면서 쓰는 것과 똑같은 방향으로 다시 손을 움직입니다.
- 공책에만 반듯하게 반복해 쓰기보다는, 분필이나 마커로 작은 칠판에 이름을 썼다가, 휴지에 물을 묻혀서 그 방향으로 다시 지우는 놀이를 해 보세요. 그리고 글자의 자국이 살짝 남은 곳에 또 한 번 글자를 써 보는 거예요. 손가락의 촉감을 최대한 활용하며 효율적으로 쓰기 연습을 하는 방법이에요.

물총으로 글자를 지우는 유아들

3

나뭇잎 감각 트레이로 글자 만들기

- 나뭇잎을 오리고 모아서, 자음·모음 모양 그리기 -

난이도	★★☆☆☆	소요 시간	20 분
기대 효과	나뭇잎을 잘게 자르거나 뜯으면서 소근육운동 능력이 발달해요. 촉감을 활용하여 글자의 형태에 더 친숙해질 수 있어요.		

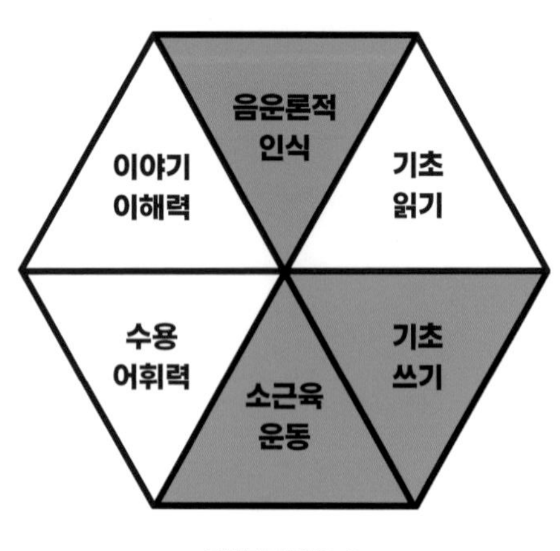

기초문해요소

2세	3세	4세	5세	저학년

추천연령

언어	수학	과학	사회
미술	음률	조작	신체

통합영역

준비물

쟁반, 다양한 나뭇잎, 유아용 가위, 다양한 자연물(돌멩이, 나뭇가지 등)

• 감각 트레이(sensory writing tray) •

다양한 재료(나뭇잎, 자갈, 모래, 소금 등)를 쟁반에 가득 담아 글자 모양을 그리고 쓸 수 있는 재료예요. 이 활동에서는 감각 트레이의 재료로 나뭇잎을 활용했어요. 나뭇잎의 다양한 질감과 촉감을 느끼며 글자 모양을 그리는 과정에서 소근육운동 능력의 향상과 글자의 형태 인식이 이루어져요.

활동 방법

1. 다양한 나뭇잎을 주워 쟁반에 모아요.
2. 모은 나뭇잎을 유아용 안전가위로 잘게 잘라요. 잘게 자를수록 부드러운 촉감을 느낄 수 있어요.
3. 나뭇잎 감각 트레이가 완성되면, 다양한 매체(나뭇가지, 손가락, 돌멩이 등)로 글자 모양을 그려요. 손가락으로 직접 촉감을 느끼는 게 가장 좋아요.
4. 작은 돌멩이를 글자 모양으로 놓아 꾸며요.

도움말

- 가위질을 힘들어하면 나뭇잎을 손으로 잘게 뜯어도 됩니다. 손의 감각을 기를 수 있어요.
- 처음에는 자음·모음 글자를 표현하고, 점차 친숙한 단어(자기 이름, 가족 이름) 표현하기로 확장하면 좋아요.

4

자연물로 꾸미는 글자

- 자연물로 글자를 꾸미며, 글자 형태에 관심 가지기 -

난이도	★★☆☆☆	소요 시간	15 분
기대 효과	직접 모은 다양한 자연물로 글자 모양을 만들며, 글자의 형태를 재표상하고 기억해요. 말소리가 글자로 바뀌는 과정을 관찰하며 음운론적 인식과 기초읽기, 쓰기 능력이 발달해요.		

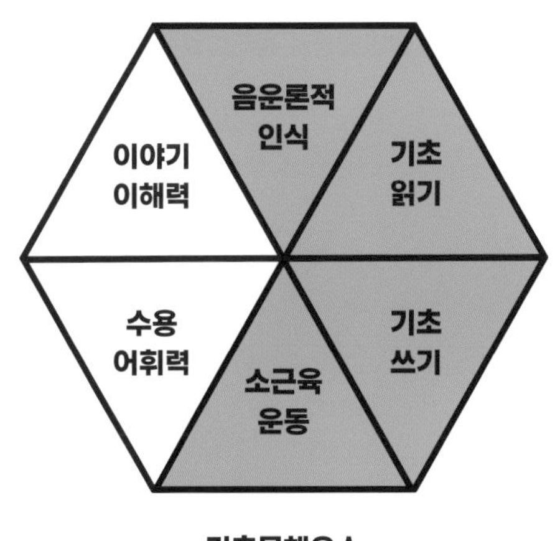

기초문해요소

2세	3세	4세	5세	저학년

추천연령

언어	수학	과학	사회
미술	음률	조작	신체

통합영역

준비물

어린이용 에코백

활동 방법

❶ 놀이터를 산책하며 여러 가지 자연물(돌멩이, 나뭇가지, 나뭇잎, 꽃잎, 솔방울 등)을 에코백에 모아요.

❷ 무슨 글자를 꾸미고 싶은지 묻고, 흙바닥에 나뭇가지로 글자를 천천히 써 주세요. 아이가 모은 자연물로 흙바닥이나 야외 탁자에 다양한 글자를 만들어요.

추천 질문 "나뭇가지랑 솔방울로 OO이 이름을 만들 수 있니?"

❸ 아이가 꾸민 글자를 천천히 읽어 주세요.

도움말

- 아이가 꾸미고 싶은 글자의 모양을 모를 때는 부모님이 흙바닥에 나뭇가지로 글자를 써 주세요. 아이가 그 글자 위에 자연물을 올려놓으며 글자의 형태를 배울 수 있어요.

활동 예시

"'엄마'라는 단어를 쓰고 싶은 거구나!
엄마가 흙바닥에 나뭇가지로 '엄' '마'라고 이렇게 써 줄게.
글자의 선 위에 OO이가 모은 자연물들을 올려 보자.
'엄' 글자에서 이응 부분은 동그랗게 솔방울들을 올려놓았구나."

5

물·페인트로 쓰고 그려요

- 물과 옥수수가루 페인트로 큰 글자 쓰고 그림 그리기 -

난이도	★★☆☆☆	소요 시간	30 분
기대 효과	유아기에 이미 발달한 대근육을 사용하여 문해 활동을 즐겁게 경험할 수 있어요. 팔과 다리로 허공·벽에 크게 움직여 글자를 쓰면 형태 인식과 기억, 즉 학습에 효과적이에요.		

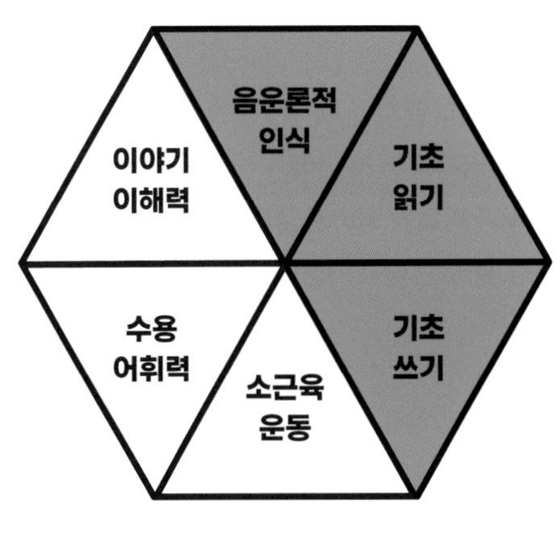

기초문해요소

2세	3세	4세	5세	저학년

추천연령

언어	수학	과학	사회
미술	음률	조작	신체

통합영역

준비물

물, 다양한 쓰기 재료(페인트 붓, 물총, 분무기, 야외용 분필), **옥수수가루 페인트**(옥수수 전분 + 물 + 식용색소),
머핀 틀 또는 넓은 볼(옥수수가루 페인트 담는 용도)

활동 방법

❶ 물을 담은 물총이나 분무기를 쏴서 벽이나 바닥에 글자를 만들어요. 따뜻하고 바람 부는 날은 물 글자가 자연스럽게 증발해 사라지는 것도 관찰할 수 있어요.

활동 예시

"OO는 평소에는 그림 그리거나 글자 쓸 때 무엇으로 썼어? 오늘은 물로도 글자를 써 볼 거야."
"이렇게 물총에 물을 넣고, 아빠가 써 놓은 커다란 글자 안을 채워 보자. 그러면 짜잔, 물로 쓴 글자 완성!"

❷ 큰 페인트 붓에 물이나 옥수수가루 페인트를 묻혀서 벽과 바닥에 글자를 써요.

활동 예시

"페인트 붓에 물을 묻혀서 큰 글자를 쓸 수도 있어."
"옥수수가루로 만든 페인트로 글자를 써 보자. 이 페인트는 물을 뿌리면 지워지니까 마음껏 쓰면 돼. 먼저 엄마가 놀이터 그림책에 나온 글자를 이렇게 크게 써 줄게. OO가 글자 안을 채워 줄래?"

큰 페인트 붓에 옥수수가루 페인트를 묻혀 벽과 바닥에 글씨를 쓰는 유아들

❸ 야외용 분필을 바닥에 끼적이며 대형 그림을 그려요.

활동 예시 **"이건 분필이야. 분필로 바닥에 그림을 그릴 수 있어. 같이 완성해 보자."**

(직선, 곡선, 구불구불한 선, 뾰족한 선 등 다양한 끼적이기 형태를 보여 주세요.)

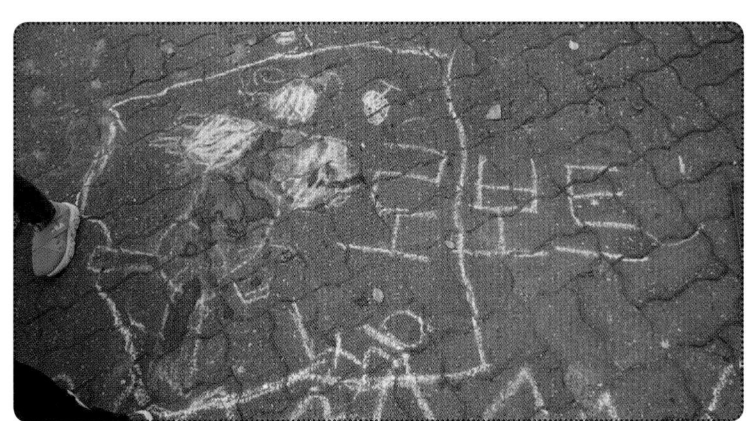

야외 분필로 바닥에 그린 그림과 글자

도움말

- 페인트 붓으로 글자를 쓸 때 조심스러워하는 유아에게는, 글자를 잘못 썼을 경우 물을 부어서 옥수수가루 페인트를 지울 수 있다고 미리 알려 주세요.
- 부모님이 분필로 바닥에 다양한 끼적이기 형태(직선, 곡선, 구불구불한 선, 뾰족한 선 등)의 모델링을 보여 주세요. 현장에서 아이의 관심사를 반영하여 몇 가지 그림을 크게 그려 주면 좋아요.
- 부모님이 먼저 글자의 모양 틀을 그려 주고, 아이는 틀 안을 채워 나가는 형식으로 시작해 보세요.
- 활동에 익숙해지면 점차 쓰기 재료를 이용하여 스스로 글자를 써 볼 수 있어요.
- 몸을 크게 움직이며 한 번 쓰는 것도 쓰기 연습에 효과가 크답니다. 팔이나 다리로 몸을 크게 움직여 형태를 만들 때마다 아이들의 머릿속에서 글자 쓰기 회로가 작동합니다.
- 확장 활동으로 바닥에 신체 부위의 명칭(손, 발, 엉덩이 등)을 써 놓고, 그 부위로 바닥을 짚는 사방치기 놀이로 연결해도 좋아요

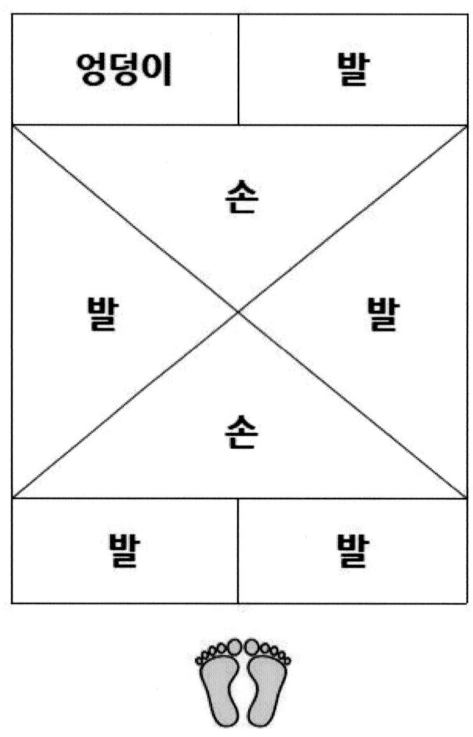

6

자연물로 만드는 수집책

- 자연물을 모아서 지퍼백 책 만들기 -

난이도	★★★☆☆	소요 시간	20 분
기대 효과	자연에서도 충분히 의미 있는 문해 활동을 경험할 수 있어요.		

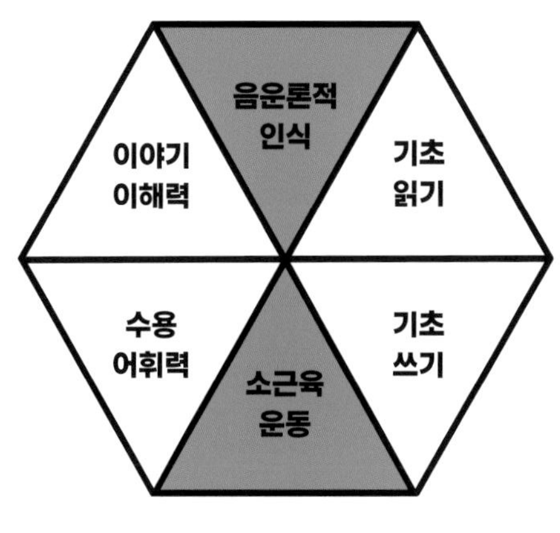

기초문해요소

2세	3세	4세	5세	저학년

추천연령

언어	수학	과학	사회
미술	음률	조작	신체

통합영역

준비물

자연물, 네임펜, 지퍼백으로 만든 책(지퍼백을 여러 장 모아 안전 스테이플러로 찍어 놓기)

활동 방법

1. 놀이터나 동네 산책을 다니며, 다양한 자연물(예: 나뭇잎, 나뭇가지, 솔방울, 꽃잎, 돌멩이 등)을 종류별로 지퍼백 책에 모아요.
2. 지퍼백 위에 네임펜으로 자연물의 이름을 적고 '자연물 수집책'을 만들어요.
3. 아이와 함께 '자연물 수집책'을 감상해요.

도움말

- 지퍼백을 여러 장 스테이플러로 찍은 후, 안전을 위해 테이프를 붙여 주세요. '자연물 수집책'을 감상하는 동안 아이의 손을 보호할 수 있어요.
- 자연물의 이름을 쓸 때는 부모님이 아이의 발달 수준을 고려하여 도와주세요.
- 스스로 쓰기를 힘들어하면 억지로 쓰게 하기보다는 다양한 방법으로 지원해 주세요.
  ① 흙바닥에 나뭇가지로 써 준 글자를 아이가 보면서 따라 쓰기
  ② 네임펜으로 '자연물 수집책'에 자연물 이름을 써 주면 아이가 그 위에 따라 쓰기
  ③ 부모님이 써 준 글자 위에 스티커를 붙여 꾸미기
  ④ 아이가 아는 글자는 스스로 쓰고, 모르는 글자만 부모님이 써 주기
- 산책을 한 번 갈 때마다 지퍼백에 자연물을 한 봉지씩 모아 와서, 오랫동안 지퍼백을 꾸준히 모아서 책으로 엮어도 좋아요.

• 꾸준히 모은 지퍼백 엮어 책으로 만들기 •

한 번의 산책으로 여러 장의 지퍼백 책을 만들 수도 있지만, 산책을 한 번 갈 때마다 자연물 지퍼백을 한 봉지씩 모으는 작업을 며칠 동안 해 보세요. 지퍼백마다 여러 가지 정보(누가·언제·어디서·무엇을 수집했는지)를 쓰고, 엮어서 책으로 만든 뒤 가족들과 함께 감상하는 시간을 가질 수 있어요.

❶ 한 번 산책 갈 때마다 지퍼백 한 봉지에 자연물을 모아 와서, 아이와 함께 여러 가지 정보를 씁니다. 지퍼백에 정보를 쓸 때는 아이의 쓰기 수준에 따라 부모님이 적절한 도움을 주세요. 아이가 쓰고 싶어 하는 정보를 '말'로 표현하면, 부모님이 종이에 '글자'로 써 주고, 아이가 쓰인 글자를 보고 지퍼백에 따라 쓰면 쓰기에 대한 부담감을 덜어 줄 수 있어요. 지퍼백 밑에 글자를 쓴 종이를 깔고, 아이가 지퍼백 위에 글자를 따라 써 보는 것도 아이들이 재미있어하는 방법이에요.

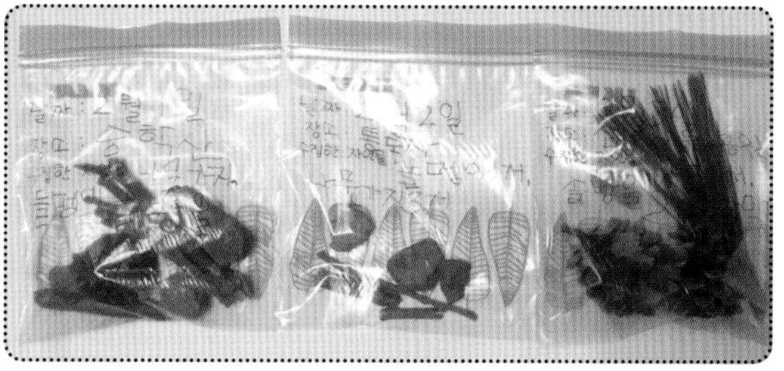

❷ 며칠 동안 모은 지퍼백 여러 장을 스테이플러로 찍어서 '자연물 수집책'을 만들어 보세요.

7

나무에 이름 달기

- 나무 이름 짓고, 이름판 만들어 달아주기 -

난이도	★★★☆☆	소요 시간	30 분
기대 효과	나무들의 이름에 관심을 가지며 식물의 범주와 관련된 어휘를 익혀요. 새 이름을 지으며 말놀이를 해요. 이름판을 만들며 기초읽기와 쓰기 능력이 향상돼요.		

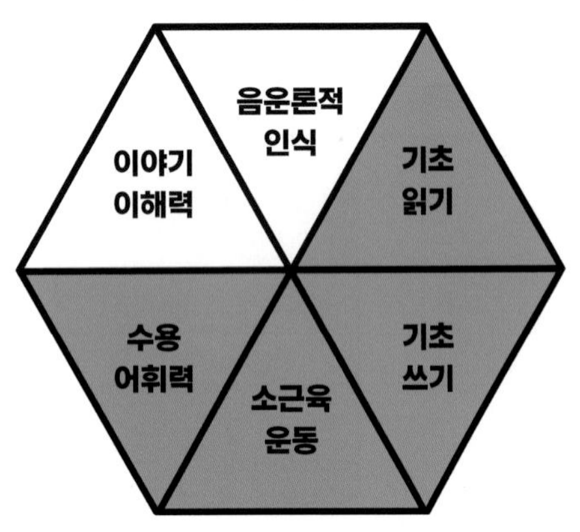

기초문해요소

2세	3세	4세	5세	저학년

추천연령

언어	수학	과학	사회
미술	음률	조작	신체

통합영역

준비물

이름판(나무판), 네임펜, 스티커, 목공풀,

에코백에 담아온 여러 가지 자연물 재료들(나뭇잎, 나뭇가지, 솔방울, 꽃잎, 작은 돌멩이 등)

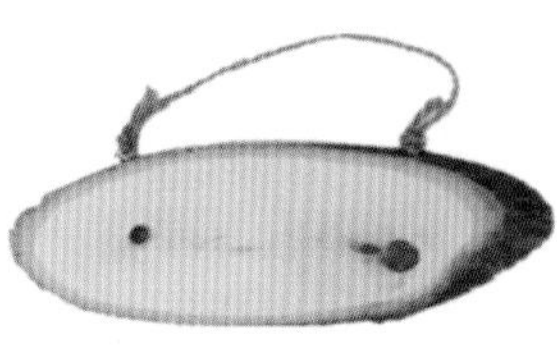

활동 방법

❶ 아이와 함께 놀이터 주변의 나무 이름을 알아 봐요. 공원에서 이미 이름표가 붙은 나무가 있다면 세심하게 관찰하며 읽어 주세요.

추천 질문 **"OO(아이 이름)도 이름이 있는 것처럼, 나무에도 모두 이름이 있대. 이 나무의 이름은 무엇일까?"**

❷ 나무의 이름을 이름판(나무판)에 쓰거나, 다양한 스티커를 붙여서 표현해요.

추천 질문 **"단풍나무 이름표를 만들고 싶었구나. 이 이름판에 아빠가 '단', '풍', '나', '무', 이렇게 썼어. 나무 이름 글자 위에 OO가 도토리 스티커를 붙여 볼래?"**

❸ 에코백에 모아 온 자연물로 이름판을 꾸며요.

❹ 완성한 나무 이름판을 아이와 함께 나뭇가지에 매달아요.

도움말

- 바깥에서도 충분히 의미 있는 문해 활동을 경험할 수 있어요. 실제 이름표를 만들어 달며 문해의 '실제성'을 강조하는 활동이에요.
- 아이의 발달 수준을 자세히 관찰해 보세요. 균형적 접근법에 기초하여 아이의 발달 수준에 맞는 적절한 교수전략(써 주기, 함께 쓰기, 안내된 쓰기, 혼자 쓰기 등)을 선택하여

가장 적합한 방법으로 지원해 주세요.

- 나무에 새로운 이름 지어 주기 활동으로 확장하며 어휘력 발달을 도모할 수 있어요.

추천 질문 **"나무의 진짜 이름 말고, OO가 나무한테 지어 주고 싶은 멋진 새 이름을 만들어 줄까?"**
"아빠가 흙바닥에 초록이라고 써 줄게. 이 글자를 보고 OO가 이름판에 따라 써 볼래?"

- 가정 내에서 화분에 꽃 이름표를 만들어 꽂아 두기처럼 간단한 활동을 해 보세요.

그림책 함께 읽는 부모

- 집 밖에서 그림책 읽기 -

아이와 함께 여행을 갈 때, 바깥놀이를 갈 때 그림책을 챙겨 보세요. 아이와의 시간이 더 즐거워집니다. 날이 좋아 밖으로 산책을 간다면 곤충과 관련된 그림책을 한 권 챙기는 건 어떨까요? 아이와 산책을 하다 곤충이나 새를 발견했다면 그림책에서 찾아보며 비교해 보세요. 돋보기와 망원경도 사용하면 더 좋습니다. 아이들의 관찰력과 호기심이 쑥쑥 자라날 거예요. 아이가 평소 즐겨 읽는 생물 관련 정보책이라면 어떤 그림책이든 좋습니다.

나뭇잎이나 꽃잎이 등장하는 그림책도 아이들의 미적 감수성과 상상력을 키우는 데 그만입니다. 다양한 나뭇잎의 모양을 관찰하며 같은 형태끼리 분류하기, 나뭇잎을 가위로 싹둑싹둑 잘라서 애벌레처럼 모양 만들기, 꽃잎들을 모아 멋진 꽃잎 드레스 만들기 등등, 그림책에 나오는 것처럼 바닥에 떨어져 있는 나뭇잎과 꽃잎들로 상상의 나래를 펼쳐 보세요. 그림책 한 권이면 아이들의 놀이가 더 풍부해질 수 있어요.

동네 작은 산으로 소풍을 떠날 땐 숲과 관련된 그림책을 챙겨 보세요. 자연에 대한 아이들의 감수성을 기르고 자연의 소중함을 깨달을 수 있어요. 자연과 함께하는 시간이 적은 요즘 아이들에게 꼭 필요한 그림책들이에요. 숲과 관련된 그림

『꿈틀꿈틀 곤충 여행』
(타샤 퍼시 글, 다이나모 그림, 박여진 옮김 / 애플트리태일즈, 2018)

『나뭇잎 마술』
(타다 타에코 글, 야마모토 나오아키 사진, 정원영 옮김 / 비룡소, 2017)

『나뭇잎 손님과 애벌레 미용사』
(이수애 글·그림 / 한울림어린이, 2016)

『숲 속 재봉사의 꽃잎 드레스』
(최향랑 지음 / 창비, 2016)

책을 읽으며 아이들이 자연의 소중함을 깨달을 수 있게 도와 주세요. 주말에 한 번쯤 아이와 함께 동네 산으로 산책을 다녀오면서 자연을 느껴 보고, 그림책도 함께 읽어 보세요. 『숲 속을 걸어요』와 『숲으로 가자』와 같이 아이들이 쉽게 흥얼거리며 따라 부를 수 있는 동요로 만들어진, 음률이 살아 있는 그림책들도 추천합니다.

계절과 관련된 그림책도 바깥나들이를 갈 때 챙기기 안성맞춤입니다. 아이들이 자연의 변화를 느끼고, 그 속에서의 아름다움을 발견하기에 좋지요. 바깥나들이를 다녀온 날 잠을 청하기 전에 그림책 한 권 읽으며 아이와 해 보았던 경험에 대해 이야기를 나누는 것도 좋습니다. 아이들의 사전경험을 활용하여 그림책을 읽으면 상호작용이 훨씬 풍부해지고, 아이들도 그림책에 관심을 갖고 읽을 수 있어요.

말놀이로 이어지기 좋은 그림책들도 나들이에 챙기기 좋습니다. 그림책의 그림을 살펴보면서 어떤 동시를 읽어 보고 싶은지 탐색해 보세요. 입말이 잘 살아나도록 고심하여 적혀 있는 동시를 음률을 살리며 읽어 주세요. 아이와 같이 원하는 대로 노래 부르듯 말해 보는 것도 좋습니다. 이런 그림책들은 이동할 때 읽기도 좋고 아무 때나 쉽게 말놀이를 하기에도 좋지요. 그림책에 나오는 단어를 시작으로 끝말잇기를 하거나 아이가 좋아하는 동요 멜로디에 새로운 동시를 넣어 불러도 됩니다.

『봄 숲 놀이터』
(이영득 글, 한병호 그림 / 보림, 2017)

『할머니의 여름 휴가』
(안녕달 글·그림 / 창비, 2016)

『말놀이 동시집』
(최승호 시, 윤정주 그림 / 비룡소, 2020)

『숲으로 가자!』
(김성범 글, 김혜원 그림 / 한솔수북, 2016)

『페르디의 가을나무』
(줄리아 로린슨 글, 티파니 비키 그림, 선우미정 옮김)

『눈아이』
(안녕달 글·그림 / 창비, 2021))

『문혜진 시인의 의태어 말놀이 동시집』
(문혜진 동시, 정진희 그림 / 비룡소, 2016)

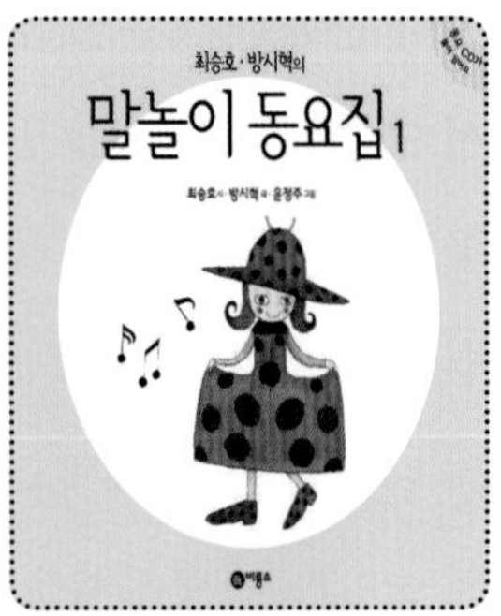

『말놀이 동요집』
(최승호 시, 방시혁 곡, 윤정주 그림 / 비룡소, 2011)

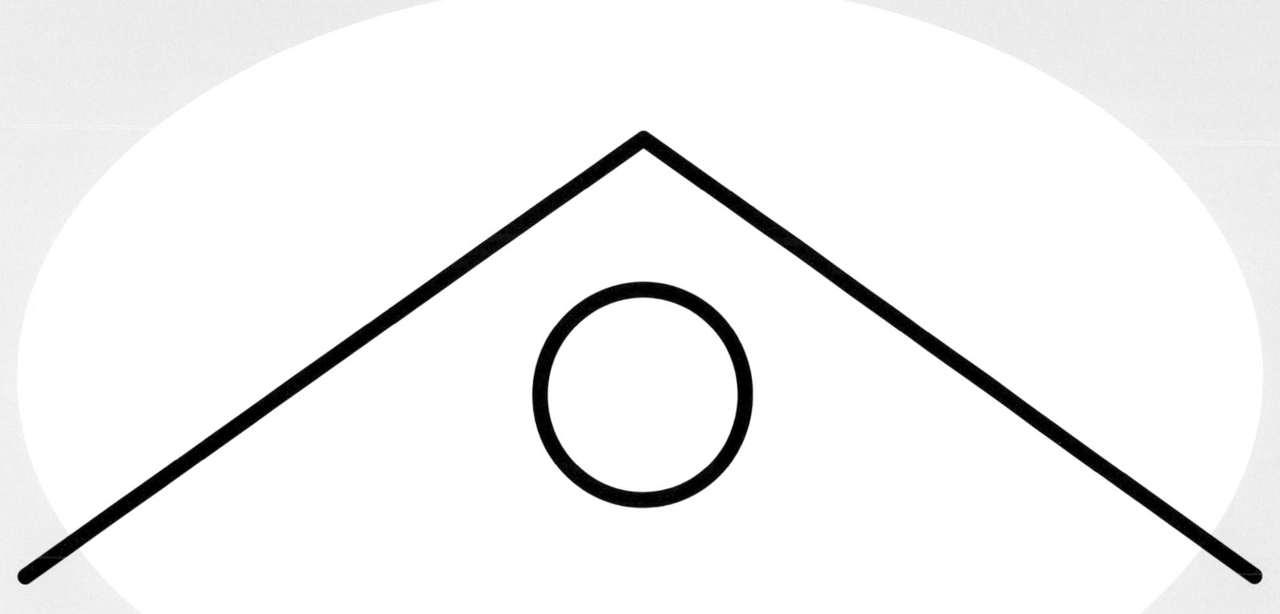

7.

대근육: 몸으로 쓰는 글씨

신체 활동은 문해 활동의 적일까?

흔히 진득하게 앉아 있지 못하고 뛰어놀기만 하는 아이를 보면서 "그만 뛰어놀고 이제 앉아서 공부해!"라고 말합니다. 신체 활동은 공부나 문해력과 거리가 멀다는 인식 때문이죠. 그러나 이러한 일반적인 인식과 달리 유아기에 신체 활동을 통해 문해를 배우는 것은 매우 효과적입니다. 즉, '몸'으로 뛰어놀면서 문해력을 키울 수 있답니다. 그래서 신체 활동의 가치를 모르고 이를 제한하는 경우가 참 안타까워요. 운동 능력과 문해력, 두 마리 토끼를 모두 잡을 수 있거든요.

신나게 놀면서 하는 신체 활동은 유아의 문해력 발달을 방해하지 않고, 오히려 도움을 줄 수 있습니다. 신체 활동이 아이의 문해력 발달에 어떻게 도움이 될까요? 그 배경을 하나씩 살펴보겠습니다.

첫째, 신체 활동은 유아기에 적합한 학습방법입니다. 신체 부위 중에서 팔, 다리 등 대근육을 활용하는 방법은 유아기의 아이들에게 특히 적합해요. 유아는 소근육보다 대근육이 먼저 발달하기 때문이죠. 아동발달에는 일반적인 원칙이 있는데, 그중 한 가지가 바로 '세분화(general to specific) 발달 원칙'입니다.[1] 이는 아이의 신체가 발달할 때 일반적인 부분부터 시작하여 특수한 부분으로 순서대로 발달이 진행된다는 원칙입니다. 그래서 유아는 초기에 몸 전체를 사용하는 거칠고 산만한 행동을 하다가, 점차 분화되고 정밀한 행동을 할 수 있게 됩니다. 예를 들어 아기 때는 뭔가 쥡기 위해 양팔을 다 사용해도 어렵지만, 시간이 지나면 엄지와 집게손가락만으로 머리카락도 정교하게 집을 수 있게 되는 원리입니다. 다시 말해, 유아는 대근육이 먼저 발달한 후에 소근육이 점차 정교해집니다. 그래서 처음부터 손가락 소근육을 사용한 정교한 활동을 하는 것보다 몸 전체를 활용한 활동을 하는 것이 유아에게 더 쉽고 잘 맞습니다.

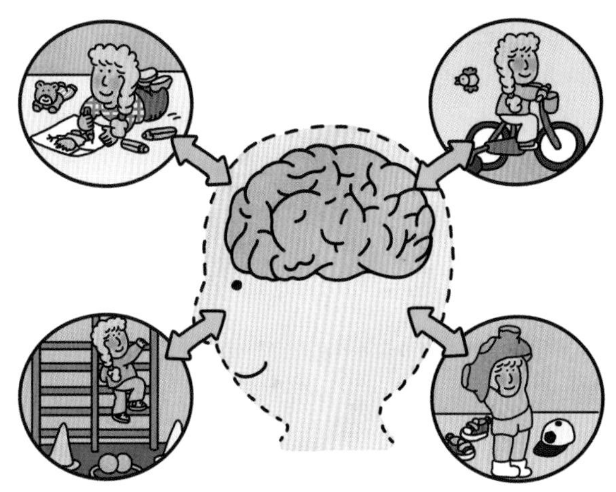

• 용어 설명 •

- 대근육(gross motor)과 소근육(fine motor): 대근육은 팔, 다리, 발, 몸 전체의 근육으로 대근육을 활용한 기술에는 기기, 걷기, 뛰기, 점프하기, 들기, 차기 등이 있다. 소근육은 손, 손가락, 손목과 같은 더 작은 근육으로 소근육을 활용하는 기술에는 연필 및 가위 사용하기, 쓰기, 자르기, 구슬 꿰기, 레고 놀이하기, 단추 잠그기 등이 있다.

---

1 Kumar(2019)

공부 머리를 만드는 신체 활동의 힘

두 번째로 신체 활동은 공부에 필요한 집중력, 기억력, 자기조절력을 키워 줍니다. 문해력을 키우기 위해서는 먼저 학습을 잘할 수 있는 뇌가 준비되어야 합니다. 가만히 있는 식물과 달리, 동물이 움직이기 위해서는 신경, 척수, 뇌가 필요합니다.[2] 다시 말해, 뇌는 신체 활동을 위해서 만들어진 기관입니다. 그렇기 때문에 뇌 발달에서 신체 활동과 인지 기능은 서로 연결되어 있는 상호보완적인 관계로 서로 떼어 놓고 말할 수 없습니다. 다양한 운동성을 활용하여 오감을 발달시켜 줄 때 뇌 기능도 향상되기 때문에 공부도 잘하게 되는 것이죠.[3]

유아기는 이후 학습을 잘할 수 있는 역량을 준비하는 시기이기 때문에 평소 꾸준한 신체 활동, 운동을 통해 학습을 잘할 수 있는 뇌를 만들어가는 것이 무엇보다 중요합니다. 수많은 연구를 통해 신체 활동이 인지 기능을 향상함이 밝혀졌고, 이를 가능하게 하는 신경생물학적 메커니즘도 계속해서 밝혀지고 있습니다. 사람이 움직이면 심장박동이 증가하고, 그 결과 기억과 학습을 담당하는 대뇌 부위에 산소와 피가 더 많이 흘러 뇌가 활성화됩니다.[4] 또한 신체 활동을 할 때 방출되는 뉴트로핀이라는 단백질, 도파민과 같은 신경전달물질은 뇌의 신경학적 과정을 효율화하여 인지 기능을 높입니다.[5] 아이에게 아무리 좋은 자극이 주어진들 뇌가 활성화되어 있지 않다면 그 효과가 떨어지겠죠.

세 번째로 신체 활동을 활용하면 학습의 효율이 높아집니다. 따라서 몸을 움직이면서 배우면 문해력도 발달하게 됩니다. 대근육을 써서 몸을 움직이면 뇌 활성도가 높아져 말로만 듣거나 읽는 경우에 비해 학습이 더 효율적으로 이루어집니다.[6] 신체표현이 학습에 미치는 영향을 알아본 실험에서도 유아에게 같은 그림책을 그냥 읽게 했을 때와 신체표현 활동을 하며 읽도록 했을 때를 비교해 본 결과, 신체표현 활동을 하며 책을 읽은 아이들이 8주 후 어휘력, 언어이해력, 언어표현력이 모두 더 많이 상승한 것으로 나타났습니다.[7] 외국어 어휘를 앉아서 배운 유아들과 신체 활동을 하면서 배운 유아들을 비교하였을 때, 신체 활동을 하면서 배운 집단이 더 많은 어휘를 학습한 것으로 나타나기도 했습니다.[8] 종합하면, 학습 효율성을 높이기 위해 아이들은 신체 운동을 적극적으로 해야 합니다.

대근육을 활용한 문해 활동 방법은?

이처럼 대근육을 활용한 신체 운동은 문해력 발달에 긍정적입니다. 유아의 운동 능력과 문해력 발달, 두 가지 모두를 잡을 수 있는 일석이조의 활동을 해 보세요. 우선 신체 활동을 하기에 좋은 그림책들을 활용할 수 있습니다. 예를 들어서 『고추장 운동회』처럼 채소들이 경주하는 내용의 그림

---

2 21세기교육연구회
3 21세기교육연구회
4 Chaddock-Heyman, Erickson, Chappell, Johnson, Kienzler, Knecht, … & Kramer(2016), Timinkul, Kato, Omori, Deocaris, Ito, Kizuka, … & Soya(2008))
5 Barenberg, Berse, & Dutke(2011)
6 Chandler and Tricot(2015)
7 Gejl, Malling, Damsgaard, Veber-Nielsen, & Wienecke(2021)
8 Mavilidi, Okely, Chandler, Cliff, & Pass(2015)

『고추장 운동회』
(오드 글·그림
/ 다림, 2021)

『기계들은 무슨 일을 하지?』
(바이런 바튼 글·그림, 최리을 옮김
/ 비룡소, 2003)

『곰 사냥을 떠나자』
(헬린 옥슨버리 그림, 마이클 로젠 글,
공경희 옮김 / 비룡소, 2017)

『수영 이불』
(재희 글·그림
/ 사계절, 2021)

『이슬이의 첫 심부름 』
(쓰쓰이 요리코 글, 하야시 아키코 그림,
이영준 옮김 / 한림출판사, 1991)

『밥·춤』
(정인하 글·그림 / 고래뱃속,
2017)

그림 1. 신체 활동에 활용하기 좋은 책들.

책이라면, 책을 읽으면서 자연스럽게 채소마다 달리는 모습이 어떻게 다를지 몸으로 표현해 볼 수 있습니다. 또는 『이슬이의 첫 심부름』처럼 심부름을 하는 내용의 그림책이라면, 집 안에 심부름 가는 길을 만들어 놓고, 곳곳마다 장애물이나 정류장을 만들어 놀아주기에 좋습니다. 이외에 『곰 사냥을 떠나자』와 같이 숲속에 사냥을 가는 이야기, 『수영 이불』처럼 바닷속에서 헤엄치는 이야기, 『기계들은 무슨 일을 하지?』와 같이 포크레인과 덤프트럭 이야기 등 역동적인 장면이 등장하는 그림책을 읽을 때 자연스럽게 신체 활동과 연결할 수 있습니다(그림 1).

그림책 『밥·춤』도 신체 활동과 연결하기에 좋은 그림책의 예입니다. 이 책에는 글이 거의 없고 춤을 추는 동작들이 그림으로 담겨 있어요. '폴짝, 뽀드득, 휘리릭'과 같은 다양한 의성어와 의태어가 쓰여서 소리 내어 읽어 보고 몸으로 표현하면서 책을 읽을 수 있습니다. 다양한 직업을 가진 여성들이 택배 배달원, 세탁소 주인, 경찰, 환경미화원과 같은 다양한 직업을 보여 주고 있어요. 다양한 직업과 관련된 대표적 행동을 몸으로 표현해 보면서 수수께끼도 낼 수 있습니다. 이렇게 신체 활동을 하며 책을 읽을 때 부모와 유아 모두 부담없이 대화를 나누며 재미있게 그림책의 세계로 빠져들 수 있습니다.

그리고 자음과 모음을 다루는 그림책 장르인 '자모책'을 신체 활동과 연결하는 것도 좋은 방법입니다. 신체 활동을 하면서 한글도 배우는 것이죠. 『요렇게 해봐요: 내 몸으로 ㄱㄴㄷ』이라는 책을 활용할 수 있습니다. 이 책은 'ㄱ'부터 'ㅎ'까지 한글의 자음을 우리 몸으로 표현하는 방법을 그림과 글로 재미나게 설명하고 있습니다. 이 책을 읽으면서 몸으로 각 자음을 나타내 보면 글자의 이름과 모양을 기억하기 쉬워요. 예를 들어, 그림 2에서처럼 'ㄱ'은 팔을 하나만 벌리거나 고개를 숙여서 만들고, 'ㅋ'은 그 사이에 선이 하나 더 있으니 팔 하나는 위로 뻗고 하나는 더 짧게 아래로 뻗어서 만든다는 걸 몸으로 직접 경험하는 거죠.

그림 2. 유아가 몸으로 표현한 'ㄱ'과 'ㅋ'

이런 활동을 통해 'ㄱ'과 'ㅋ'의 생김새와 소릿값의 차이를 알게 되고 각 자음이 구성된 원리까지 알 수 있습니다. 이렇게 원리까지 함께 배우는 게 가장 효과적이에요.

유아가 자음과 모음 각각의 생김새와 소릿값을 알게 되었다면, 자음과 모음이 만나 어떤 소리가 나는지 알아보는 활동으로 확장할 수 있습니다. 이때 자음과 모음이 만난 글자를 표현하기 위해 여럿이 몸으로 직접 자음과 모음을 표현하여 모이거나, 자음과 모음 모양의 블록을 붙여 보거나, 자음과 모음을 몸으로 표현한 모습을 사진으로 찍어서 인쇄한 것을 오려 붙이는 등의 다양한 방법을 활용해 보세요. 그리고 몸으로 표현한 자음과 모음을 사진으로 찍은 후 이를 활용하여 부모님과 유아의 이름처럼 가족에게 의미 있는 글자와 단어를 만들어 보면 좋습니다.

이처럼 신체를 활용하여 각 자음과 모음의 소릿값을 알고 이것들을 합쳐 보는 활동은 말소리의 구조를 이해하고 조작하는 능력, 즉 음운론적 인식을 탄탄하게 해줍니다. 읽기의 주요 과정이 쓰인 글자들을 소릿값으로 바꾸고 단어의 의미를 파악하는 것이기 때문에, 이러한 활동은 음운론적 인식을 키움으로써 유아의 해독 능력을 키우는 데에 도움을 줍니다.

1

즐겁게 춤을 추다가, 글자로 변신

- 음악에 맞춰 몸으로 글자 모양 표현하기 -

난이도	★★☆☆☆	소요 시간	15 분
기대 효과	대근육을 사용하여 글자를 만들면서 글자의 모양을 잘 인식하고 기억할 수 있어요. 실제 글자와 몸으로 표현한 글자의 모양에서 공통점과 차이점을 인식해요.		

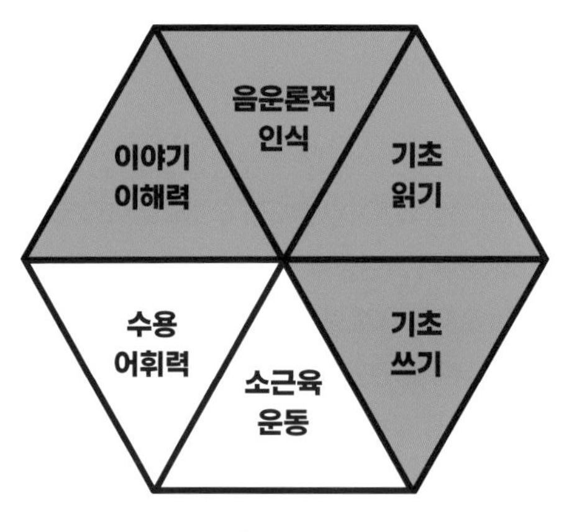

기초문해요소

2세	3세	4세	5세	저학년

추천연령

언어	수학	과학	사회
미술	음률	조작	신체

통합영역

준비물

『요렇게 해봐요: 내 몸으로 ㄱㄴㄷ』 그림책(김시영 글·그림 / 마루벌, 2011),
요가매트, 스케치북, 크레파스, 악기나 음원

활동 방법

1. 아이와 함께 준비운동을 해요.
2. 『요렇게 해봐요: 내 몸으로 ㄱㄴㄷ』 그림책을 읽어요.
3. 신체를 이용하여 다양한 방법(손으로, 혼자서, 가족과 함께)으로 글자를 표현해요.

추천 질문

"이제 더 재미있는 놀이를 해 보자. 아까 그림책에서는 글자를 무엇으로 표현했지?"
"맞아. 몸으로 체조하듯이 표현할 수 있었어.
특히 우리 몸에서 어떤 부분으로는 글자를 작게 만들 수 있는데 어디일까?"
"손으로도 이렇게 글자를 만들 수 있지."
"혼자 만들기 힘든 글자는 아빠랑 힘을 모아서 만들어 보자."

4. 아이의 신체 표현을 '말'로 표현해 주세요.
5. 〈그대로 멈춰라〉 노래에 맞춰 춤을 추다가, 부모님이 스케치북에 쓴 글자로 변신하는 놀이를 해요.

활동 예시

"음악에 맞춰서 신나게 춤을 추다가,
아빠가 스케치북에 쓴 글자 모양이 나오면, 그 글자 모양으로 변신을 해 보는 거야.
준비! 즐겁게 춤을 추다가, 디귿으로 변신!"

도움말

- 아이가 표현하기에 어려운 글자(ㄹ, ㅌ, ㅍ, ㅎ)는 음악·춤 없이 궁리해서 만들게 해 주세요.
- 그림책 감상 전(기본 도형의 모양)·후(글자 모양)에 아이가 몸으로 만든 모양의 차이를 사진으로 찍어 비교해 보세요.
- 실제 글자 모양과 아이가 몸으로 표현한 글자 모양 간의 공통점과 차이점을 말로 묘사하며 활동을 격려해 주세요.

활동 예시

**"OO가 'ㅈ'을 만들고 싶은 거구나.
지금처럼 차렷 자세로 양발을 붙이고 서 있으면 'ㅈ' 글자의 다리 부분을 만들 수 없네.
다리를 양옆으로 조금만 더 벌리고 서보자. 그러면 'ㅈ' 모양으로 변신할 수 있겠다."**

- 가족 이름 글자를 몸으로 표현하고 사진 찍어요. 찍은 사진을 모아서 '가족 이름 사진첩' 을 만들고 감상합니다.

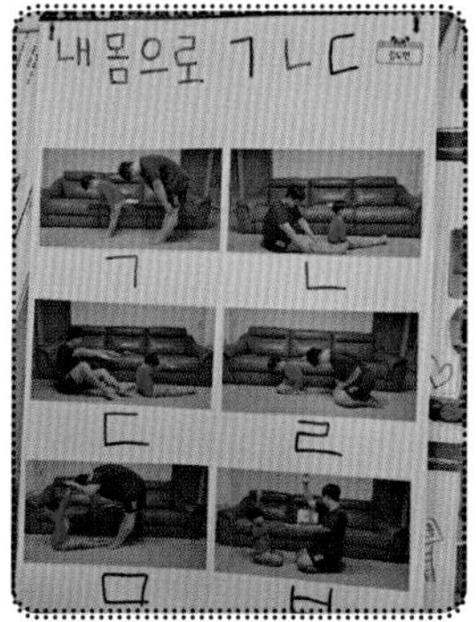

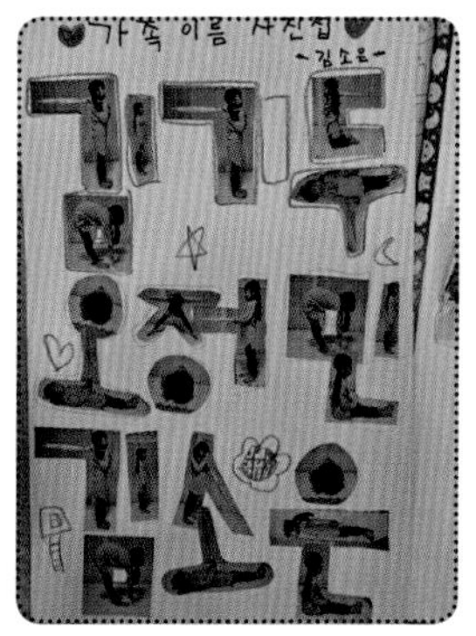

재미있게 그림책 읽기

- 한글 자모 그림책을 보기 전에, 자음 모양과 비슷하면서 간단한 모양의 도형을 몸으로 표현하는 방법에 대해 궁리할 시간을 주세요. 아이가 책의 내용에 더 집중할 수 있어요.

추천 질문

**"아빠가 간단한 도형 모양을 스케치북에 그려 줄 거야. 무슨 모양인지 맞혀 봐!"
(동그라미를 그리며) "이 모양을 몸으로 나타낼 수 있어?"
(두 팔 모아 동그라미 만들기, 몸을 웅크려서 만들기, 팔을 등 뒤로 넘겨 발목 잡으며 만들기 등)
"OO가 정말 다양하게 만들었네. 그러면 세모랑 네모도 만들어 볼까?"**

- 그림책의 표지를 탐색하는 경험은 그림책에 대한 관심을 유발하고, 내용에 대한 기대감을 높일 수 있어요.

추천 질문

"표지에 뭐가 보이니?"
"다람쥐 한 마리가 친구 두 명 사이에서 무엇을 먹고 있네.
왼쪽에 분홍색 옷을 입은 친구는 인사를 하고 있어. 왜 인사를 하고 있을까?"
"그러면 오른쪽에 초록색 옷을 입은 친구는 왜 앉아서 우리를 바라보고 있을까?"
"그림책을 넘겨 보면 왜 그런지 알 수 있을 거야."

- 그림책을 한 페이지씩 읽을 때마다, 가족들과 함께 글자 모양을 따라 만들어요.

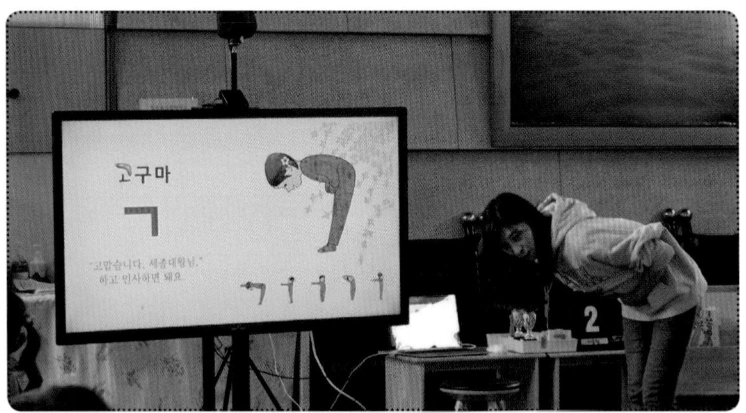

그림책을 읽으며 신체를 이용하여 글자 모양을 만들기

2

거미줄 미로 탐험

- 거미줄에서 대비되는 단어를 찾아 미로 탈출하기 -

난이도	★★☆☆☆	소요 시간	10 분
기대 효과	거미줄 미로 놀이를 하며 시·공간적 지각 능력이 향상돼요. 자모 모양의 차이를 인식하여 단어를 구별할 수 있어요. 친숙한 단어를 읽을 수 있어요.		

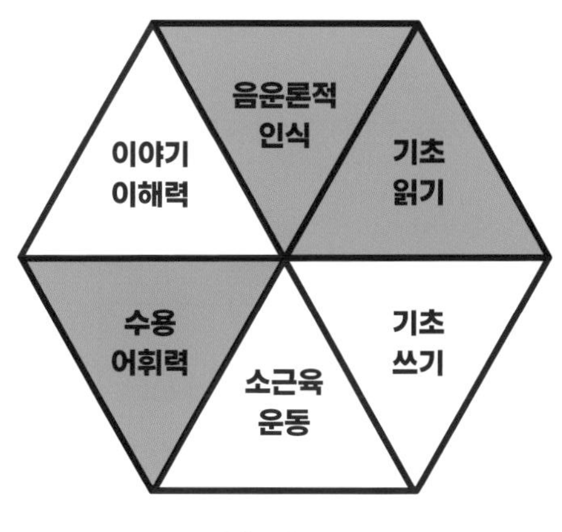

기초문해요소

2세	3세	4세	5세	저학년

추천연령

언어	수학	과학	사회
미술	음률	조작	신체

통합영역

준비물

마스킹 테이프(거미줄 제작용), 글자 출력본(거미·개미, 나비·나방), 거미줄 도안

대형 거미줄 도안

미로 탐험 정답

대근육: 몸으로 쓰는 글씨

활동 방법

❶ 바닥에 마스킹 테이프로 대형 거미줄을 만들어 붙여요.

❷ 갈림길마다 대비되는 단어(거미줄 왼쪽 절반은 개미–거미, 오른쪽 절반은 나비–나방)를 붙여 주세요.

❸ 중심점을 시작으로 길을 찾아가며, 좌우 한 번씩(거미, 나비) 단어들을 비교해서 도착점의 거미나 나비 그림을 찾아가요.

거미줄의 갈림길에서 대비되는 단어(나방/나비)

거미줄 미로 탐헝 활동

도움말

- 거미줄 위 갈림길에서 아이가 단어 읽기를 어려워할 때는 부모님이 적절한 힌트를 주며 비계 설정(scaffolding) 해 주세요. 부모님이 도움의 양을 조절해 가며 적절한 힌트를 제공해 주면, 아이는 글자의 모양과 소리를 연결하며 단어를 읽을 수 있어요.
- 바닥의 대형 미로를 설치하기 어려울 때는 종이에 그려서 '미로 탈출 놀이'를 해 보세요. '종이 미로 찾기' 활동지는 인터넷에서 쉽게 찾을 수 있어요. 미로를 찾아가며 필기구를 쥐고 구불구불 선을 긋는 과정은 쓰기 연습에도 효과적이에요.
- 아이가 원하는 단어를 종이에 직접 쓰고, 거미줄의 갈림길마다 붙여서 게임을 진행해도 좋아요.

3

글자 운동회

- 도구를 활용하여, 글자 모양 만들기 -

난이도	★★☆☆☆	소요 시간	20 분
기대 효과	신체와 도구를 잘 활용하는 방법을 배울 수 있어요. 이미 잘 발달한 대근육을 활용해서 글자의 모양을 쉽게 익혀요.		

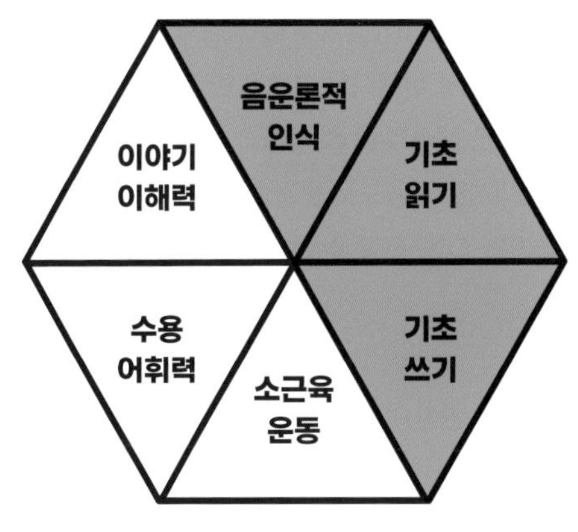

기초문해요소

2세	3세	4세	5세	저학년

추천연령

언어	수학	과학	사회
미술	음률	조작	신체

통합영역

준비물

요가 매트, 리본 막대(나무젓가락에 예쁜 끈을 연결해서 만들 수도 있어요), 유아용 훌라후프, 스케치북, 크레파스

리본막대

활동 방법

❶ 스케치북에 아이와 함께 글자를 써서 준비해요.

❷ 요가 매트 위에서 다양한 신체 부위(팔, 다리)를 이용하여 글자를 따라 써요.

❸ 리본막대와 훌라후프를 활용하여 다양한 글자 모양을 만들어요.

활동 예시

"리본 막대를 OO가 원하는 대로 자유롭게 흔들어 보자."
"리듬체조 선수들은 리본 막대로 아름다운 모양을 만든대.
OO도 꼬마 리듬체조 선수가 될 수 있어."
"막대를 위에서 아래로 흘러내리는 모양으로 흔들면 'ㄹ' 이 돼."
"훌라후프를 돌리면 'O'도 만들 수 있지."

❹ 리본 막대와 훌라후프 탐색이 끝나면, 바닥에 올려서 글자 모양을 만들어요.

도움말

- 부모님이 말하는 대로 아이가 '자신의 몸을 움직여 모양을 만드는 지시 따르기'로 활동 초반에 관심을 모을 수 있어요. 유아가 학교에 들어가기 전에 이렇게 지시에 따르는 경험을 충분히 해 보는 게 좋아요.

추천 질문

"바닥에 앉아 보세요. 다리를 쭉 뻗으세요. 허리를 곧게 펴요.
두 팔도 앞으로 나란히 하세요. 디귿 모양을 만들었니?"

- 가정에서 간단하게 준비하기: 집에 있는 운동 도구를 활용해서 글자 모양을 만들 수 있어요. 다양한 종류의 공(축구공, 농구공, 탱탱볼), 유아용 야구 방망이, 줄넘기 등

4

엉덩이로 쓴 단어 맞히기

- 엉덩이를 움직여 단어를 쓰고 맞히기 -

난이도	★★★☆☆	소요 시간	20 분
기대 효과	몸의 대근육을 적극적으로 움직이며 재미있게 글자의 모양을 익힐 수 있어요.		

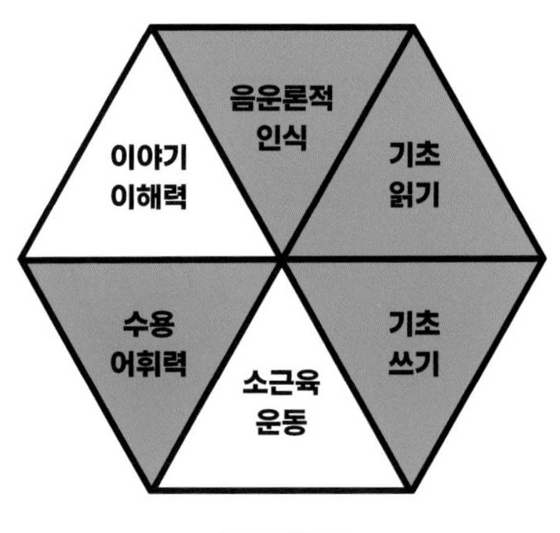

기초문해요소

추천연령

언어	수학	과학	사회
미술	음률	조작	신체

통합영역

준비물

쉬운 단어 목록(나, 너, 우리, 엄마, 아빠 등), **스마트폰, 스케치북, 색연필**

쉬운 단어 목록

나	눈
너	코
우리	몸
엄마	목
아빠	손
친구	등

활동 방법

❶ 온 가족이 돌아가며 '쉬운 단어 목록' 에서 단어를 골라요.

❷ 선택한 단어를 엉덩이로 써서 문제를 내고 맞혀요.

❸ 활동의 과정을 부모님이 동영상으로 찍어 주세요.

❹ 셀프 동영상을 감상하며 화면에서 보이는 대로 스케치북에 색연필로 글자를 표현해요.

도움말

- '쉬운 단어 목록'의 단어 외에, 아이가 좋아하는 단어로 새로운 단어 목록을 만들거나 목록 없이 즉석에서 엉덩이로 단어를 써도 됩니다.

확장 활동

• 의성어·의태어를 몸으로 표현하기 •

- 난이도 ★★★☆☆ / 추천 연령: 3~5세, 초등 저학년
- 소요 시간: 10분
- 기초문해요소: 어휘력, 기초읽기
- 통합영역: 언어, 신체
- 준비물: 『밥·춤』 그림책(정인하 글·그림 / 고래뱃속, 2017)

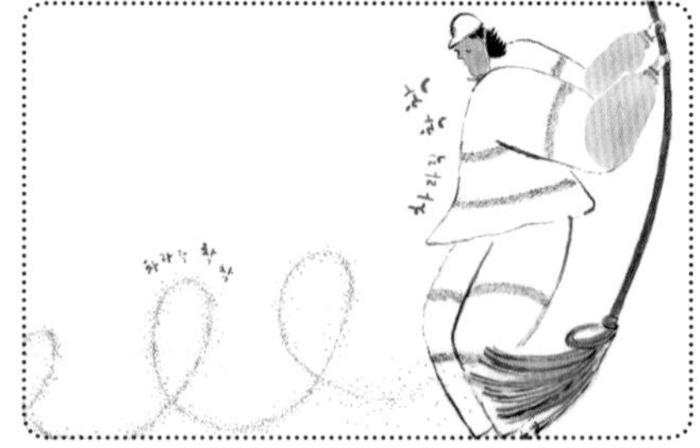

- 활동 방법

❶ 『밥·춤』 그림책을 아이와 함께 읽어 보세요.
❷ 그림책에 나오는 의성어와 의태어를 몸으로 표현해요.
❸ 가족끼리 의성어·의태어를 몸으로 표현하고, 서로 맞히는 놀이를 해 보세요.

- 도움말

그림책에 나오는 직업을 몸으로 표현하고 맞히기 게임도 해 보세요. 어떤 문제를 낼지 생각하고, 몸으로 어떻게 표현할지 궁리하는 과정은 이해력을 키우는 문해 활동입니다.

5

가나다 카드 경주

- 한글 카드 더미에서 '가·나·다' 카드만 골라 담기 -

난이도	★★★★☆	소요 시간	**15** 분
기대 효과	모음이 다른 글자들 중에서 같은 글자를 구별해내는 시각적 인식 능력이 발달해요. 손으로 카드를 뒤집고 담는 조작을 통해 소근육운동 능력이 향상돼요. 글자체가 달라도 음절 단위로 시각적으로 구별하며, 글자의 항상성을 이해해요.		

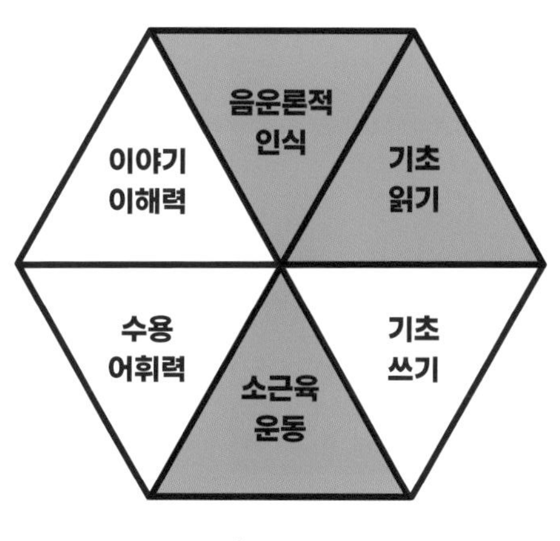

기초문해요소

추천연령

언어	수학	과학	사회
미술	음률	조작	신체

통합영역

준비물

다양한 글자체의 한글 음절 6×4 카드(가갸거겨, 나냐너녀, 다댜더뎌 등)**, 작은 쇼핑백, 호루라기, 마스킹 테이프/훌라후프**

가	갸	거	겨
가	갸	거	겨
가	갸	거	겨
가	갸	거	겨
가	갸	거	겨
가	갸	거	겨

가·갸·거·겨 카드 도안

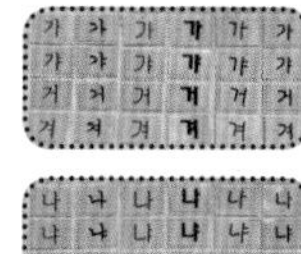

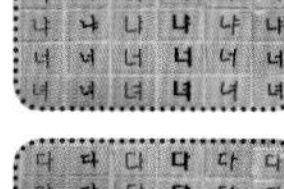

실제 가·갸·거·겨, 나·냐·너·녀, 다·댜·더·뎌 카드

활동 방법

❶ 바닥에 마스킹 테이프로 구획(정사각형, 동그라미, 세모 모양)을 만들어요. 영역을 훌라후프로 만들어도 좋아요.

❷ '가·갸·거·겨'가 한 글자씩 쓰인 카드를 각 10장씩 준비하여 바닥의 카드 구획에 뒤집고 섞어 두세요.

❸ 출발 신호와 함께 카드 더미로 달려가, 카드를 뒤집어 '가' 카드만 골라 작은 쇼핑백에 담아요.

활동 예시

**"뛰어가서 '가' 글자가 적힌 카드만 골라 작은 가방에 담는 거야.
글자체가 달라도 괜찮아. '가' 카드만 찾아와야 해.
갸·거·겨 카드는 빼고. 준비됐어? 자, 출발!"**

❹ 호루라기 소리가 들리면 제자리로 돌아와요.

❺ 작은 쇼핑백의 카드를 모아 맞게 골랐는지 보고, 모두 몇 장인지 세어 봐요.

❻ 가족들과 함께 각각 '나·냐·너·녀', '다·댜·더·뎌' 등으로 나누어 시합할 수 있어요.

❼ '고·교·구·규', '그·기·끄·끼'처럼 다른 글자로도 확장할 수 있어요.

가나다 카드 경주 활동

도움말

- 학습지를 활용하는 방법보다 신체활동 게임을 하며 손으로 카드를 조작하는 활동이기 때문에 아이들이 흥미를 더 느낍니다.
- 카드 대신 페트병 뚜껑을 쓸 수 있어요. 뚜껑 위에 음절 단위의 글자를 다양한 글씨체로 써 놓고, 같은 글자를 찾는 활동이에요.

6

블록 달리기로 글자 합치기 게임

- 한글 자모 블록 조합하며 글자의 소릿값 알기 -

난이도	★★★★☆	소요 시간	15 분
기대 효과	자음의 소릿값을 인식해요. 모음의 방향을 돌리거나 뒤집으면서 모음의 모양과 소릿값을 연결해요. 자음과 모음의 결합(CV 음절)을 직접 몸으로 경험하며 효과적으로 학습해요.		

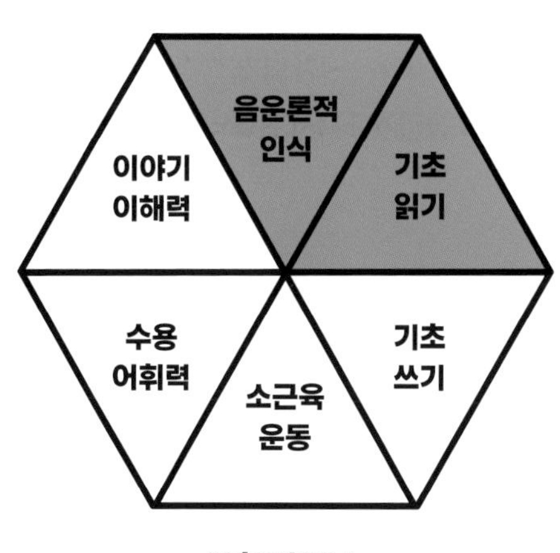

기초문해요소

2세	3세	4세	5세	저학년

추천연령

언어	수학	과학	사회
미술	음률	조작	신체

통합영역

준비물

한글 자모 블록, 호루라기, 카메라

활동 방법

❶ 한 명씩 자음과 모음 담당으로 나눠요.

❷ 모음 'ㅣ'와 'ㅏ'를 돌려 가며 소릿값 설명을 해 주세요.

추천 질문

"모음 'ㅣ'는 눕히면 뭐가 될까? 'ㅡ'가 되지."
"모음 'ㅏ'를 뒤집으면 'ㅓ'가 되고, 옆으로 돌리거나 다시 뒤집으면 'ㅗ', 'ㅜ'가 돼."

❸ 부모님이 호루라기를 불면, 자음 블록과 모음 블록을 든 아이가 서로 마주보며, 자신이 들고 있는 글자 소릿값을 큰소리로 외치며 달려 와요.

추천 질문

"'두'를 만들려면 어떻게 합쳐야 할까?
디귿 친구랑 우 친구가 서로 부딪히면서 안아주면 되겠지. 꼭 기억해야 하는 게 있어.
뛰어 갈 때, 자기 글자의 소리를 내야해. ㄷ 친구는 '드 드 드…'
ㅜ 친구는 '우 우 우…'라고 큰 소리로 외치면서 도착점으로 뛰어갈 수 있겠니?"

❹ 서로 부딪칠 때 해당 음절의 소리를 내요.

추천 질문

" ㄷ 친구와 ㅜ 친구가 합해진 소리는 뭘까? 큰 소리로 '두!' 이렇게 하면 되겠지?"

'블록 달리기로 글자 합치기 게임' 활동

도움말

- 활동을 하기 전에 먼저 안전 약속을 정해요.

추천 질문

"어떻게 조심할 수 있을까?"
"글자 블록끼리만 부딪치기" "서로의 몸끼리 부딪치지 않기"

- 아이들끼리 글자를 만든 장면을 부모님이 사진으로 찍어 주세요(Documentation: 이 사진은 아이들이 만든 '글자 사진첩'이 될 수 있어요).
- 글자 블록을 직접 돌리며 모음 'ㅣ'는 눕힐 때 'ㅡ'가 되고, 'ㅏ'를 뒤집으면 'ㅓ'가 되며, 옆으로 돌리거나 다시 뒤집으면 'ㅗ', 'ㅜ'가 된다고 알려 주세요.

7

큰 글자에 올라가 옹기종기 소리내기

- 받침 있는 글자의 자모 합성 이해하기 -

난이도	★★★★★	소요 시간	15 분
기대 효과	몸과 관련된 친숙한 단어를 탐색하며, 글자의 모양과 소릿값을 배워요. 초성·모음·종성의 순서로 점점 진해지는 글자를 보며, CVC 글자에 친숙해져요.		

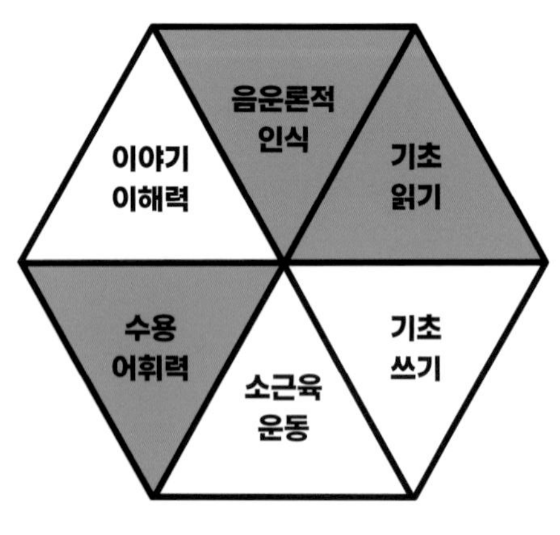

기초문해요소

2세	3세	4세	5세	저학년

추천연령

언어	수학	과학	사회
미술	음률	조작	신체

통합영역

준비물

전지, 크레파스, 호루라기, '신체 부위 모양' 글자·그림 카드

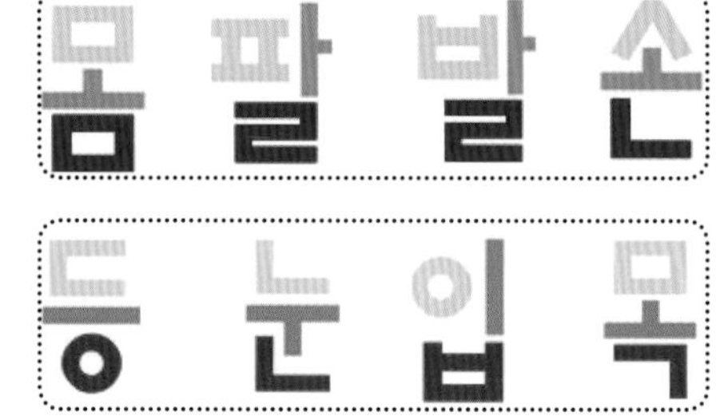

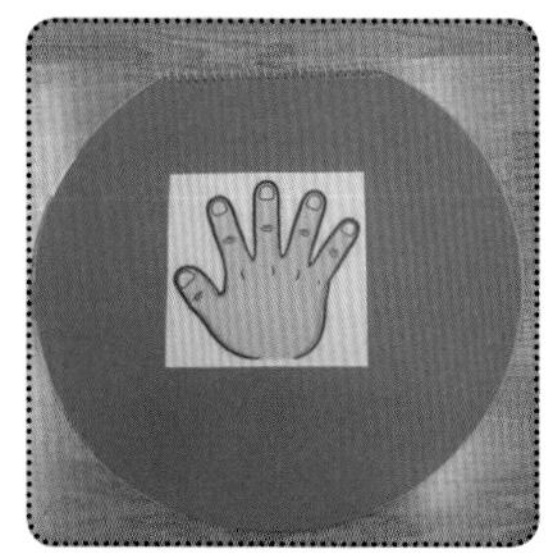

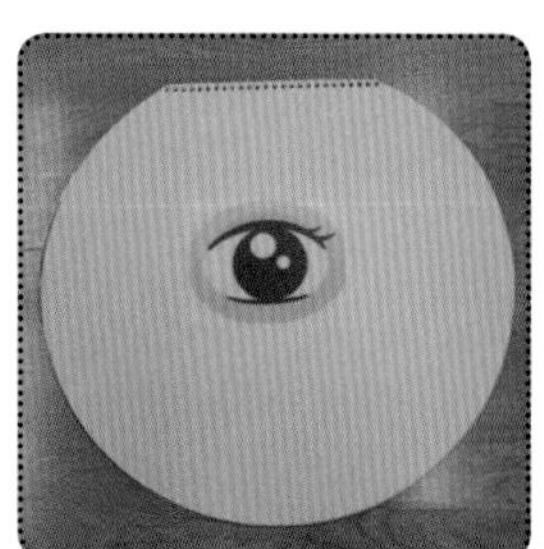

활동 방법

❶ 전지 위에 '대근육-우리 몸' 관련된 1음절 단어를 크게 써서 준비해요.

(예: 몸, 팔, 발, 손, 등, 눈, 입, 목 등)

❷ 이때 굵게 선을 그려 쓰고, 아이가 자모의 안을 채워 색칠하면 좋아요.

❸ 호루라기를 불면, 가족들과 함께 각 자모 위에 올라가서 해당 음소를 소리내요.

추천 질문

"각자 무슨 소리가 날까?"

('팔' 글자 위에 올라갔다면) "/프/-/아/-/을/ 이라고 한 명씩 외치는 거야."

❹ 다 함께 해당 음절의 소리를 외쳐요.

추천 질문

"소리를 다 모으면 어떻게 될까?"

"다 같이 '팔!' 이라고 외치는 거야."

❺ 신체 부위 모양 그림 카드를 보여 주며, 바닥의 큰 글자와 그림을 비교해요.

도움말

- 받침 없는 글자들을 주변에서 충분히 봤다면, 받침이 있는 단어도 경험해 인식할 수 있어요.
- 활동 초반에는 부모님과 아이가 함께 전지의 큰 글자를 한 음소씩 소리 내어 읽어 보세요.
- 받침이 있는 CVC글자(자음-모음-자음으로 이루어진 받침이 있는 글자)에 친숙해지게 하기 위해 낱자이면서 단어인 글자를 찾아보세요.
- 전지의 글자에서 초성·모음·종성을 옅은 분홍·진한 분홍·빨간색 또는 옅은 하늘·진한 하늘·파랑색 순서로 점점 진해지게 색칠해 놓으면, 아이가 CVC글자를 인식하기 쉬워져요. 자음과 모음이 모여 음절을 이루는 자모 합성의 원리를 재미있게 이해할 수 있어요. 다양한 신체활동을 하면서 몸으로 문해력을 키워요.

그림책 함께 읽는 부모

- 몸으로 그림책 읽기 -

우리 아이, 그림책을 읽기 시작만 하면 한시도 가만히 앉아 있지 못하고 엉덩이가 들썩이나요? 이는 부모님의 그림책 읽기 방식이 일방향적이기 때문에 흥미를 느끼지 못해서일 수도 있고, 아이의 성향이 정적이기보다는 동적이기 때문에 그림책을 읽을 때도 행동이 앞서는 경우일 수 있습니다. 전자의 경우에는 부모가 학습을 시키기 위해 그림책을 읽어 준다는 생각을 내려놓고, '아이와 함께 그림책을 읽으며 논다'는 생각으로 접근할 것을 추천합니다. 아이와 그림책을 읽을 때 부모로서 너무 가르치려고만 하지는 않는지, 정답이 있는 질문만 계속하고 있지는 않은지, 아이의 흥미를 고려하지 않고 부모가 읽기를 주도하지는 않는지 돌아볼 필요가 있습니다. 그리고 후자의 경우라면 '몸으로 표현하며 그림책 읽기'를 추천합니다.

영유아 시기의 아이들은 발달 단계적 특성상 오감으로 탐색하며 놀이할 때 더 효과적으로 배우고 재미있어합니다. 그림책 읽기에도 이런 방법이 적용되어야 해요. 가장 손쉽게 부모님이 아이들과 해 보기 좋은 놀이는 의성어, 의태어가 강조된 그림책을 읽으며 몸으로 표현하기, 말소리에 집중해서 듣고 따라 말하기입니다. 그렇다고 시험 보듯이 따라 말하고 몸으로 표현할 것을 강요하는 건 금물입니다. 어디까지나 부모와 아이가 재미있게 놀이할 때 아이가 성장할 수 있다는 걸 명심해 주세요.

한글은 표음능력이 뛰어나다 보니 의성어와 의태어도 무척 풍부합니다. 아이들은 이런 음률이 살아 있는 의성어, 의태어를 통해 말놀이의 재미를 느낄 수 있습니다. 특히 의태어는 몸으로도

『훨훨 간다』
(권정생 글, 김용철 그림 / 국민서관, 2003)

『 락락으로 끝나는 말놀이 그림책 』
(박혜숙 글, 김영곤 그림 / 을파소, 2021)

『 문혜진 시인의 의태어 말놀이 동시집 』
(문혜진 동시, 정진희 그림 / 비룡소, 2016)

표현하며 소리를 내볼 수 있다는 점에서 아이들에게 매력적입니다. 『훨훨 간다』 그림책을 아이와 함께 읽는다면, "훨훨 간다~"라고 말하며 두루미가 날갯짓을 하듯 날아가는 흉내를 내볼 수 있습니다. "콕 집어 먹는다."라고 말하며 부리로 콕콕 주워 먹는 시늉을 할 수도 있죠. 그림책을 읽으면서 이런 부분을 몸으로 표현하다 보면 자연스럽게 그림책 읽는 시간이 아이에게도 부모님에게도 즐거운 시간이 될 수 있을 것입니다.

팬터마임을 하는 것처럼 그림책의 장면이나 특정 단어를 몸으로 표현해 보는 것도 좋습니다. '들락날락'이라는 의태어를 몸으로 어떻게 표현하면 좋을까요? 아이들에게 질문을 던지면 고민을 해 보고 이를 표현할 수 있겠죠. 그림책을 읽어 보며 익숙해진 의태어는 스케치북에 크게 써서 '몸으로 말해요' 게임을 부모와 아이가 함께 즐겨 보세요. 말은 하지 않고 몸동작으로만 의태어 표현하기, 몸으로는 표현하지 않고 말로만 의태어를 설명해 표현하기 등 다양한 방식으로 놀이할 수 있습니다.

조금 더 연령이 높은 유아라면 한 번 들으면 금방 외우기 쉽도록 아이들을 위해 만들어진 '동시 외우기' 놀이를 해 보는 것도 좋습니다. 음률이 살아 있어 아이가 한두 번만 들어 보아도 금방 따라 외울 수 있지요. 이런 동시를 기억하고 외우고 말로 따라 말하는 것은 글자의 소릿값에 민감해지는 것을 돕고, 작업기억 향상에도 도움이 됩니다. 굉장히 간단해 보이지만 일석이조의 효과가 있죠.

동시 외우기를 다양하게 활용할 수도 있습니다. 같은 소리의 음절이 나올 때만 발 구르기, 손뼉치기 놀이를 하는 것도 좋습니다. 위의 동시를 활용한다면, '다' 소리가 나올 때는 발을 한 번 쿵 구르고, '도'라는 소리가 나올 땐 손뼉을 짝하고 한 번 치기로 규칙을 정하고 동시를 천천히 읽으며 발을 구르거나 손뼉을 칠 수 있습니다. 아이들이 규칙을 기억하고 이에 맞게 행동하려고 노력하는 과정을 통해 실행기능의 향상도 도울 수 있습니다.

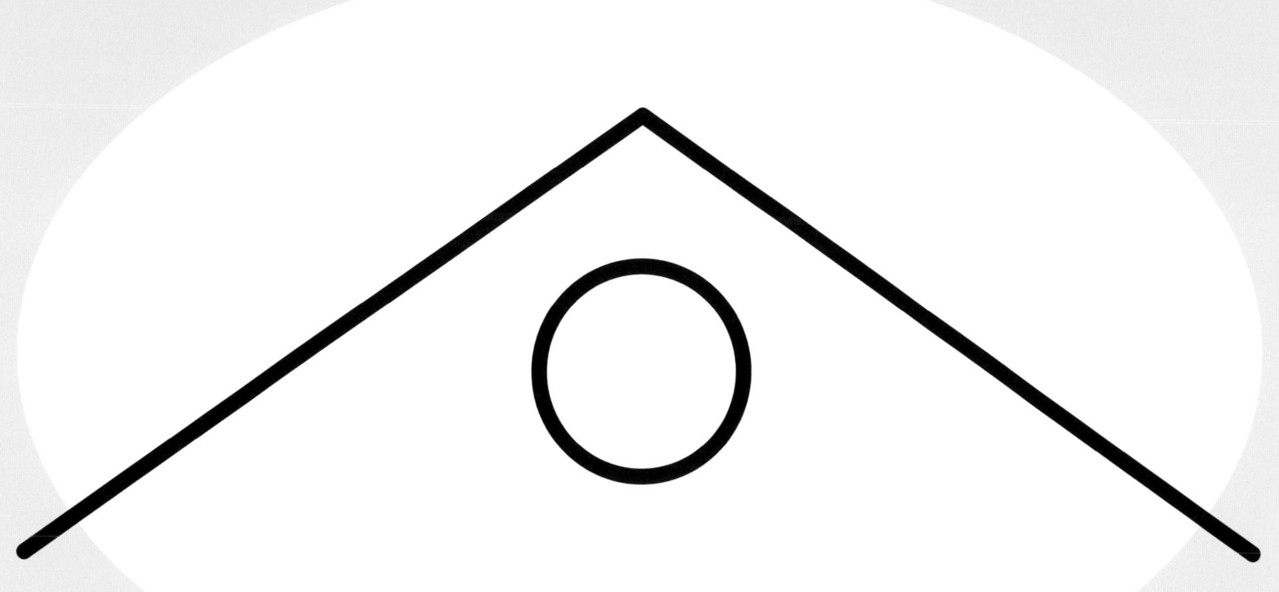

8.

장보기: 마트에 낱말이 가득

유아기 어휘력이 중요한 이유

어휘력이 중요하다는 말 참 많이 하죠. 어휘는 말과 글의 재료가 되기 때문에 어휘력은 듣고 말하고 읽고 쓰는 데 아주 중요한 능력입니다. 유아의 어휘력은 구어 발달과 문어 발달을 연결하는 중요한 언어 능력입니다. 기초문해력 중에서도 핵심적인 위치를 차지해요. 그리고 어휘력은 이해력, 표현력, 유창성 등의 언어 능력뿐 아니라 학업 성취, 사회성, 자존감, 공격성과도 관련이 있어서 아동의 건강한 발달에 큰 영향을 미칩니다. 그러니 우리 아이의 어휘력이 잘 발달하고 있는지 주의 깊게 살펴볼 필요가 있겠지요?

취학 전 3년은 어휘력이 극적으로 발달하는 시기예요. 이때는 유아들 간에 개인차도 아주 큰데, 이러한 차이는 갈수록 벌어집니다. 어휘력 발달에도 '마태복음 효과'가 나타나는 거죠.[1] 이는 성경 마태복음의 "무릇 있는 자는 받아 풍족하게 되고 없는 자는 그 있는 것까지 빼앗기리라"라는 구절에서 따온 말입니다. 우리가 흔히 말하는 '부익부 빈익빈' 현상의 다른 표현이죠. 환경과 상호작용하며 어휘를 습득해 나가는 유아들에게는 부모의 역할이 특히 중요합니다.

3세 유아는 보통 하루에 3.6개 정도의 새 단어를 습득합니다. 5세가 되면 6,000개 정도의 단어를 이해하고, 2,200개의 단어를 사용할 수 있다고 합니다.[2] 이렇게 폭발적으로 어휘가 늘어나면서 어휘력 개인차도 나타나기 시작합니다. 어휘력 상위 집단과 하위 집단 간 차이는 유아기보다 초등학교 2학년 때 더 극적으로 벌어져요. 어근 단어(root word)를 기준으로 했을 때, 유아기에는 하위 25%가 1,900개, 상위 25%는 3,500개의 어휘를 안다면, 초등학교 2학년에는 하위 25%가 4,000개, 상위 25%는 8,000개로 격차가 두 배로 벌어집니다.[3] 이미 아는 어휘가 많은 아이는 새로운 어휘를 더 쉽게 학습하기 때문에 이러한 차이가 나타나지요.[4] 또한 어휘력은 읽기 이해력과 강력한 관련이 있어서,[5] 장기적으로 어휘력 격차는 독해력의 격차로 이어집니다. 세 살에 어휘력 하위 25%에 속했던 아이가 6학년이 되면 어휘와 독해력 모두 평균적인 또래보다 무려 3년이나 뒤처진다고 합니다.[6] 이처럼 유아기에 한 번 벌어진 개인차는 학령기 이후 점차 더욱 벌어지고, 이후 문해력 발달의 격차로 이어질 수 있습니다.

따라서 유아기가 바로 어휘력의 격차를 줄일 수 있는 가장 빠른 시기입니다. 학령기에 이미 어휘력 격차가 더 커졌을 때는 큰 노력으로도 이미 벌어진 격차를 줄이기가 더 어려울 수 있습니다.

---

1 Penno, Wilkinson, & Moore(2002)
2 조지은, 송지은(2019)
3 Biemiller & Slonim(2001)
4 Sénéchal, Thomas, & Monker(1995)
5 Biemiller(1999), Hart & Risely(1995), Cunningham Stanovich(1997)
6 Biemiller(2005)

부모가 유아기부터 어휘력 발달에 관심을 가지고 아이와 풍부한 상호작용을 한다면 어휘력은 정상적으로 발달할 수 있습니다.

유아기 어휘력을 키워 주는 부모의 상호작용

어휘력이란 워낙 방대한 분량의 지식을 포함하는 능력이기 때문에, 어휘력을 키우려면 어디에서부터 시작해야 할지 막막하게 느껴질 수 있어요. 우리가 살아 있는 한 어휘지식을 계속해서 습득하게 되므로 하루아침에 벼락치기식으로 어휘력을 늘리려는 접근은 한계가 있을 수밖에 없죠. 대신 장기적인 접근이 필요합니다. 핵심은 바로 부모와 아이 간의 대화입니다. 평소 아이와 대화할 때 새로운 어휘, 다양한 어휘를 많이 사용해 주시고, 아이에게 새로운 어휘가 재미있고 의미 있게 사용될 수 있도록 놀이 상호작용, 그림책 상호작용을 많이 해 주시면 좋습니다. 때로는 아이가 궁금해하는 특정 어휘에 집중하여 그 뜻을 알려 주고 대화를 나누는 상호작용도 매우 효과적입니다. 이렇게 평소 어휘 자극이 풍부한 환경 속에서 살아가는 아이는 따로 가르치지 않아도 뛰어난 어휘력을 갖추게 됩니다.

수많은 연구가 부모–아동 간 상호작용이 어휘력 발달에 매우 중요함을 강조합니다. 부모가 아이에게 얼마나 많고, 다양하며, 정교한 어휘를 말하는지는 유아의 어휘력 발달을 예측하는 요소들로 확인되었습니다.[7] 즉, 부모가 유아에게 평소 말하는 어휘의 양과 질이 쌓여서 유아의 어휘력으로 쑥쑥 자라나는 것이죠. 좋은 대화만으로도 아이의 어휘력을 키워 줄 수 있습니다. 최근 아이들이 TV나 스마트기기를 사용하는 시간이 늘어나면서 성인과의 대화가 줄어들고 있어요. 평소 아이와의 대화가 부족한 것은 아닌지 돌아볼 필요가 있습니다.

마트, 낱말이 가득한 배움터

아이의 어휘력을 쑥쑥 키우기 위해서는 어휘가 풍부한 맥락을 잘 활용하여 대화의 기회로 삼는 지혜가 필요합니다. 우리 아이와 풍부한 상호작용을 할 수 있는 맥락의 아주 좋은 예로 '마트'를 들 수 있어요. 마트는 처음 보는 신기한 것, 아이가 좋아하는 것들이 가득한 아주 흥미로운 장소입니다. 무엇보다 낱말이 실물과 함께 있어서 아주 교육적입니다. 아이들은 오감으로 느낄 수 있는 '진짜'인 실물을 좋아하기 때문이죠. 또한 코너 이름, 상품 설명, 할인 광고 등 실제적인 문자가 넘쳐서 자연스럽게 글자를 접하기에도 적합해요. 글자에 막 호기심을 갖게 된 아이들에게 무척 좋은 장소지요. 마트에서 새로운 낱말을 접했을 때 공부처럼 억지스럽게 짚어 주거나 시험 보듯이 아이에게 묻지 말고 '자연스럽게' 대화해 주세요. 아이가 생선에 관심을 보인다면 "생연어, 생병어는 갓 잡아 싱싱해서 '생'자가 붙었대."와 같이 말해 줄 수 있겠죠. 이처럼 아이의 호기심을 따라 자연스럽게 대화를 이어 나가면 좋습니다.

아이는 가족들과 마트에서 장을 보면서 각 과

---

7 Hart & Risely(1995), Jones & Rowland(2017), Pan, Rowe, Singer, & Snow(2005), Rowe(2012), Weizman & Snow(2001)

그림 1. 마트에서 볶음용 멸치와 국물용 멸치를 구분하고 있는 아이들

정에 쓰이는 새 어휘도 배울 수 있습니다. 사전에 장보기 목록을 만들고, 코너별로 돌면서 사려고 생각해 둔 물건을 고르고, 계산대를 거쳐 집으로 돌아오는 과정에서 새로운 어휘를 만나게 될 가능성이 아주 높아요. 예를 들어서, 멸치를 산다면 "국물용은 집에 많으니, 볶음용으로 사야 해."처럼 자연스러운 대화를 통해 '국물', '볶음', '-용'이라는 새로운 단어를 쓸 수 있어요. 이렇게 유아가 맥락에 맞는 새 단어를 듣고, 다음에 반복적으로 또 들을 때 확실한 내 어휘가 된답니다.

집에서 하는 장보기 놀이도 상호작용에 좋은 기회를 제공합니다. 장보기 놀이를 할 때 아이는 장 보러 갔었던 경험을 바탕으로 다양한 줄거리가 있는 시나리오(scenario)를 만들어냅니다. 이때 아이는 자신의 경험을 녹여 내면서 사회적 역할에 적합한 다양한 어휘를 연습하지요.

유아기 어휘력을 키우는 상호작용 어떻게 할까?

그렇다면 어휘력을 쑥쑥 키워 줄 수 있는 상호작용은 어떻게 해야 할까요? 유아가 되면 언어에 대해서 생각할 수 있는 상위언어인식(meta-linguistic awareness)도 발달하게 됩니다. 영아기에는 '사물—사물의 이름'을 짝지어서 어휘를 알려 주었다면, 유아기에는 '어휘'의 다양한 면에 대해 대화를 나누며 호기심을 유발할 수 있습니다. 예를 들어, 이전에는 탕수육을 먹으면서 "이건 탕수육이야."에서 그쳤다면 유아기에는 "'탕수육'이라는 중국 요리야. 중국에서 와서 '중식'이라고 하지.", "'탕수육'에서 '육'은 고기를 말한대. 우리 저번에 고기로 만든 '육전' 먹었던 것 생각나니? 둘 다 고기가 들어가서 '육'자가 똑같지?"와 같이 더 높은 수준의 대화가 가능해지는 것이죠. 이렇게 어휘를 중심에 둔 부모와 유아 간 상호작용을 유아기에 필요한 '어휘 상호작용'이라 합니다.[8] 아이의 어휘력을 키워 주는 어휘 상호작용 방식을 몇 가지 알아보겠습니다.

첫째, 아이의 관심사를 포착하여 대화해 주세요. 아이에게 하나라도 더 알려 주려는 마음이 앞서다 보면 아이는 관심이 없는데 부모가 억지로 아이의 관심을 끌어서 대화하기 쉬워요. 그런데 이런 대화 방식은 아이가 새로운 어휘를 습득하는 데 도움이 되지 않습니다. 아이는 자신의 관심이 머물러 있는 곳에서 배우기 때문이죠.[9] 따라서 부모가 아이가 보이는 관심을 따라가면서 함께 관심을 공유하고 이에 대해 풍부한 대화를 이어 나가는 것이 어휘력 발달에 좋습니다. 아이의 관심사를 따라서 대화를 할 때 아이와 깊이 있고, 긴 대

---

8 정수지, 최나야(2020)

9 Nueman & Dickinson(2011)

• 용어 설명 •

- 상위언어인식(meta-linguistic awareness): 언어에 대해서 생각할 수 있는 메타인지 능력을 의미한다. 아이가 말을 한 후 스스로 잘못된 부분을 인식하고 수정하여 말한다면(예: "이제 형'가', 아니, 형'이' 해.") 문법을 이해하여 발화에 적용한 것이므로, 상위언어인식이 있음을 알 수 있다.

화를 할 수 있어요. 그림책을 읽을 때에도 부모가 일방적으로 읽어 나가기보다 아이의 반응이 어떤지 세심하게 살피고, 계속 읽고 싶은지 아이의 의사를 묻는 것이 좋습니다. 책을 읽다가 아이의 관심이 떨어지면 아이가 관심을 보이는 곳으로 과감하게 이동하는 것도 좋은 상호작용입니다. 그래야 계속 읽으며 대화할 수 있어 어휘 사용도 늘어납니다.

둘째, 낱말의 '범주'를 알려 주세요. 과일, 채소, 해산물처럼 낱말들은 범주로 묶이죠. 범주와 그 안에 속하는 낱말들을 이해하게 되면 머릿속에 분류표처럼 상위범주, 하위범주가 정리되기 때문에 어휘 습득과 사용에 유리해요. 유아기는 범주에 따른 분류를 시작할 수 있는 시기로 일상 대화에서도 꾸준히 사용할 수 있습니다. 아이의 머릿속 사전이 범주에 따라 체계화되면 어휘 정보를 더 효율적으로 처리하게 됩니다. 마트에 가면 한 범주에 속하는 물건들이 무궁무진해요. 건어물 코너에 가면 건어물이라는 단어도 배울 수 있고, 그 범주에 속하는 멸치, 마른 오징어, 디포리, 노가리, 쥐포 등 여러 가지 건어물들을 직접 만져 보고 냄새도 맡아 보고 이름 글자도 볼 수 있습니다. 마트에서 장을 본 후에 물건을 아이와 정리하면서도 아야기를 나눠 볼 수 있습니다. 사 온 식품을 자연식품과 인공식품으로 분류할 수 있어요. 아니면 냉장고에 어떻게 정리할지 이야기를 나누면서 냉장, 냉동, 실온 보관할 것으로 나누며 대화할 수 있습니다.

셋째, 스무고개 같은 수수께끼를 주고받으세요. 단어를 활용하는 놀이 활동을 많이 할수록, 유아의 어휘력이 성장합니다. 등하원길 10분 자투리 시간이나 잠들기 전 시간을 이용해서 스무고개와 같은 수수께끼를 주고받는 게 어휘력 향상에 큰 도움이 됩니다. 아이의 수준에 맞게 퀴즈처럼 스무고개를 하면 매우 유익하죠. 예를 들어, "이건 식품이야. 마트에 가면 냉장되어 있어. 굽거나 끓여서도 먹고, 익히지 않고 먹기도 해. 단백질 식품이라 몸에 좋아. 콩을 갈아서 만들어. 하얀색이야. 보통 찌개용과 부침용이라고 쓰여 있어서 잘 보고 사야 해. 이게 뭘까?"와 같이 퀴즈를 내면 아이는 두부를 설명하는 다양한 어휘들도 쉽게 빨아들일 수 있어요. 이처럼 다양한 어휘를 사용하여 퀴즈를 내면, 어휘력뿐만 아니라 집중력과 듣기 이해력도 함께 키울 수 있는 훌륭한 상호작용이 됩니다. 반대로 아이가 부모에게 퀴즈를 낸다면 표현력도 키울 수 있습니다. 가족들이 번갈아 가며 문제를 내고 맞혀 보세요.

넷째, 낱말의 의미 외에도 낱말의 형태, 어종 등 다양한 측면을 알려 주세요. 유아기에는 점점 많은 단어를 알게 되는 것도 중요하지만, 단어에 대한 감각과 지식도 함께 늘어나야 합니다. 아이

● 용어 설명 ●

- 단어인식(word awareness): 단어를 인식하고 단어에 대해 생각할 수 있는 메타인지 능력을 의미한다. 유아는 초보적인 수준에서 문장을 단어로 나눌 수 있고(단어 단위 인식), 어떤 개념이나 사물을 지칭하는 이름이 임의적인 약속임을 알며(단어 임의성 인식), 합성어의 구조를 파악하고 새로운 합성어를 만들 수 있고(단어 형태 인식), 단어의 어종(고유어, 한자어, 외래어)에 따라 분류할 수 있다(단어 어종 인식).[10]

가 받아들일 수 있다고 생각되면 단어의 소리, 뜻, 형태, 어종 등 다양한 면에 대해 생각하도록 도와줄 필요가 있습니다. 말의 흐름 속에서 단어라는 언어적 단위를 포착하고, 단어의 소리, 뜻, 형태, 어종 등 다양한 측면을 생각할 수 있는 '단어인식(word awareness)'을 키워 주는 거예요. 부모가 상호작용을 통해 단어인식을 키워 주면, 아이는 새로운 단어도 스스로 더 잘 배우고 어휘력도 향상됩니다.[11] 아이에게 단어의 뜻을 설명해 줄 때 어떻게 만들어진 단어인지, 어디에서 온 단어인지도 함께 설명해 주세요. 예를 들어, '학생'이라는 단어를 아이에게 설명할 때 "'학생'은 학교에 가서 공부하는 사람이야. 공부할 때 필요한 물건들을 '학용품'이라 하고. '학'은 배운다는 뜻이거든."과 같이 설명할 수 있어요. 유아에게 한자를 일찍부터 가르칠 필요는 전혀 없습니다. 한자어의 뜻을 쉽게 풀어서 설명해 주는 것으로 충분합니다. 이렇게 할 때 아이는 자신만의 머릿속 사전에 어휘를 더 체계적으로, 정교하게 정리할 수 있게 됩니다.

마트뿐 아니라 문구점, 약국 등 아이와 다니는 모든 곳에 낱말이 가득합니다. 낱말이 가득한 곳에 갔을 때 아이는 집에서는 잘 안 쓰는 단어를 만날 수 있고 배울 수 있습니다. 이때를 놓치지 말고 그 낱말들을 아이와의 대화 속에 녹여서 말해 보세요. 이렇게 알게 된 낱말은 아이의 머릿속에 깊숙이 자리 잡게 될 것입니다.

---

10 정수지(2021)

11 정수지(2021)

1

식품 이름 징검다리 건너기

- 단어 구별하며 신체로 언어 게임하기 -

난이도	★☆☆☆☆	소요 시간	10 분
기대 효과	신체 게임을 하며 새로 배운 낱말을 더 잘 기억할 수 있어요. 낱말의 범주(자연식품·인공식품)에 친숙해져요.		

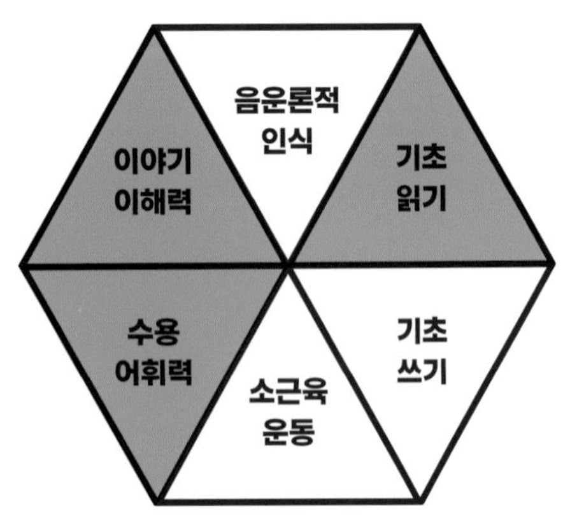

기초문해요소

2세	3세	4세	5세	저학년

추천연령

언어	수학	과학	사회
미술	음률	조작	신체

통합영역

준비물

『동물들의 장보기』 그림책(조반나 조볼리 글, 시모나 무라짜니 그림, 김호정 옮김 / 책속물고기, 2014), 자연식품·인공식품 그림·글자 카드

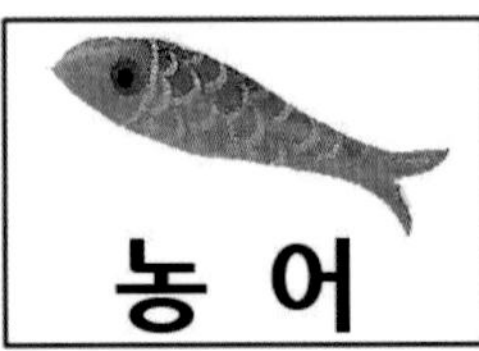

활동 방법

❶ 『동물들의 장보기』 그림책을 아이와 함께 읽어요.

❷ 그림책에 나온 자연식품과 인공식품을 구별하며 대화 나누어요.

❸ 그림과 단어를 보고 인공식품이 아닌 자연식품만 밟으며 징검다리를 건너요.

식품 이름 징검다리 건너기 활동

도움말

- 자연식품·인공식품 그림·글자 카드를 만들 때 아이도 참여할 수 있어요.
- 실제 마트에서 장 봐 온 식품들을 자연식품과 인공식품으로 구별해 보세요.

확장 활동

• 식품 이름 사전 만들기 •

- 난이도 ★★★★☆ / 추천 연령: 3세~초등 1학년
- 소요 시간: 25분
- 기초문해요소: 음운론적 인식, 어휘력, 기초읽기/쓰기
- 통합영역: 언어, 과학, 미술
- 준비물: 스케치북, 색연필, 사인펜 등
- 활동 소개: 익숙한 식품 이름의 글자 수에 관심을 가지며 음절이 한 글자에 대응된다는 원리를 깨달을 수 있어요.

- 활동 방법

❶ 1면에는 한 글자의 식품 이름을 적어요(예: 빵, 떡, 물 등).

❷ 2면에는 두 글자, 3면에는 세 글자, 4면에는 네 글자 단어로 된 식품 이름을 적어요.

❸ 전단지에서 오린 식품 사진을 붙이고 써도 좋아요.

- 도움말

❶ 유아가 한글을 직접 쓰지 못하면 부모님이 받아써 주세요. 아빠 엄마가 다른 종이에 써 준 단어를 보고 아이가 따라 써도 됩니다.

❷ 한 번에 만들지 말고 일주일 동안 틈틈이 생각날 때마다 목록을 더하는 것이 좋습니다.

❸ '스케치북 식품 사전'을 만들고 나서, 내가 좋아하는 식품—싫어하는 식품, 자연식품—인공식품, 냉장—냉동—실온 보관 식품 등으로 나누어 볼 수 있어요. 구분을 위해 다른 색의 색연필/크레파스로 단어에 동그라미를 치거나, 스티커를 붙여요.

2

초콜릿으로 쓰고 그리기

- 초콜릿 색소로 그림·글자 표현하기 -

난이도	★★☆☆☆	소요 시간	20 분
기대 효과	스포이트로 쓰고 그려서, 소근육운동 능력과 눈과 손의 협응력이 향상돼요.		

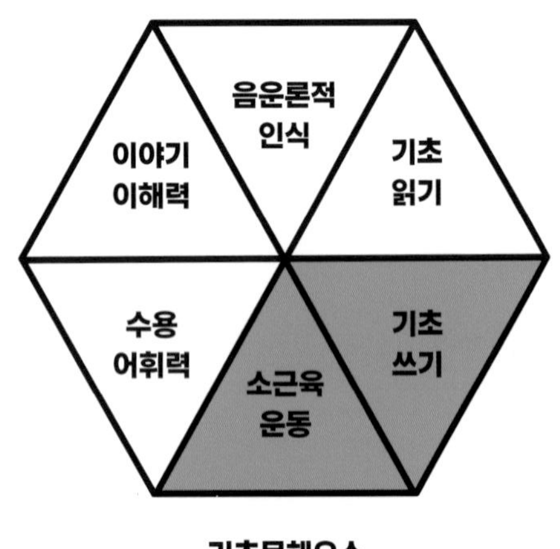

기초문해요소

추천연령

언어	수학	과학	사회
미술	음률	조작	신체

통합영역

준비물

색깔 초콜릿, 여러 칸으로 나뉜 용기(투명한 색 또는 흰색), 스포이트, 빨대, 붓, 면봉, 따뜻한 물, 스케치북

활동 방법

❶ 용기의 칸마다 다른 색깔의 초콜릿을 넣고 반 정도 잠길 만큼 물을 채워요.

❷ 시간이 지나면서 물에 퍼져 나가는 초콜릿 색소를 관찰해요.

❸ 초콜릿의 인공색소에 대해 아이와 함께 이야기 나눠요.

추천 질문

"초콜릿을 물에 넣으니 어떻게 됐어?"
"인공색소가 물에 녹아 나온 거야."

❺ 물에 녹은 초콜릿 색소를 스포이트로 빨아올려, 스케치북에 그림이나 글자를 표현해요. 빨대로 불거나, 붓과 면봉을 사용할 수 있어요.

초콜릿 색소 만들기 준비물

초콜릿 색소로 그림과 글자를 표현하는 유아

도움말

- 그림·글자를 표현하기 어려워하는 경우, 스케치북에 아이가 원하는 그림·글자를 연필 또는 색연필로 미리 표현한 뒤 스포이트를 사용하면 좋아요.
- 따뜻한 물로 하면 결과가 빨리 나타나요.

3

시장놀이

- 물건을 사고파는 놀이로 문해의 실제성 경험하기 -

난이도	★★☆☆☆	소요 시간	30 분

기대 효과	문해 활동 자료(구매 목록, 안내문, 영수증 등)를 활용하여 역할놀이를 하며 문해의 실제성을 경험할 수 있어요. 물건을 사고팔 때 필요한 언어 표현과 예절을 익혀요.

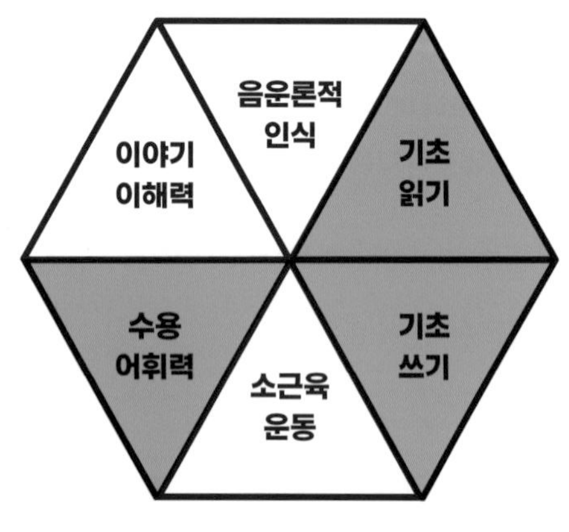

기초문해요소

2세	3세	4세	5세	저학년

추천연령

언어	수학	과학	사회
미술	음률	조작	신체

통합영역

준비물

'내가 만든 장보기 구매 목록' 활동지, 장바구니, 식품 모형 등 시장놀이 놀잇감

활동 방법

1. 손님과 점원으로 역할을 나누어요.
2. 손님은 '내가 만든 장보기 구매 목록' 활동지를 보고 미리 계획한 물건을 시장 코너에서 구입해요.
3. 손님이 필요한 재료의 이름과 개수를 말하면 점원이 식재료와 영수증을 줘요.

추천 질문

"꽃게가 이천 원이네요. 천 원짜리 지폐가 몇 장 필요한 거예요?"
"천 원, 이천 원, 이렇게 두 장 필요해요."

4. 서로 역할을 바꿔서 해 봐도 재밌어요.

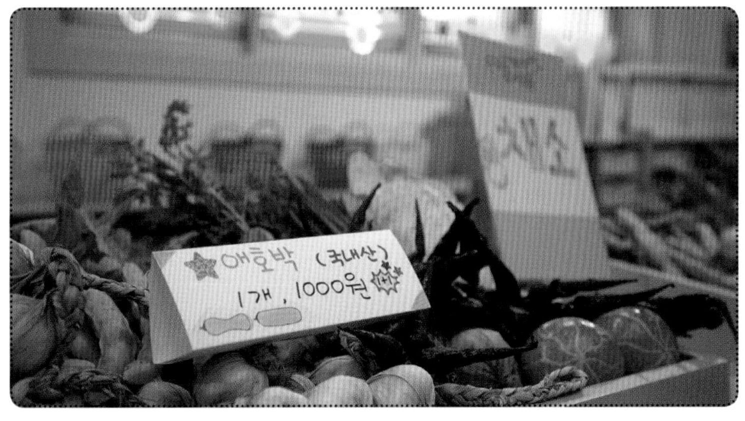

유아들과 함께 만든 시장놀이 문해 활동 자료

도움말

- 사전에 아이와 함께 문해 활동 자료(가게 이름 간판, 안내문, 재료 이름표, 할인표시)를 만들어서 준비해 보세요.

추천 질문

"세일 한다고 광고하고, 1+1로 팔 수도 있어. 종이에 어떻게 써서 붙이면 손님이 잘 볼 수 있을까?"

- 시장놀이 할 때 아이가 영수증에 다양한 표현을 해 보고 싶어 하면 부모님이 받아써 주시거나, 부모님이 글자를 써 주고 그 글자 위에 아이가 스티커로 꾸며서 표현해도 좋아요.

추천 질문

손님: "당근은 하나에 얼마예요?"
점원: "당근은 천 원이에요. 영수증에 천 원이라고 써 드릴게요. 숫자 '1' 하나랑 '0' 세 개를 쓰면 되지요?

문해력 유치원 **마트**

손님 이름: ____________

품목	개수	가격
		1
		0
		0
		0

합계: ____________ 원

- 시장놀이 환경 구성 시, 다양한 문해 활동 결과물들을 활용하면 더 의미 있고 실제적인 활동이 됩니다. 아이와 함께 간판·식품명·가격표 등 풍부한 문해 자료를 만들어 보세요.

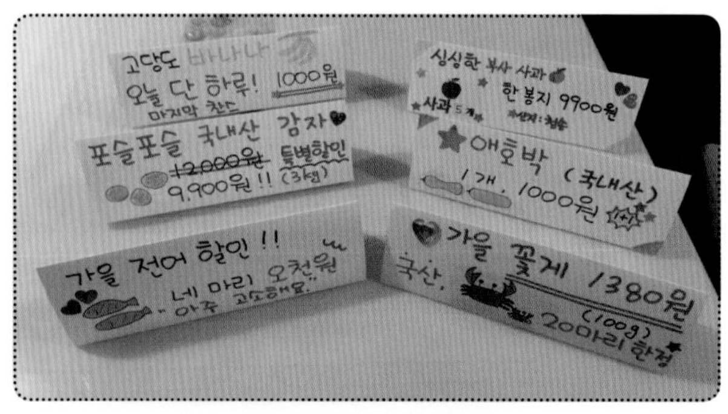

시장놀이에 사용한 문해 활동 자료들

4

내가 만든 장보기 목록

- 환경인쇄물을 활용하여 식품 구매 목록 만들기 -

난이도	★★★☆☆	소요 시간	20 분

1 기대 효과

식품명을 통해 글자의 소릿값, 음절 단위 글자, 다양한 어휘를 경험할 수 있어요.
필요한 식품의 개수를 쓰며, 수 세기 단위에 친숙해져요.
식품의 범주(해산물, 채소, 과일 등)를 알아보며 어휘의 틀을 익혀요.

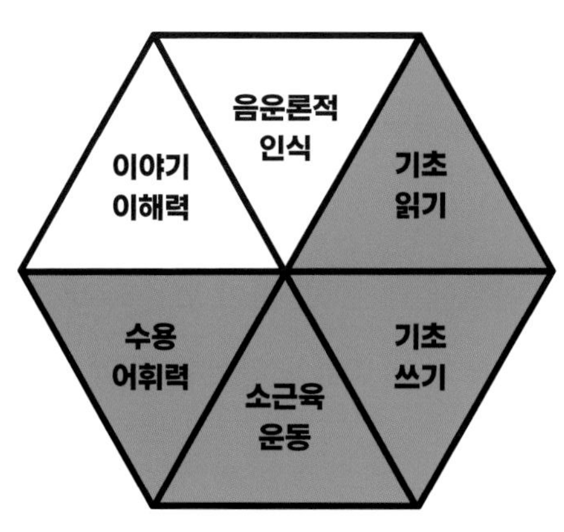

기초문해요소

추천연령

언어	수학	과학	사회
미술	음률	조작	신체

통합영역

준비물

마트 카트 도안, 식품 라벨지(마트 전단지), 색연필, 사인펜

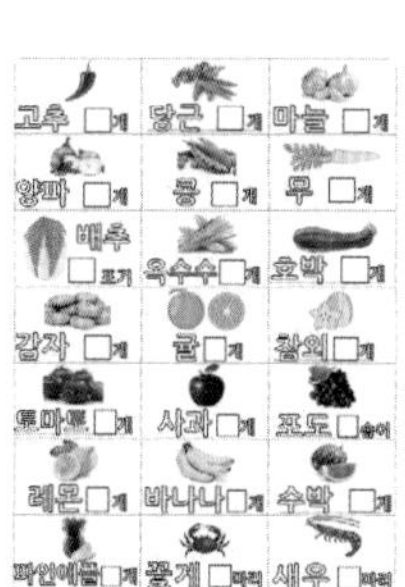

활동 방법

❶ 사고 싶은 식품을 라벨지에서 떼어 내어 마트 카트 도안에 붙여요.

❷ 아이의 발달 수준을 고려하여 식품의 이름을 다양한 방법으로 표현할 수 있어요.

1) 아이가 식품 이름을 말하면 부모님이 받아써 주기

2) 식품 이름을 신문 또는 전단지에서 오려 붙이기

3) 아이가 아는 글자를 스스로 쓰기

도움말

- 그림책 『동물들의 장보기』에서 달팽이가 마트에 왜 두 번 가야 했는지 생각할 시간을 충분히 주세요. 아이가 '장보기 구매 목록'의 필요성을 인식할 수 있어요.

추천 질문

"달팽이는 왜 마트에 두 번 가야 했을까?"
"달팽이가 사야 할 것을 빠트리고 안 사 가서 다시 간 거래.
우리도 마트에 장 보러 갈 때 달팽이처럼 두 번 가지 않으려면 어떻게 해야 할까?"

- '내가 만든 장보기 구매 목록'을 실제 마트에서 장보기 할 때 활용해 보세요.
- 식품 이름을 쓰기 힘들어하는 경우, 먼저 그림으로 표현하게 해 주세요. 필요한 재료의 개수를 숫자로 쓰기 어려워하면, 작은 스티커를 붙여서 개수를 표현해요.
- 마트 전단지를 관찰하며 새로운 어휘, 수 세기 단위에 대해 이야기 나눠 보세요.

5

마트에 가서 장보기

- '구매 목록' 가지고 마트에서 장보기 -

난이도	★★☆☆☆	소요 시간	40 분
기대 효과	실제 장보기를 하며 다양한 어휘를 경험해요. 개수, 무게, 가격 등 구매와 관련된 수학적 경험을 하며 수학적 사고력을 키워요.		

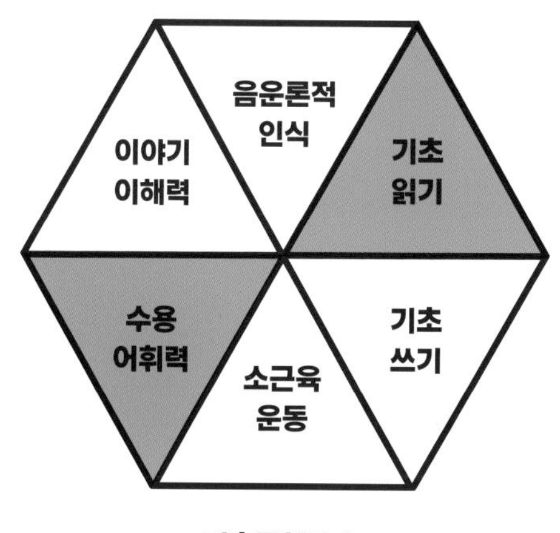

기초문해요소

2세	3세	4세	5세	저학년

추천연령

언어	수학	과학	사회
미술	음률	조작	신체

통합영역

준비물

4번 활동에서 만든 '내가 만든 장보기 구매 목록' 활동지

활동 방법

❶ 함께 만든 '구매 목록'을 가지고 동네 마트로 가요.

❷ 장보기 할 때, [유아기 어휘력을 키우는 상호작용 어떻게 할까?]를 활용해 보세요.

1) 아이랑 함께 상품 안내문, 유통기한, 가격 등을 살펴보고 상호작용하며 식품 고르기: 가격에 대해 이야기 나누며, 수학적 개념부터 경제 관념까지 배울 수 있어요.

추천 질문 **"2,000원짜리 과자를 1,500원에 판대! 그럼 얼마를 깎아 주는 걸까?"**

2) 아이한테 적극적으로 참여할 수 있는 역할 주기: 직접 재료 찾는 역할, 작은 장바구니라도 아이가 책임지기

추천 질문

"두부 코너에서 부침용/찌개용 두부 중 찌개용 두부를 사야 해.
OO이가 찌개용 두부를 골라 올 수 있겠니?"
"채소코너에 가면 콩나물과 숙주나물이 있을 거야.
둘 중에서 콩나물을 한 봉지 구해 와야 해."
"오늘은 장바구니가 많네. 제일 작고 가벼운 이 장바구니는 OO가 들고 갈래?"

3) 식품의 범주(채소, 과일, 해산물, 유제품, 육류, 공산품 등) 나누어 찾기

4) 점원에게 질문해 보는 미션 주기

5) 식재료 수수께끼 서로 내기

6) 식재료를 보고 어떤 요리를 할지 질문하고 예측하기

도움말

- 아이가 점원에게 직접 질문을 해 보면서 우리가 사는 세상에서 진짜 의사소통을 하며, 상황에 맞는 말을 배우고 필요한 정보도 습득할 수 있어요.
- 안내문에 쓰인 내용을 탐색하는(예: 개당/100g당/상자, 다발 등 판매단위당 가격 등) 상호작용을 하면, 아이가 자연스럽게 수학적 개념을 익힐 수 있어요.
- 일상에서 부모님이 아이에게 수와 관련된 대화(가격, 개수 등)를 많이 해 주시면 초기 수학 발달에 도움이 됩니다.
- 장보기 하며 구입한 과자봉지·상자에서 과자 이름을 음절 단위로 잘라서 맞추는 퍼즐놀이를 해 보세요.
- 마트에서 장보기 하며 받은 영수증을 부모님과 함께 살펴보고 모아서, 가정에서 '시장놀이'에 사용할 수 있어요.

6

마트에 나타난 낱말 탐정

- 마트에서 언어적 상호작용하며 문해 경험하기 -

난이도	★★★☆☆	소요 시간	30 분

기대 효과

식품의 이름과 범주를 이해해요.
단어의 소리에 민감해져요.
개수·무게·크기·가격 등을 통해 수학적 개념을 학습해요.
장 보는 과정에서 재료가 비치된 위치를 찾으며 위치표상 능력이 발달해요.
식재료의 모양을 구별하며 모양변별 능력이 향상돼요.

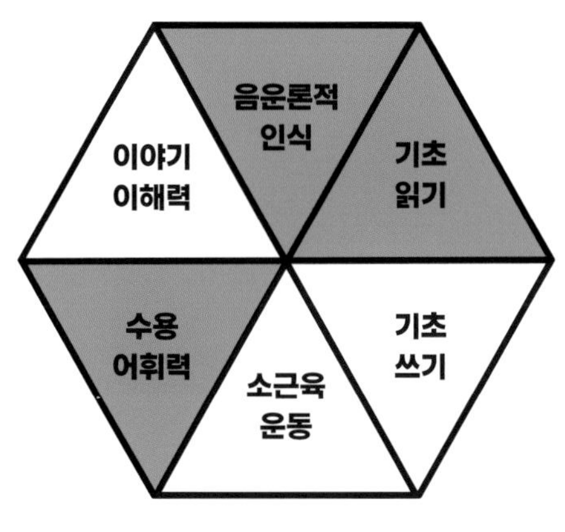

기초문해요소

2세	3세	4세	5세	저학년

추천연령

언어	수학	과학	사회
미술	음률	조작	신체

통합영역

준비물

탐정놀이 수첩, 필기도구

2. 이름표에서 '생'으로 시작하는 재료 찾기

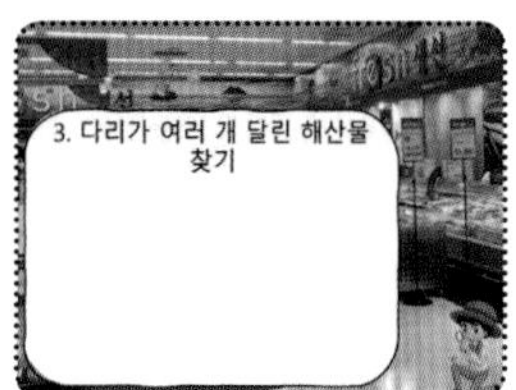

활동 방법

❶ 마트에 가서 과일·채소·해산물 등 영역별 식재료를 탐색해요.

추천 질문

"엄마가 낱말 탐정한테 식재료를 찾아 달라고 부탁할 거야. 낱말 탐정이 그 식품을 찾아서 카트에 실어 줄 수 있어?"

❷ 수첩에 적어서 미리 준비한 질문을 할 수도 있고, 진열된 물건들을 보고 즉석에서 질문해서 풍부한 대화를 나눠 보세요.

❸ 부모님이 찾을 물건의 단서를 말하면, 아이가 직접 해당하는 식재료를 찾아 카트에 실어요.

추천 질문

"첫 번째 미션은 '감'으로 시작하는 채소야. 모양은 둥글둥글 울퉁불퉁해."(감자)
"감자를 찾았네! OO가 집게로 감자를 하나씩 집어서 엄마가 들고 있는 봉지에 넣어 줄래? 하나, 둘, 셋, 넷! 지금 감자를 몇 개 담았지? 우리가 필요한 만큼 담은 거니?"
"아빠가 수수께끼를 내면 OO가 정답을 맞히고 카트에 싣는 거야. 이 음식은 '역' 소리로 끝나. 생일날 먹는 국을 끓일 때 필요한 재료야."(미역)

❹ 상품이나 행사를 안내하는 환경인쇄물을 적극적으로 탐색해 보세요.

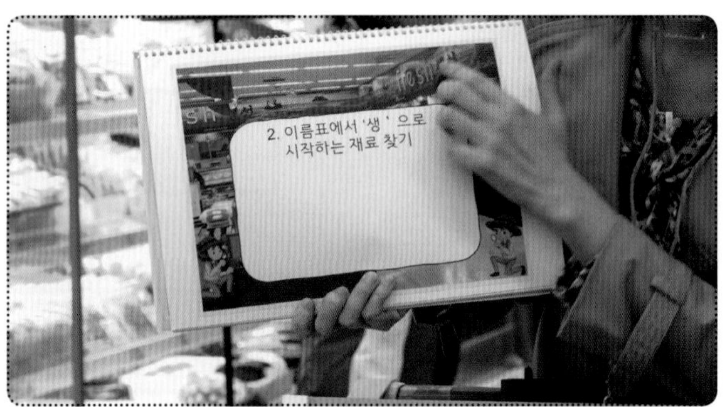

해산물 코너에서 활용한 탐정놀이 수첩

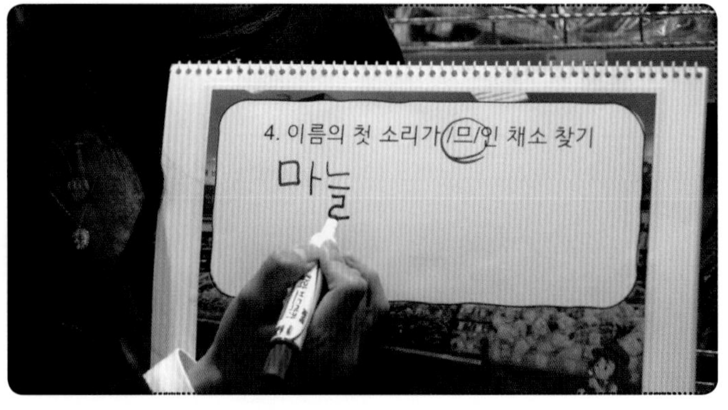

채소 코너에서 활용한 탐정놀이 수첩

도움말

- 낱말 탐정놀이 문제를 출력해서 미리 수첩에 붙여서 제작해 놓으면, 살아 있는 학습지로 활용할 수 있어요.

● 낱말 탐정 문제 <해산물 코너> ●

❶ '해산물' 코너 찾아가기 (해산물 뜻 설명: 바다에서 난 동물, 식물이에요)
❷ 이름표에서 '생'으로 시작하는 재료 찾기 (예: 생 연어)
❸ 다리가 여러 개 달린 해산물 찾기 (예: 오징어, 쭈꾸미, 킹크랩, 대게)
❹ '어'로 끝나는 생선 찾기 (예: 고등어, 연어)
❺ '치'로 끝나는 생선 찾기 (예: 갈치, 멸치, 삼치, 꽁치)
❻ 원산지가 '국산' 인 재료 찾기 (예: 생 쭈꾸미)
❼ 수수께끼: 이 해조류는 '책', '수박'처럼 /윽/ 소리로 끝나요. → 물에 있을 땐 흐물흐물한데, 말린 건 딱딱해요. → 생일날 먹는 국을 끓일 때 필요한 재료예요. → 정답 '미역'
❽ 가장 무거운/가벼운 해산물 찾고 이름 알아보기
❾ 가장 큰/작은 해산물 찾고 이름 알아보기
❿ 이름이 가장 긴 해산물 찾기
⓫ 말린 해산물(건어물) 찾기
⓬ 할인하는 해산물 찾아오기 → 뭐라고 쓰여 있는지 확인하기 → 얼마나 할인하는지 확인하기

• 낱말 탐정 문제 <과일 코너> •

❶ '과일' 코너 찾아가기
❷ 이름의 첫 글자가 '감' 인 과일 찾기 (예: 감귤)
❸ 이름의 첫 소리가 /드/ 인 과일 찾기 (예: 대추, 단감)
❹ 이름의 첫 소리가 /브/ 인 과일 찾기 (예: 바나나, 배)
❺ 외국에서 온 과일 찾아 이름 알아보기('원산지' 표시 찾기)
❻ 가장 단 과일 찾고 이름 알아보기 (Brix 써 있는 것 비교하기)
❼ 수수께끼: 이 과일은 /ㅍ/ 소리로 시작해요. → 새콤달콤한 맛이 나요. → 동글동글한 알맹이가 모여 송이를 만들어요. → 연두색도 있고 보라색도 있어요. → 정답 '포도'
❽ 가장 무거운/가벼운 과일 찾고 이름 알아보기
❾ 가장 큰/작은 과일 찾고 이름 알아보기
❿ 이름이 가장 긴 과일 찾기
⓫ 껍질을 꼭 벗겨 먹어야 하는 과일 찾기 → 껍질도 먹을 수 있는 과일과 비교하기
⓬ 할인하는 과일 찾기 → 뭐라고 쓰여 있는지 확인하기 → 얼마나 할인하는지 확인하기

• 낱말 탐정 문제 <채소 코너> •

❶ '채소' 코너 찾아가기
❷ 첫 글자가 '파' 인 채소 찾기 (예: 파, 파프리카, 파슬리)
❸ 마지막 글자가 '추' 인 채소 찾기 (예: 부추, 고추)
❹ 이름의 첫 소리가 /므/ 인 채소 찾기 (예: 마늘, 무)
❺ 첫 소리가 /브/ 인 채소 찾기 (예: 배추, 브로컬리, 부추)
❻ 수수께끼: 첫 글자가 '감'으로 시작하는 채소예요. → 모양은 동글동글 울퉁불퉁해요. →찌거나 볶아서 먹어요. → 정답 '감자'
❼ 가장 매운 채소 찾고 이름 알아보기
❽ 가장 무거운/가벼운 채소 찾고 이름 알아보기
❾ 가장 큰/작은 채소 찾고 이름 알아보기
❿ 이름이 가장 긴 채소 찾기
⓫ 색깔이 여러 가지인 채소 찾기
⓬ 할인하는 채소 찾기 → 뭐라고 쓰여 있는지 확인하기 → 얼마나 할인하는지 확인하기

7

우리 집 냉장고 정리

- 냉장고와 상온보관용 식품 목록 정리하기 -

난이도	★★★☆☆	소요 시간	**30** 분
기대 효과	식품 정리를 하며 재미있게 범주별 단어를 배울 수 있어요. 식품 사진과 글자를 오려 붙이며 소근육운동 능력이 향상돼요.		

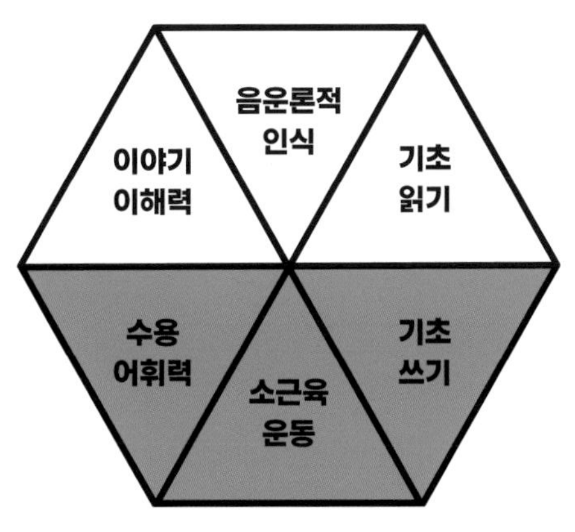

기초문해요소

2세	3세	4세	5세	저학년

추천연령

언어	수학	과학	사회
미술	음률	조작	신체

통합영역

준비물

마트 카트 도안, 식품 라벨지(마트 전단지), 색연필, 사인펜

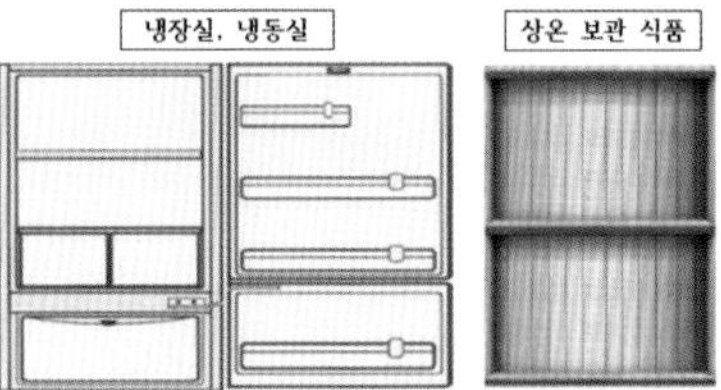

'냉장고 식품 목록' 활동지

활동 방법

1. 아이와 함께 우리 집 냉장고에 있는 식품들을 탐색해 보세요.
2. 냉장실·냉동실·상온에 보관하는 식품에 대해 이야기 나누며 정리해요.
3. '냉장고 식품 목록' 활동지에 냉장실·냉동실·상온에 보관하는 식품의 사진을 찍어 붙이거나, 직접 그림 또는 글자로 표현해 보세요.
4. 마트 전단지에서 식품 사진과 이름을 오려 붙여도 좋아요.

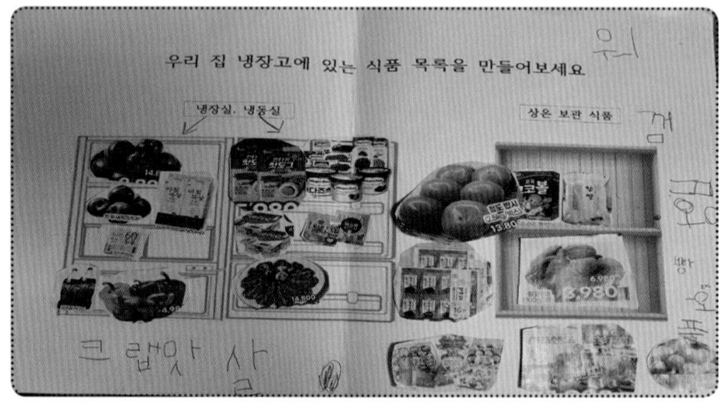

유아가 만든 우리 집 냉장고 식품 목록

도움말

- 아이와 함께 식품 포장지 뒷면의 '보관방법' 표시 부분을 탐색하고 이야기 나눠요.

그림책 함께 읽는 부모

- 그림책 읽으며 어휘력 키우기 -

그림책은 '지금 여기'에서 벗어난 세계로 갈 수 있도록 돕는다는 점에서 상상력을 길러 주는 매체인 동시에, 일상에서는 쉽게 접하기 어려운 단어를 의미 있는 맥락 속에서 접할 수 있도록 돕는다는 점에서도 아이들에게 필수적입니다. 그림책을 읽다가 처음 접하는 단어가 등장한다면, 그리고 이에 대해 아이가 궁금해한다면 그 순간을 놓치지 말고 아이와 단어에 대해 이야기 나누어 보세요. 단어 자체에 관심을 가져 보면서 그 단어가 어떤 의미인지, 한자어라면 어떻게 구성되어 있는지, 다른 어휘와의 관계는 어떤지 등을 살펴보는 경험은 단어에 대한 인식인 '상위어휘인식'이 발달하도록 돕습니다. 언어 자체가 사고의 대상이 되는 경험을 많이 할수록 아이의 어휘사전이 더욱 풍부하고 견고해지죠.

그림책의 장면을 예시로 어떻게 상호작용하면 좋을지 살펴볼까요? 『또 마트에 간 게 실수야!』라는 그림책에서 '봅'이란 친구는 마트에 가서 '확성기'라는 물건을 처음 보게 됩니다. 마트의 주인 '마트 씨'가 "버튼만 누르면 엄청나게 큰 소리가 튀어 나온다."고 소개를 하죠. 그렇다면 아이에게 한번 이렇게 질문을 해 보세요. "확성기? 마트 씨가 봅에게 소개해준 확성기란 거, 무슨 물건인 거 같아?" 그러면 아이들은 그림책에 나온 단서를 토대로 나름대로 '확성기'라는 게 무엇일지 추측해 볼 수 있겠죠. "확성기라는 건 소리를 확대해 주는 기계라는 뜻이야. 이건 한자로 만들어진 단어라서 '확'은 '확대한다' 할 때의 '확'이고, '성'은 소리라는 뜻이고, '기'는 기계라는 뜻이야." 우리나라의 어휘는 한자를 기반으로 만들어진 단어가 많아서 이렇게 어떤 뜻을 가진 글자인지 정도는 알려 주시면 이후에 만나는 새로운 단어의 뜻을 추측할 때 도움이 됩니다. 그리고 이런 한자가 들어가는 다른 단어로 꼬리에 꼬리를 물고 확장하는 것도 도움이 됩니다. "확성기 할 때 들어가는 '성'이 '성악'에도 들어가. '성'이 소리라는 뜻이라고 했지? 성악은 목소리로 노래한다는 걸 뜻해."

새로 알게 된 단어를 문장에 넣어서 사용하는 걸 보여 주거나 예시로 문장에 넣어 설명해 주는 것도 하나의 방법입니다. '확대'라는 단어를 처음 접했다면, "엄마/아빠가 그림을 확대해서 크게 보여 줄게."라고 말하며 미디어 기기의 그림을 손으로 크게 확대해 주거나, 돋보기로 확대해서 그림을 볼 수 있도록 해 주는 것도 하나의 방법입니다. 이후의 일상생활 속에서 자연스럽게 반복해서 사용해 주면 더욱 좋습니다. 산책을 나갔다가 개미를 발견했다면 "돋보기가 있었으면 확대해서 볼 수 있는데 아쉽다. 확성기가 있으면 개미가 뭐라고 말하는지도 들리려나?"처럼 새로 배웠던 단어를 활용해 말해 볼 수 있겠죠.

그림책을 통해 동의어, 반의어를 생각해 보도록 돕는 것도 좋습니다. '크다'와 '작다', '많다'와 '적다', '무겁다'와 '가볍다'와 같이 서로 반대되는 어휘를 짝지어 알아볼 수 있죠. 그림책에 나오는 것처럼 실생활에서도 예시를 들며 설명해 주는 것이 좋습니다. "우리가 가지고 있는 책 중에서 가장 큰 책이랑 가장 작은 책을 찾아볼까?"와 같이 활용할 수 있습니다. 하나의 단어와 비슷한 동의어를 찾아보거나 일상에서 섞어 사용하는 것도 어휘를 확장하는 데 도움이 됩니다. '작다'의 동의어에는 '조그마하다', '자그맣다' 등의 표현이 있겠죠.

아이들은 성인이 사용하는 단어를 들으며 차곡차곡 자신의 어휘를 쌓아갑니다. 어휘를 습득하는 능력은 일부 타고나는 부분이 있기는 하지만, 어휘력은 얼마나 많이 다양한 단어들을 듣고 활용해 봤는지가 더 중요합니다. 따라서 성인이 아이에게 말할 때 아이라고 무조건 쉬운 말로만 풀어서, '유아어'라고 불리는 쉬운 단어만 사용하는 것은 아이의 어휘력 발달을 위해 지양해야 합니다. 어려운 단어라고 하더라도 아이가 문장 속에서 의미를 유추할 수 있도록 다양한 방법으로

『반대말』
(최정선 글, 안윤모 그림 / 보림, 2010)

성인이 사용하는 문장을 들려주고, 가끔은 어휘 자체에 대해 설명해 주면 아이들의 어휘 발달에 도움이 됩니다.

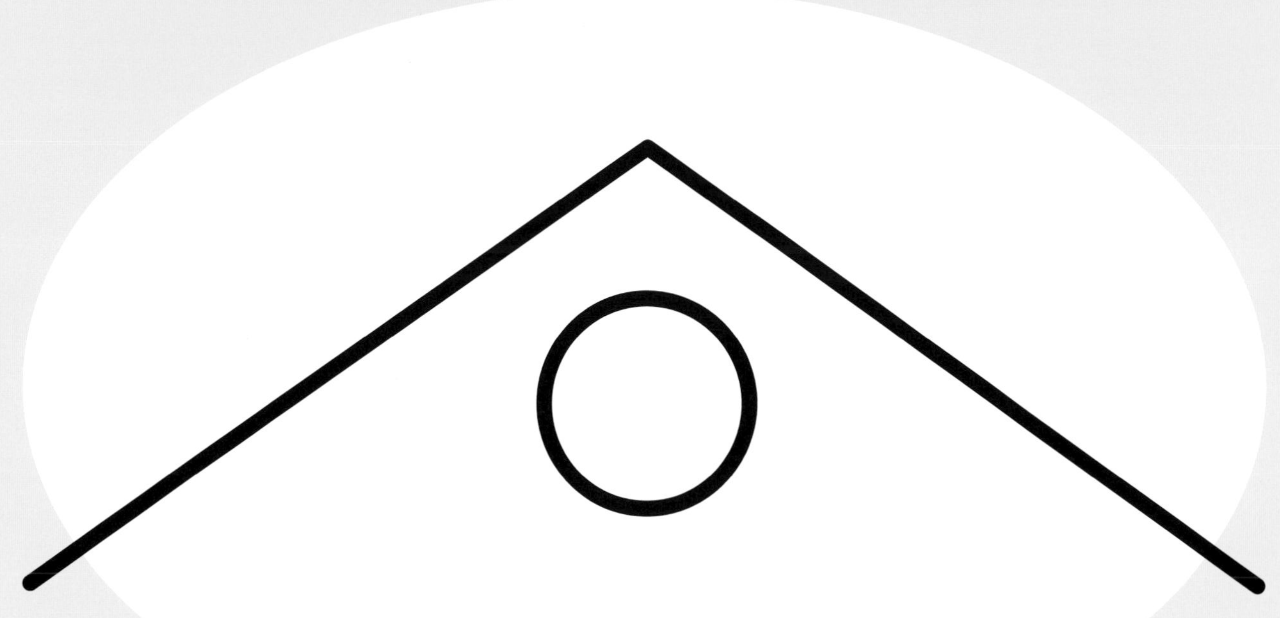

9.

요리: 맛있는 문해력

요리와 유아 발달

영유아는 감각을 통해 배웁니다. 다양한 감각을 활용할수록 더 즐거워하고, 더 잘 학습하지요. 아이가 무언가를 직접 관찰하고, 귀로 듣고, 냄새를 맡아 보고, 맛보고, 만져 본 경험은 생생해서 값집니다. 이렇게 배운 것은 기억도 더 잘하게 된답니다. 아이들이 다양한 감각을 활용해 이 세상을 직접 경험하도록 도와주면 다방면에서 발달이 순조롭게 이루어집니다.

아이의 다섯 가지 감각을 골고루 자극할 수 있는 좋은 활동이 있어요. 바로 '요리'입니다. 요리는 심지어 문해력과도 이어집니다. 요리는 유아기에 필요한 다감각적, 경험적 학습의 기회를 제공합니다. 요리는 시각, 청각, 미각, 후각, 촉각을 포함한 오감을 최적으로 활용하는 활동으로 그 교육적 가치가 매우 높아요.[1] 유아는 아기 때보다 많이 성장하였지만, 여전히 감각을 통해 많은 정보를 받아들입니다. 따라서 다양한 감각을 활용할수록 학습 효과가 좋아질 수밖에 없죠.

또 요리는 실용적인 활동이라 그 자체로도 훌륭한 문해 활동이 될 수 있어요. 요리가 문해를 배우기에 적합한 과제가 되는 거죠. 과제 기반 언어 지도(Task-Based Language Teaching, TBLT) 접근법에 따르면, 유아는 언어가 그 의미를 중심으로 다뤄지고, 언어가 문제 해결에 사용되고, 언어가 실제 세상과 관련되며 언어를 통해 실제적인 결과물을 만들어 낼 때 잘 배웁니다.[2] 그런데 요리야말로 우리 실제 삶의 문제를 해결하면서 맛있고 예쁜 결과물을 만들어 내는 과정이죠. 따라서 요리는 언어와 문해를 가르칠 때 사용할 수 있는 아주 적합한 과제가 됩니다.

요리가 유아의 문해력 발달에 효과가 큼을 직접 밝혀 보았습니다. 4세 후반 아동 50명을 대상으로 '요리를 통한 어휘 학습 연구'를 해 봤는데요. 과일샐러드를 실제로 만든 유아들이 사진 교재로만 똑같은 내용의 수업을 들은 유아들보다 새로운 단어를 더 많이 배웠어요.[3] 25분 동안 단 한 번의 수업을 들었을 뿐인데, 이 차이는 2주가 지나면 더 커지더라고요. 즉, 오감으로 느끼며 실제 재료를 조작하는 것이 교재만 사용하는 것보다 단어 학습에 훨씬 더 효과적이라는 거죠. 그러니까 아이의 문해력을 즐겁게 키우려면 '요리'를 적극적으로 활용해 보세요.

또한 아동이 요리를 경험하면 언어 능력, 수학 능력, 과학 능력, 창의성, 예술적 감각, 소근육운동, 그리고 협동심이나 실행기능과 같은 사회정서적 기술까지 향상된다고 해요.[4] 요리를 하다 보면 자연스럽게 맛 표현과 같은 언어적 표현을 하게 되고, 양과 계량에 대한 개념도 익히고, 재료가 변하는 과정을 보면서 과학적 경험을 하죠. 그뿐만 아니라 요리의 결과를 상상하면서 상상력과 창의성도 길러지고요. 자신이 만든 요리를 아름답게 꾸미면서 예술적인 감각도 기를 수 있습니다. 또한 유아는 부모나 교사, 또래와 함께 요리를 하게 되기 때문에 함께 협동하면서 사회적인 능력도 키울 수 있어요. 무엇보다 향이 좋고, 예쁘고, 맛있는 식

---

1 김혜란, 이경화, 서호찬(2014), Trubek & Belliveau(2009)

2 Park, Choi, Kiaer, & Seedhouse(2019)

3 Park, Choi, Kiaer, & Seedhouse(2019)

4 김경아, 황윤세(2011), 김지현(2015), 박태숙, 선현아(2012), 박현경(2015), 정명숙(2008), Jill(1995)

'요리'는 어떤 능력들을 키워 줄까?[5]

❶ 레시피를 읽거나 순서대로 적으면서 다음과 같은 언어 능력/문해력을 키워요.

→ 글자 인식, 순서대로 나열하기, 글자에 관심 가지기, 말로 사건을 묘사하기

❷ 계량을 하면서 다음과 같은 수학 능력을 익혀요.

→ 계량 기술, 수학 개념(더 많이/더 적게, 가득 찬 것/빈 것, 부분과 전체, 비교, 단순 세기, 일대일 대응)

❸ 요리 과정을 잘 관찰하고 다음 순서를 생각하면서 다음과 같은 과학 능력을 키워요.

→ 정교한 관찰기술, 논리적인 사고, 예상하기, 오감 사용하기

❹ 식재료를 준비하고 섞고, 조리도구를 이용하면서, 다음과 같은 대·소근육운동을 키워요.

→ 팔과 손가락의 근육 조절 능력, 쓰기 기초기술

❺ 요리를 장식하면서 다음과 같은 예술적 감각을 길러요.

→ 시각적으로 아름답게 장식하고 접시 꾸미기

❻ 요리를 하면서 다음과 같은 건강 관리 지식을 습득해요.

→ 청결을 유지하는 습관 알고 실천하기, 다섯 가지 식품군 분류 알기, 건강에 좋은 음식과 좋지 않은 음식 구분하기, 요리 기구 안전하게 사용하기

❼ 다른 사람과 함께 요리하며 다음과 같은 사회적 기술을 길러요.

→ 협동심, 집단 활동에 참여하기, 또래와 서로 가르치고 배우는 경험하기, 문화적 다양성 익히기

재료와 음식을 좋아하지 않는 아이는 없기 때문에 참여도와 동기가 저절로 높아지죠. 그만큼 요리가 풍부한 교육적 효과로 이어지게 됩니다. 아이와의

요리 활동에 꼭 도전해 보세요.

요리와 문해의 만남

요리와 관련된 문해에 대해 더 자세히 살펴볼게요. '요리를 위한 문해'와 '요리를 통한 문해' 두 가지로 나눠 볼 수 있어요. 하나씩 차례로 살펴보겠습니다.

먼저, '요리 문해(culinary literacy)'란 식품 문해(food literacy)라고도 하는데 식품과 영양, 조리 과정에 대한 지식을 이해해서 실생활에 적용하는 능력을 말합니다. 우리의 삶과 건강을 유지하는 데 필수적인 능력이죠. 식품에 대한 예를 들면, 신선한 채소나 과일을 구하기 힘든 지역에 사는 아이들의 경우, 토마토케첩은 알아도 정작 주재료인 토마토가 어떻게 생겼는지, 생채소일 때 어떤 맛과 향이 나는지 모른다고 해요. 우리나라의 어른이라고 해도 참기름과 들기름이 어떻게 다른지 모르는 경우도 있겠지요. 영양은 어떨까요? 요즘 우리는 탄수

5 Jill(1995)

화물, 단백질, 지방, 무기질과 비타민 등이 우리 몸에 어떤 기능을 하며, 어떻게 섭취해야 더 유리한지에 대해 많은 지식을 가지고 있습니다. 질병을 예방하고 건강하게 성장하기 위해 꼭 필요한 지식이지요. 조리 과정 또한 무시할 수 없습니다. 일단 요리를 할 수 있어야 질 높은 식생활을 할 수 있고, 제대로 조리해야 맛이 있으니까요.

그뿐만 아니라 자신을 둘러싼 문화를 이해하고 건강한 식생활을 하기 위해서도 조리 방법을 알아야 할 필요가 있습니다. 튀김과 구이가 건강에 어떤 영향을 미치는지, 삶고, 찌고, 데치는 방법은 정확히 무엇을 말하는지, 전을 부칠 때는 어떤 순서로 하는지에 대한 지식을 예로 들 수 있어요. 이러한 요리 문해는 건강에 좋은 신선한 음식을 요리하고 섭취하기 위한 바탕이 되기 때문에 매우 중요합니다. 비만이나 성인병이 심각한 문제인 지역에서는 도서관에서 지역사회 주민들을 위한 요리문해 프로그램이 활발하게 이루어지는 추세랍니다. 우리 아이들의 건강한 발달을 위해서 어릴 때부터 자연스럽게 요리 문해를 길러줄 필요가 있습니다.

다음으로 '요리를 통한 문해'는 요리를 하면서 언어 능력을 직접적으로 향상시키는 것입니다. 맛 표현도 요리를 통한 문해 활동이 됩니다. '맵다, 짜다, 싱겁다, 담백하다, 떫다, 구수하다, 시큼털털하다, 고슬고슬하다' 등 정말 다양한 표현이 있죠. 조리 방법과 관련된 단어들도 많습니다. '자르다, 섞다, 불리다, 으깨다, 삶다, 데치다, 부치다, 볶다, 튀기다, 끓이다, 안치다'와 같이 조리 방법에 대한 단어도 다 헤아리기 어려울 만큼 많죠. '큰술, 작은술, 계량스푼' 등 계량과 관련된 단어들도 많고요. 그래서 요리는 우리가 일상에서 살아가며 많이 쓰는 단어, 예를 들어 친숙한 식재료나 맛 표현, 조리 방법 등을 나타내는 단어들을 만날 수 있는 아주 실제적인 맥락이 됩니다. 그렇기에 아이와의 요리 활동에 문해 요소를 포함시킬 수 있습니다. 글자 모양으로 쿠키를 굽거나 토핑 올리기, 초코펜으로 메시지 쓰기 같은 활동을 예로 들 수 있지요.

'요리를 통한 문해 활동'
어떻게 하면 좋을까?

요리에 자신 없는 부모님도 많으실 거예요. 요리로 문해 활동을 한다고 너무 부담 갖지 말고 가족끼리 누구나 할 수 있는 아주 간단한 요리부터 하면 됩니다. 요리를 하다 보면 학습 효과는 자연스럽게 뒤따라오게 됩니다. 간단한 요리를 하더라도 훌륭한 문해 자료인 '레시피'를 활용해 보세요. 예를 들어, 라면을 끓일 때에도 아이와 함께 라면 포장지의 '조리법'을 유심히 살펴보세요. 요리는 순서에 따라 하게 되어 있어, 아이들이 자연히 요리의 순서를 생각해 보고 따라 하기에 좋습니다. 즉, 레시피를 활용하면 그냥 요리를 할 때보다 유아가 순서의 개념을 더 명확하게 인지하고 익힐 수 있죠.

아이와 조리법을 보고 음식을 만들 때, 특히 식재료의 이름이나 계량 과정, 조리 순서를 짚어 주세요. 그리고 어른이 모든 과정을 주도하기보다는 아이가 식재료의 촉감이나 냄새, 맛을 스스로 탐색할 기회를 꼭 주세요. 그리고 아이가 그걸 말로 표현하게 해 주세요. 이렇게 요리를 하면서 아이의 후각, 미각, 촉각이 총동원될 때 개념 파악과 어휘 습득에 유리합니다.

그리고 다양한 식재료는 아이와의 대화 소재로 좋아요. 예를 들어, 김을 어떻게 굽는지, 쌈장에는 무엇 무엇이 들어갔는지, 생 양파와 구운 양파는 맛이 어떻게 다른지, 자연스럽게 맛을 보며 이야기 나눌 수 있습니다. 그럴 때 가급적 다양한 어휘를 쓰면 더 좋겠죠. 이때 포장된 공산품이라면 포장지의 안내문도 같이 읽어 보고요. 아이와 요리의 재료, 포장지 등에 대해 신나게 수다를 떠는 거예요.

어린이 요리책에도 관심 가져 보세요. 어린이 요리책은 정말 좋은 문해 자료입니다. 요리책은 요리 순서를 알려 주는 '레시피'로 이뤄져 있죠. 어린이 요리책은 아이들의 이해를 돕는 사진이나 삽화도 풍부하고요. '○○를 넣으세요, 몇 분 동안 저으세요.'처럼 명령문 위주의 간결하고 명확한 문장들로 쓰여 있어요. 그래서 요리책은 외국어 교육에도 교재로 많이 쓰인답니다. 외국 음식을 다룬 요리책은 어린이 다문화 교육에 활용되기도 하고요. 요리책은 이해하기 어려운 정보만 주는 게 아니라 진짜로 먹을 것을 어떻게 만드는지 알려 주는 고마운 책이라, 아이들이 싫어하기가 어려워요. 미리 어린이 요리책을 보고 아이의 마음에 드는 메뉴에 페이지 마커를 붙여 표시를 해 놨다가, 시간이 날 때 아이와 같이 요리를 해 보세요. 어린이 요리책을 활용하기 때문에 아이의 문해력 발달에 좋을 뿐 아니라, 아이와의 좋은 추억이 생기게 됩니다.

요리를 해 보니 아이에게 너무 어려운 단어들을 알려 주는 건 아닌지 고민이 되시나요? 요리 중 계량스푼, 배합초 등 아이에게 조금 어려워 보이는 단어들이 나와도 걱정하지 마세요. 요리를 하면서 어려운 단어가 나오면 맥락을 통해서 자연스럽게 알려 주면 됩니다. 부모가 요리를 하면서 단어를 자연스럽게 사용하면 어려운 단어라도 아이는 맥락 속에서 그 의미를 쉽게 추측할 수 있습니다. 아이가 모를 거라고 생각해서 어려운 단어를 쓰지 않으면 아이가 평생 모를 수 있어요. 요리처럼 재밌는 활동을 하면서 알려 주는 것이 합리적입니다. 예를 들면, "엄마가 물에 미숫가루를 타주니까 물이 어떻게 됐어? 이제 묽지 않지? 이런 걸 '걸다, 걸쭉하다'고 하는 거야. 콩국, 비지찌개 국물 같은 게 그래", "테두리는 둘레의 바깥쪽, 가장자리를 말해. 이 접시의 (손으로 둥글게 가리키며) 여기가 테두리야."와 같이 시각적으로 보여 주거나 감각을 활용하면 아이는 맥락을 통해 어려운 단어도 쉽게 받아들입니다.

요리를 할 때 '합성어'에 집중하는 것도 문해력을 키우는 한 가지 팁입니다. 식재료와 음식 이름에 합성어가 참 많거든요. 합성어는 둘 이상의 어근(실질형태소)이 합해진 단어예요. 예를 들어, '김치'와 '찌개'가 합쳐져서 '김치찌개'가 되지요. 이게 우리 아이들의 어휘력을 늘리는 데 큰 힘이 됩니다. 단어 합성 원리의 이해는 8장에서 소개했던 '단어 인식'의 한 가지로, 아동의 어휘력을 예측합니다.[6] 한국어에서 한자어가 50~60%를 차지하고, 한자가 결합해 단어가 만들어지는 것이 일반적이죠. 먹는 것을 뜻하는 '식(食)'과 가게를 의미하는 '당(堂)'이 합쳐져서 '식당(食堂)'이 되는 것처

6 McBride-Chang et al.(2008)

럼요. 이러한 이해는 특히 한자어 습득이 많아지는 학령기 이후에 더욱 중요해집니다.

4세 유아들은 조금씩 합성어에 대해 인식하기 시작합니다. "산이 바위로 만들어지면 바위산이라고 하지요. 산이 팝콘으로 만들어지면 무엇이라고 할까요?"와 같이 다섯 개의 합성어 만들기 문제를 냈을 때, 평균 점수가 2.4점으로 나타났습니다. 정답이 '팝콘산'인데 이걸 '산팝콘'이라고 말하거나, '꽃냉장고'를 '냉장고꽃'처럼 거꾸로 잘못 말한 경우도 종종 있었고요. 4세 유아는 아직 단어의 합성 원리를 완벽하게는 알지 못하는 거죠.

합성어 인식이 발달하기 시작하는 유아기에 일상에서 합성어를 다루는 경험은 어휘력 발달에 도움을 줍니다. 특히 아이가 쉽게 의미를 이해할 수 있는 음식 이름을 활용해서 합성어를 다뤄보면 아주 유용해요. 아이가 음식 이름으로 합성어를 많이 다뤄보면 어근 간의 의미 관계를 자연스럽게 알게 되죠. 앞서 예를 든 '김치찌개' 말고도 음식에 합성어가 정말 많아요. -밥, -국, -김치, -찌개, -탕 등 가정에서 아이들과 같이 이야기해보세요. 비빔밥, 짜장밥, 볶음밥, 새우볶음밥, 김치볶음밥처럼 말할 수 있는 합성어가 무궁무진하고 '계란파프리카볶음밥'처럼 새로운 이름을 만들어 볼 수도 있어요. 식재료들의 이름이 합쳐져 음식 이름이 만들어지는 원리를 알게 되면, 어휘력을 늘려 줄 수 있습니다. 이렇게 합성어도 의미 있는 맥락에서 사용함으로써 훨씬 쉽게 내 것으로 만들 수 있어요.

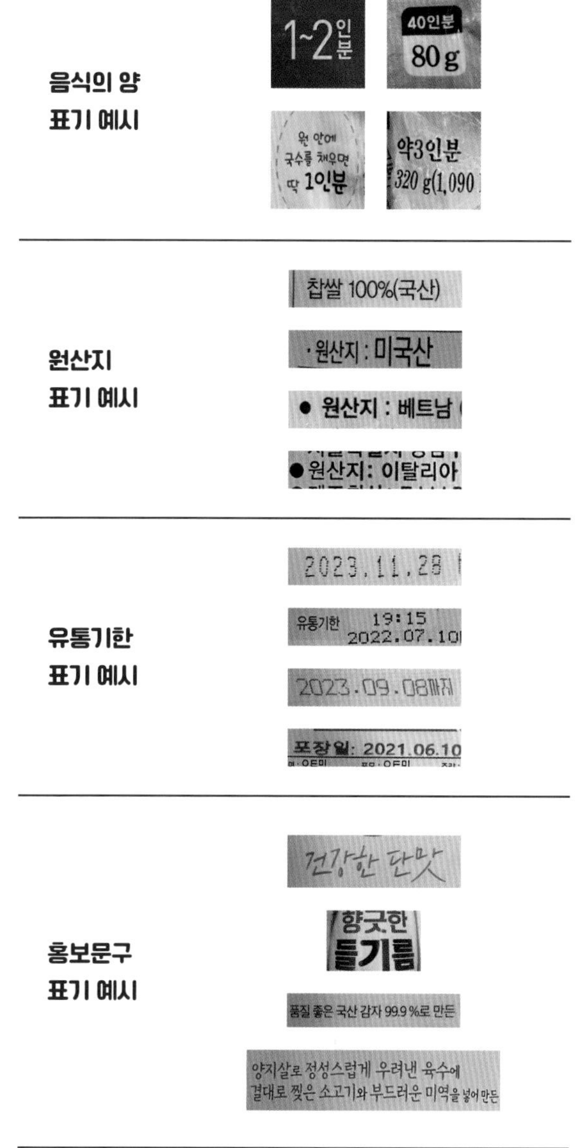

그림 1. 식재료 포장지에서 아이와 함께 살펴볼 만한 정보들

또 음식과 관련된 그림책을 읽는 것도 요리와 문해의 좋은 결합 방법입니다. 음식과 관련된 그림책은 대부분의 독자가 좋아하는 맛있는 음식을 소재를 다루고 있어 구미를 돋웁니다. 주어진 음식을 그냥 먹는 것보다 이런 책을 통해 식재료나 요리 과정을 접하게 되면 아이들은 더 호기심을 가지고 흥미를 보이게 됩니다. 한 번쯤 먹어 봤고, 들어 봤던 음식이 그림책에 나오면 아이가 친숙하게 느낄 수 있어요. 아이가 책 읽기를 좀 어려워한다면 음식에 관한 책으로 시작해도 좋겠지요. 더 나아가서, 음식이 나오는 책을 읽고 책에 나

온 음식을 직접 탐색해 보는 것도 좋은 경험이 됩니다. 예를 들어서, 감이 나오는 책을 읽었다면 단감, 홍시, 곶감, 감말랭이와 같이 다양한 종류의 감을 탐색해 볼 수 있어요. 이렇게 하면 아이가 막연하게 알고 있던 감에 대해 더 상세한 지식을 알려 줄 수 있고, 비슷한 대상을 서로 비교하여 표현할 수 있게 됩니다.

환경인쇄물인 식재료의 포장을 활용해도 좋습니다. 부엌에 아이만의 간식 공간을 따로 마련해 주고 포장된 먹을거리를 정리하게 할 수 있죠. 이렇게 하면 아이는 자연스럽게 환경인쇄물을 접하게 돼요. 식재료에 쓰여 있는 '1인분의 양, 원산지, 유통기한, 홍보문구' 같은 내용에 함께 주의를 기울여 보거나, 제품에 소개된 추천 조리법을 보고 실제로 따라 하기도 아주 좋은 문해 활동입니다.

1

그림책 수수께끼

- 수수께끼 말놀이로 어휘력 기르기 -

난이도	★★☆☆☆	소요 시간	10 분
기대 효과	수수께끼 내용을 듣고 답을 추측하며 이해력, 집중력을 기를 수 있어요. 수수께끼를 내기 위해 어떻게 표현하면 좋을지 생각하며 어휘력을 길러요.		

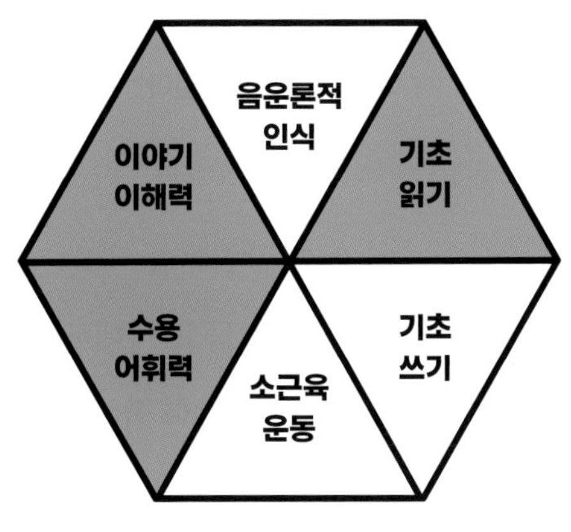

기초문해요소

2세	3세	4세	5세	저학년

추천연령

언어	수학	과학	사회
미술	음률	조작	신체

통합영역

준비물

『한 그릇』 그림책(변정원 지음 / 보림, 2019), **비빔밥 재료 카드**(그림 카드, 글자 카드, 그림 글자 카드)

그림 글자 카드 예시

활동 방법

1. 『한 그릇』 그림책의 표지를 탐색하며 이야기 나눠요.
2. 비빔밥에 들어가는 재료에 대한 수수께끼 말놀이를 해요.
3. 정답을 맞히면 재료의 이름을 글자 카드로 확인해요. 그림 카드와 글자 카드를 대응시키며 글자의 형태와 단어에 관심을 가져요.

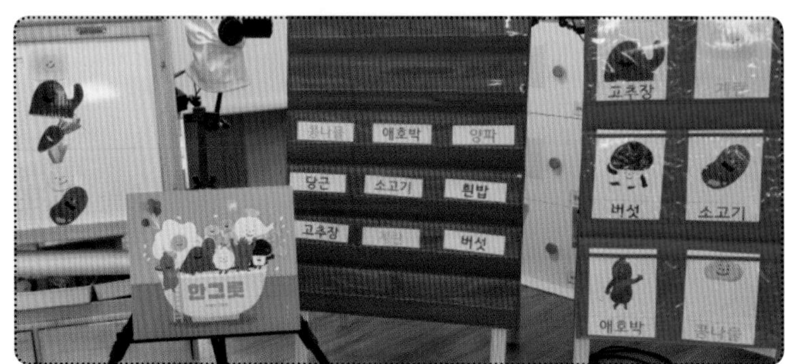

비빔밥 재료 그림/글자 카드 제시 예시

재미있게 그림책 읽기

- 그림책의 표지를 보며 어떤 '한 그릇'일지 추측해요.

추천 질문

"이 그림책이 제목은 '한 그릇'이래. 어떤 음식인 걸까?"
"왜 여기 있는 친구들이 그릇 하나에 다 들어가 있는 거 같아?"

- '한 그릇' 그림책에 나오는 비빔밥 재료를 활용해 수수께끼 말놀이를 해요. 성인이 먼저 수수께끼를 내고 아이가 맞혀요. 수수께끼의 내용을 잘 듣고 이해해서 답을 추측해요. 수수께끼에 익숙해지면 아이가 문제를 내고 성인이 맞혀 봅니다.

활동 예시

- 애호박: 나이가 많아져도 계속 어린 채소는 뭘까요? 겉은 초록색인데 안은 노래요.
- 당근: 부끄러워서 땅속에 숨어서 자라요.
땅속에서 뽁 하고 뽑으면 부끄러워서 얼굴이 붉어져요.
- 콩나물: 쉼표처럼 생겼어요. 머리가 노래요.
이걸 먹으면 ○○○(아이 이름)처럼 무럭무럭 키가 커져요.
- 양파: 까도 까도 속이 계속 나와요. 이 친구를 보면 눈에서 눈물이 나요.
- 버섯: 갈색 모자를 쓰고 있어요. 만져 보면 폭신폭신 말랑말랑해요.
나무에 꼭 붙어서 자라요.
- 계란: 색깔이 연한 갈색인 것도 있고, 하얀색도 있어요.
톡 하고 껍질을 깨면 속에서 투명한 게 나와요.
그런데 뜨거운 불을 만나면 투명했던 게 하얘져요. 가운데는 달님같이 노래요.
- 고기: 빨간색이었다가 불을 만나면 갈색으로 변해요.

- 고추장: 먹으면 입에서 불이 나요. 길쭉하고 끝이 뾰족한 채소로 만들어요. 떡볶이를 만들 때 들어가요.
- 밥: 하얗고 가름한 알갱이로 만들어요. 물하고 불을 만나면 만들어져요. 반찬이랑 같이 먹어요.

『한 그릇』 (변정원 지음 / 보림, 2019)

추천 질문

"밥이 편지를 쓰고 있나 봐. 그런데 누구한테 쓰는 걸까? 누가 이 편지를 기다릴까? 뭐라고 쓰는 걸까?"
"밥이 쓴 편지를 우체통에 쏙 넣어 뒀더니 한꺼번에 배달을 가나 봐. (손으로 가리키며) 앗! 그런데 편지 하나를 떨어트렸네? 어떡해?"

- 글과 그림이 각자의 역할을 하는 그림책을 읽을 때는 글만 읽으면 아이가 그림책의 내용을 이해하기 어려울 수 있습니다. 아이가 그림을 눈여겨볼 수 있도록 그림의 내용을 묘사해 주세요. 그림에 대해서 부연 설명을 해 주면 그림을 섬세하게 관찰하게 됩니다. '그림 읽기'를 위해 그림을 손가락으로 가리키며 이야기 나누어 주세요.

추천 질문

"띵동! 편지 왔어요! 밥이 쓴 편지가 콩나물한테 가장 먼저 도착했나 봐. 밥이 콩나물한테 뭐라고 편지를 썼는지 읽어 볼까?"

『한 그릇』(변정원 지음 / 보림, 2019)

- 의성어와 의태어를 활용해서 그림책을 실감 나게 읽어 주세요. 그림책 읽기에 재미를 더해 주고, 음운론적 인식을 키우는 말놀이가 됩니다.

예시 활동

"헬리콥터는 두두두두두, 당근이랑 양파가 막 뛰어 내려서 우당탕탕, 데구르르 떨어지고 있네. 트램펄린을 피웅 피웅 하고 뛰어서 한 그릇 속에 쏙 들어간다."
"도르래로 고추장을 드르륵하고 올려 주네. 영차영차 소리도 내고 있어."
"계란을 톡! 하고 깬 다음, 프라이팬에서 지글지글 익히고 있어. 마지막엔 소금도 톡톡 뿌리고!"
"칙칙폭폭 기차놀이, 도레미파솔라시도 실로폰 소리, 뿌뿌뿌 나팔 소리, 둥둥둥 드럼 소리, 딩가딩가 기타 소리, 챙챙챙 챔버린 소리"

- 앞과 뒤의 내용을 오가며 이야기를 추측해요. 인물의 표정을 보고 이유를 물어요. 아이들이 스스로 추측할 수 있도록 질문해 주세요.

추천 질문

"왜 시금치한테만 편지가 안 온 걸까? 속상하겠다."
"혹시 시금치한테만 편지가 가지 않은 비밀이 앞에 숨어 있으려나? 다시 한번 살펴볼까?"

도움말

- 그림책을 읽기 전 아이들의 흥미를 유도하는 방법으로 그림책 표지를 활용한 수수께끼 말놀이로 그림책 읽기를 시작해 보세요. 그림책의 내용을 추측할 수 있도록 도와줍니다.
- 수수께끼는 일상생활 속에서 별다른 준비 없이 아무 때나 아이랑 할 수 있는 말놀이예요. 그림책을 읽을 때뿐만 아니라 평소에도 다양한 방법으로 즐겨 보세요.

2

글자 블록으로 하는 요리

- 자음을 바꾸며 소리의 변화 살피기 -

난이도	★★★☆☆	소요 시간	15 분
기대 효과	자음의 소릿값에 주목하며 기초적인 읽기를 시도할 수 있어요. 음소 단위의 소리에 관심을 가지며 음운론적 인식 능력을 길러요.		

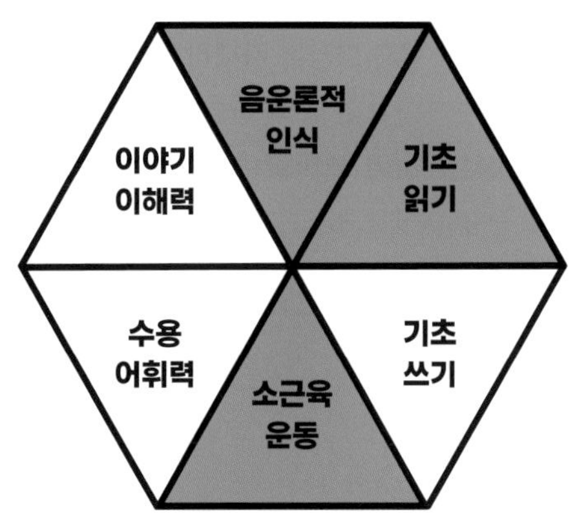

기초문해요소

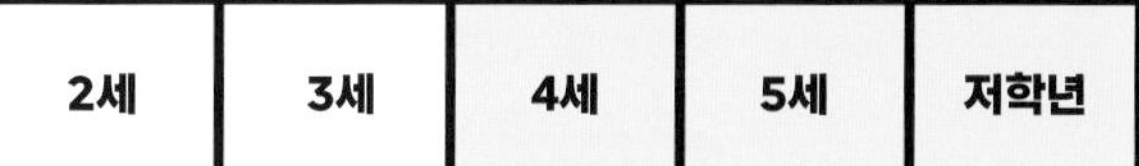

2세	3세	4세	5세	저학년

추천연령

언어	수학	과학	사회
미술	음률	조작	신체

통합영역

준비물

요리 재료와 관련된 그림책 『후끈후끈 고추장 운동회』(오드 글·그림 / 다림, 2021), 『돌돌 말아 김밥』(최지미 글·그림 / 책읽는곰, 2017), 한글 자석 블록

• 색종이 활용하기 •

색종이를 오려 글자 모양을 직접 만들 수 있어요. 아이가 글자 모양을 자세히 관찰할 수 있도록 재료들의 이름을 큼지막하게 적어 주세요(예: 당근의 '당'과 '근'을 색종이로 잘라서 표현하기). 단어를 한 음절씩 만들어 색종이로 붙인 뒤, ○행시 만들기 놀이로 확장할 수 있어요. 각 음절로 시작하는 문장을 만들어 적어 보세요(예: '당'당하게 말할 거야, '근'데 조금 부끄럽네?).

활동 방법

1. 아이와 음식 재료와 관련된 그림책을 함께 읽어요.
2. 그림책에 어떤 음식 재료들이 나왔는지 이야기 나눠요.
3. 한글 블록으로 음식 재료들의 이름을 만들어요.
4. 자음 블록을 바꿔 보며 소리가 어떻게 변하는지 들어요.
5. 한글 블록으로 요리하기 놀이로 확장해요. 한글 블록으로 만들고 싶은 음식 이름을 만들어요(예: 김밥). 한글 블록을 식재료처럼 생각하고 블록을 씻고, 플라스틱 칼로 자르는 흉내를 내요. 소꿉 도구로 한글 블록을 볶고 그릇에 담아 음식을 먹는 척해요. 마지막에는 다시 음식 이름으로 한글 블록을 조합해요.

도움말

- 아이가 좋아하는 단어부터 시작해 보세요.
- 단어 중 자음을 바꾸는 놀이를 반복하며 자연스럽게 소리의 변화에 관심을 갖도

록 도와요. 균형적 언어접근법은 이렇게 명시적으로 낱자와 소릿값 위주의 문해 활동도 병행한다는 특징을 갖고 있어요. 아이가 흥미를 잃지 않는 선에서만 낱자 위주의 활동을 포함해 보세요.

- 자음을 바꾸며 바뀐 단어의 소리를 읽어 주세요. 전후의 소리 차이에 주목할 수 있게 번갈아 가면서 바꾸는 걸 보여 주세요.

활동 예시

"엄마/아빠가 '고추'를 다른 소리로 바꿔 볼게. 어디를 바꾸는지 잘 봐 봐.
('고추'의 'ㄱ' 부분을 'ㄹ'로 바꾸면서) /르/소리가 나는 '리을'로 바꾸면
'고추'가 '로추'로 변하네!
/그/소리가 나는 '기역'을 /르/소리가 나는 '리을'로 바꿨어."

'고추'의 '고'를 '로', '모'로 바꿔 보는 예시

- 자음이 다른 단어 두 개를 동시에 보여 주며 소리의 차이에 관심을 갖게 합니다.

추천 질문

(한글 블록으로 '당근'과 '망근'을 만든 것을 보여 주며)
"둘 중에서 어떤 단어가 '당근'일까?
맞아, 당근엔 (손으로 'ㄷ'을 따라 그려 보면서) 이렇게 생긴 '디귿'이 들어 있지.
디귿이 들어가면 /드/소리가 나"

3

과자 비빔밥 만들기

- 단어의 합성 원리 알아보기 -

난이도	★★☆☆☆	소요 시간	20 분

기대 효과	두 개의 단어를 합쳐 새로운 단어를 만들며 합성어의 원리를 이해할 수 있어요. 관심 있는 글자를 읽고 따라 써 보며 기초적인 문해를 경험해요.

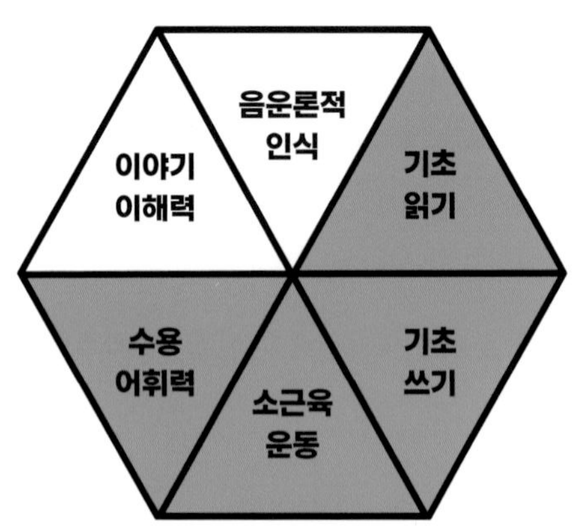

기초문해요소

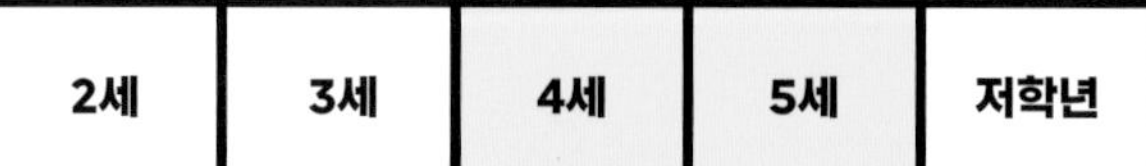

2세	3세	4세	5세	저학년

추천연령

언어	수학	과학	사회
미술	음률	조작	신체

통합영역

준비물

쌀튀밥, 다양한 종류의 과자, 과자를 담을 컵, 과자 담을 볼, 카드 모양으로 자른 도화지, 마커

활동 방법

❶ 아이와 『한 그릇』 그림책을 읽고, 비빔밥이 어떤 음식인지 이야기 나눠요.

❷ 어떤 비빔밥을 만들어 보고 싶은지 이야기해요. 이때 합성어의 원리를 이해할 수 있도록 대화해 보세요.

추천 질문 **"지렁이 과자로 비빔밥을 만든다면 '지렁이 비빔밥을 만들 수 있어. 그럼 곰돌이로 비빔밥을 만들면 어떤 비빔밥이 될까?"**

❸ 원하는 과자를 고르고, 과자의 이름을 어울리게 새로 지어서 카드에 적어요. 다른 카드에는 '비빔밥'이라고 써요.

❹ 볼에 쌀튀밥을 담은 후, 고른 과자를 쌀튀밥 위에 뿌려서 과자 비빔밥을 표현해요(예: 쌀튀밥에 초코버섯 과자를 올리기).

❺ 완성한 과자 비빔밥의 이름을 말하고, 카드로도 조합해요.

과자 비빔밥을 만들어 보고 글자 카드로 합성어를 만들기

❻ 합성해서 만든 과자 비빔밥의 이름 카드를 보고 따라 써도 좋습니다. 글을 아직 읽지 못하는 유아의 경우에는 몇 글자인지(음절 개수) 세어 봅니다. 말로 하면서 세면 글자와 음절의 일대일 대응 원리를 알 수 있어요.

도움말

- 과자 봉지와 과자 상자에 적혀 있는 과자의 이름을 그대로 오려서 글자 카드로 사용해도 됩니다.
- 과자의 개수를 늘려 가며 더 이름을 가진 과자 비빔밥을 만들어요(예: 지렁이 단추 비빔밥, 문어 지렁이 꽃게 비빔밥).

- 과자의 이름을 다양하고 재미있게 표현해 보세요(예: 곰젤리→곰돌이, 동글납작한 모양→단추, 구멍 난 시리얼→반지).
- 완성된 과자 비빔밥에 우유를 부어 먹으면 맛있어요.

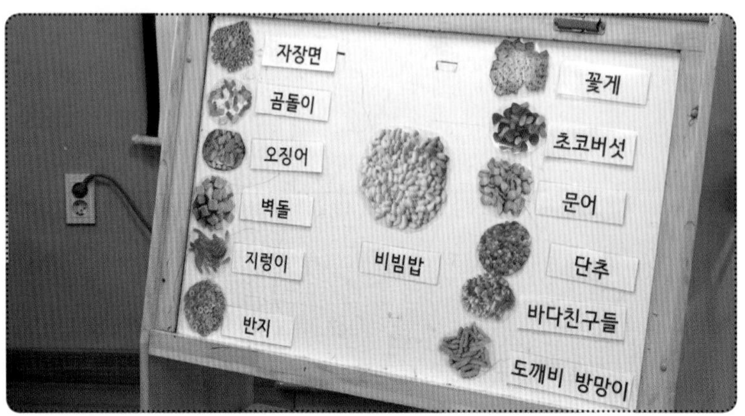

과자 사진과 이름으로 합성어를 만들기

재미있는 과자 이름

4

채소즙으로 글자 쓰기

- 다양한 방법으로 글자 써 보기 -

난이도	★☆☆☆☆	소요 시간	20 분
기대 효과	다양한 재료로 쓰기를 경험하여 글자 쓰기에 관심을 가질 수 있어요.		

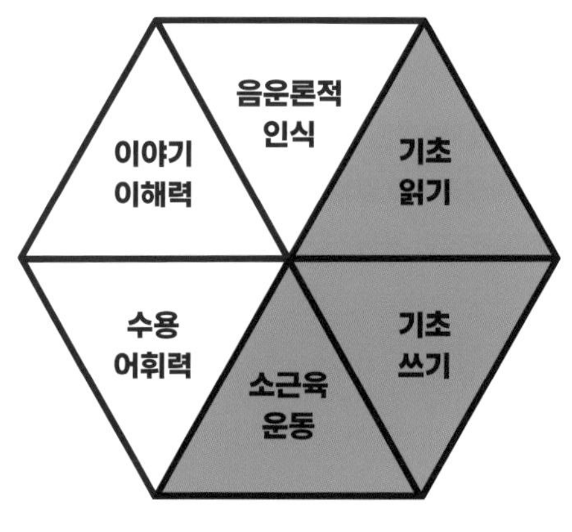

기초문해요소

추천연령

언어	수학	과학	사회
미술	음률	조작	신체

통합영역

준비물

착즙기, 색이 선명한 채소(당근, 고추, 시금치, 파프리카 등)**,**

착즙한 채소즙을 담을 투명한 컵, 납작하거나 둥근 붓(너무 가늘지 않은 붓)**, 채소의 이름을 적은 도화지**

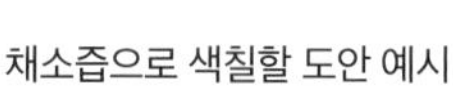
채소즙으로 색칠할 도안 예시

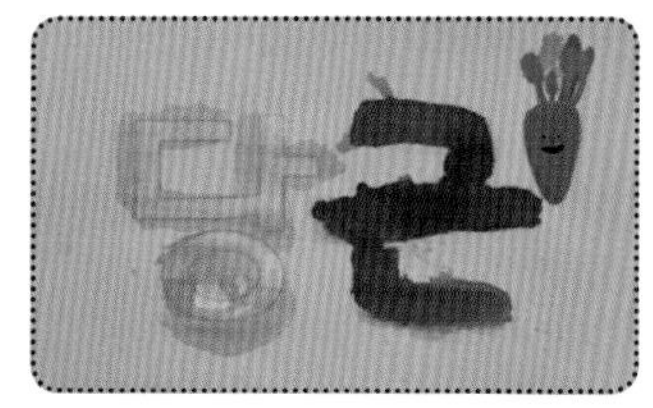

채소즙으로 글자를 따라 그려 본 활동 작품

활동 방법

① 색이 선명한 채소(파프리카, 당근, 브로콜리, 비트 등)를 착즙기에 넣어 채소즙을 만들어요. 채소즙의 색, 맛, 향을 탐색하며 표현해요.

추천 질문 **"채소로 먹을 수 있는 물감을 만들어 볼까? 착즙기에 이렇게 채소를 넣어 주면 알록달록한 물감이 만들어져. 초록색 파프리카를 갈았더니 어떤 색 물감이 나왔어? 무슨 맛이 나는지 한번 콕 찍어서 먹어 볼까? 향도 맡아 봐. 어때?"**

② 채소즙을 활용하여 도화지에 끼적이거나 그림을 그려요.

③ 채소즙을 붓에 묻혀 글자를 써요. 따라 쓰기 좋게 도안을 미리 그려 두면 좋아요.

도움말

- 채소를 일일이 갈아서 준비하기 어려운 경우에는, 채소를 통째로 갈아 만든 주스를 활용할 수 있어요.
- 다양한 채소를 착즙하여 채소즙을 만든 뒤, 채소즙끼리 섞어 보며 색의 변화를 관찰할 수 있어요. 채소즙을 섞고 맛보며 어떤 색깔인지, 어떤 맛이 나는지 말로 표현해 봅니다.
- 여러 종류의 채소를 땅속에서 자라는, 땅 위에서 자라는 채소로 나눌 수 있어요. 스케치북에 갈색 크레파스로 선을 그어 땅을 표시한 뒤, 땅 아래와 위에서 자라는 채소를 분류하여 그림과 글로 표현해요.

5

채소 글자 도장 찍기

- 글자 모양에 관심 가지기 -

난이도	★★☆☆☆	소요 시간	15 분
기대 효과	글자의 형태에 관심을 갖고 시각적인 모양 차이를 이해할 수 있어요. 글자 도장으로 글자를 표현하며 기초적인 쓰기를 경험해요.		

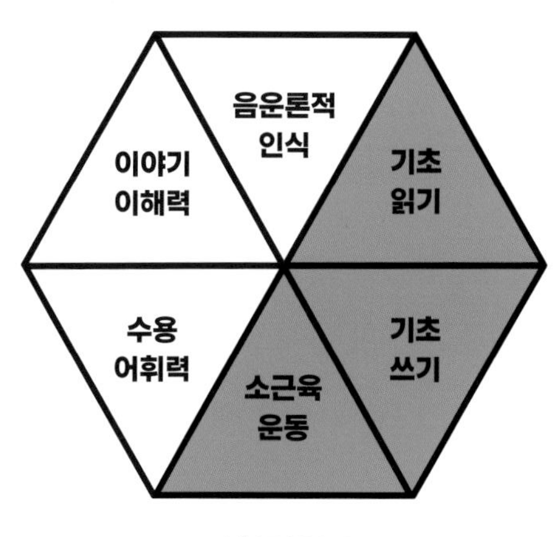

기초문해요소

2세	3세	4세	5세	저학년

추천연령

언어	수학	과학	사회
미술	음률	조작	신체

통합영역

준비물

당근, 무, 감자, 조각도, 도화지, 물감, 크레파스

활동 방법

❶ 채소로 만든 한글 도장을 탐색해요.

❷ 한글 도장에 물감을 묻혀 도화지에 찍어 보고, 어떤 모양이 나오는지 관찰해요.

❸ 글자 도장을 찍은 뒤, 글자의 모양을 활용해서 그림을 그려요. 여러 모양의 한글 도장을 찍어 원하는 그림을 표현할 수 있어요.

❹ 글자 도장을 조합해서 하나의 음절을 완성해 봅니다. 완성한 음절로 시작하거나 끝나는 단어를 적을 수도 있어요.

• 채소 한글도장 만드는 법 •

- 무, 당근과 같은 채소를 직육면체 모양으로 잘라서 준비해 주세요. 아이가 도장을 손에 잡았을 때 한 손에 들어오는 정도의 두께면 됩니다.
- 물감을 묻혀 찍었을 때 나오는 모양을 생각하며 만들어야 해요. 거울에 비쳤을 때의 모습처럼 자음과 모음의 모양을 조각도로 파서 만들어 주세요. 자음과 모음의 모양이 튀어 나오도록 글자의 주변을 깎아서 만들어요(양각). 반대로 글자 모양대로 움푹하게 파서 만들어도 좋아요(음각).
- 도장의 손잡이 부분에는 어떤 모양의 자음 또는 모음이 나오는 도장인지 볼 수 있게 네임펜으로 표시해 주세요.

도움말

- 채소로 도장을 만들 때 적당한 강도를 가진 무, 당근과 같은 채소를 사용해서 만드는 게 좋아요. 조각도로 채소를 파면 모양 만들기가 한결 수월해요.
- 아이와 함께 채소 도장을 만들 땐 애호박과 같이 좀 더 무른 채소를 활용하고, 플라스틱 칼로 잘라 모양을 만드세요.
- 당근이나 무를 가는 막대 모양으로 잘라서 조합하며 글자를 만들어 볼 수 있어요.
- 연령이 높은 유아와는 글자 도장을 찍어 단어까지 표현해 보세요.
- 채소 대신 두꺼운 EVA 소재로 글자 모양을 만들어 도장을 만들어도 됩니다.

6

새콤달콤 과일 요리

- 과일 디저트 요리책 만들기 -

난이도	★★★★☆	소요 시간	30 분
기대 효과	과일 디저트 만드는 법을 그림과 글로 표현해 보며 기초쓰기를 경험해요. 요리와 관련한 다양한 어휘를 접하고 알맞게 사용해요.		

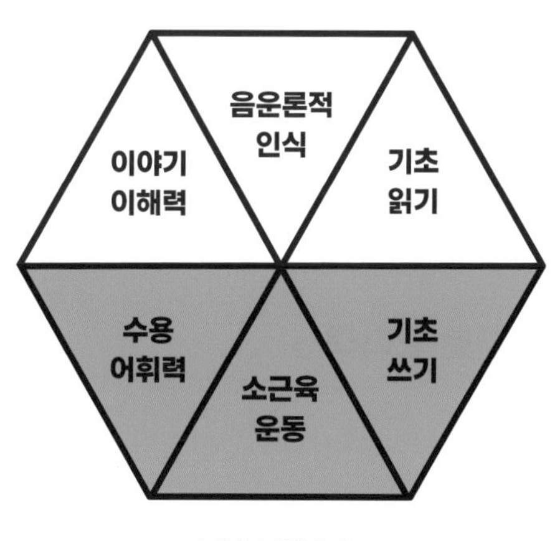

기초문해요소

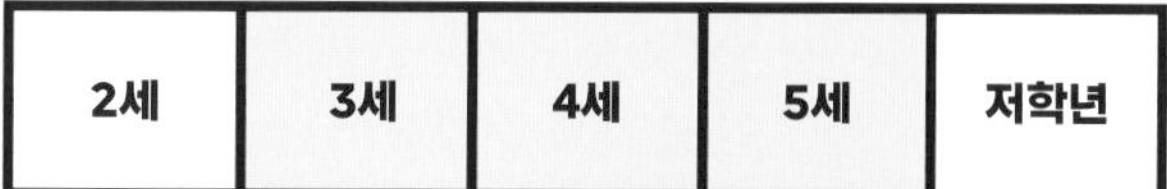

2세	3세	4세	5세	저학년

추천연령

언어	수학	과학	사회
미술	음률	조작	신체

통합영역

준비물

다양한 종류의 과일과 요리에 필요한 재료들, 스케치북, 색연필, 연필

활동 방법

❶ 과일로 만들 수 있는 과일 디저트를 조리법을 참고해서 만들어요.

❷ 만드는 과정을 사진으로 촬영해요.

❸ 과일 디저트를 직접 만들며 생각해낸 다양한 조리법을 더 추가해서 우리 가족만의 요리책을 만들어요.

확장 활동

• 과일로 만드는 디저트 요리책 •

아래의 조리법을 참고해서 만들되, 아이와 함께 다양한 방법으로 시도하면서 우리 가족만의 요리책을 만들어요.

<과일 콕콕 요거트바>

- 준비물: 아이스크림 틀, 아이스크림 막대, 요거트, 블루베리, 딸기 등(과일잼이나 과일청으로 대체 가능)
- 과일을 흐르는 물에 씻어요. 잼이나 청을 사용할 경우 작은 접시에 담아서 준비해요.
- 작은 크기의 요거트에 과일(또는 과일청, 과일잼)을 넣고 숟가락으로 잘 섞어요.
- 기호에 따라 설탕 또는 잼을 조금 넣어요.
- 숟가락으로 아이스크림틀에 과일 요거트를 옮겨 담아요.
- 아이스크림 막대에 들어간 과일 재료의 이름을 적고 꽂아요.
- 냉장고의 냉동실에 넣어 얼려서 먹어요.

<아삭아삭 과일 샐러드>

- 준비물: 다양한 종류의 과일, 양상추, 드레싱 소스
- 다양한 종류의 과일을 흐르는 물에 씻어서 준비해요.
- 껍질이 있는 과일은 껍질을 벗겨요.
- 양상추를 손으로 찢어 넓은 볼에 담아요.
- 과일을 골고루 올리고 드레싱 소스를 뿌려서 먹어요.

<무지개 과일 꼬치>

- 준비물: 나무 꼬치, 다양한 종류의 과일(예: 멜론, 딸기, 바나나, 포도 등)
- 다양한 종류의 과일을 흐르는 물에 씻어서 준비해요.
- 커다란 과일은 한입 크기로 잘라서 준비해요.
- 나무 꼬치에 과일을 골고루 꽂아서 먹어요.

<딸기바나나 주스>

- 준비물: 딸기, 바나나, 우유, 얼음, 믹서기, 플라스틱 칼
- 딸기를 흐르는 물에 씻은 뒤, 플라스틱 칼로 반으로 잘라요.
- 바나나 껍질을 벗긴 뒤, 바나나를 적당한 크기로 잘라요.
- 딸기와 바나나를 믹서기에 넣어요.
- 딸기와 바나나가 잠길 정도로 우유를 넣어요.
- 얼음을 한 주먹 넣고 믹서기로 갈아서 먹어요.

도움말

- 우리 가족이 즐겨 먹는 요리가 있다면, 요리를 하는 과정을 단계별로 사진을 찍어 우리 가족만의 요리책을 만들 수 있어요. 부모님이 요리하는 과정을 아이가 관찰하고 사진을 찍어요. 사진을 뽑아 하나씩 붙여서, 아이가 요리 방법을 말로 표현하도록 해요. 아이가 표현한 문장을 다듬어 부모님이 적어 주세요. 이후에 다시 만들어 보고 싶을 때 요리책을 보면서 같이 요리할 수 있어요.
- 요리를 할 때 사용할 수 있는 다양한 어휘를 접할 수 있도록 도와주세요. '쌀을 불리다', '밥을 안치다', '애호박을 썰다', '감자를 삶다', '당근을 볶다', '돈가스를 튀기다', '전을 부치다', '라면을 끓이다'와 같은 표현을 다양하게 사용하며 함께 요리해요.

7

사랑해 주먹밥 요리사

- 내 손으로 직접 글자 주먹밥 만들기 -

난이도	★★★☆☆	소요 시간	30 분
기대 효과	요리라는 실제적인 문해 활동을 통해 기초읽기와 쓰기를 경험해요. 요리와 관련한 생소한 단어와 표현을 익히며 어휘력을 길러요.		

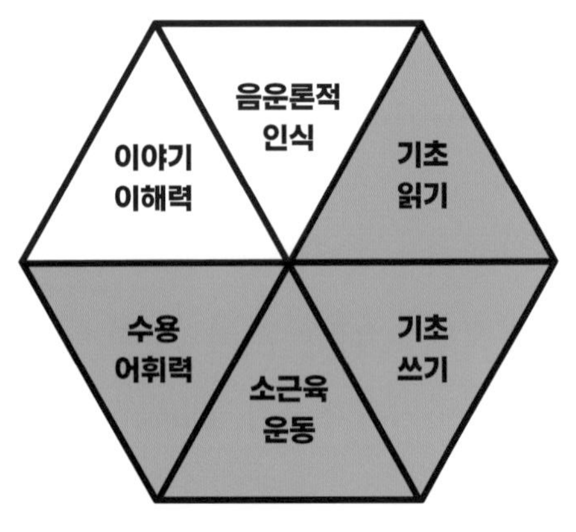

기초문해요소

2세	3세	4세	5세	저학년

추천연령

언어	수학	과학	사회
미술	음률	조작	신체

통합영역

준비물

사랑해 주먹밥 만들기 레시피북, 사랑해 글자 카드

도구: 주먹밥 모양 틀, 넓은 접시, 계량스푼, 넓은 볼 1개, 작은 접시 3개

요리 재료: 흰밥(밥은 너무 뜨겁지 않게 한 김 식혀서 준비), **참기름, 소금, 식초,**

설탕(양념은 아이가 탐색할 수 있도록 작은 종지에 담아서 준비), **치즈, 김**(치즈와 김은 막대 또는 동그라미 모양으로 잘라서 준비)

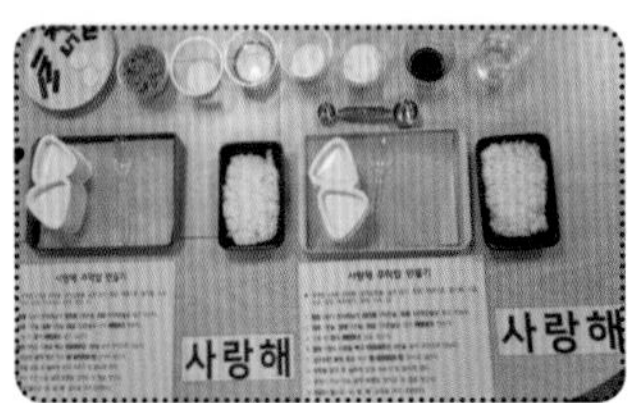

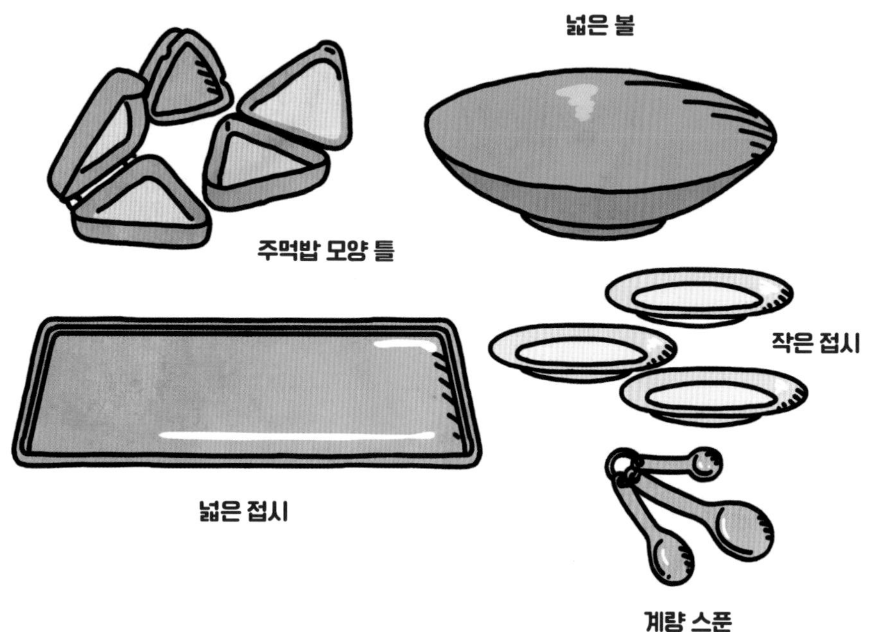

활동 방법

❶ 주먹밥 만들 때 필요한 재료들을 탐색해요. 참기름, 식초, 설탕, 소금, 마요네즈의 맛, 색깔, 냄새 등을 탐색하고, 느낌을 문장으로 표현해요.

추천 질문 "참기름 냄새가 어때? 고소하지? 마요네즈는 살짝 노란 빛이 도는 하얀색이야."

❷ 계량스푼을 사용해서 계량하는 방법을 알아 보아요. 배합초를 만드는 방법을 보면서 계량스푼으로 계량하여 식초, 설탕, 소금을 섞어요. 아이가 처음 접하는 생소한 단어의 뜻을 설명해 주세요.

추천 질문

"이 계량스푼으로 식초, 설탕, 소금을 알맞게 계량한 다음 배합해 볼까?
양념들을 섞어 만드는 식초라서 '배합초'라고 말해.
"재료들을 계량해서 음식을 만들 수 있도록 도와주는 '계량스푼'이라고 해.
'계량'은 양을 잰다는 뜻이야.
계량스푼으로 요리에 넣을 양념의 양을 재는 거야.
큰 쪽으로 한 번 넣으면 1큰술, 작은 쪽으로 한 번 넣으면 1작은 술이야."

❸ 레시피를 보면서 주먹밥을 만들어요. 순서를 표현하는 단어를 활용하면서 레시피를 설명해 주면 좋아요.

활동 예시

**"우선, 밥에 간을 할 거야. 참기름 2작은술, 소금 1/2 작은술을 넣어 봐.
그다음으로, 식초, 설탕, 소금을 배합해서 만든 배합초를 밥에 뿌리고 잘 섞어.
아까 제일 처음에 참기름이랑 소금으로 간을 한 밥에
우리가 만든 배합초를 넣고 섞어.
다음엔 참치랑 마요네즈를 섞어서 참치마요를 만들 거야.
참치 1캔에 마요네즈 3큰술 넣고 섞자.
이제 밥이랑 참치마요가 다 준비됐다.
밥과 재료를 모양틀에 넣어서 주먹밥을 만들어 볼까?
여기에 먼저 밥을 조금 넣고 꾹꾹 누르면 돼.
그다음에 마요네즈에 버무린 참치를 가운데에 조금 넣어.
마지막으로, 다시 밥을 넣고 뚜껑을 덮고 꾹꾹 눌러.
삼각김밥 완성! 이제 여기에 김이랑 치즈로 글자를 만들어서 붙여 보자."**

④ 주먹밥 위에 김과 치즈로 '사', '랑', '해' 글자를 만든 다음, 작은 접시 3개에 각각 올려요.

⑤ '사', '랑', '해' 접시의 위치를 바꿔 가며 읽어 봐요(예: 해랑사, 랑해사 등).

활동 예시

**"사, 랑, 해 라고 하나씩 쓴 글자 주먹밥이 완성되었네!
접시에 하나씩 올려 볼까?
그리고 이걸 뒤죽박죽 섞어서 새로운 단어를 만들어 보는 거야."**

아이들이 김과 치즈로 표현한 '사랑해' 주먹밥

도움말

- 요리를 시작하기 전에 재료를 직접 만져 보고, 냄새를 맡고, 맛보는 경험을 통해 촉각, 후각, 미각을 자극하고 맛과 관련된 단어를 사용하면 아이가 풍부한 어휘에 자연스럽게 노출될 수 있어요. 특히, 요리할 때 사용하는 생소한 어휘(예: 배합초, 계량 등)를 접하고 어떤 뜻인지 유추해 봅니다. 자연스러운 맥락에서 새로 접하는 어휘를 사용해 주고, 어휘의 뜻은 이해하기 쉽게 풀어서 설명해 주세요.

- 레시피를 한 줄씩 읽으면서 순서에 맞게 만드는 활동을 통해 실제적인 맥락에서 문해를 경험할 수 있어요.
- 레시피는 가정에 따라 달라질 수 있어요. 아이가 좋아하는 재료를 활용해서 다양하게 글자 주먹밥을 만들어요(예: 김가루, 멸치, 케첩, 콩, 햄, 어묵 등).
- 글자를 표현하는 재료는 미리 직사각형 모양, 원 모양으로 잘라놓으면 쉽게 쓸 수 있어요.
- 글자나 단어를 정해서 만들어요(예: 이름, 하고 싶은 말 등).
- 주먹밥과 글자의 색이 너무 비슷할 경우 글자가 잘 보이지 않을 수 있어요. 색이 대조될 수 있도록 재료를 준비해 주면 좋아요.

● 사랑해 주먹밥 레시피 ●

- 주먹밥 6개용 준비물: 삼각김밥 틀, 넓은 접시, 흰밥, 계량스푼, 참기름, 소금, 식초, 설탕, 마요네즈, 참치, 치즈, 김

- 활동 방법

❶ 흰밥 2공기 반(500g)에 참기름 2작은술, 소금 1/2작은술을 넣고 섞는다.
❷ 식초 1큰술, 설탕 1큰술, 소금 1/2큰술을 섞어 배합초를 만든다.
❸ 간을 한 밥에 배합초를 넣고 섞는다.
❹ 참치 1캔의 기름을 빼고 마요네즈를 3큰술 넣어 주걱으로 섞는다.
❺ 삼각김밥 틀에 랩을 펴고 밥-참치마요-밥 순서로 넣는다.
❻ 뚜껑을 닫고 꾹 눌러서 밥과 재료가 잘 붙도록 한다.
❼ 틀에서 꺼낸 다음 삼각 모양을 잡아준 뒤 랩을 벗긴다.
❽ 치즈와 김으로 '사, 랑, 해' 글자를 각각 표현한다.

그림책을 활용한 추천 독후 활동

가래떡으로 글자 만들기

『가래떡』
(사이다 지음 / 반달, 2016)

- 난이도 ★☆☆☆☆ / 추천 연령: 2~4세
- 소요 시간: 10분
- 기초문해요소: 소근육운동, 기초읽기
- 통합영역: 언어, 조작
- 준비물: 가래떡, 플라스틱 칼, 쟁반
- 활동 방법
  - 독후 활동을 위해 말랑말랑하고 긴 가래떡을 준비해요.
    (가래떡 길이가 너무 길면 잘라 주세요.)
  - 가래떡 조각으로 자음/모음을 만들어 보세요.
  - 글자의 모양에 따라 가래떡을 더해서 글자 모양을 바꿀 수 있어요
    (예: '기'에 가획하여 '가' 만들기, '리→라→래' 만들기)
  - 완성된 글자는 꿀에 찍어 간식으로 맛있게 먹어요.

지렁이 젤리로 글자 만들기

『산과 바다의 젤리』
(이노우에 코토리 글·그림, 김종혜 옮김 / 키즈엠, 2020)

- 난이도 ★☆☆☆☆ / 추천 연령: 2~4세
- 소요 시간: 10분
- 기초문해요소: 소근육운동, 기초읽기
- 통합영역:
- 준비물: 지렁이 모양 젤리, 쟁반
- 활동 방법
  - 다양한 길이의 지렁이 젤리를 준비해 주세요.
  - 지렁이 젤리로 자음과 모음을 표현해 보세요.
  - 지렁이 젤리로 자음/모음 만들기, 내 이름, '젤리'라는 단어 등 다양하게 글자를 만들어 보세요.
  - 완성된 글자는 간식으로 맛있게 먹어요.

국수로 단어 만들기

『풀잎국수』
(박유연 글·그림 / 웅진주니어, 2020)

- 난이도 ★☆☆☆☆ / 추천 연령: 2~4세
- 소요 시간: 10분
- 기초문해요소: 소근육운동, 기초읽기
- 통합영역: 언어, 조작
- 준비물: 국수 또는 스파게티면(삶은 것, 삶지 않은 것), 쟁반, 접시, 참기름
- 활동 방법
  - 국수 또는 스파게티면을 삶아요. 삶지 않은 것도 함께 준비해 주세요.
  - 국수끼리 뭉치지 않도록 참기름을 살짝 뿌려서 버무린 뒤 접시에 담아요.
  - 국수를 한 김 식힌 뒤, 국수를 이용해 다양한 모양의 단어를 만들어요.

젤리곰과 초코펜으로 글자 만들기

『초코곰과 젤리곰』
(얀 케비 글·그림, 박정연 옮김 / 한솔수북, 2020)

- 난이도 ★★☆☆☆ / 추천 연령: 4~6세
- 소요 시간: 20분
- 기초문해요소: 소근육운동, 기초읽기, 기초쓰기
- 통합영역: 언어, 미술, 과학
- 준비물: 곰젤리, 초코펜, 쟁반, 유산지, 종이, 연필
- 활동 방법
  - 만들어 보고 싶은 글자를 함께 정해요(예: 이름, 곰, 초코, 젤리 등)
  - 종이에 만들고 싶은 글자를 적고 따라 만들 수 있도록 유산지 아래에 깔아요. 혼자서도 써 볼 수 있는 간단한 글자라면 글자를 써서 보여 주기만 해도 좋아요.
  - 초콜릿 펜으로 먼저 글자를 써 준 다음에 그 위에 젤리 곰을 올려 꾸밉니다. 초콜릿을 충분히 많이 짜야 젤리를 올렸을 때 잘 붙어요.
  - 냉동실에 잠시 넣어서 굳혀 준 다음에 간식으로 맛있게 먹어요.

김치요리 메뉴판 만들기

『아삭아삭 배추김치』
(동백 글, 강은옥 그림 / 쉼어린이, 2016)

- 난이도 ★★☆☆☆ / 추천 연령: 4~6세
- 소요 시간: 15분
- 기초문해요소: 어휘력, 기초쓰기, 소근육운동
- 통합영역: 언어, 미술
- 준비물: 스케치북, 크레파스, 색연필, 김치, 요리에 필요한 재료
- 활동 방법
  - 김치로 만들 수 있는 요리에는 무엇이 있는지 이야기 나누어요.
  - 김치로 만들 수 있는 요리의 이름들을 먼저 종이에 간단히 적어요.
  - 도화지에 김치로 만들 수 있는 요리의 이름과 가격을 적은 뒤 그림으로 표현합니다.
  - 김치가 들어가는 요리 중 만들어 보고 싶은 메뉴를 직접 만들어 먹어요.
  - 점토 또는 그림으로 김치 요리를 표현하여 김치 요리를 파는 식당 역할놀이로 확장할 수 있어요.

음식에 웃긴 이름 지어 부르기

『난 토마토 절대 안 먹어』
(로렌 차일드 글·그림, 조은수 옮김 / 국민서관, 2001)

- 난이도 ★★☆☆☆ / 추천 연령: 4~6세
- 소요 시간: 15분
- 기초문해요소: 음운론적 인식, 어휘력, 기초쓰기
- 통합영역: 언어, 조작
- 준비물: 종이, 연필, 요리 재료
- 활동 방법
  - 아이가 싫어하는 음식이 무엇인지 이야기 나누어요.
  - 아이가 싫어하는 음식에 웃긴 이름을 지어서 종이에 적어요.
  - 아이와 함께 지은 웃긴 이름을 활용해서 실제 대화에 사용해 보세요.
  - 아이가 싫어하는 음식 재료를 활용하여 간단한 요리를 해 보세요.
    (예: 토마토(=초록머리빨간얼굴)를 자르고 설탕 뿌려서 먹어 보기)

내 마음대로 만드는 빵

『빵 공장이 들썩들썩』
(구도 노리코 글·그림, 윤수정 옮김 / 책읽는곰, 2015)

- 난이도 ★★☆☆☆ / 추천 연령: 4~6세
- 소요 시간: 20분
- 기초문해요소: 어휘력, 기초쓰기
- 통합영역: 언어, 미술
- 준비물: 점토, 빵 만들기 키트
- 활동 방법
  - 그림책에 나오는 빵처럼 만들고 싶은 빵에 대해 이야기를 나누어요.
  - 점토로 다양한 모양의 빵을 만들고, 빵에 재미있고 웃긴 이름을 지어서 붙여요.
  - 가게에 빵을 진열하는 것처럼 메모 카드를 만들어 이름을 적어요.
    (예: 회오리바람구불꾸불빵)
  - 빵 가게 역할놀이를 합니다.
  - 빵 만들기 키트로 진짜 빵을 만들 수도 있어요.

계란말이 버스 만들기

『계란말이 버스』
(김규정 글·그림 / 보리, 2019)

- 난이도 ★★★☆☆ / 추천 연령: 4~6세
- 소요 시간: 30분
- 기초문해요소: 어휘력, 기초쓰기, 소근육운동
- 통합영역: 미술, 과학, 조작
- 준비물: 계란 5알, 프라이팬, 케첩, 연필모양 케첩통
- 활동 방법
  - 계란을 저어서 뭉친 곳이 없도록 골고루 풀어요.
    (아이가 직접 참여하는 것이 좋아요.)
  - 부모님께서 계란말이를 만들어 접시에 담아 주세요.
  - 완성된 계란말이 버스에 어떤 이름을 붙이고 싶은지 이야기 나누어요.
  - 연필 모양 케첩통에 케첩을 담아서 계란말이 버스에 이름을 쓰고 몇 번 버스인지도 써요.
  - 계란말이 버스를 맛있게 먹어요.

글자 쿠키 만들기

『쿠키 한 입의 인생수업』
(에이미 크루즈 로젠탈 글, 제인 다이어 그림, 김지선 옮김 / 책읽는곰, 2008)

- 난이도 ★★★☆☆ / 추천 연령: 4~6세
- 소요 시간: 30분
- 기초문해요소: 어휘력, 이야기 이해력, 기초쓱
- 통합영역: 언어, 미술, 과학
- 준비물: 쿠키 만들기 키트, 유산지, 오븐
- 활동 방법
  - 그림책에 나온 것과 비슷하게 어떤 쿠키를 만들고 싶은지 이야기를 나누어요.
  - 쿠키 만들기 키트를 활용하여 쿠키 반죽을 만들어요.
  - 쿠키 반죽을 길게 만들어, 자음/모음 모양의 쿠키도 만듭니다.
  - 그림책에 나왔던 쿠키들을 참고하여 쿠키 이름을 짓고, 포장지에 쿠키 이름을 써요(예: 'ㄷ'-당당쿠키, 'ㄱ'-겸손쿠키, 'ㅁ'-믿음쿠키).
  - 쿠키를 파는 가게 놀이로 확장해 주세요.

피자 토핑으로 이름 꾸미기

『꽁꽁꽁 피자』
(윤정주 글·그림 / 책읽는곰, 2020)

- 난이도 ★★★☆☆ / 추천 연령: 4~6세
- 소요 시간: 30분
- 기초문해요소: 기초읽기, 기초쓰기, 소근육운동
- 통합영역: 언어, 미술, 과학
- 준비물: 식빵 또는 토르티야, 피자 소스(또는 케첩), 소시지, 올리브, 파프리카, 양파, 모짜렐라 치즈, 오븐(또는 전자레인지) 등
- 활동방법
  - 식빵 또는 토르티야에 피자 소스(케첩)를 바르고 치즈를 올려요.
  - 소시지, 올리브, 파프리카, 양파 등으로 토핑을 올려 유아의 이름을 표현해요. 오븐 대신 전자레인지를 사용할 경우 피자에 올리는 재료들은 미리 프라이팬에 볶아서 준비해 주세요.
  - 오븐에 구워서 맛있는 내 이름 피자를 먹어요.

된장찌개 만들기

『된장찌개』
(천미진 글, 강은옥 그림 / 키즈엠, 2015)

- 난이도 ★★★★☆ / 추천 연령: 4~6세
- 소요 시간: 30분
- 기초문해요소: 소근육운동, 이야기 이해력
- 통합영역:
- 준비물: 된장, 두부, 버섯, 애호박, 대파, 국물용 멸치, 뚝배기, 플라스틱 칼, 도마
- 활동방법
  - 그림책의 내용에 대해 이야기 나누며, 된장찌개를 만들기 위해 필요한 재료들을 구입해요.
  - 두부, 버섯, 애호박 등 자르기 쉬운 재료를 플라스틱 칼로 자릅니다.
  - 국물용 멸치로 국물을 낸 뒤, 된장을 풀고 자른 재료들을 넣어 끓여 주세요.
  - 된장찌개와 밥을 먹으며 그림책에 관한 이야기를 나누어요.

그림책 함께 읽는 부모

- 그림책 독후 활동1(요리를 활용한 독후 활동) -

그림책만 읽자고 하면 아이가 도망치고 거부하나요? 책을 읽더라도 집중하기 힘들어하는 경우도 있을 거예요. 아이의 머릿속에 '책 읽기'는 '재미없다'라고 인식되어 있을 때 이런 반응을 보일 수 있어요. 그림책 읽기가 성인 주도로만 이루어지거나, 학습을 위한 방법으로만 사용될 때 아이들은 이를 귀신같이 눈치채고 거부하게 됩니다. 이럴 땐 그림책에 대한 이미지부터 바꿔 주셔야 해요. 가정에서 쉽게 시도해 볼 수 있는 방법으로 '그림책 읽고 요리 활동하기'를 추천합니다.

요리 활동은 특히 오감을 활용하여 탐색하도록 돕기 때문에 아이들의 발달적 특성과 잘 맞물려요. 감각적인 탐색을 통해 배우는 아이들의 특성상 더 적극적으로 참여하고 싶게 만들죠. 호기심을 가지고 요리에 사용되는 재료의 맛, 향, 색, 촉감을 탐색해요. 그리고 이를 말로 표현해 보세요. "식초를 맛보니 어떤 맛이 나? 새콤한 맛이 톡 쏘기도 하고, 달콤하기도 하네. 식초의 색은 어때? 이 식초는 색이 누르스름한 노란색인데, 이 식초는 투명하네."와 같이 상호작용해 줄 수 있어요. 요리의 재료를 탐색하고 다양하게 변화시켜 보며 촉감과 관련된 어휘를 사용할 수도 있어요. "밀가루에 물을 넣었더니 어떻게 됐어? 처음 밀가루를 손으로 만져 봤을 때 부드러운 가루였는데, 물을 부어서 손으로 반죽해 주니 말랑말랑한 밀가루 반죽이 됐네?"와 같이 촉감과 상태의 변화에 주의를 기울일 수 있도록 상호작용해 줄 수 있어요. 이렇게 요리 재료를 직접 손으로 탐색해 보며 새로운 어휘를 활용하면 통합적인 문해 활동이 이루어질 수 있어요. 이러한 과정은 아이들의 관찰력, 표현력, 어휘력의 신장을 돕습니다. 연구 결과, 사진과 그림으로만 배울 때보다 실물을 오감으로 느끼며 직접 요리할 때 아이들의 어휘 학습이 더욱 잘 이루어지는 것으로 나타났어요. 같은 내용을 담고 있는 활동이더라도 아이가 직접 손으로 탐색할 수 있을 때 그 효과가 커지는 거죠.[1] 이러한 점에서 그림책 독후 활동으로 요리 활동을 적절히 활용하면 좋습니다. 그림책만 읽고 끝냈을 때보다 요리 활동으로 한 번 더 다룰 때 그 효과가 배가될 수 있어요.

그렇다고 모든 그림책에 일관된 독후 활동을 적용하는 것은 바람직하지 않습니다. 그림책을 읽고 나서 해 보는 요리 활동이 좋다고 매번 그림책을 읽을 때마다 요리 활동을 할 필요는 없죠. 그림책을 읽을 때마다 독후 활동을 매번 해야 한다면 부모님도 아이도 모두 싫증 나고 부담스러울 거예요. 정말 재미있는 독후 활동이 떠올랐을 때, 그림책의 내용에서 확장해서 해 보면 좋을 놀이가 생각났을 때, 그림책의 내용을 적절히 활용할 수 있는 경우에 요리 독후 활동을 시도해 보세요. 매번 독후 활동으로 비슷한 요리 활동을 하는 것은 금물입니다. 각 그림책만의 개성을 잘 살릴 수 있는 독후 활동을 고민해 보세요. 해 볼 수 있는 활동은 무궁무진하답니다.

예를 들어, 『쿠키 한 입의 인생 수업』 그림책을 함께 읽으며 '당당하다, 겸손하다'와 같은 새로운 어휘를 배웠다면 요리 활동으로 연결해서 이런 어휘를 반복적으로 사용할 수 있어요. 쿠키 반죽을 길쭉하게 만들어 그림책의 단어를 보면서 글자 쿠키를 만들어 볼 수 있겠지요. 이렇게 글자의 형태를 눈여겨보고, 손을 움직여 모양을 만들면서 글자를 재미있게 배울 수 있어요. '당당 쿠키, 겸손 쿠키'를 직접 만들어 먹는다면, 성취감도 느끼고 단어를 오래도록 기억할 수 있어요. 요리와 관련된 그림책이나 아이가 즐겨 읽는 그림책을 읽고 나서 요리 활동으로 확장해 보세요. 독후 활동으로 요리를 할 때, 꼭 요리를 내용으로 하는 그림책일 필요는 없어요.

그림책을 읽고 요리 활동을 할 때 주의할 점이 있어요. 요리 활동에 필요한 재료를 아이가 직접 탐색할 수 있도록 준비해 주세요. 깨지지 않는 플라스틱 그릇에 재료들을 조금씩 담아 오감으로 탐색하고 단계별로 요리하며 풍부한 언어적 상호작용이 이루어질 수 있어요. 유아의 요리 활동 경험이 적다면 불을 사용하지 않고 쉽게 할 수 있는 활동부터 도전해 보는 것이 좋아요. 김치와 관련된 그림책을 읽고 김치볶음밥을 만들어 보고 싶어 한다면 김치볶음을 어른이 미리 준비해 줄 수 있겠죠. 김치볶음의 맛을 탐색해 본 뒤, 비닐장갑을 끼고 김치볶음과 밥을 섞어 볼 수 있어요.

요리 활동에 익숙해졌다면 유아가 직접 모든 요리 과정에 참여할 수 있도록 아동용 비닐장갑, 도마, 플라스틱 칼, 앞치마 등을 준비해 주세요. 요리에 필요한 다양한 도구들의 특징과 이름도 함께 배울 수 있어요. 간단한 요리를 처음부터 끝까지 함께 해 볼 때는 조리법(레시피)을 간단하게 적어서 준비해 주세요. 레시피를 직접 읽으며 의미 있는 맥락에서 읽기를 경험하게 됩니다. 레시피를 적을 땐 순서와 관련된 어휘를 적절히 활용해 주세요. '먼저, 그다음으로, 마지막으로, 앞에서 만들었던'과 같은 어휘는 요리의 순서에 대한 개념을 이해하도록 도울 수 있어요. 아이와 함께 만들어 본 요리들의 레시피를 모아 나만의 요리책을 만들 수도 있습니다.

1 Park, Choi, Kiaer, & Seedhouse (2019)

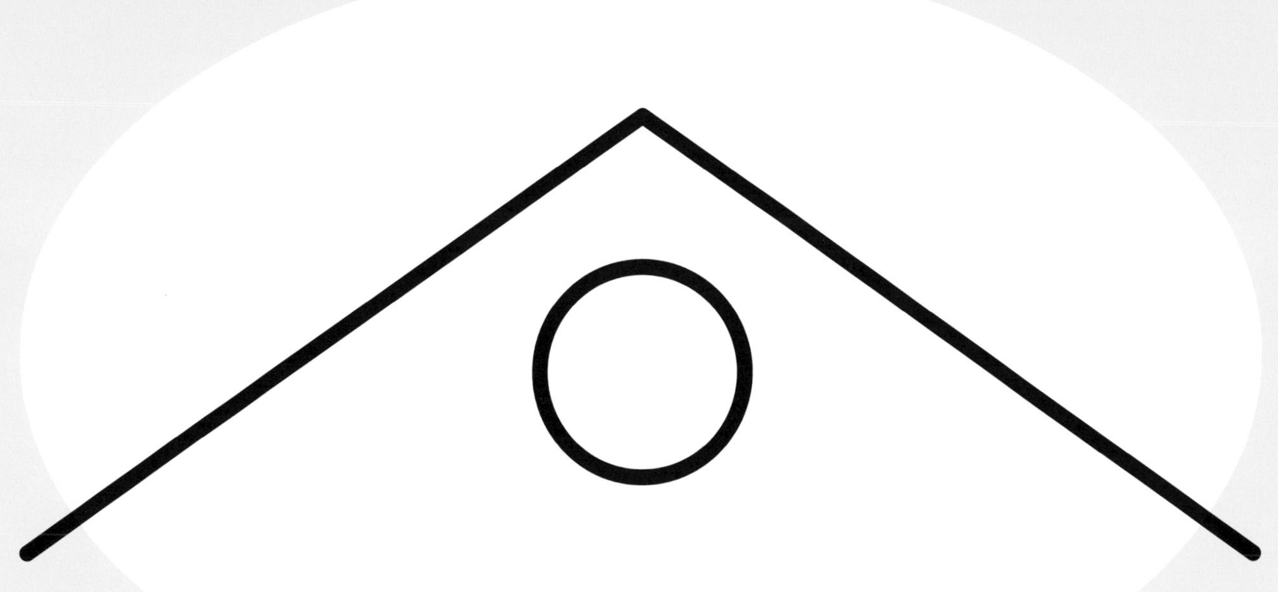

10.

놀잇감:
손가락은 마술사

유아기 소근육 발달이 중요한 이유

어린 시절 어떤 놀이를 하며 놀았는지 기억하세요? 공기놀이, 딱지치기, 팽이 돌리기, 종이접기, 구슬치기와 같은 놀이에 푹 빠졌던 때가 있었으리라 생각합니다. 그런데 어릴 때 우리가 했던 손으로 하는 놀이에 의외의 효과가 있어요. 이러한 놀이는 소근육운동 발달에 도움을 주어, 문해력과도 관련된다는 거예요. 우리 몸의 작은 근육인 소근육은 연필로 쓰기, 가위질하기, 젓가락질하기, 단추 잠그기와 같은 정교한 작업을 하는 데 필요한 근육이에요.

그런데 안타깝게도 요즘 아이들은 소근육 발달 수준이 점점 떨어지는 추세입니다.[1] 우선, 디지털 미디어에 둘러싸여 성장하다 보니 전통적인 블록, 퍼즐 같은 놀잇감으로 노는 시간이 줄었다고 해요. 디지털 기기도 터치스크린 넘기기, 드래그, 드롭, 푸시 같은 기술을 통해 소근육을 발달시키기는 합니다.[2] 하지만 이러한 기술은 대부분 손가락 한두 개만을 사용하다 보니 여러 손가락의 소근육, 손가락 간 협응 능력을 발달시키기에는 부족할 수밖에 없습니다. 그리고 단추 끼우기나 용기 뚜껑 열기처럼 아이들이 스스로 할 일을 부모님이 대신 해 주는 경우도 많아서 소근육 발달이 순조롭지 않은 것으로 보입니다. 요즘 아이들이 부모님 세대보다 더 풍족한 환경에서 성장하고 있지만 한편으로는 발달에서 놓치고 있는 부분도 있어요.

소근육운동은 인지 발달과 깊은 관련이 있습니다. 소근육 발달이 잘 이루어지지 않으면 인지 발달에도 영향을 미칠 수 있어서 경각심을 가질 필요가 있어요. 또래보다 소근육이 발달한 유아들은 초등학교에 들어가서 더 높은 학업 성취도를 보이는 것으로 밝혀졌습니다. 5~6세 유아들의 대근육과 소근육 능력을 조사하고 1년 후 아이들이 학교에 입학한 후 문해, 수학 점수와 관련성을 살펴본 결과, 유아기에 소근육 조정 능력과 통합 능력이 좋을수록 초등학교 1학년 때 문해력 점수가 높았다고 합니다.[3] 대근육은 학업성취와 직접적인 관련이 없어 소근육만이 가지는 특별한 비밀이 있다고 할 수 있습니다.

연구자들은 이러한 결과를 뇌 영역 간 연관성으로 설명합니다. 소뇌와 같은 소근육운동기술과 관련된 뇌 영역은 전전두엽 피질처럼 인지 기술과 관련된 뇌 영역과 명확한 연관성이 있다고 합니다. 즉, 소근육운동을 많이 할수록 운동과 인지 영역이 서로 긍정적인 영향을 주고받으며 함께 발달한다는 것이죠. 소근육이 가장 잘 발달하는 시기는 5세에서 10세 사이라고 하니 유아기가 참 중요합니다.[4] 이때를 놓치지 않고 소근육을 사용

---

1 Gaul & Issartel(2016)

2 Souto et al.(2020)

3 Escolano-Perez, Herrero-Nivela, & Losada(2020)

4, 5세 소근육 발달 체크리스트[5]

다음은 보건복지부와 질병관리본부의 후원하에 대한소아과학회, 대한소아신경학회, 대한소아청소년정신의학회, 대한소아재활·발달의학회, 심리학 등 관련 분야의 전문가들이 한국 영유아의 특성에 맞게 개발한 '한국 영유아 발달 선별검사(Korean Developmental Screening Test for Infants & Children, K-DST)의 소근육운동 문항들입니다.

각 문항을 읽고 '잘할 수 있다'는 3점, '할 수 있는 편이다'는 2점, '잘하지 못한다'는 1점, '전혀 못 한다' 0점을 매겨 주세요. 8개 문항의 점수를 합하여 또래와 비교할 때의 발달 수준을 확인하면 됩니다.

• 48~53개월용 •

총점 12점 이하는 '심화평가 권고', 13~17점은 '추적검사 요망', 18~23점은 '또래 수준', 24점은 '빠른 수준'

❶ 사각형이 그려진 것을 보여 주면 사각형을 그린다(그리는 과정의 시범을 보지 않고도 그려야 한다. 또한 각이 교차되도록 그리는 것은 괜찮지만, 둥글거나 좁은 각으로 그리는 것은 해당되지 않는다).

❷ 가위로 직선을 따라 똑바로 오린다.

❸ 십자(+)를 보여주면 따라 그린다(그리는 과정의 시범을 보지 않고도 그려야 한다).

❹ 블록으로 계단 모양을 쌓는다.

❺ 색칠 공부의 그림 속에 색을 칠한다.

❻ 종이에 그려진 네모를 가위로 오린다.

❼ 블록으로 피라미드 모양을 쌓는다.

❽ 한 손의 엄지손가락과 다른 네 손가락을 차례로 맞닿게 한다(반대편 네 손가락이 아니고 같은 손이어야 한다).

• 54~59개월용 •

총점 14점 이하는 '심화평가 권고', 15~19점은 '추적검사 요망', 20~23점은 '또래 수준', 24점은 '빠른 수준'

❶ 색칠 공부의 그림 속에 색을 칠한다.

❷ 종이에 그려진 네모를 가위로 오린다.

❸ 블록으로 피라미드 모양을 쌓는다.

❹ 한 손의 엄지손가락과 다른 네 손가락을 차례로 맞닿게 한다.

❺ 삼각형 그림을 보여 주면 따라 그린다(그리는 과정의 시범을 보지 않고도 그려야 한다).

❻ 아이의 이름을 적어 주면 쓰인 자기 이름을 보고 따라 쓴다(글자의 크기나 순서가 바뀌었거나 뒤집혔어도 된다).

❼ 종이에 그려진 동그라미를 가위로 오린다.

❽ 간단한 자동차 모양을 흉내 내어 그린다.

• 60~65개월용 •

총점 15점 이하는 '심화평가 권고', 16~20점은 '추적검사 요망', 21~23점은 '또래 수준', 24점은 '빠른 수준'

❶ 종이에 그려진 네모를 가위로 오린다.

❷ 블록으로 피라미드 모양을 쌓는다.

❸ 한 손의 엄지손가락과 다른 네 손가락을 차례로 맞닿게 한다.

❹ 삼각형 그림을 보여 주면 따라 그린다(그리는 과정의 시범을 보지 않고도 그려야 한다).

❺ 종이에 그려진 동그라미를 가위로 오린다.

❻ 간단한 자동차 모양을 흉내 내어 그린다.

❼ 주전자나 물병의 물을 거의 흘리지 않고 컵에 붓는다.

❽ 마름모 그림을 보여 주면 따라 그린다(그리는 과정의 시범을 보지 않고도 그려야 한다).

66~71개월용 ●

총점 15점 이하는 '심화평가 권고', 16~19점은 '추적검사 요망', 20~23점은 '또래 수준', 24점은 '빠른 수준'

❶ 한 손의 엄지손가락과 다른 네 손가락을 차례로 맞닿게 한다.

❷ 삼각형 그림을 보여 주면 따라 그린다(그리는 과정의 시범을 보지 않고도 그려야 한다).

❸ 종이에 그려진 동그라미를 가위로 오린다.

❹ 간단한 자동차 모양을 흉내 내어 그린다.

❺ 주전자나 물병의 물을 거의 흘리지 않고 컵에 붓는다.

❻ 마름모 그림을 보여 주면 따라 그린다(그리는 과정의 시범을 보지 않고도 그려야 한다).

❼ 집, 나무, 동물 같은 사물을 알아볼 수 있게 그린다.

❽ 리본 묶기를 한다(예: 운동화 끈).

한 활동을 충분히 하면 문해력 발달에 필요한 인지능력까지 키울 수 있습니다.

소근육 발달과 연필 잡기

유아들은 그리기와 쓰기를 많이 합니다. 그런데 아이에게 연필을 주고 뭔가 쓰게 할 때 "힘들다", "하기 싫다"와 같이 반응하는 경우가 있습니다. 이럴 때 부모님은 '아이가 글씨 쓰기 싫어서 힘들다고 핑계를 대나?'라고 생각하기 쉽지요.

그러나 유아가 손이 아파서 쓰기 싫다고 하는 건 아주 자연스러운 현상이에요. 유아는 아직 쓰기가 힘들어요. 왜냐하면 '쓰기'를 관장하는 소근육이 아직 충분히 발달하지 않았기 때문입니다. 인간은 대근육이 먼저 발달하고 나서 소근육이 발달해요. 몸의 안에서 바깥쪽으로, 즉, 말초신경이 가장 늦게 발달해 '팔→손목→손→손가락' 순서로 발달합니다.[6] 이처럼 손가락 끝이 가장 늦게 발달하기 때문에, 손가락의 소근육 힘이 아직 발달 중인 유아기에는 필기구를 잡는 것도, 글씨 쓰는 것도 당연히 힘들 수밖에 없습니다.

소근육 발달 상태에 따라 아이가 연필을 잡고 쓰는 방법도 다릅니다. 보통 잡기를 '초기 잡기(그림 1)', '전이적 잡기(그림 2)', '성숙한 잡기(그림 3)'의 세 단계로 나눌 수 있습니다.[7] 아직 소근육 발달이 부족한 어린 아동은 손가락의 세밀한 근육을 쓰지 못하고 팔, 손목, 손 전체를 이용한 '초기 잡기'와 '전이적 잡기'를 합니다. 이 두 단계에 있는 아이가 가느다란 연필로 글자를 쓰면 손의 소근육에 더 많은 부담이 가서 손이 아파요. 더불어 쓰기 속도와 유려함도 떨어지고요. 반면, 소근육이 발달한 아이들의 경우 손끝을 미세하게 움직이며 글씨를 쓰는데, 이를 '성숙한 잡기'라고 합니다. 소근육이 충분히 발달한 아이들은 성숙한 잡기를 하기 때문에 자연히 손에 무리가 덜 가고 속도나 모양도 훨씬 좋게 됩니다. 따라서 아이가 연필 잡기를 어려워한다면 연필을 바르게 잡도록 요구하기보다는 먼저 소근육 발달을 기다려 줄 필요가 있습니다.

---

4 Haartsen, Jones, & Johnson(2016), Leisman, Moustafa, & Shafir(2016)
5 Chung et al.(2020)
6 Kumar(2019)
7 Selin(2004)

소근육 발달 어떻게 도울까?

우리 아이의 소근육, 어떻게 키워 주는 것이 좋을까요? 우리 주변에서 쉽게 찾아볼 수 있는 재미있는 '놀잇감'을 활용하면 좋습니다. 새롭고 특별하지 않아도 우리에게 익숙한 놀잇감들로 소근육 발달이 충분히 이루어집니다.

유아가 좋아하는 블록을 가지고 노는 것도 소근육운동에 좋아요. 울퉁불퉁한 다양한 모양의 블록을 끼우는 과정에서 다양한 소근육이 활용될 수 있어요. 아이가 몰입해서 손가락 소근육을 세밀하게 조정하기 때문에 자연스럽게 소근육 발달이 촉진되죠.

또 색다르게 블록을 글자모양으로 만들어 글자놀이를 해 볼 수도 있습니다. 블록으로 내 이름이나 가족 이름을 만들 수 있어요. 그리고 'ㅁ' 블록으로 'ㅂ'을 만들고, 'ㅣ' 블록으로 'ㅏ'를 만들어 보면서 비슷한 자음과 모음의 형태를 자연스럽게 비교해 보는 것도 좋아요. 블록으로 글자를 만들면 눈으로 보는 것에서 나아가 손의 촉감을 활발하게 사용하면서 글자를 탐색하기 때문에 기억에 더 잘 남게 됩니다.

색종이 접기도 재미있고 효과적인 활동이에요. 색종이 접기 방법을 보고 이해하는 과정도 문해 활동이 됩니다. 접기에서 더 나아가 소근육을 활용한 게임으로 연결시킬 수도 있습니다. 종이 개구리를 접어 경주 게임을 하거나 딱지를 접어 함께 딱지치기 게임을 하는 거죠. 동서남북 종이접기를 하고 그 안에 재미있는 미션이나 벌칙을 적어서 놀 수도 있고요. 이렇게 종이접기를 이용한 게임에 재미가 붙으면 아이 혼자서도 종이접기를 반복하며 소근육운동을 할 수 있게 됩니다.

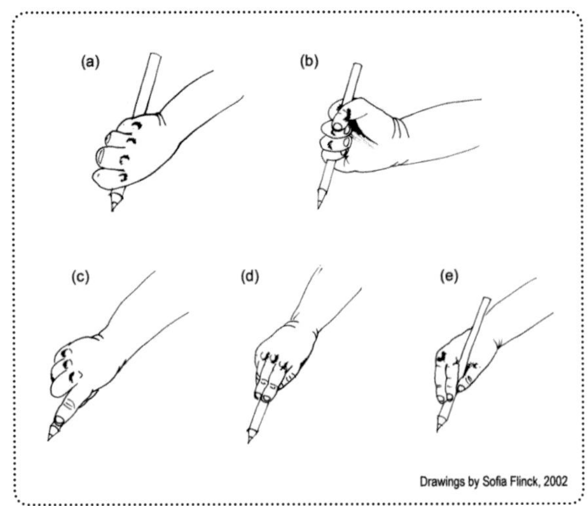

그림 1. '초기 잡기'
주로 손바닥을 이용한 모습을 보인다.

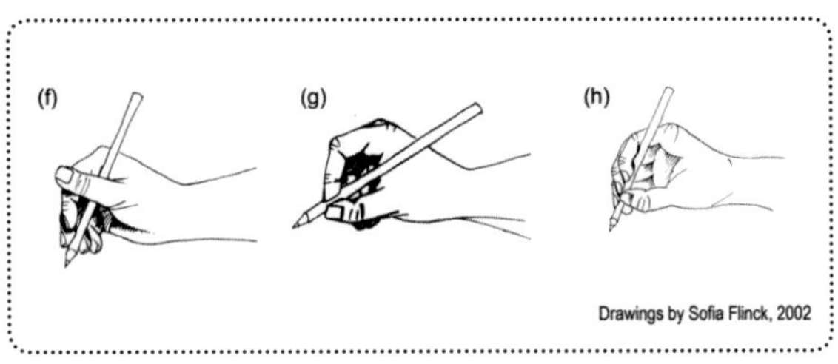

그림 2. '전이적 잡기'
손가락을 이용한 잡기를 하지만 손끝을 미세하게 움직이며 쓰지는 못하고 손 전체, 손목, 팔을 움직이며 쓴다.

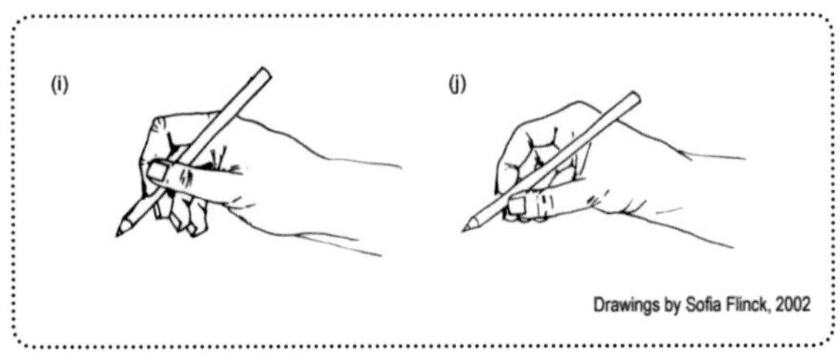

그림 3. '성숙한 잡기'
손끝을 미세하게 움직이면서 쓴다.

연필 잡기 지도 어떻게 할까?

초등학교에 들어갈 때쯤 유아는 소근육운동이 더 정교해지고 연필 잡기 경험도 많아집니다. 연필

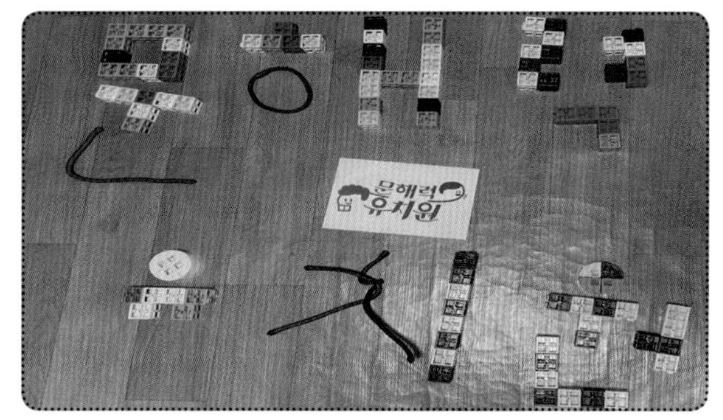

그림 4. 아이가 블록으로 만든 글자

잡기도 자연스럽게 성숙한 잡기로 수렴해요. 아이들은 스스로 다양한 잡기 방법을 실험해 보면서 편안하고 효율적인 잡기를 찾아냅니다. 어릴 때는 연필을 어떻게 잡아도 큰 문제가 있는 건 아닙니다. 아이의 연필 잡는 방법을 바르게 고쳐 주려고 너무 애쓰지 않아도 됩니다. 처음에 연필의 윗부분을 잡고 위태롭게 '초기 잡기' 방법으로 쓰던 아이도 쓰기 경험이 쌓이면 점점 자신이 쓰기 편한 방식을 찾아 안정적으로 필기구의 아랫부분을 잡게 됩니다.

다만 비기능적인 잡기의 경우 지도할 필요가 있습니다. 두 손가락을 활용한 손 모양은 일반적으로 보기 힘든 연필 잡기의 모습이죠? 직접 따라 해 보시면 글씨를 쓸 때 손이 매우 아픈 것을 느낄 수 있습니다. 이런 경우는 손에 지나치게 부담을 주어서 효율적이지 않은 비기능적 잡기입니다. 이런 경우라면 아이에게 손가락을 세 개 이상 사용하는 일반적인 잡기 방법을 알려 줄 필요가 있습니다.

필기구 특성에 따라서도 요구되는 소근육운동의 세밀함에 차이가 있습니다. 가는 연필로 글자처럼 정교한 것을 쓸 때는 손끝 근육 움직임이 요구되죠. 반면 색연필은 연필보다 굵기도 하고 손끝 근육 움직임이 덜 요구됩니다. 그래서 아이들도 연필을 쓸 때 색연필을 쓸 때보다 성숙한 잡기를 더 많이 하는 경향이 있습니다. 따라서 소근육이 아직 충분히 발달하지 않아 성숙한 잡기가 어려운 유아에게는 너무 가는 연필보다는 유아용 색연필부터 충분히 사용하도록 할 필요가 있습니다. 아이의 소근육이 점점 발달하면 자연스럽게 성숙한 잡기 방법으로 정교한 필기구를 잘 사용할 수 있게 됩니다.

5세 정도라면 딱딱한 연필에 끼우는 말랑말랑한 도구가 편안함을 줄 수 있어요. 어린이 손에 맞는 올록볼록하고 뭉툭한 연필 제품도 있어요. 연필심 자체가 굵은 연필도 있고요. 심지어 왼손잡이용 연필도 만들어져 있습니다. 그리고 이 시기에는 HB보다는 B나 2B 연필이 부드러워서 쓰기를 시작하기에 더 적합합니다.

1

블록으로 모형 만들기

- 블록으로 그림책의 주인공 만들기 -

난이도	★★★☆☆	소요 시간	**20** 분
기대 효과	그림을 보고 따라서 블록친구를 만들며 시지각 능력을 키워요. 블록으로 글자, 단어를 만들며 글자의 모양에 관심을 가져요.		

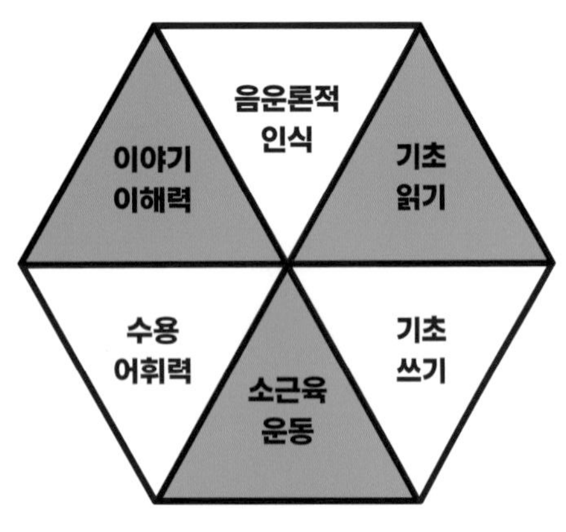

기초문해요소

2세	3세	4세	5세	저학년

추천연령

언어	수학	과학	사회
미술	음률	조작	신체

통합영역

준비물

『블록 친구』 그림책(이시카와 코지 글·그림, 김정화 옮김 / 키다리, 2010), 블록들, 다양한 형태의 블록으로 만든 블록친구

블록으로 만든 블록친구

활동 방법

❶ 그림책을 읽기 전에 블록으로 만든 블록친구를 탐색하며 글자 모양을 찾아요(예: 몸통에 있는 '미음', 다리 부분에 있는 '디귿', 얼굴 부분에 있는 '이응').

❷ 그림책 『블록 친구』를 같이 읽어요. 그림책을 읽으며 그림에서도 글자를 찾아보세요.

추천 질문

"(먼지를 가리키며) 여기 블록들이 엄청 많네. 여기에도 혹시 글자가 숨어 있나 살펴볼까?"
"블록친구가 만든 계단에는 어떤 글자가 숨어 있을까? 바로 보면 기역인데 책을 뒤집어서 보면 니은 모양도 되네."

그림책의 그림에서 자음과 모음 모양 찾기

③ 블록을 조합하여 글자, 단어를 만들어요(예: 그림책의 표지를 보고 제목 '블록친구' 만들기).

④ 블록으로 만든 블록친구를 활용해서 모험을 떠나는 놀이로 확장해요.

재미있게 그림책 읽기

- 블록으로 만든 실물 블록친구를 보여 주며 그림책에 대한 흥미를 유도해요.

추천 질문

**"얘는 이 그림책에 나오는 블록친구야.
블록으로 만들어져서 걸을 때마다 '달그락 딱 달그락 딱'
소리가 난대. 정말 그런 소리가 나는지 블록 위에서 한 번 걸어 볼까?
(블록친구를 블록들 위에서 걷게 하며) 어, 정말 달그락 딱! 하는 소리가 나네!"**

- 의성어와 의태어를 강조해서 읽어요(예: 쫘아아아, 찰방찰방, 북적북적, 야아옹 야옹, 와르르르). 장면에서 어떤 소리가 날 것 같은지, 인물이 어떻게 움직이고 있는지 말로 표현하고 적어 보세요.
- 이후의 이야기가 어떻게 전개될지 추측하게 돕는 확산적인 질문을 해요.

추천 질문

**"블록친구가 바다를 어떻게 건너갈 수 있을까? 여기 있는 배를 타고 가려나?
바다를 어떻게 건널 수 있을 거 같아?"
"고양이가 어쩌다가 이렇게 높은 나무 위에 올라가게 된 걸까?
블록친구가 어떻게 고양이를 구해 주면 좋을까?"**

- 그림의 상세한 부분까지 관찰하며 이야기를 이해할 수 있도록 해 주세요(예: 블록친구가 세모 모양 블록을 잃어버린 장면이 어디인지 같이 찾아보세요).

추천 질문

**"세모 블록을 언제 잃어버린 거지?
우리 눈 크게 뜨고 언제 잃어버렸나 찾아볼까? (책장을 다시 뒤로 넘기며 찾아보기)"
"혹시 세모 블록을 가져다준 고양이 말야, 아까 블록친구가 구해 줬던 고양이인가?
(해당 장면에서 확인하기)"**

도움말

- 블록으로 블록친구를 만들 때 양면테이프를 이용해서 붙이세요. 자석 블록이라면 화이트보드판에 붙이면 됩니다.

2

자모 블록으로 그리는 그림

- 글자 블록으로 그림 그리며 글자의 형태에 관심 갖기 -

난이도	★☆☆☆☆	소요 시간	10 분
기대 효과	한글 블록을 가지고 놀며 자음과 모음의 형태에 관심을 갖고, 자연스럽게 익숙해져요.		

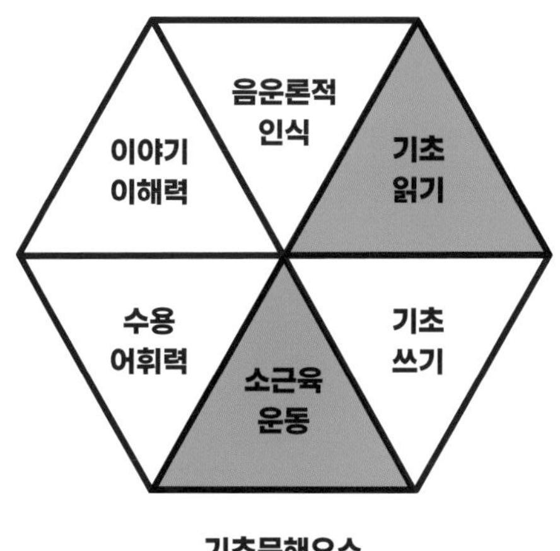

기초문해요소

2세	3세	4세	5세	저학년

추천연령

언어	수학	과학	사회
미술	음률	조작	신체

통합영역

준비물

한글 자석 블록

활동 방법

❶ 한글 블록을 한 곳에 섞은 뒤, 같은 모양끼리 찾아서 분류해요.

추천 질문 **"이응을 정말 많이 모았다. 몇 개나 모은 거야? (블록을 손으로 하나씩 세어 보며) 하나, 둘, 셋, 넷, 다섯, 여섯, 일곱! 일곱 개나 모았네? 이걸로 더 커다란 이응을 동그랗게 만들어 볼까?"**

❷ 한글 블록으로 원하는 형태를 표현해요(예: 꽃, 과일, 채소, 공룡, 로봇 등).

추천 질문 **"이 한글 블록으로 만들어 보고 싶은 거 있어? 공룡 몸통은 어떤 블록으로 만들래?"**

냉장고에 글자/숫자 자석으로 만든 공룡

❸ 한글 블록으로 커다란 자음/모음을 표현해요(예: 'ㄱ'블록들을 모아서 커다랗게 'ㄱ' 모양 만들기).

도움말

- 아이가 관심을 보이는 자음 또는 모음부터 찾아보는 것으로 활동을 시작해요. 비슷하게 생긴 자음 또는 모음을 관찰하며 공통점과 차이점에 대해 말해요(예: '디귿'이랑 '미음'이랑 비슷하게 생겼는데 다르네. 한쪽이 뚫려 있는 게 디귿, 네모나게 모두 막혀 있으면 미음이야).
- 아이가 쉽게 접근할 수 있는 벽 공간에 자석이 붙는 보드를 붙여 글자 자석 블록을 늘 사용할 수 있게 하면 좋습니다. 글자를 모를 때, 그림을 꾸미는 용도로도 사용해 보세요. 자주 만지는 것만으로도 글자의 형태를 쉽게 인식하게 됩니다. 블록으로 아이에게 남기는 메시지(예: "생일 축하해!", 사야 할 물건 등)를 만들어 한동안 붙여 둘 수 있어요.

3

궁금이 상자 속 글자 맞히기

- 손의 감각으로 글자의 형태 파악하기 -

난이도	★★☆☆☆	소요 시간	10 분
기대 효과	글자의 형태에 집중해 인식하는 경험을 할 수 있어요.		

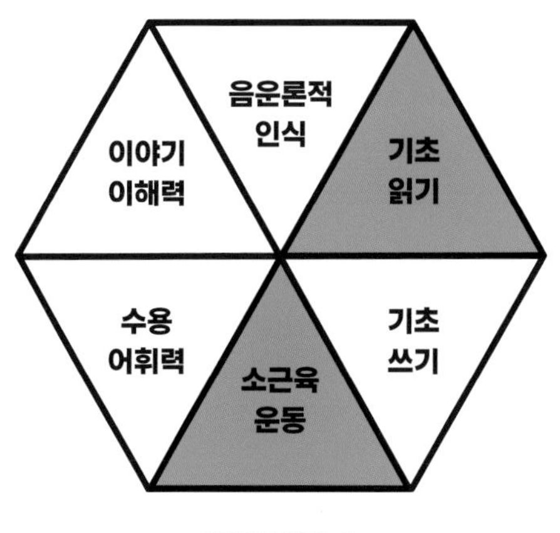

기초문해요소

2세	3세	4세	5세	저학년

추천연령

언어	수학	과학	사회
미술	음률	조작	신체

통합영역

준비물

궁금이 상자, 한글 블록, 자음/모음 글자판

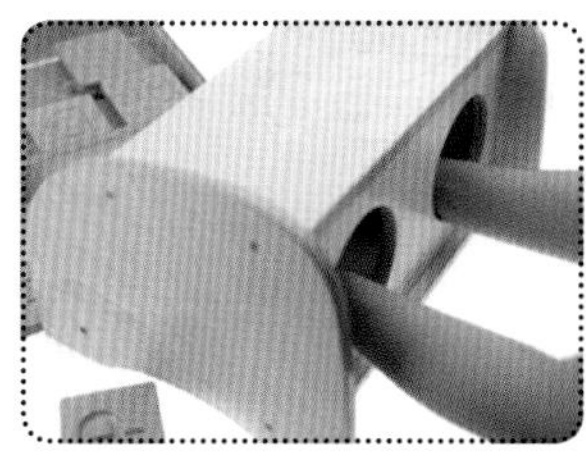

- 자음 -

ㄱ	ㄴ	ㄷ	ㄹ	ㅁ	ㅂ	ㅅ
기역	니은	디귿	리을	미음	비읍	시옷
ㅇ	ㅈ	ㅊ	ㅋ	ㅌ	ㅍ	ㅎ
이응	지읒	치읓	키읔	티읕	피읖	히읗

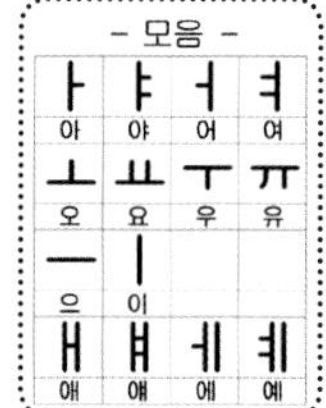

- 모음 -

ㅏ	ㅑ	ㅓ	ㅕ
아	야	어	여
ㅗ	ㅛ	ㅜ	ㅠ
오	요	우	유
ㅡ	ㅣ		
으	이		
ㅐ	ㅒ	ㅔ	ㅖ
애	얘	에	예

• 상자, 이불, 담요, 손수건 활용하기 •

한글 블록을 숨기고 만져 볼 수 있는 모든 공간이 '궁금이 상자'가 될 수 있어요. 일반 상자 안에 한글 블록을 넣고 눈을 가려도 되고, 손을 이불, 담요, 손수건으로 덮고 탐색할 수도 있어요.

• 도화지에 자음/모음 순서대로 적어 글자판 만들기 •

시중에 판매하는 글자 포스터를 이용해도 되지만, 부모님이 직접 적어 주시면 더 좋아요. 자음과 모음을 순서대로 도화지에 적어서 글자판을 만듭니다. 아이가 손으로 만지는 글자의 형태와 비교하면서 찾게 해 주세요.

활동 방법

❶ 궁금이 상자 속에 한글 블록을 넣어요.

❷ 궁금이 상자 속에 손을 넣어 블록을 만지며 글자를 탐색해요.

추천 질문 **"지금 만지고 있는 블록은 어떻게 생겼어?"**

❸ 만지고 있는 글자가 어떤 글자인지 추측해요.

활동 예시 **"길쭉한 막대 모양 같아. 옆으로 튀어 나온 부분도 있다."**

도움말

- 아이가 글자 블록의 모양을 손으로 탐색할 때, 부모님이 모양에 대한 힌트를 주세요.

추천 질문 **(ㅏ) "길쭉한 막대 모양인데 옆에 튀어 나온 부분도 있어."**
"튀어 나온 부분이 몇 개야? 한 개야? 두 개야? "

- 아이가 꺼낸 한글 블록으로 재미있는 글자를 만들고 읽어 보세요. 아이의 수준과 흥미를 고려하여 만들고자 하는 단어를 정할 수 있어요. 아이가 좋아하는 특정 과자의 이름을 글자 블록으로 만들어 찾아보거나, 좋아하는 장소를 글자 블록으로 만들어 완성한 후 아이와 함께 나들이를 갈 수도 있어요.

한글 블록으로 만든 자신이 좋아하는 로봇의 이름

- 글자 모양의 작은 차이를 발견하기 어려워한다면 색 테이프로 만든 글자 카드를 활용하여 모음의 형태 차이를 눈으로 익히도록 도울 수 있어요.

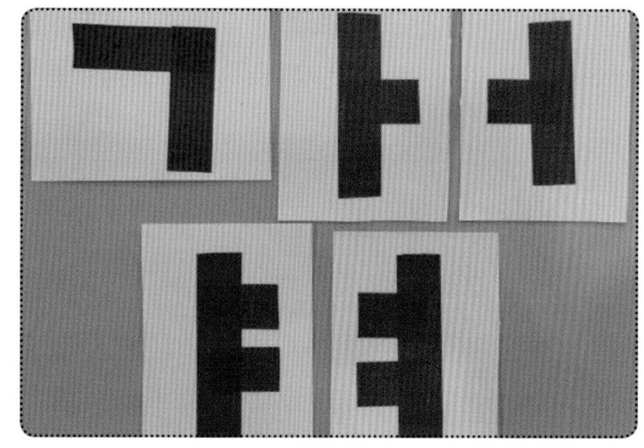

색테이프로 만든 글자 카드 예시

4

글자 알까기

- 손가락의 미세한 힘 조절을 돕는 게임하기 -

난이도	★★☆☆☆	소요 시간	10 분

기대 효과	손의 힘을 미세하게 조절하며 소근육운동 능력의 발달을 도와요. 자음과 모음을 조합해 음절 단위 글자에 관심을 가져요.

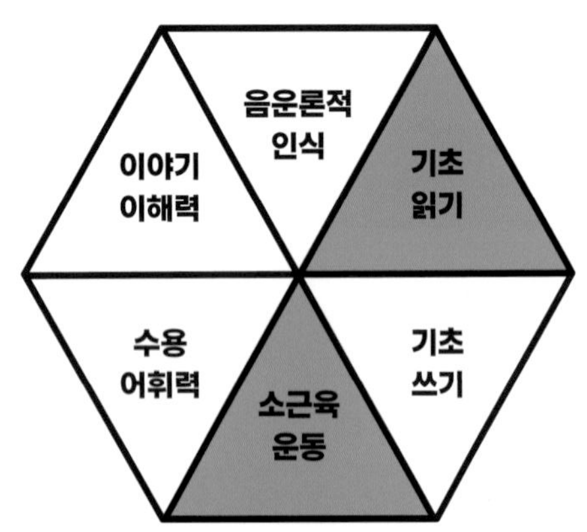

기초문해요소

2세	3세	4세	5세	저학년

추천연령

언어	수학	과학	사회
미술	음률	조작	신체

통합영역

준비물

페트병 뚜껑 여러 개, 마커, 색테이프

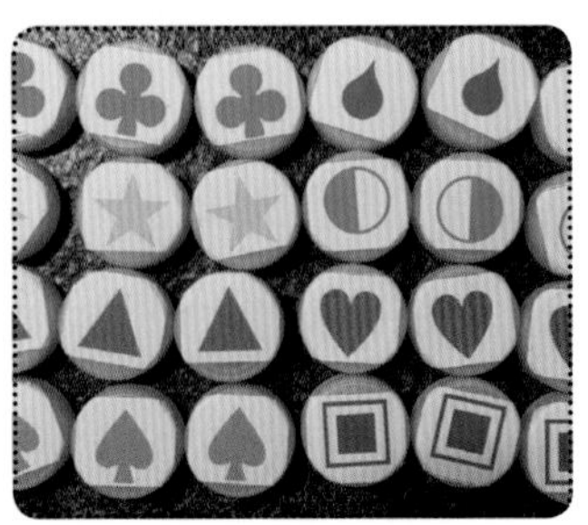

활동 방법

1. 페트병 뚜껑을 여러 개 모아요. 자음과 모음을 적을 뚜껑의 색을 구분하면 아이가 자음과 모음의 차이를 구별하기 좋아요(예: 자음은 파란색 뚜껑, 모음은 하얀색 뚜껑). 팀을 나눠 게임할 수 있게 두 가지 이상의 색으로 준비하세요.
2. 색테이프로 바닥이나 책상에 알까기를 할 수 있는 장소를 만들어요.
3. 알까기 규칙을 함께 정해요(예: 똑같은 자음/모음이 적혀 있는 알을 밖으로 내보내기 등). 기본적인 규칙은 나의 뚜껑을 손으로 튕겨 상대방의 뚜껑을 맞혀 밖으로 튕겨 나가게 하는 거예요.

추천 질문

"원래 알까기는 내 알을 쳐서 상대방의 알이 선 밖으로 나가면, 상대방의 알이 내 알이 되는 게임이래. 우리 알까기 게임에서는 어떤 규칙을 더 추가해 볼까?"

4. 규칙을 적용해 페트병 뚜껑 알까기를 해요.

도움말

- 알까기 놀이를 할 때 다양하게 규칙을 정하면 좋아요(예: 자음은 자음끼리 치기).
- 바둑알, 장기알, 단추 등 다양한 소재를 사용해 보세요. 소재의 무게와 생김새에 따라 미세하게 손의 힘을 조절하며 튕겨야 해서 소근육운동의 발달을 도와요.

추천 질문

"(두 개의 알을 비교하며) 어떤 알을 더 세게(또는 살살) 쳐야 할까?"

- 병뚜껑 위에 같은 모양의 도형을 그려서 '도형 짝 찾기' 놀이를 할 수 있어요. 같은 모양의 도형을 찾는 활동은 형태지각력을 길러줍니다.

5

폴짝폴짝 개구리 경주

- 색종이로 개구리를 접어 조작하기 -

난이도	★★★☆☆	소요 시간	20 분
기대 효과	그림을 보고 문장을 들으며 종이접기 순서와 방법을 이해할 수 있어요. 손가락을 미세하게 움직이는 경험을 통해 소근육운동의 발달을 도와요.		

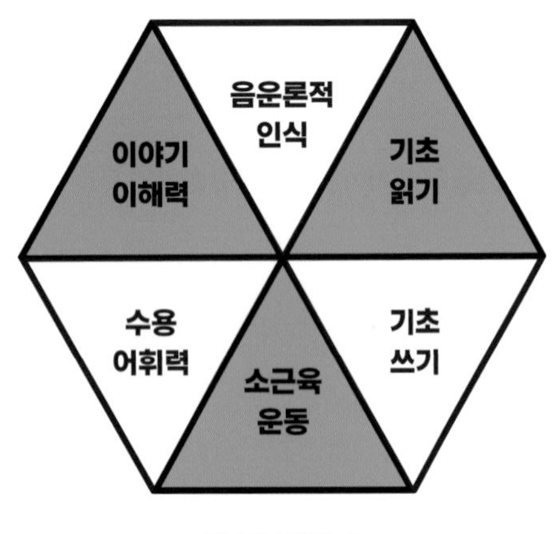

기초문해요소

추천연령

언어	수학	과학	사회
미술	음률	조작	신체

통합영역

준비물

색종이, 개구리 접는 순서를 알려 주는 영상, 색 테이프, 네임펜

활동 방법

1. 종이접기 책이나 영상을 보며 색종이로 개구리를 접어요.
2. 색종이로 접은 개구리에 가족들의 이름을 적어요.
3. 종이 개구리가 앞으로 잘 튀어 나갈 수 있는 방법에 대해 이야기해요. 개구리의 꽁무니를 손가락의 옆 날로 누르는 시범을 보여 주세요. 그리고 개구리의 '꽁무니', 손가락의 옆 '날'이 어디일지 아이가 유추해 보게 합니다.

추천 질문

"색종이로 접은 개구리가 앞으로 폴짝 튀어 나가게 하려면 이렇게 개구리 '꽁무니'를 손가락의 '옆 날'로 눌러줘야 한대. 그런데, '꽁무니'가 어디일까?"
(아이의 대답 후) **동물의 뒷부분, 엉덩이 부분을 꽁무니라고 해. '꽁무니가 빠지게 도망간다'는 말 들어 본 적 있어?"**

활동 예시

"옆 날은 어디일까?" (아이의 대답 후, 손바닥을 펴서 세로로 세우면서 보여 주며) **이렇게 옆 부분의 날카로운 부분을 옆 날이라고 해."**

4. 색테이프를 붙여 만든 달리기 시합 출발선에 개구리를 세우고, '시작'이라고 외쳐 개구리 시합을 해요.

도움말

- 가족이 모두 함께 참여하여 경주하면 더욱 재밌는 게임이 될 수 있어요.
- 개구리 경주에 변이를 주는 것도 좋아요. 레고 블록이나 색테이프로 개구리가 지나가야 할 길을 꼬불꼬불하게 만들면 좀 더 난이도 있는 게임이 됩니다. 개구리가 지나갈 길을 아이와 함께 만들어 보세요.
- 개구리 경주를 하기 전에 충분히 연습이 필요해요. 손가락의 옆 날로 개구리의 꽁무니를 가볍게 살짝 눌러야 앞으로 잘 튕겨져 나가요.
- 게임의 결과보다는 과정을 격려하고 칭찬해 주세요.

색종이로 개구리 접기

6

탁구공 한글 놀이

- 탁구공과 계란판으로 한글놀이하기 -

난이도	★★☆☆☆	소요 시간	20 분
기대 효과	자음과 모음의 형태에 관심을 가지며 기초적인 읽기를 해요. 자음과 모음을 조합하여 CV 또는 CVC 구조의 글자(음절)을 만들어요.		

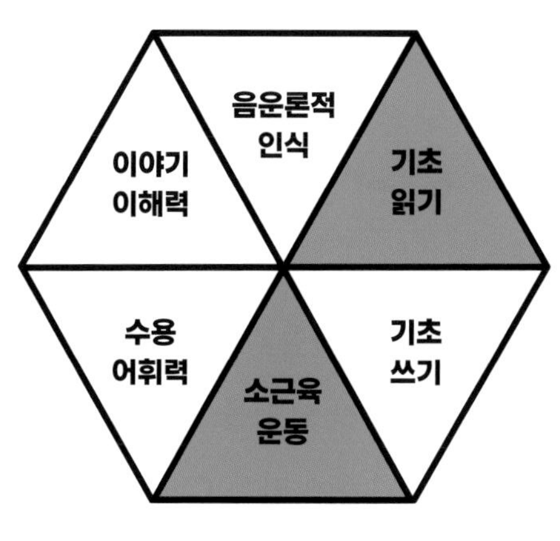

기초문해요소

2세	3세	4세	5세	저학년

추천연령

언어	수학	과학	사회
미술	음률	조작	신체

통합영역

준비물

탁구공, 계란판, 집게, 볼, 마커

활동 방법

1. 탁구공에 한글 자모를 쓰고 볼에 담아 준비해요.
2. 계란판에도 한글 자모를 하나씩 써서 준비해요.
3. 볼에 담겨 있는 탁구공을 하나씩 집게로 옮기며 같은 모양의 글자를 찾아 계란판의 구멍에 넣어요.
4. 계란판에 자음과 모음이 적힌 탁구공을 조합하여 글자를 만들어 보는 놀이로도 확장 가능해요(예: ㄷ + ㅏ + ㄹ = 달).

탁구공과 계란판으로 만든 한글 놀잇감

도움말

- 연령이 높은 유아라면 탁구공과 계란판에 자모를 쓰는 것부터 같이 시작해요.
- 모음의 경우 방향만 바꾸면 다양하게 글자를 만들어 볼 수 있기 때문에 'ㅏ', 'ㅑ', 'ㅡ' 탁구공만 만들고 돌려 가며 쓸 수 있어요.
- 자음과 모음을 조합하여 음절 단위를 만들어 볼 때는 자음과 모음이 하나씩 쓰이는 CV 구조부터 시작해요. '가지', '오이'와 같은 간단한 단어를 표현해 보세요. 받침(종성)까지 있는 CVC 구조의 글자를 만들 때는 기존에 만든 CV 구조에 받침을 추가하며 바뀌는 소리에 관심을 기울입니다(예: 가 → 강, 오 → 옷).

7

테이프 거미줄 놀이

- 테이프에 색종이 글자 붙여 단어 만들기 -

난이도	★★★☆☆	소요 시간	20 분
기대 효과	색종이를 가위로 잘라 자모를 만들며 글자의 형태에 관심을 가져요. 색종이로 자음, 모음을 조합해 단어를 만들며 음절 단위 구조를 이해해요.		

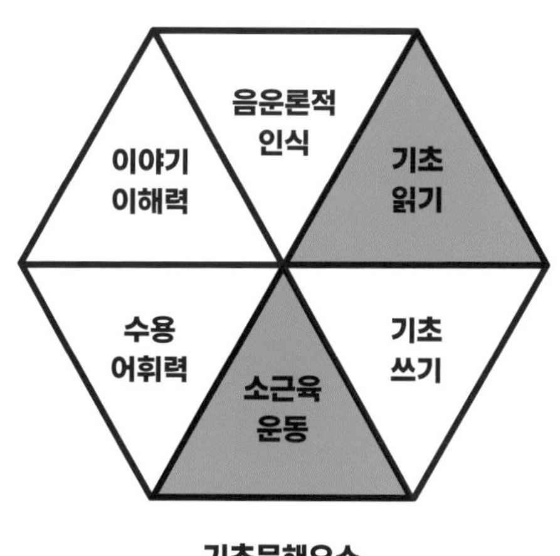

기초문해요소

2세	3세	4세	5세	저학년

추천연령

언어	수학	과학	사회
미술	음률	조작	신체

통합영역

준비물

테이프, 색종이, 가위

활동 방법

1. 문의 양쪽 나무틀에 테이프를 거미줄처럼 얼기설기 붙여요.
2. 테이프의 끈적한 부분에 색종이를 잘라서 붙여요. 색종이를 가위로 잘라 자음과 모음을 만들어 사용합니다.
3. 꽃, 하트, 별 등의 다양한 모양으로 잘라서 붙이는 것도 재미있어요.

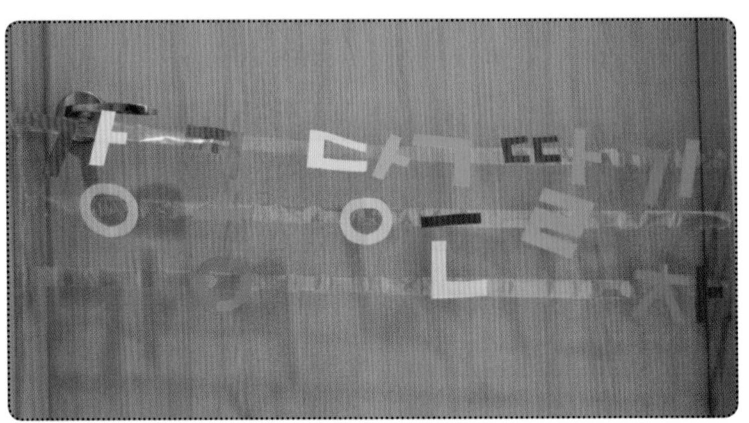

테이프에 색종이를 붙여 만든 단어들

도움말

- 테이프는 문이나 창문에 붙여서 사용하면 좋아요. 양쪽 끝이 떨어지지 않게 테이프로 한 번 더 마감해 주세요. 좀 더 쉽게 하려면 도화지에 양면테이프를 붙이고, 그 위에 자모를 붙여 완성해요.

8

지문으로 글자 만들기

- 물감으로 손가락 도장을 찍어 글자 만들기 -

난이도	★★★☆☆	소요 시간	30 분
기대 효과	손가락으로 글자를 표현하며 소근육운동을 해요. 글자 카드를 만들며 기초 쓰기를 재미있게 경험해요.		

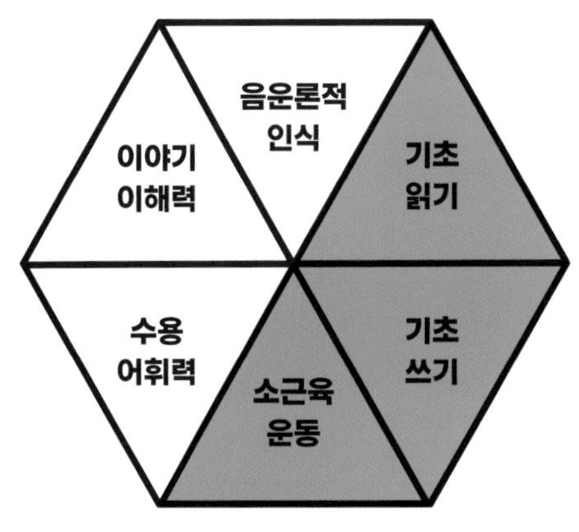

기초문해요소

2세	3세	4세	5세	저학년

추천연령

언어	수학	과학	사회
미술	음률	조작	신체

통합영역

준비물

『두구두구두구! 손가락 여행을 떠나자!』 그림책(이자벨 미뉴스 마르친스 글, 마달레나 마토주 그림, 김나현 옮김 / 찰리북, 2017), 『손가락 아저씨』 그림책(조은수 글, 김선배 그림 / 한솔수북, 2005), 도화지, 스테이플러, 물감, 팔레트, 연필, 가위

• 도화지로 그림책 만들기 •

도화지를 반으로 접은 뒤 스테이플러로 엮으면 그림책을 만들 수 있어요. 더 작은 크기로 그림책을 만들고 싶으면, 도화지를 절반으로 잘라서 사용해요.

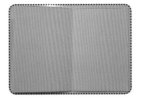

도화지를 반으로 접어요.

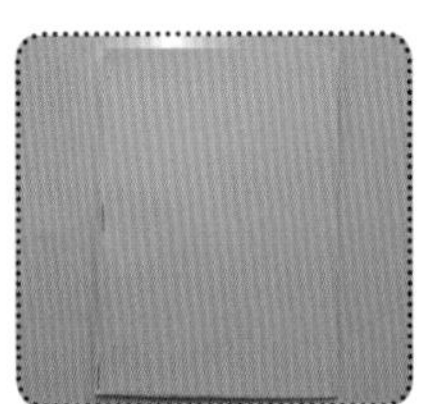

한꺼번에 스테이플러로 묶어요.

스테이플러의 심이 박혀 있는 부분을 색테이프로 마감해요.

활동 방법

❶ 도화지로 그림책을 만들어요.

❷ '기역'부터 '히읗'까지 자음을 이용해 그림을 그려요(예: '기역'이 포함된 기차, '니은'이 포함된 나무, '디귿'이 포함된 다리). 손가락 도장을 찍을 글자 부분은 테두리만 따라 그린 상태로 준비해요.

❸ 물감으로 손가락 도장을 찍어 글자 그림을 완성해요.

재미있게 그림책 읽기

- 『두구두구두구! 손가락 여행을 떠나자!』 그림책 위를 손가락으로 움직이며 읽을 때 재미가 커져요(예: 빨간 점을 따라 검지와 중지로 걷는 척하기).
- 그림에 숨어 있는 글자 모양을 찾아요(예: 숲 모양에 숨어 있는 'ㅅ', 나뭇잎 모양 속 'ㅌ'과 'ㅋ').

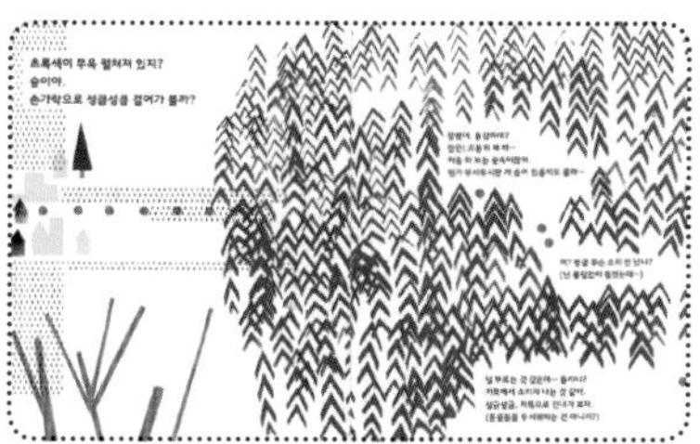

그림책 중 그림 위에서 손가락을 움직이며 읽을 수 있는 장면

- 『두구두구두구! 손가락 여행을 떠나자!』 그림책을 읽을 때 반복해서 나오는 '○○가 냠냠, 같이 먹자 냠냠' 부분이 나오면 아이가 손으로 가리키며 읽는 척하면서 글자에 관심을 가져요.
- 그림책에 등장하는 다양한 등장인물의 입장이 되어 생각해 보도록 질문해 주세요.

추천 질문

"손가락 아저씨가 주운 호박떡이 만약에 주인이 있으면 어떡해?
○○는 길 가다가 물건을 주우면 어떻게 할 거야?"
"손가락 아저씨가 가지고 있는 호박떡을 나누어 먹어야 할까?"
"○○가 먹고 있는 간식을 친구가 무작정 달라고 하면 줄 거야?."

도움말

- 아이의 손가락 크기를 고려해서 글자 테두리를 그려 주세요.
- 아이가 글자를 활용해 그릴 수 있는 그림을 상상하기를 어려워하면 기존에 본 적이 있는 그림책의 그림을 활용해요(예: 『기차 ㄱㄴㄷ』에 있는 글을 활용해서 그림 그리기).
- 『두구두구두구! 손가락 여행을 떠나자!』 그림책을 읽고 나서 독후 활동으로 <지우개로 한글 도장 찍기> 놀이를 하면 좋아요. 지우개에 물감을 묻혀 찍었을 때 자음/모음 모양이 나도록 조각도로 파서 준비해요. 물감에 지우개 도장을 찍어 'ㅅ'으로 만들어진 숲, 'ㅌ'과 'ㅋ'으로 만들어진 나뭇잎 등을 표현해요.
- 『두구두구두구! 손가락 여행을 떠나자!』 그림책을 읽고 나서 독후 활동으로 <○○ 손가락> 그림 그리기 활동을 해 보면 좋아요. 아이가 물감으로 손가락 도장을 찍고, 손가락 도장을 활용해 그림을 그려요. 아이가 그린 그림을 활용해서 이야기를 꾸며 그림책을 함께 완성합니다.

9

거울에 비친 글자

- 거울을 활용하여 대칭적인 글자 모양 만들기 -

난이도	★★★★☆	소요 시간	20 분
기대 효과	새로운 방식으로 글자를 탐구하며 기초적인 읽기를 경험해요. 글자 카드를 만들어보며 재미있게 쓰기를 경험해요.		

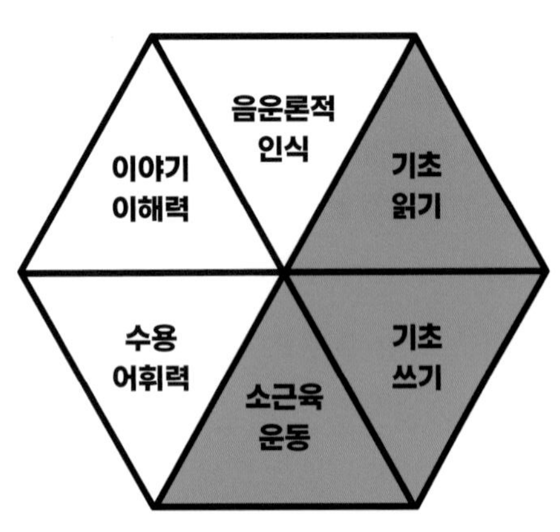

기초문해요소

2세	3세	4세	5세	저학년

추천연령

언어	수학	과학	사회
미술	음률	조작	신체

통합영역

준비물

거울, 대칭되는 글자로 만든 자음·모음 대칭 글자 카드,

『거울책』 그림책 (조수진 글·그림 / 반달(킨더랜드), 2018), 『휘리리후 휘리리후』 그림책 (한태희 글·그림 / 웅진주니어, 2016)

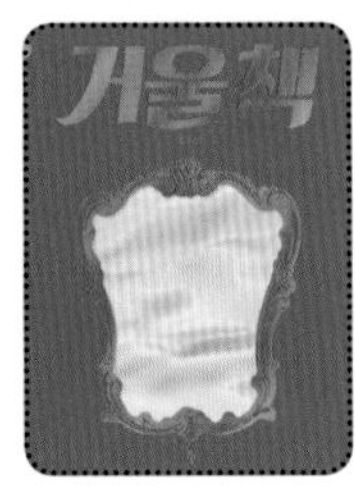

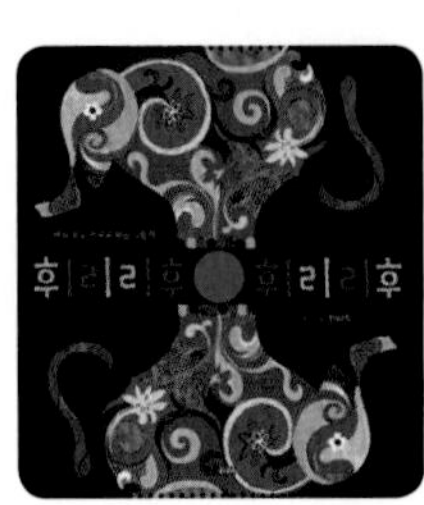

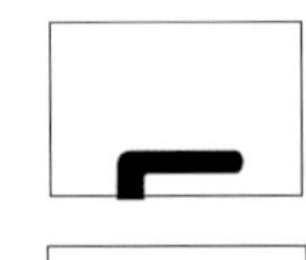

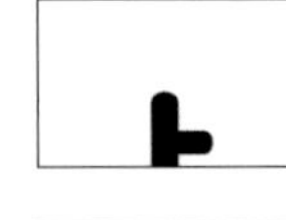
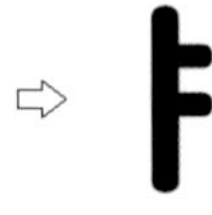
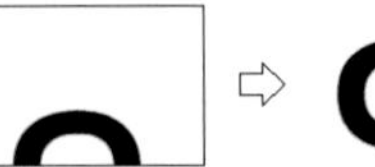

• 글자를 적고 반으로 잘라 글자 카드 만들기 •

대칭 카드를 만드는 과정을 아이와 함께 할 수 있어요. 자음/모음을 관찰하며 대칭적인 모양의 글자에는 어떤 것이 있는지 찾아요. 글자를 종이 카드에 적은 뒤, 거울에 비치면 대칭 모양이 될 수 있도록 가위로 잘라요.

"우리 주변에서 볼 수 있는 대칭 모양에는 뭐가 있을까? (나비)"
"그럼 반으로 잘랐을 때 나비처럼 좌/우(또는 위/아래) 모양이 같은 글자에는 뭐가 있을까?"

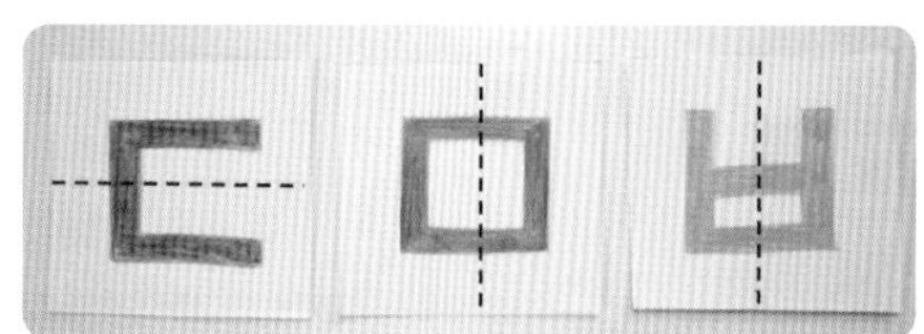

• 데칼코마니 기법을 활용해서 자음/모음 글자 카드 만들기 •

반으로 접으면 대칭 모양인 자음/모음이 완성되도록 한쪽에만 연필로 글자를 적어요. 연필 모양대로 따라 물감을 짠 뒤 접어요. 도화지를 다시 펴보고 어떤 모양의 자음/모음이 완성되었는지 관찰해요. 물감이 다 마른 뒤 반으로 잘라 대칭 글자 카드로 활용해요.

"이렇게 반으로 접었을 때 똑같은 모양이 될 수 있는 걸 대칭이라고 해.
한쪽에만 물감을 짜서 반으로 접었다가 펴면 자음/모음이 만들어져.
어떤 모양이 나오는 지 한 번 접었다 펴 볼까?"

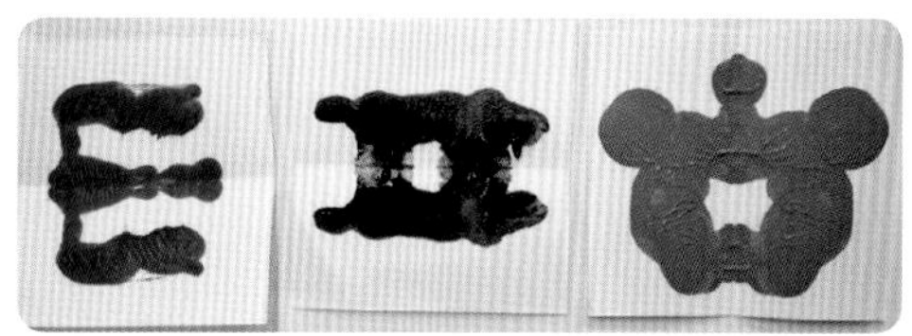

활동 방법

1. 성인이 먼저 만든 대칭 글자 카드를 보여 주며 거울에 비춰요. 거울에 어떤 모양의 글자가 보이는지 관찰해요.
2. 반으로 잘라 거울에 비췄을 때 온전한 모양이 보이는(=대칭인) 자모에는 어떤 것들이 있을지 살펴봅니다. 자음/모음 글자판을 활용할 수 있도록 도화지에 자음/모음을 적어서 보여 주며 대칭적인 글자를 같이 찾아보세요.
3. 함께 대칭 글자 카드를 만들어서 거울에 비춰 봐요.

추천 질문

**"(면지를 가리키며) 여기 블록들이 엄청 많네.
여기에도 혹시 글자가 숨어 있나 살펴볼까?"
"블록친구가 만든 계단에는 어떤 글자가 숨어 있을까?
바로 보면 기역인데 책을 뒤집어서 보면 니은 모양도 되네."**

재미있게 그림책 읽기

- 거울을 활용하여 읽으면 더욱 재미있는 그림책 『거울책』과 『휘리리후 휘리리후』를 함께 읽어 보세요.
- 『거울책』 그림책을 가면처럼 쓰고 거울을 바라보면 어떤 글자와 그림이 보이는지 관찰해요.

추천 질문

**"이렇게 가면처럼 써 보니까 거울에 어떤 단어가 보여?
'자신감'이라는 단어가 보이네.
멋지게 옷을 차려입고 자신감이 넘치는 아이가 되었지?"**

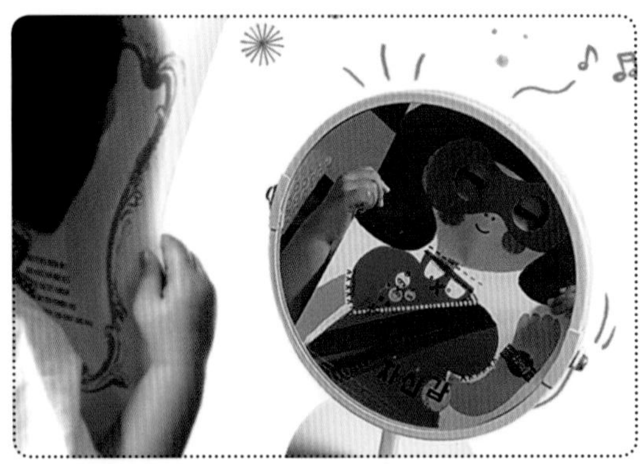

「거울책」 그림책(조수진 글·그림/ 반달(킨더랜드), 2018)

- 『휘리리후 휘리리후』의 그림을 거울에 대보고 어떻게 보이는지 관찰해요.

활동 예시

"코끼리 그림을 이렇게 거울에 대보니 그림책에 있는 그림처럼 코끼리 그림이 대칭으로 나타나네."

도움말

- 대칭이 아닌 글자도 자유롭게 적고 거울에 비춰 볼 수 있어요. 아이가 거울에 비춰 보고 싶은 낱자나 글자를 카드에 적어 거울에 비추어 보고, 어떤 모양이 되는지 함께 관찰해요.
- 초등학생들은 거울에 비췄을 때 글자 모양이 바르게 보이도록 카드를 만들어 보는 것도 재미있어요.

- 대칭적인 모양의 자음/모음 글자 카드를 보여 주며 공통점이 무엇인지 이야기 나눌 수 있어요. '대칭'이 무엇을 뜻하는지 아이가 스스로 유추할 수 있도록 해요.

추천 질문

"이 글자들은 같은 특징을 가지고 있대, 어떤 점이 같은 것 같아? 글자가 모두 대칭되는 모습을 갖고 있어. 이렇게 절반으로 잘랐을 때 양쪽의 모양이 똑같은 걸 대칭이라고 해."

- 아이가 대칭 모양의 자음/모음 카드에 충분히 익숙해졌다면, 대칭되는 음절(예: 숨, 응, 몸)을 활용할 수 있어요.

자음, 모음, 한 음절의 글자 카드

일상생활 속에서 소근육운동 발달시키기

일상생활에서 자주 쓰는 물건들을 활용해서 소근육운동을 연습할 수 있어요. 쓰기의 기초가 되는 소근육운동의 발달은 이렇게 일상을 통해 이루어진답니다.

도구를 활용한 콩 옮기기

준비물: 콩, 도구(숟가락, 젓가락, 포크 등), 접시 2개

- 다양한 종류의 콩과 일상생활에 사용되는 도구를 준비해요.
- 도구를 활용하여 접시에 담겨 있는 콩을 한 알씩 다른 접시로 옮겨요.
- 다양한 종류의 콩을 한곳에 섞어 두고 손으로 같은 종류의 콩만 골라 모으는 것도 좋아요.

선 따라 긋기

준비물: 도화지, 연필, 색연필

- 도화지에 연필을 이용해 다양한 선을 끼적여요.
- 연필로 그린 선을 따라서 색연필로 그려요.
- 다양한 색상의 색연필을 사용해서 선을 따라 그리면 알록달록한 작품을 완성할 수 있어요.

신발 끈 묶기

준비물: 운동화, 신발 끈

- 끈이 끼워져 있지 않은 운동화와 신발 끈을 준비해요.
- 리본을 묶는 방법을 시범 보여 주며 설명해 주세요.
- 리본을 묶는 것은 연령에 따라 어려울 수 있으니 적절하게 도와주세요.

빨대로 목걸이 만들기

준비물: 털실, 빨대, 가위, 셀로판테이프

- 빨대를 손가락 한 마디 정도의 크기로 작게 잘라요.
- 목걸이를 만들 수 있는 길이 정도의 털실을 준비해요.
- 털실의 끝에 테이프를 감아서(신발 끈처럼) 빨대를 꽂기 편하게 만들어요.
- 털실에 빨대를 알록달록 끼워요. 패턴을 만들어 끼워 보는 것도 좋아요(예: 분홍-노랑-파랑).
- 빨대를 모두 끼운 뒤 털실을 묶어서 목걸이를 완성해요.

과자 팔찌 만들기

준비물: 털실, 가운데 구멍이 뚫려 있는 종류의 과자, 셀로판테이프

- 털실의 끝에 테이프를 감아서(신발 끈처럼) 과자를 꽂기 편하게 만들어요. 가운데 뚫려 있는 구멍이 더 작은 과자가 소근육운동을 하는 데 도움이 됩니다.
- 털실에 과자를 하나씩 끼워요.
- 과자를 모두 끼운 뒤에 털실을 묶어서 팔찌를 완성해요.

빨대로 고슴도치 만들기

준비물: 빨대가 들어갈 정도의 구멍이 뚫려 있는 바구니, 빨대

- 구멍이 뚫려 있는 바구니를 뒤집어서 바닥에 내려놓아요.
- 다양한 색상의 빨대를 구멍에 하나씩 꽂아요.
- 완성된 고슴도치 바구니를 등에 뒤집어쓰고 고슴도치 놀이를 해요.

빨래집게로 빨래 널기

준비물: 집게, 빨래 건조대

- 세탁을 완료한 세탁물을 빨래 건조대에 널고 집게로 고정해요.
- 빨래가 마르고 난 뒤에 아이와 함께 빨래를 접어서 정리해요.
- 같은 종류의 옷을 찾아서 분류해요. 다양한 모양의 양말을 한곳에 섞어 두고 같은 모양의 양말 짝 찾기 놀이를 하는 것도 좋아요.

신문지로 놀이하기

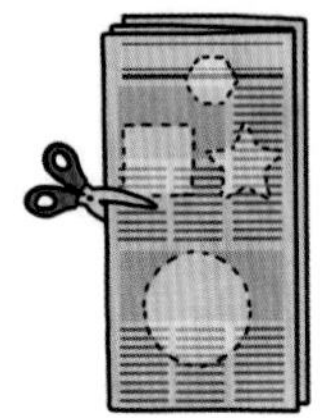
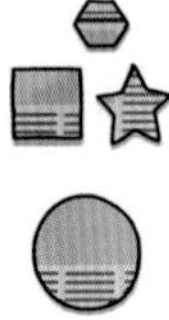

준비물: 신문지, 가위, 풀, 도화지, 색연필

- 신문지 속 도형 찾기: 신문에서 같은 모양 도형을 찾아 모아요.
- 신문지 오려 모양 만들기: 신문지를 접은 다음에 다양하게 가위질을 해서 모양을 만들어요.
- 신문지로 그림 만들기: 신문지를 손으로 찢어서 색칠하기 도안에 붙여요.
- 그림의 짝 맞추기: 신문에서 찾은 그림을 반으로 잘라 짝 맞추기 놀이를 해요.
- 퍼즐 만들기: 크게 인쇄된 그림을 골라 몇 조각의 퍼즐을 만들고 퍼즐을 맞춰요.
- 같은 글자 찾기: 신문 속에서 같은 모양의 글자를 찾아서 모아요.
- 신문을 구독하지 않는다면, 잡지나 마트 전단지 등을 활용하세요.

스티커로 가훈 만들기

준비물: 다양한 종류의 스티커, 도화지, 색연필

- 아이와 함께 우리 가족이 가장 중요하게 생각하는 것이 무엇인지 이야기를 나누어요.
- 가장 중요하게 생각하는 가치를 단어로 표현하고 도화지에 두꺼운 글씨로 적어요.
- 두껍게 쓴 글자를 스티커와 색연필로 꾸며요. 작은 스티커를 떼어 붙일 때 소근육운동이 필요해요.
- 가훈 옆에 우리 가족을 그림으로 표현할 수도 있어요.

도움말

- 위에 적힌 활동들 이외에 손으로 할 수 있는 놀이에는 무엇이 있을지 아이와 함께 찾아보세요.
- 평상시에 아이가 스스로 할 수 있는 일은 할 때까지 기다려 주세요. 아이의 소근육운동 발달은 물론 자조 능력의 향상을 도울 수 있습니다. 단추 끼우기, 병뚜껑 열기, 요거트 뚜껑 뜯기, 우유팩에 빨대 꽂기, 양말 짝 찾아 정리하기 등과 같은 활동을 추천합니다. 아이가 스스로 해 보며 성취감도 느낄 수 있어요.

그림책 함께 읽는 부모

- 그림책 독후 활동2(책 읽고 놀이하기) -

그림책을 읽고 나서 '독후 활동'을 하면 책을 읽는 것으로 끝냈을 때에 비해 언어적 상호작용이 더 풍부해지고, 책의 주제와 내용을 확장해 다양한 학습 효과도 얻을 수 있어요. 각 그림책의 특성에 따라 시도할 수 있는 독후 활동이 다양합니다. 아이들이 유아교육기관에서 경험하는 대로 크게 '언어, 수학, 과학, 사회, 미술, 음률, 조작, 신체' 영역으로 나누어 생각해 볼 수 있어요. 이 중 하나의 영역에 초점을 둔 활동을 할 수도 있고, 두세 가지 영역을 통합하는 것도 좋습니다.

그림책을 활용한 영역통합적인 독후 활동이 이루어질 때 아이들의 인지와 정서 발달에도 큰 이점이 있어요. 아동의 확산적인 사고와 창의적인 표현, 능동적인 탐색 동기, 비판적인 사고 등의 증진을 도울 수 있거든요. 또한 그림책을 활용한 역할놀이를 통해 유아 자신의 정서 인식 및 표현, 감정 조절, 타인의 정서를 인식하고 배려하는 역량이 커져서 정서지능을 함양시킬 수 있어요.

특히 이야기와 글자를 모두 강조하는 '균형적 언어 접근법'을 적용한 독후 활동을 하면 책이나 단어에 대한 기초적인 읽기 능력과 이야기 이해력이 동시에 향상을 보인다고 해요. 또한 어휘력, 문장구사력, 글 구성력과 같은 쓰기 능력의 하위 요소에도 효과가 있어요.

이렇게 그림책을 읽고 독후 활동을 할 때 특히 '언어'에 초점을 두는 경우를 '균형적 언어접근법'을 적용한 그림책 활용이라고 볼 수 있어요. 명시적인 낱자 위주의 학습방법인 '의미 중심 접근법'이 갖는 한계와 그림책을 활용해서 통으로 접근하는 '총체적 접근법'의 한계를 보완하기 위해 이 두 가지 접근법의 장점을 조합하는 거예요. 균형적 언어접근법을 적용할 때는 독후 활동의 중점을 '언어'에 두되, 수학, 미술, 조작과 같은 다른 영역도 통합적으로 활동에 녹여 낼 수 있어요.[1] 이렇게 영역 통합적으로 활동이 이루어질 때 아이들의 흥미가 높고, 아이들의 발달적 특성에도 적합해요. 예를 들자면, 『내 이름은 제동크』 그림책을

1 최나야, 정수지, 최지수, 박상아, 김효은(2022).

읽고 나서 '당나귀'와 '얼룩말'로 만든 음절 카드를 다양하게 조합해 보는 활동은 글자에 관심을 가질 수 있도록 돕는 독후 활동이죠. 이 활동은 카드를 조작해 보면서 새로운 음절의 조합을 만들고 읽어 볼 수 있도록 돕기 때문에 '언어'와 '조작'이 포함된 활동이라고 볼 수 있어요. 글자 카드를 다양하게 조합해 보는 것에서 더 나아가 부모님의 이름으로 글자 카드 만들기 활동까지 이루어진다면 '미술' 영역도 통합적으로 이루어질 수 있겠죠.

독후 활동은 아이의 관심과 참여 동기에 따라 결정하면 됩니다. '이 그림책에 이런 독후 활동을 꼭 해야 한다'는 규칙은 없어요. 아이가 재미있어하는 활동이 가장 좋은 독후 활동입니다. 시간적 여유도 있어야 하니 좋은 아이디어를 떠오르게 하는 그림책을 읽을 때만 종종 시도해 보세요. 모든 그림책을 읽고 독후 활동으로 연결하다가는 책 읽는 속도도 안 나고, 아이가 독서 자체를 싫어하게 될 수도 있습니다. 아이가 현재 좋아하는 한 영역만 반복하지 말고 여러 영역이 통합될 수 있게 부모님이 미리 계획을 짤 필요가 있어요.

앞에서 소개했던 활동들을 예시로 들어 영역 통합적인 독후활동이 어떻게 이루어질 수 있는지 자세히 소개해 드릴게요. 아이가 『두구두구두구! 손가락 여행을 떠나자!』 그림책을 읽고 글자 도장으로 숲과 풀밭을 표현해 보았다면, 아이가 만든 그림에 'ㅅ'과 'ㅌ', 'ㅋ'이 각자 몇 개씩 있는지 세어 보고 그래프를 만들 수 있겠죠. 이렇게 한 영역에 초점을 두고 이루어진 활동에서도 얼마든지 다른 영역의 요소를 발견하고 확장할 수 있어요. 앞의 예시는 '미술'에서 시작해 '수학'으로 확장된 것이라고 볼 수 있어요.

『손가락 아저씨』 그림책을 읽고 나서 손가락에 물감을 묻혀 지문을 찍고 새로운 그림책을 만들어 보는 활동은 어떨까요? 일단은 이야기를 지어 그림책을 만든다는 점에서 '언어' 활동이고, 손가락의 지문을 관찰하며 그림에 활용한다는 점에서 '과학'과 '미술'이 통합적으로 이루어진 독후 활동이라고 볼 수 있어요. 단, 성인이 어떻게 상호작용하는지에 따라 활동이 질적으로 달라집니다. 손에 물감을 묻혀 찍을 때 지문을 보면서 "이렇게 손가락이 가지고 있는 무늬를 지문이라고 해. 엄마, 아빠, ○○가 찍은 손가락 도장의 무늬가 모두 다르지? ○○가 가진 지문은 세상에 하나뿐인 무늬야. 자세히 들여다 봐. 어떤 모양의 무늬를 갖고 있어? 한 사람이 가진 지문은 유일하기 때문에 '나'라는 걸 증명할 때 지문을 사용하기도 해."라고 이야기 나눈다면 아이가 과학적 사실에 더 적극적으로 관심을 갖고 탐색할 수 있겠지요.

마지막으로 '사회', '음률', '신체' 영역이 통합된 활동으로는 『요렇게 해봐요: 내몸으로 ㄱㄴㄷ』를 읽고 해 봤던 '몸으로 글자 만들기' 활동을 꼽을 수 있어요. 둘이 힘을 합쳐 글자 모양을 몸으로 표현한다는 점이 '사회'와 '신체' 영역에 해당하고, 〈그대로 멈춰라〉 노래를 부르며 글자로 변신하는 놀이를 하니 '음률'도 함께 어우러진 활동입니다. 이렇듯 그림책과 관련하여 어떤 독후 활동을 해 보면 재미있을지 고민하고, 아이와 같이 어떤 활동으로 확장하고 싶은지 이야기도 나누며 즐거운 놀이 시간을 가져 보세요.

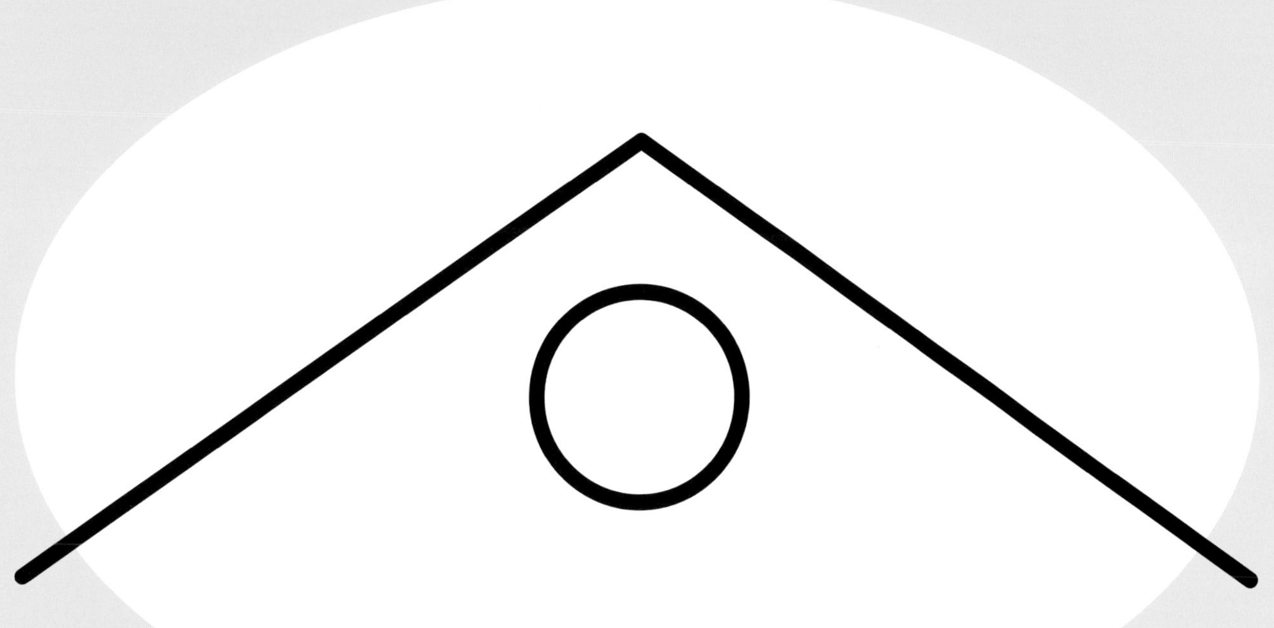

11.

도서관:
도서관은 놀이터

문해력을 키우는 마법의 공간

자주 가는 것만으로도 아이의 읽기 동기뿐 아니라 문해력까지 키울 수 있는 장소는 어디일까요? 바로 '도서관'입니다. 도서관은 읽기를 강요하기보다는 자연스럽게 책에 관심을 가지게 하는 매력적인 장소입니다. 도서관에 가면 아이는 책에 대한 좋은 기억을 가지게 되고 책을 좋아하게 되죠. 도서관에 가서 엄청나게 많은 책을 보고 많은 사람이 책을 읽는 모습을 보면서 '읽는다는 건 중요하구나', '읽기란 가치 있는 행동이구나'라고 깨닫게 됩니다. 지역사회의 공공도서관을 잘 활용하면 비용을 들이지 않고도 문해력을 키울 수 있어요.

도서관에서의 경험은 부모와 유아에게 모두 긍정적인 영향이 많습니다. 도서관 프로그램에 참여한 아동들은 독서 태도와 읽기 능력이 향상되고, 책을 읽을 때 집중력과 표현 능력도 증대됩니다. 더불어 정서적으로도 안정되고 자신감과 꿈을 가지게 되는 긍정적 변화를 경험하는 것으로 나타나요.[1]

아이가 책을 별로 좋아하지 않아도 도서관의 독서 프로그램에 참여하면 책을 좋아하게 될 수 있습니다. 책을 좋아하지 않았던 아이들이 도서관 프로그램에 참여하면서 점차 책과 가까워졌다고 해요.[2] 도서관 프로그램을 경험하면 가정에서 유아의 문해 행동과 부모-유아의 문해 상호작용도 늘어난다고 합니다. 그리고 프로그램 참여 후 유아의 학교 준비도, 인쇄물 동기 및 인식, 음운론적 인식, 어휘력, 이야기 이해도 향상되고요.[3] 도서관 프로그램을 통해 사서가 유아들에게 그림책을 읽어 주거나 다양한 방식으로 그림책 상호작용을 하는 모습을 보면서 부모도 한층 성장하게 되는 거죠. 유아도 도서관에서 관찰한 문해 행동을 가정에서도 모방하여 가정에서 책을 읽고 부모와 적극적으로 상호작용을 하게 되고요. 도서관에서뿐만 아니라 가정에서도 긍정적인 문해 습관이 자리 잡으면 유아의 문해력도 자연스럽게 향상됩니다. 유아기에 도서관 이용 경험이 많을수록 초등학교 1학년 때 읽기동기, 읽기유창성, 읽기이해력이 높은 것으로 나타났어요.[4]

유네스코 공공 도서관 선언에는 도서관에 관심을 가지고 자료를 이용하는 습관이 어린 시절에 길러짐을 명시하고 있습니다.[5] 아이가 어린 시절부터 문해력을 쑥쑥 키워 주는 공간인 도서관과 친해진다면 문해력 발달은 걱정 없습니다. 도서관에서는 책 대출과 반납 외에도 즐길 거리가

---

1 임영심, 전순한(2009), 임여주, 정연경(2014), Cahill, Joo, & Campana(2020), Waldron(2018)
2 이연옥, 노영주(2012), 최나야, 정수정(2013)
3 Peterson, Jang, Jupiter, & Dunlop(2012)
4 정수정, 최나야(2012)
5 UNESCO Public Library Manifesto(1994)

무궁무진한데요. 문해력 발달을 위해 도서관을 어떻게 활용하면 좋을지 알아보겠습니다.

아이와 도서관 즐기기

요즘 도서관에는 시설, 환경, 프로그램 모두 잘 갖춰져 있어서 즐길 거리가 참 많습니다. 도서관에 가서 책만 빌려 보지 마시고 도서관 자체를 놀이터 삼아 즐겨 보세요. 아이랑 도서관 식당에서 밥도 먹고, 도서관 근처 녹음을 느끼며 산책도 하고, 도서관 벤치에 앉아서 책도 보고…. 도서관 홈페이지나 SNS 계정을 찾아보면 독서 프로그램이나 행사가 소개되어 있습니다. 도서관에서 영화도 상영하고 인형극을 해 줄 때도 있어요. 이런 정보를 평소에 잘 찾아보고 아이와 같이 다양한 도서관 프로그램에 참여하시길 추천합니다. 이렇게 도서관을 즐기다 보면 아이들도 부모가 "도서관 가자!"라고 말하면 좋아서 따라 나서게 되죠. 주기적으로 도서관 나들이를 다니면 책을 좋아하는 아이로 키울 수 있어요.

형제자매와 함께 도서관을 이용하면 좋은 영향을 주고받을 수 있습니다. 아직 도서관에 낯선 동생을 손위 형제자매가 안내해 줄 수 있어요. 동생에게 책을 읽어 주거나 글자를 가르쳐 주거나 함께 풍부한 대화를 나눌 수 있겠죠. 동생은 언니, 오빠, 형, 누나를 보면서 문해행동을 자연스럽게 습득하게 됩니다. 형제자매와 함께 책을 읽으면서 이루어지는 상호작용이 아이의 문해력 증진에 도움을 줍니다. 이때 글 없는 그림책이나 이미 내용을 아는 이야기책을 읽으면 읽기 수준의 차이가 있는 형제자매도 함께 읽을 수 있습니다. 형제

그림 1. 어린이도서관에서 실시하고 있는 다양한 프로그램의 예시

자매가 서로 대화를 하면서 이야기를 꾸미고 생각을 확장하면서 책을 읽으면 창의성도 키울 수 있어서 좋습니다. 또 자기를 표현하고 다른 사람과 소통하며 사회성도 함께 길러지게 되지요.

도서관에서 어떤 책을 빌려야 할지 모르겠다면 집에서 가족들과 '협동 읽기'를 할 책을 고르는 것도 좋습니다. 협동 읽기란 가족들이 각각 책의 인물 역할을 하나씩 맡아서 역할극처럼 읽어 보는 것입니다. 협동 읽기는 참 재밌어서 가족들이 모두 몰입하기가 좋아요. 협동 읽기용 책을 선택할 때는 가족들이 모두 내용을 알고 있으면서 줄거리가 재밌고 역할이 다양하며 대화체가 많은 책이면 좋습니다. 『팥죽할멈과 호랑이』 같은 익살스러운 옛이야기를 담은 잘 아는 책을 가지고 역할극을 하면 가족 모두 자신 있게 참여할 수 있어요. 이때 가정에서는 보기 힘든 커다란 사이즈의 빅북을 빌려 봐도 신선한 재미를 더할 수 있습니다. 특히 유아는 아직 해독을 못하더라도 자신의 대사를 기억해서 읽는 척하면서 책 읽기에 자신감을 가질 수 있습니다. 형제자매도 각자의 역할을 하면서 재미와 성취감을 느낄 수 있죠.

도서관에 갔을 때 유아에게 도서관이라는 커다랗고 신기한 공간 나름의 규칙이 있다는 걸 설

명해 주세요. 유아에게 '십진분류표'나 '청구기호' 같은 걸 굳이 자세하게 설명할 필요는 없지만, 도서관에는 비슷한 책끼리 분류되어 있고 기호에 따라 순서대로 정리되어 있음을 알려 줄 수 있어요. 처음에는 어렵겠지만 유아들도 몇 번 해 보면 청구기호를 보고 책을 찾는 방법을 금방 이해할 수 있어요. 잘 모르겠다면 사서한테 질문할 수도 있고요. 청구기호를 보고 책을 찾는 방법을 알게 되면 놀이처럼 도서관을 탐험하면서 책을 찾을 수 있어요. 도서관을 이용하는 재미를 알게 되는 거죠.

아이 이름으로 도서관 회원증을 만들어 주세요. 그리고 도서관에 놀러 갈 때마다 아이가 빌리고 싶은 그림책을 직접 대출하게 도와 주세요. 아이의 선택권 존중은 참 중요하답니다. 경험이 쌓이면서 아이는 자신의 흥미와 수준에 맞는 책을 고를 수 있게 되고 자발적으로 책을 대출하는 빈도도 늘어나게 됩니다.

집에서 도서관 놀이하자

도서관에 대한 경험이 어느 정도 쌓이면 도서관에서 관찰했던 것들을 바탕으로 집에서 도서관과 관련된 놀이를 할 수 있습니다. 지역사회의 기관에 대한 놀이이자, 문해 행동을 자연스럽게 몸에 익히게 해 주는 놀이입니다.

아이가 도서관의 책들이 규칙에 따라 정리되어 있다는 걸 알게 되었다면, 집에서도 책을 스스로 정리할 수 있습니다. 집에 있는 책에 새로운 의미를 부여해서 재미도 느끼고, 책을 소중히 대하는 법도 알게 될 수 있어요. 역할놀이처럼 아이가

• 용어 설명 •

- 십진분류표: 도서관의 책을 '철학', '순수과학', '문학'과 같이 분야별로 분류하는 도서분류체계다.

- 청구기호: 도서관에서 자료가 어디에 있는지 알려 주는 기호를 의미한다. 책등의 밑부분에 부착되어 있어서 책을 찾는 기준이 된다.

도서관 사서가 되어서 책을 정리하는 놀이를 이끌어 보세요. 제목 첫 자의 자음 순으로 정리하면 한글에 친숙해질 수 있어요. 아이가 읽은 책, 좋아하는 책을 골라서 정리하는 것도 좋고요. 장르, 주제, 작가 이름 순 등 원하는 다양한 기준으로 정리하면 됩니다. 아이가 나름의 기준을 만들어서 정리하게 하면 좋습니다.

책의 저자가 되어서 책을 직접 만들어 보고 낭독회를 여는 놀이도 좋습니다. 종이 한 장만 있으면 책을 만들 수 있습니다. 책을 만들면서 상상의 나래를 펼쳐 보고 쓰기 연습도 할 수 있죠. 문해력 발달에 정말 좋은 종합적인 활동입니다. 책을 만든 다음에는 낭독회를 열 수 있어요. 역할 놀이하듯이 인형, 형제자매, 반려견 등을 청자로 초대할 수 있겠죠. 아이가 주인공이 되기 때문에 자신감과 성취감을 느낄 수 있습니다.

작가 사인회를 열어서 멋지게 사인을 하는 놀이도 좋습니다. 내 이름으로 끼적이는 연습의 기회가 되어 쓰기 발달에도 도움이 됩니다. 유창하게 끼적이는 경험은 쓰기가 발달하는 바탕이 되거든요. 작가가 되어 보는 놀이를 통해 아이는 '내

가 커서 작가가 될 수 있지 않을까? 작가가 된다면 어떤 책을 쓸까?'하고 작가의 꿈을 가져 볼 수도 있습니다.

도서관에서의 경험을 바탕으로, 아이는 자신의 꿈과 잠재력을 발견할 수 있습니다. 도서관과 책은 아이를 꿈꾸게 합니다. 아이의 꿈이 무럭무럭 자랄 수 있도록, 아이가 도서관과 친해질 수 있도록 도와주세요.

1

비밀 이야기 전달하기

- 속삭여 속담 전달하고 알아맞히기 -

난이도	★★★★☆	소요 시간	25 분
기대 효과	도서관 이용규칙(속삭이기)을 체화해요. 알아듣기 어려운 낯선 문장을 집중해서 듣는 경험은 청각적 집중력과 음운론적 인식 및 기억의 향상에 도움이 돼요.		

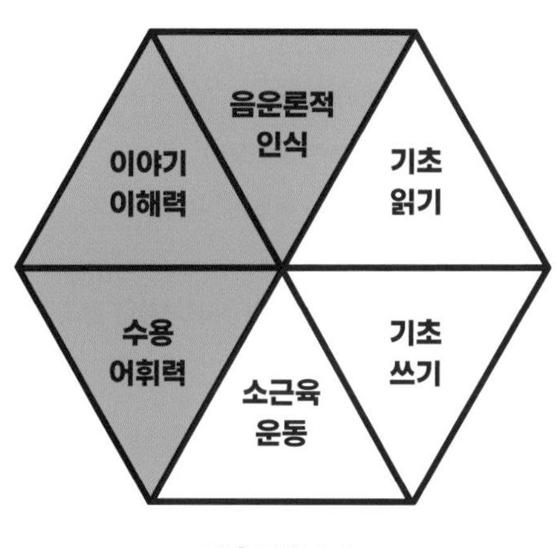

기초문해요소

2세	3세	4세	5세	저학년

추천연령

언어	수학	과학	사회
미술	음률	조작	신체

통합영역

준비물

『도서관에 간 사자』 그림책(미셸 누드슨 글, 케빈 호크스 그림, 홍연미 옮김 / 웅진주니어, 2007), 속담 목록, 연필

활동 방법

❶ 그림책에 나온 도서관 이용 규칙(속삭이기)에 대해 이야기 나눠요.

추천 질문

"그림책에서 사자가 도서관 안에서 지켜야 할 약속이 있었지?"

(조용히 해야 돼요. 살금살금 걸어 다녀요.)

"왜 도서관에서는 조용히 해야 할까?"

(큰 소리로 이야기하면 다른 친구들이 책 보는 데 방해돼요.)

"맞아. 만약에 꼭 필요한 이야기가 있다면 어떻게 하는 것이 좋을까?"

(큰 소리로 안 하고 소곤소곤 말하면 돼요.)

"좋은 생각이야. 다른 사람들한테 방해되지 않게 소곤소곤 비밀 이야기처럼 말하면 돼."

❷ 속담 목록을 보고 가족끼리(2명 이상) 비밀 이야기 전달하기 놀이를 해 보세요.

❸ 마지막으로 이야기를 전달받은 가족이 '속담 목록' 에 비밀 이야기를 쓰고, 실제 속담과 비교해 보세요.

추천 질문

"전달한 이야기들은 엄마가 '속담목록 활동지'에서 '우리 가족 비밀 이야기'에 써 줄 거야. 그러고 나서 실제 속담과 비교해 보자."

❹ 가족과 함께 재미있는 속담을 더 찾아보고, '우리 가족만의 속담 목록'을 만들어 봐도 좋아요.

속담 목록

실제 속담	우리 가족 비밀 이야기
책 속에 길이 있다.	
말 한마디에 천 냥 빚도 갚는다.	
못된 송아지 엉덩이에 뿔 난다.	
세 살 적 버릇 여든까지 간다.	
돌다리도 두들겨 보고 건너라.	
하루라도 책을 읽지 않으면 입안에 가시가 돋는다.	

속담목록 활동지

• 문해 관련 속담(비밀 이야기) •

❶ 낮말은 새가 듣고 밤말은 쥐가 듣는다(뜻: 아무도 안 듣는 데서라도 말조심해야 한다는 말).

❷ 가는 말이 고와야 오는 말이 곱다.
(뜻: 자기가 남에게 말이나 행동을 좋게 해야 남도 자기에게 좋게 한다는 말)

❸ 게으른 선비 책장 넘기듯
(뜻: 하기 싫은 일을 억지로 하느라고 건성으로 넘어간다는 것을 이르는 말)

❹ 사흘 책을 안 읽으면 머리에 곰팡이가 핀다.
(뜻: 며칠이라도 책을 안 읽으면 머리가 둔하게 됨을 비유적으로 이르는 말)

❺ 쓸 줄 모르는 것이 책부터 나무란다(뜻: 할 줄 모르면서 재료만 탓함을 비유적으로 이르는 말).

❻ 소 귀에 경 읽기(뜻: 아무리 가르치고 일러 주어도 알아듣지 못하는 것을 이르는 말)

재미있게 그림책 읽기

- 그림책 제목에서 '도서관' 글자 부분에 접착식 메모지를 붙여서 가려 놓고 아이가 그림책 표지의 그림을 보고 제목을 예측해 보게 합니다. '예측하기'는 유아기에 발달할 수 있는 중요한 과학적 탐구 기술 중 하나예요.

추천 질문

"그림책 표지에 무엇이 보이니?"

(친구들이 책을 보고 있고요. 사자도 같이 보고 있어요.)

"엄마도 정말 궁금하네. 책꽂이에 책이 많이 있는 장소인데 사자가 같이 있네. 어떻게 된 일이지? 그림책 제목은 'OOO에 간 사자' 야. 사자가 어디에 간 걸까?

(아이가 첫 글자부터 살펴보며 예측할 수 있도록 접착식 메모지를 천천히 떼어 내세요.)

- 가족들과 역할을 나눠 그림책을 읽어 보세요. 가족들의 목소리에 따라 역할을 구분하면서 그림책의 내용을 더 잘 이해하고, 이야기에 흥미와 궁금증이 높아지면서 집중력도 향상될 거예요. '협동 읽기'를 위한 책을 고를 때는 가족들이 줄거리와 등장인물에 대해 다 알고 있는 책이 좋아요. 다양한 역할이 있고, 대화체가 많으며, 재미있는 책을 함께 읽으면서 가족 구성원 모두 그림책 읽기에 대한 자신감이 향상됩니다. 유아도 기억해서 말하며 '독자로서의 자신감'을 갖게 될 거예요.
- 아이가 그림책의 내용뿐 아니라 구조에도 관심을 가질 수 있도록, 그림책의 구조(앞표지·뒤표지·앞면지·뒤면지)에 대한 용어를 아이 수준에 맞게 설명해 주세요. 책의 구조를 탐색하는 경험은 그림책에 대한 관심과 이해를 깊게 합니다.

추천 질문

(앞표지를 넘겨 앞면지를 보여 주며)
"사자가 늠름하게 걸어가고 있네. 고양이가 사자를 보고 깜짝 놀랐나 보다! 사자는 어디로 가는 걸까?"(대답을 기다려 보고)
"여기 멋진 빨간 지붕 건물로 가는 걸까? 이야기가 시작되면 알 수 있겠지?"

도움말

- 속담의 의미를 아이 수준에 적합하게 쉬운 말로 설명해 주세요.
- 비밀 이야기 뽑기통과 뽑기 막대를 만들어서 뽑기 놀이를 하면 아이들이 재미있게 참여할 수 있어요. 또 큰 종이에 속담을 직접 쓰거나 출력하고, 가족끼리 실제로 전달한 속담과 비교해 보는 방법도 활용해 보세요.

비밀 이야기 막대 뽑기통

소 귀에 경 읽기
게으른 선비 책장 넘기듯
가는 말이 고와야 오는 말이 곱다.
쓸 줄 모르는 것이 책부터 나무란다.
사흘 책을 안 읽으면 머리에 곰팡이가 핀다.
낮말은 새가 듣고 밤말은 쥐가 듣는다.

비밀 이야기 출력본

2

작가 사인회 놀이

- 작가 사인 흉내 내며 끼적이기 -

난이도	★★☆☆☆	소요 시간	20 분
기대 효과	끼적이기(scribble)는 '발현적 쓰기' 행동이에요. 사인해 보며 미래 작가로서의 꿈을 가질 수 있어요.		

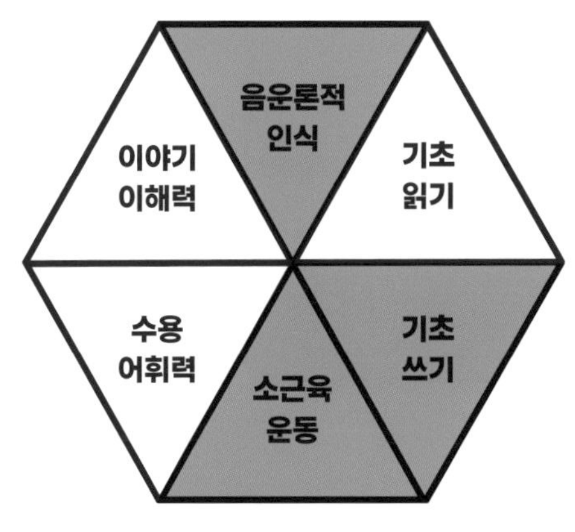

기초문해요소

2세	3세	4세	5세	저학년

추천연령

언어	수학	과학	사회
미술	음률	조작	신체

통합영역

준비물

빈 종이, 사인책, 연필, 지우개, 색연필, 사인펜

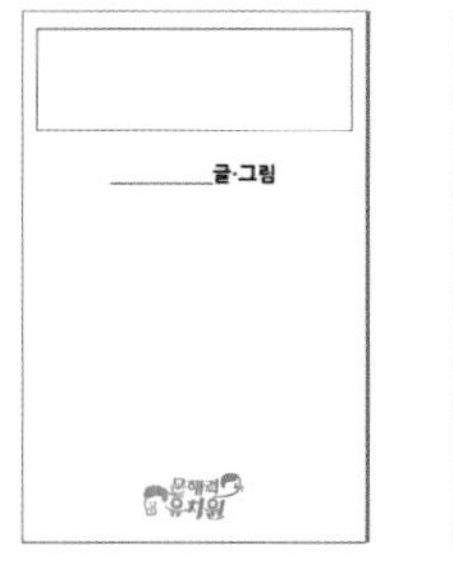

사인책 1p 앞표지/ 2p 사인용지/ 3p 뒤표지

활동 방법 ❶ 빈 종이에 자신의 사인을 자유롭게 끼적여요.

❷ 얇은 사인책의 앞표지에 책 제목과 표지 그림을 꾸미고, 작가 이름 칸에 자기 이름을 써요.

유아가 만든 사인책의 앞표지

❸ 사인용지에 자신의 사인을 끼적여요.

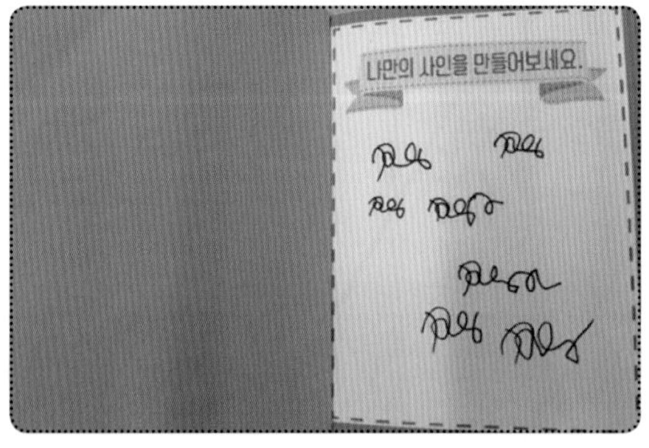

유아가 끼적인 자신의 사인

❹ 뒤표지에 사인책의 가격을 숫자로 표현해요.

유아가 만든 사인책의 뒤표지

도움말

- 아이와 함께 작가 사인회에 가본 경험이 있다면, 경험을 떠올리며 이야기 나눠 보세요.
- 부모님과 아이가 서로의 역할(그림책 작가—사인받는 사람)을 바꿔서 사인회를 진행할 수 있어요.

확장 활동

● 작가 낭독회 ●

- 난이도 ★★★☆☆ / 추천 연령: 4세~초등 1학년
- 소요 시간: 20분
- 기초문해요소: 이야기 이해력, 어휘력, 기초읽기
- 통합영역: 언어, 사회
- 준비물: 다양한 인형들, 아이가 제일 좋아하는 책 한 권

- 활동 방법

❶ 아이가 자기가 제일 좋아하는 책을 한 권 준비합니다.
❷ 인형, 동생, 반려동물을 앉혀 놓고 그림책의 이야기를 들려주는 '작가 낭독회' 놀이를 해요.

"OO가 그림책의 어린이 작가가 되어서 앞에 앉아 있는 동생과 인형들에게 그림책 이야기를 들려주는 거야. 꼭 정확하게 모든 내용을 이야기하지 않아도 괜찮아. 그림을 살펴보면서 기억나는 부분만 읽어 줘도 돼. 자, 작가 낭독회를 열어 볼까?"

- 활동 방법

❶ 가정에서 부모님과 함께 자신이 제일 좋아하는 책을 고르면서 의미 있는 경험이 생길 거예요.
❷ 아이가 그림책의 '글자를 읽지 못하는 단계'라도 다양한 읽기 행동(듣고 이해하거나 기억하는 대로 말하기, 이야기 지어 내어 읽는 시늉하기 등)으로 나타날 수 있어요. 이러한 아이의 다양한 읽기 행동은 모두 중요한 '발현적 읽기'입니다.
❸ 자기가 제일 좋아하는 책을 소개하는 경험은 '자신감 있는 독자로서 기능하기' 측면에서 효과적이에요.

3

우리 집 어린이 사서

- 우리 집 책꽂이 정리하기 -

난이도	★★★☆☆	소요 시간	25 분

기대 효과

그림책을 순서대로 정리하며 '순서 짓기' 개념이 발달해요.
ㄱㄴㄷ 자음의 순서에 자연스럽게 익숙해져요.
순서 짓기: 3개 이상의 물체를 어떤 속성에 따라 순서대로 배열할 수 있는 능력이에요.
책을 순서대로 정리하는 경험은 수학적 개념 중 '순서 짓기' 개념의 발달에 도움이 돼요.

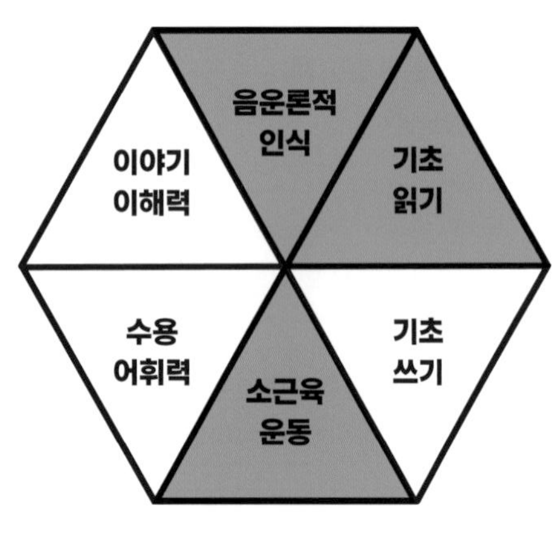

기초문해요소

2세	3세	4세	5세	저학년

추천연령

언어	수학	과학	사회
미술	음률	조작	신체

통합영역

준비물

책꽂이에 꽂힌 그림책들, 스케치북, 필기도구

활동 방법

❶ 책꽂이에서 정리하고 싶은 책을 몇 권 골라 보세요.

❷ 그림책 제목의 ㄱㄴㄷ 순으로 그림책을 순서 짓는 놀이를 해요.

활동 예시

"그림책을 순서 없이 가지런히 꽂기만 하면
나중에 내가 찾고 싶은 책을 다시 찾기가 힘들어져.
그래서 도서관 사서 선생님은 책에 순서를 정해서 정리하신대.
오늘은 OO이가 어린이 사서 선생님이 되는 거야.
먼저 그림책 제목을 ㄱㄴㄷ 순서로 줄지어 보자."

❸ 아이의 수준에 맞게 다양한 방법으로 정리해 봅니다.

1) 그림책 크기 순 정리(글자를 모를 때)

2) 읽어 본 책/읽어 보지 않은 책으로 나눠 정리

3) 좋아하는 책/ 관심이 없었던 책으로 나눠 정리

4) 그림책 종류별(옛이야기, 판타지, 동시 등) 정리

자음	해당 자음으로 시작하는 그림책 제목	자음	해당 자음으로 시작하는 그림책 제목
ㄱ	『계란말이 버스』	ㅇ	『와작와작 꿀꺽 책먹는 아이』
ㄴ	『나, 이거 사 줘!』	ㅈ	『자유 낙하』
ㄷ	『도토리 마을의 모자가게』	ㅊ	『치과 가는 길』
ㄹ	『리본』	ㅋ	『쿠키 한 입의 인생수업』
ㅁ	『모양들의 여행』	ㅌ	『텔레비전이 고장 났어요!』
ㅂ	『밥·춤』	ㅍ	『풀잎 국수』
ㅅ	『소나기 놀이터』	ㅎ	『휘리리후 휘리리후』

사서 놀이에 활용한 'ㄱ'~'ㅎ'로 시작하는 어린이 그림책 목록

도움말

- 그림책을 ㄱㄴㄷ 순으로 정리할 때, 아이가 한꺼번에 'ㄱ'부터 'ㅎ'까지 순서 짓기를 힘들어하면 'ㄱ'부터 'ㅅ'까지 먼저 찾고, 'ㅇ'부터 'ㅎ'까지 찾는 것으로 단계를 나누어 진행해요.
- 아이가 ㄱㄴㄷ 순서를 어려워하면 스케치북에 ㄱㄴㄷ 자음을 순서대로 크게 써 놓은 것을 보면서 정리하거나, 자음 목걸이를 만들어 활용하면 도움이 돼요.

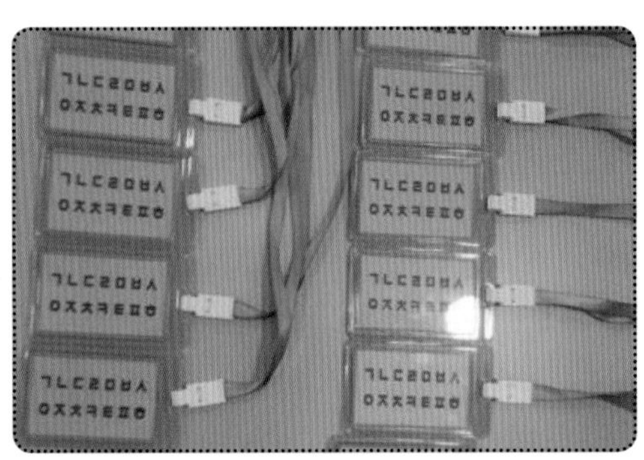

ㄱ~ㅎ 자음 목걸이

- 그림책을 다양한 방법으로 정리하고 나서, 표지에 숫자 스티커를 왼쪽부터 1, 2, 3의 순서대로 붙이며 다시 한번 넘버링하면 한 번 더 순서 짓기를 경험할 수 있어요.
- 그림책의 수가 많은 경우, 몇 권씩 나누어서 정리해요.

4

내가 좋아하는 그림책 목록

- 그림책 제목과 작가 이름 알아보기 -

난이도	★★★★☆	소요 시간	30 분
기대 효과	아이가 가장 좋아하는 그림책을 부모님과 함께 살펴보면서, 그림책을 소중히 여기는 마음을 가지고 그림책에 더 친숙해질 수 있어요.		

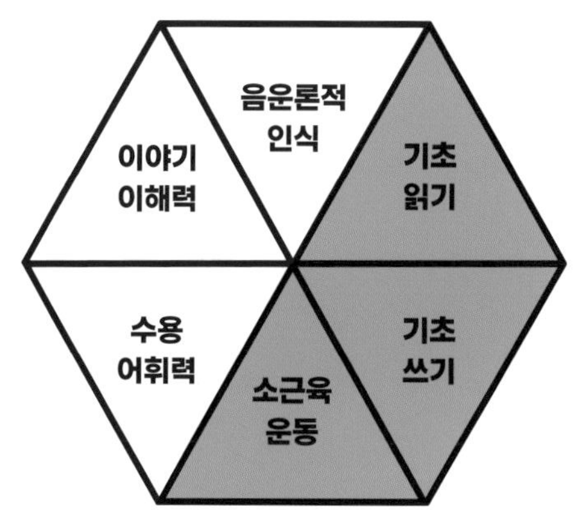

기초문해요소

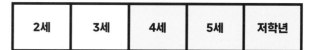

2세	3세	4세	5세	저학년

추천연령

언어	수학	과학	사회
미술	음률	조작	신체

통합영역

준비물

내가 좋아하는 그림책 목록 활동지, 연필, 색연필

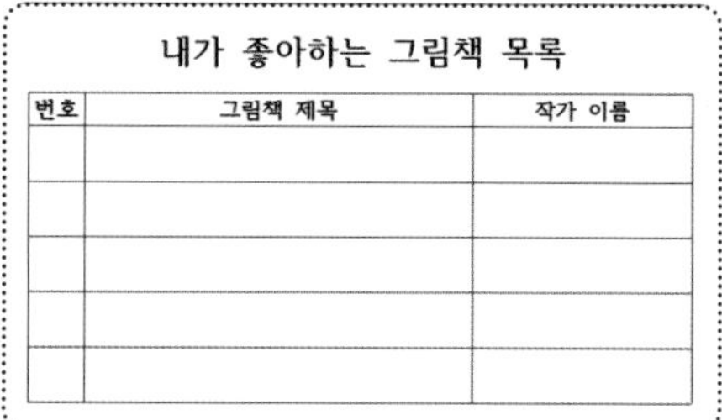

내가 좋아하는 그림책 목록

번호	그림책 제목	작가 이름

도서관: 도서관은 놀이터

활동 방법

1. 가정에 있는 그림책 중에서 가장 좋아하는 책을 함께 골라요.
2. '내가 좋아하는 그림책 목록'에 그림책의 제목과 작가 이름을 쓰고, 목록을 정리해요.
3. 좋아하는 그림책의 경향을 살펴봅니다.

도움말

- 목록을 만들 때, 아이의 쓰기 수준에 따라 다양한 방법으로 쓸 수 있도록 부모님이 도와주세요.
  1) 아이가 제목을 읽으면 부모님이 써 주기
  2) 부모님이 읽으며 써 준 글자를 보고, 아이가 따라 쓰기
  3) 일부 글자만 부모님이 써 주고 쉬운 글자는 아이가 쓰기
  4) 아이가 책 표지를 보고 스스로 따라 쓰기
- '엄마가 좋아하는 그림책 목록', '동생이 좋아하는 그림책 목록' 등 가족 구성원들도 함께 자신이 만든 그림책 목록을 만들어 보세요.
- 아이가 좋아하는 책들이 장르, 작가, 주제 면에서 어떤 특징을 가지고 있는지 함께 찾아보세요.
- '내가 좋아하는 그림책 목록'을 주기적으로 만들어 모아 보면, 좋아하는 그림책의 변화를 살펴볼 수 있어요.

5

차례차례 만드는 이야기 기차

- 그림의 순서와 인과관계에 따라 말하기 -

난이도	★★★★☆	소요 시간	20 분

기대 효과	그림을 보고 인과관계를 이해하고 순서에 따라 말하는 경험은 기초문해요소 중 '이야기 이해력'을 다져줘요. 그림의 내용을 순서대로 말로 표현하면서 어휘력과 표현력을 발달시켜요.

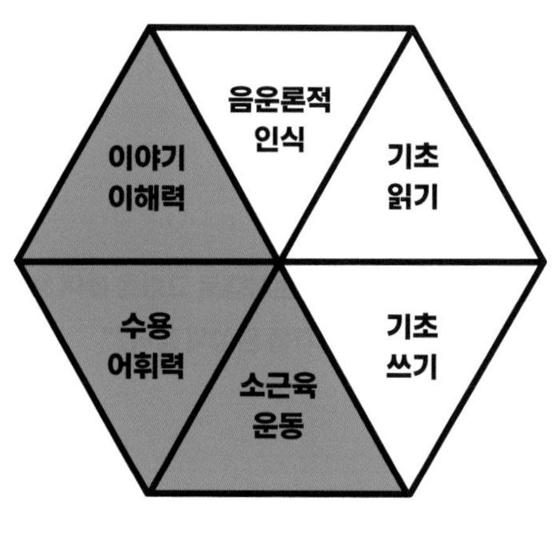

기초문해요소

2세	3세	4세	5세	저학년

추천연령

언어	수학	과학	사회
미술	음률	조작	신체

통합영역

준비물

스마트폰, 도서관에서 대출한 그림책, '차례차례 이야기 기차 만들기' 활동지(도화지 사이즈 출력), 풀, 안전가위

도서관: 도서관은 놀이터

활동 방법

1. 도서관에서 대출한 그림책에서 4~6장면을 선택하여 스마트폰으로 촬영하고, 컬러 출력해서 활용해요. 가정용 사진 인화기도 쓸 수 있어요.
2. 안전가위를 이용해서 아이가 그림들을 오려내게 해 주세요.
3. 그림의 순서에 따라 배열하고, 그림의 순서대로 '차례차례 이야기 기차 만들기' 활동지에 풀로 붙여요.

추천 질문 **"그림책의 내용을 잘 떠올려 보면서 기차 그림 활동지에 순서대로 그림을 붙여 보자. 순서를 잘 맞춰서 붙이고 차례차례 이야기 기차를 완성해 볼까?"**

4. 그림의 순서대로 이야기로 말해요. 사건 간의 인과관계를 말로 표현해 보세요.

도움말

- '도서관에서 대출, 반납하기' 활동과 연결해서 진행할 수 있어요.
- '그래서, 그다음에, 그러고서, 그런데' 등의 표현을 사용하는 경험을 해요.
- 시중에 판매하는 시퀀스 그림 카드를 활용해서 그림의 상황을 문장으로 묘사하고, 그림 카드를 순서대로 재배치하며 나열한 이유를 말로 표현해 보세요. 우리 가족 사진들을 이용해도 좋아요.

6

내가 만드는 작은 책

- 뒷이야기 상상하기 -

난이도	★★★★☆	소요 시간	30 분
기대 효과	뒷이야기를 만들어 작은 책으로 꾸미면서 작가가 되는 경험을 해요. 뒷이야기를 상상하고 표현하며 이야기 이해력과 언어표현력이 향상돼요		

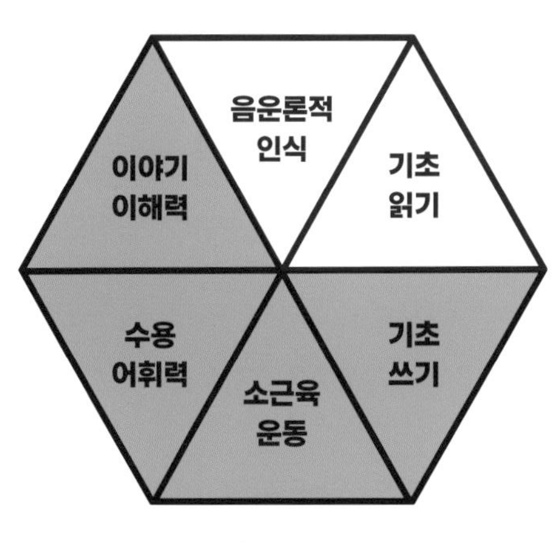

기초문해요소

2세	3세	4세	5세	저학년

추천연령

언어	수학	과학	사회
미술	음률	조작	신체

통합영역

준비물

A3용지 또는 두꺼운 종이, 연필, 색연필, 사인펜

활동 방법

❶ 두꺼운 종이를 접어서 작은 책을 만들어요.

❷ 내가 읽은 그림책의 뒷이야기를 상상하고, 작은 책을 꾸며요.

• 작은 책 접기 •

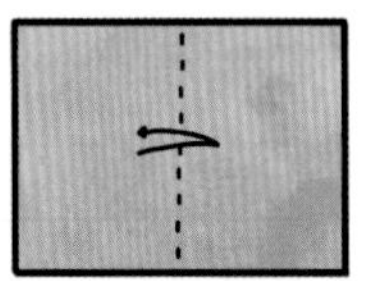

❶ 종이의 반을 접었다가 펴세요.

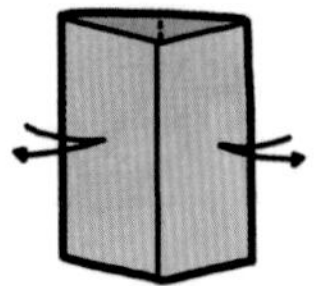

❷ 양쪽 끝을 가운데 선에 맞춰서 접었다가 펴세요.

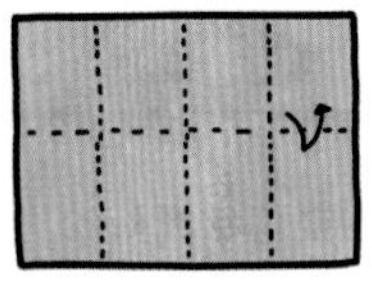

❸ 가로로 절반을 접었다가 펴세요.

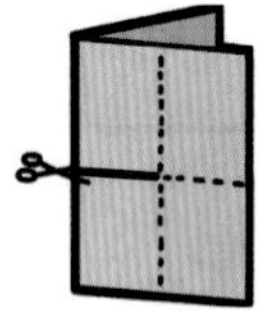

❹ 종이의 반을 접고, 표시된 부분을 가위로 잘라요.

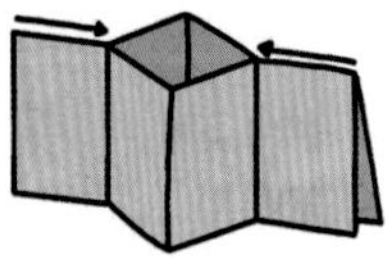

❺ 양쪽 끝을 잡고 가운데로 밀면 십자 모양이 돼요.

❻ 책 모양이 되도록 납작하게 접어요.

도움말

- 아이가 뒷이야기를 꾸미기 어려워한다면, 후속편의 앞표지만 먼저 꾸며도 괜찮아요.
- 아이가 이야기 속 인물이 된다면 어떤 행동을 할지 함께 상상해 보세요.
- 집에 있는 달력을 활용해서 작은 책을 접을 수 있어요.
- '내가 만드는 작은 책'으로 '가족 낭독회'를 열어요. 능동적인 독자로서 그림책 읽기에 자신감이 생길 거예요.

7

도서관에서 대출, 반납하기

- 그림책 검색하고 찾기 -

난이도	★★★★★	소요 시간	30 분

기대 효과

필요한 정보를 적극적으로 탐색하는 능력(정보문해)을 길러요.
키보드로 쓰기에 관심을 가져요.
그림책을 직접 대출·반납하면서 책에 대한 관심이 높아져요.
유아의 이름으로 된 도서 대출 카드를 발급받아 활용하면 도서관에 소속감을 가질 수 있어요.
한국십진분류표에 관심을 가져요.

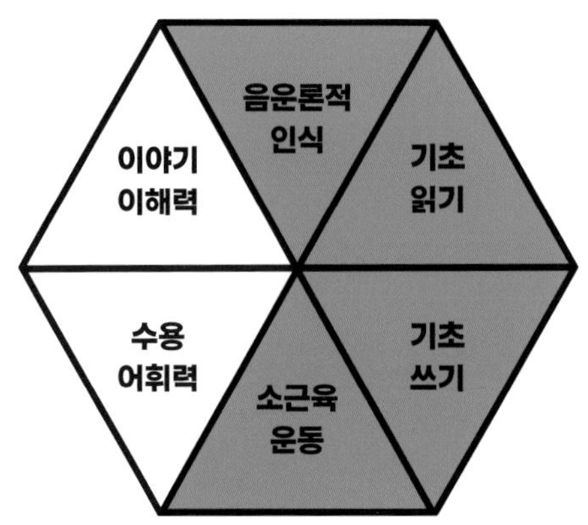

기초문해요소

2세	3세	4세	5세	저학년

추천연령

언어	수학	과학	사회
미술	음률	조작	신체

통합영역

준비물

도서 검색 용지, 연필, 도서관 대출 카드, 키워드 종이

도서 검색 용지	
책 제목	
청구기호	
한국십진 분류표	
물해라 유치원 도서관	

키워드			
똥	공룡	아빠	엄마
축구	늑대	색깔	빵
책	비밀	할아버지	할머니
요술	호랑이	친구	인형

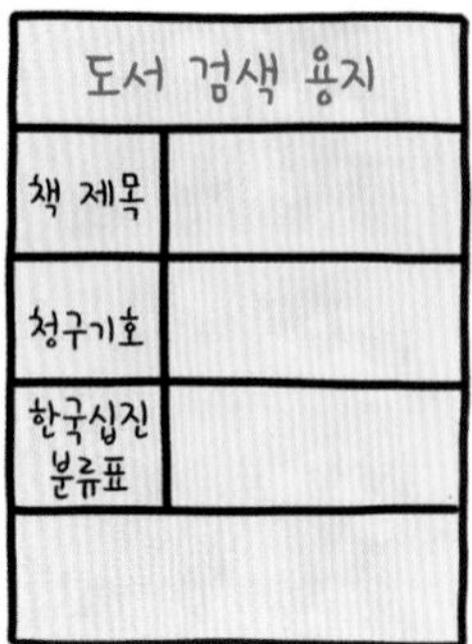

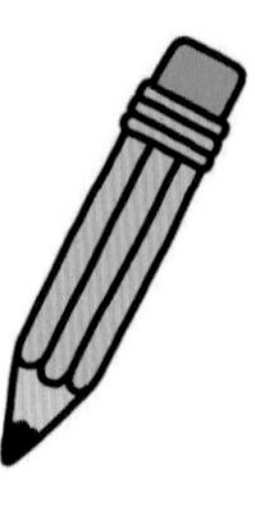

활동 방법

❶ 아이가 좋아하는 주제 키워드를 선택하고, 검색용 컴퓨터에서 부모님과 함께 키워드를 검색해 보세요.

❷ 찾으려는 책의 제목과 숫자 기호를 용지에 표시하거나, 책의 보관 위치가 표시되는 종이를 출력해요.

❸ 해당 코너로 가서 그림책을 찾고 직접 '대출'합니다.

❹ 찾은 그림책을 다 읽고 나면 아이가 직접 '반납'해요.

그림책을 검색하고 찾을 때
활용하는 도서 검색 용지

유아들이 그림책을 찾을 때
함께 살펴본 청구기호들

도움말

- 도서관의 다양한 프로그램에 아이와 함께 참여해 보세요. 애니메이션 상영회, 작가 사인회, 인형극, 원화전시회, 동요교실 등 다양한 프로그램이 마련되어 있어요. 아이의 독서 태도, 읽기 능력, 정서적인 부분에 긍정적인 효과가 있답니다. 특히 책 읽기 싫어하는 아이들에게 도서관 프로그램 참여는 독서에 긍정적인 감정을

가질 수 있게 도와줘요.

- 정보 문해(information literacy)는 평생학습시대의 핵심요소이며, 그림책을 직접 검색하고 찾아보며 아이는 자신에게 필요한 정보를 적극적으로 탐색하는 능력을 기를 수 있어요.
- 한국십진분류표는 10가지 주제로 도서관의 책을 쉽게 찾을 수 있게 해 주는 안내판, 나침반, 내비게이션 역할을 해 주는 숫자들이에요. 도서관에서는 한국십진분류표라는 것으로 책이 나눠서 정리되어 있다는 사실을 아이의 수준에 맞추어 쉽게 설명해 주세요.

추천 질문

"이건 도서관이라는 공간에 있는 규칙이야.
우리가 책을 잘 정리하고 찾을 수 있게 도와주는 지도 같은 거란다."

그림책 함께 읽는 부모

- 그림책의 다양한 장르 -

다양한 그림책들만큼이나 그림책을 읽은 뒤에 해 볼 수 있는 독후 활동도 무궁무진합니다. 그렇다고 아이랑 그림책을 읽을 때마다 꼭 독후 활동을 해야 하는 건 아닙니다. 그러면 부모에게도 아이에게도 부담으로 느껴져 놀이가 아닌 과제가 되어 버리겠죠. 좋은 아이디어가 떠오르는 그림책에 대해서만 독후 활동을 해도 충분합니다. 천편일률적으로 항상 똑같은 독후 활동을 그대로 적용하지 말고, 책마다 다른 개성 있는 활동을 고민해 보세요. 그림책을 어떻게 읽으면 좋을지, 어떤 독후 활동을 해 보면 유익하고 재미있을지 감각을 기르려면 각 그림책이 어떤 특징을 갖는 장르의 그림책인지 파악해 보는 것만으로도 큰 도움이 됩니다. 그런 의미에서 '그림책의 장르'에 대해서 알아볼까요?

전집에 붙은 이름을 그대로 그림책 분류에 사용하기 때문에 잘못 오용되고 있는 표현들부터 살펴보겠습니다. 우리나라에서는 그림책을 '그림 동화'라고 부르기도 하고, 전래동화, 창작동화, 명작동화, 과학동화 등의 명칭으로 부르는 경우가 많습니다. 하지만 그림책을 '그림 동화'라고 명명하는 것부터가 그림책의 특성을 고려하지 못한 표현입니다. '그림책'은 글과 그림이 각자 중요한 역할을 하기 때문에 그림이 부수적인 역할을 하는 것을 뜻하는 '그림 동화'라는 표현은 적절하지 않습니다. 그리고 그림책은 모두 '창작'된 작품이기 때문에 일부에 대해서만 창작이라고 불러서는 안 되며, 명작동화라는 표현은 이해할 수 없는 이상한 이름입니다. 과학, 자연, 수학, 철학 동화 등도 학습을 목표로 학습영역이나 과목에 따라 나눈 종류라 그림책의 장르라고 말하기는 어렵습니다. 오해의 소지가 있는 표현을 먼저 살펴보았으니 이번엔 그림책의 특성을 고려한 분류와 각 장르의 이름을 알아볼게요. 그림책의 특징에 따라 크게 분류하면, 옛이야기 그림책, 사실주의 그림책, 환상 그림책, 정보 그림책, 운문 그림책, 글 없는 그림책 등으로 나눌 수 있습니다.

옛이야기 그림책

입으로 전해 내려오는 이야기인 '민담', 사물 또는 동식물의 기원이나 역사적 사건과 인물을 소재로 하는 '전설', 한 나라의 창조 또는 지도자의 탄생 비화 등 같은 민족이 공유하는 믿음을 전제로 하는 '신화', 동물이 주인공으로 등장하여 교훈을 주는 '우화'를 토대로 만들어진 그림책을 말합니다. 그림형제의 이야기처럼 외국의 설화나 전설을 다룬 그림책도 옛이야기 그림책에 해당합니다. 이 유형의 그림책은 기승전결의 구조가 뚜렷하고, 주인공의 특징이 단순하며, 입말이 살아 있는 구어체의 문장이 사용되는 경우가 많습니다. 반복이 많고 이야기의 구조가 뚜렷하기 때문에 한두 번 반복하여 읽어 보면 아이들이 쉽게 '읽는 척하기(pretend reading)'가 가능합니다. 그림책에 나오는 소품을 만들거나, 아이와 역할을 나누어 읽기에 좋습니다.

사실주의 그림책

현실 세계에서 일어날 수 있음 직한 사건들을 소재로 하는 그림책으로 현실의 모습을 잘 반영하고 있습니다. 아이들이 경험할 수 있는 일상부터 내 주변이 아니어도 세계 어디에선가는 일어나고 있거나 사회적으로 이슈가 되는 환경오염, 전쟁, 장애 등을 다룹니다. 아이들이 간접적으로 세상을 경험할 수 있도록 도우며, 서로 다른 상대의 입장

< 옛이야기 그림책의 예시 >

『반쪽이』
(이미애 글, 이억배 그림
/ 보림, 1997)

『모기는 왜 귓가에서 앵앵거릴까?』
(버나 알디마 글, 리오 딜런과
다이앤 딜런 그림, 김서정 옮김
/ 보림, 2003)

『창세가』
(고승현 글, 김병하 그림,
조현설 해설 / 책읽는곰, 2010)

『저승사자에게 잡혀간 호랑이』
(김미혜 글, 최미란 그림
/ 사계절, 2008)

< 사실주의 그림책의 예시 >

『당근 유치원』
(안녕달 글·그림
/ 창비, 2020)

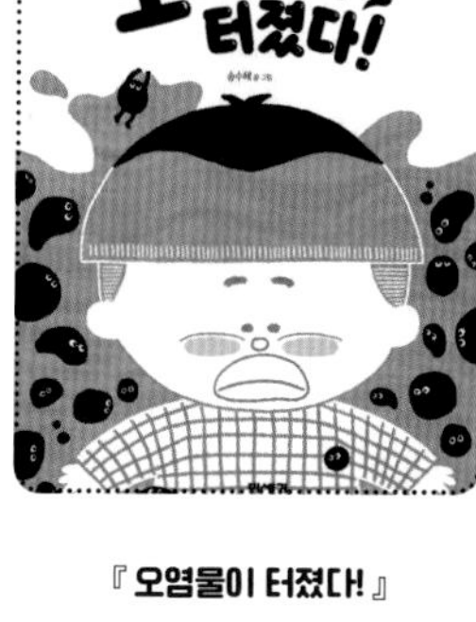

『오염물이 터졌다!』
(송수혜 글·그림
/ 미세기, 2020)

『눈을 감아 보렴!』
(빅토리아 페레스 에스크리바 글,
클라우디아 라누치 그림, 조수진 옮김
/ 한울림스페셜, 2016)

『치과 가는 길』
(남섬 글·그림
/ 향출판사, 2020)

에서 생각해 볼 수 있는 기회를 주죠. 각 등장인물들의 입장이 되어 어떤 기분이었을지 추측하고 표현하는 시간을 가져 보세요. 일상생활을 주제로 한 그림책의 경우 아이의 실제 경험에 대해 이야기 나누거나 그림으로 표현하는 것도 좋습니다.

환상 그림책

현실 세계를 벗어난 판타지가 펼쳐지기 때문에 아이들의 상상력을 자극하는 그림책 유형을 말합니다. 상상의 세계로 이동하거나, 초자연인 힘을 가진 괴물을 만나거나, 특정한 능력을 지닌 물건을 다루게 되는 등의 허구적인 환상이 담겨 있습니다. 만일 내가 주인공이 된다면 어떻게 해 보고 싶은지 상상하고 표현하기, 새로운 결말 만들어 보기 등의 독후 활동을 해 보면 좋습니다.

정보 그림책

논픽션 그림책으로, 기본적인 수준의 줄거리 속에서 정보를 담는 경우도 있습니다. 공룡, 인체, 해양생물, 곤충, 교통기관 등과 같이 흥미로운 특정 주제를 대상으로 아이들의 수준에 맞게 그림과 함께 설명을 담고 있습니다. 자모 그림책과 수 그림책도 정보 그림책 중 하나입니다. 자모 그림책은 글자의 모양과 소리, 이름에 대한 정보를 주로 다룹니다. 여러 종류의 자모 그림책을 비교하며 공통점을 찾아보거나 색종이나 자연물 등의 각종

< 환상 그림책의 예시 >

『구름공항』
(데이비드 위즈너 지음 / 시공주니어, 2017)

『이상한 손님』
(백희나 글·그림 / 책읽는곰, 2018)

『마법 침대』
(존 버닝햄 글·그림, 이상희 옮김 / 시공주니어, 2003)

『알사탕』
(백희나 글·그림 / 책읽는곰, 2017)

< 정보 그림책의 예시 >

『숲속 100층짜리 집』
(이와이 도시오 글·그림, 김숙 옮김 / 북뱅크, 2021)

『얼마나 무거울까?』
(마크 위클랜드 글, 빌 볼턴 그림, 글맛 옮김 / 키즈엠, 2015)

『꿈틀꿈틀 곤충 여행』
(타샤 퍼시 글, 다이나모 그림, 박여진 옮김 / 애플트리태일즈, 2018)

『생일 축하해요 ㄱㄴㄷ』
(박상철 글, 강근영 그림 / 여우고개, 2017)

도서관: 도서관은 놀이터

재료로 글자 모양을 만들면 좋습니다. 수 그림책은 숫자와 수에 대한 개념(수 세기, 일대일 대응, 사칙연산, 비교, 서열 등)을 다룹니다. 콩, 단추와 같은 실제 사물을 활용하여 수 세기 활동으로 연결지어 보는 것도 좋습니다. 어림계산을 통해 크기, 무게 등을 비교해 보는 활동으로 확장해 볼 수 있습니다.

운문 그림책

이 밖에 다른 그림책과는 조금 다른 독특한 유형의 운문 그림책, 글 없는 그림책도 소개합니다. 운문 그림책은 동시나 동요를 토대로 그림이 함께 그려져 있는 그림책을 말합니다. 반복되는 음절이 나오도록 지어진 동시에 맞는 노래가 지어진 경우도 종종 있습니다. 글 자체의 운율이 강하기 때문에 알고 있는 노래의 가사를 바꿔 불러보기에도 좋습니다. '말놀이'를 위해 지어진 그림책도 점점 많아지는 추세입니다.

글 없는 그림책

글 없는 그림책은 글 없이 그림만으로 서사가 진행되는 그림책을 말합니다. 글이 없기 때문에 특히나 그림을 자세히 관찰하게 됩니다. 성인과 아동이 함께 그림을 보며 이야기를 꾸며 보며 상호작용하기 좋은 매체가 됩니다.

< 운문 그림책의 예시 >

『안녕? 꽃님아』
(김종상 글, 김란희 그림
/ 아주좋은날, 2018)

『숲으로 가자』
(김성범 글, 김혜원 그림
/ 한솔수북, 2020)

『달 조각』
(박종진 글, 전지은 그림
/ 키즈엠, 2018)

『말놀이 동요집』
(최승호 시, 방시혁 곡, 윤정주 그림
/ 비룡소, 2011))

< 글 없는 그림책의 예시 >

『불끄기 대작전』
(아서 가이서트 지음, 길미향 옮김
/ 보림, 2020)

『또다른 아이』
(크리스티안 로빈슨 지음
/ 보물창고, 2021)

『나무집』
(마리예 톨만, 로날트 톨만 지음
/ 여유당, 2010)

『이상한 화요일』
(데이비드 위즈너 글·그림
/ 비룡소, 2010)

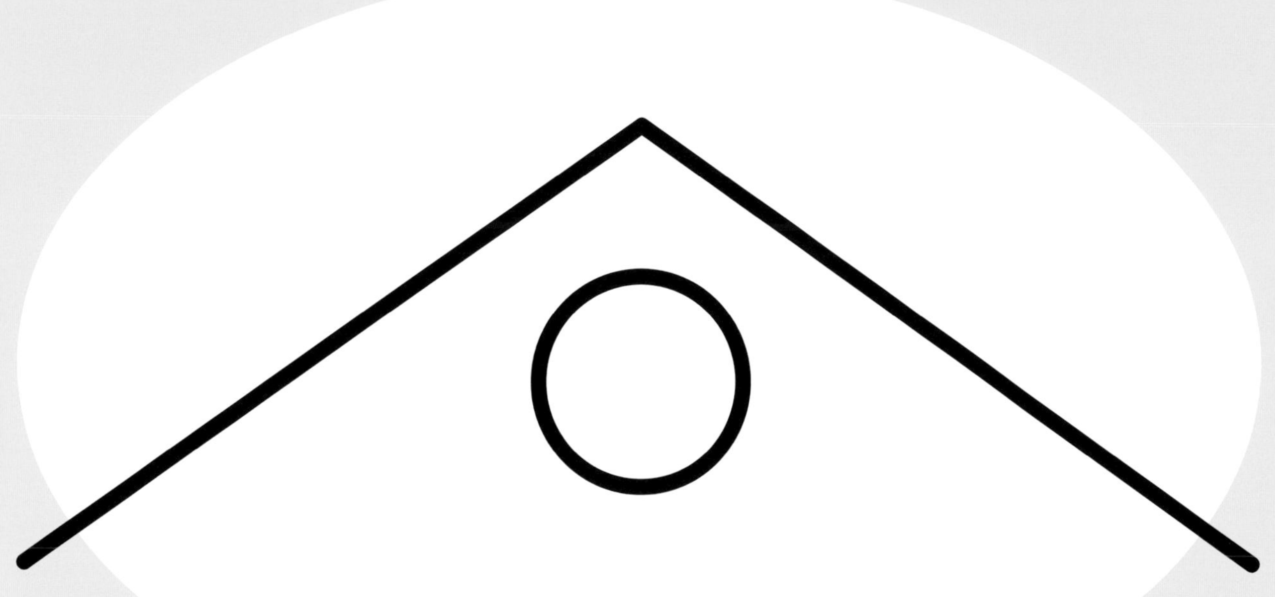

12.

자모책:
한글에 숨은 비밀

한글을 일찍 뗀다고 읽기를 잘할까?

'학교 들어가기 전에 한글을 떼야 할까?' 유아 자녀를 둔 부모님들의 큰 고민이 아닐까 싶습니다. 아이가 다섯 살 즈음 되고 주변 또래 아이들이 한글을 잘 읽는 모습을 보면 '우리 아이도 한글 학습지를 시작해야 하는 건 아닌가?' 하며 조급한 마음이 들기도 합니다. 부모로서 아이가 뒤처지는 건 아닌지 걱정스러운 마음이 드는 건 이해가 됩니다. 그러나 대부분의 유아기 아이에게 학습지로 부자연스럽게 가르쳐서 한글을 떼는 것은 득보다 실이 더 많습니다. 진짜 문해력을 키우기 위해서는 아이 스스로 한글의 원리를 탐구하고 깨우치는 과정이 필요하기 때문이죠.

한글은 과학적이고 체계적이어서 다른 문자들보다 배우기 쉬운 문자 체계입니다. 우리 사회의 남다른 교육열로 인해 워낙 일찍부터 유아들에게 한글을 가르치다 보니 글자 해독을 할 수 있는 유아들도 꽤 많고요. 아이가 떠듬떠듬 글자를 읽게 되면 한글을 뗐다고 여기기도 하죠. 그러나 이런 경우 진짜로 한글을 뗐다고 말하기는 어렵습니다. 익숙한 글자는 읽어도 각 자모의 소릿값은 정확히 모르기 쉽거든요. 단어를 소리 내어 읽어도 의미를 떠올리지 못해 이해로까지 이어지기 어렵죠.

문해력이란 해독한 글의 의미를 이해하고 이를 자신의 지식으로 소화해서 문제 해결에까지 활용할 수 있는 능력을 말해요. 그래서 아이가 단순히 글자를 소리 내 읽을 수 있는지보다는 읽기 발달의 바탕이 되는 '글자에 대한 지식'을 튼튼히 하는 과정이 중요합니다. 글자에 대한 지식을 익힌 아이와 그렇지 않은 아이는 앞으로 문해력 발달이라는 기나긴 길을 걸어갈 기초체력에서부터 차이가 납니다.

유아기에 해독을 빨리 하는 건 그 의미가 그리 크지 않습니다. 요즘은 우리 주변에서 한글로 쓰인 글을 못 읽는 어른을 찾기가 어렵죠? 빨리 읽기 시작했는지보다 이해까지 하며 잘 읽을 수 있는지가 중요한데 이걸 간과하는 경우가 많습니다. 아이에게 무조건 한글을 빨리 가르치는 것보다는 아이가 글자에 관심이 생겼을 때를 기다렸다가 그때 필요한 상호작용을 해 주는 것이 중요합니다. 이런 관심이 생기는 시점은 아이마다 달라요. 아이가 먼저 눈에 띄는 익숙한 단어를 읽어 내거나, 아는 글자를 발견하여 말하거나, 글자 간 차이를 발견하여 말하거나, 글자 비슷한 걸 끼적여 쓰는 모습이 모두 관심의 신호입니다. 이렇게 아이가 글자에 관심이 생겼을 때 서서히 지도하면 좋습니다.

중요한 건 글자의 소릿값

글자에 관심을 보이는 단계에는 글자 자체보다도 글자의 '소릿값'에 주목할 필요가 있어요. 영어를 처음 배울 때 '파닉스'부터 시작을 하는데요. 반대로 한글을 배울 때는 왜 그렇게 안 하는지 이상하게 생각해 본 적 없으신가요? 한글은 다른 문자들보다 쉬워서 이런 단계를 건너뛰는 경우가 많기 때문이에요. 교수학습방법이 다양하게 개발된 지 얼마 되지 않았고요. 그러나 글자가 가지는 소릿값을 아는 지식은 매우 중요해요.

소릿값은 각각의 자음과 모음이 가진 소리를 말하는데, 예를 들어 기역은 /그/라는 소릿값을 가집니다. 이렇게 글자가 소리를 나타낸다는 지식을 '알파벳 원리'라고 해요. 이 원리를 깨우친 아이와 그렇지 않은 아이는 큰 차이를 가져요. '알파벳 원리'는 말소리를 듣고 이해해서 조작하는 능력인 '음운론적 인식'과 밀접한 관련이 있어요. 각 글자가 다른 소릿값을 가진다는 원리를 알게 되면 말소리도 작은 단위로 쪼개진다는 걸 알게 되고, 말소리를 더 잘 이해하고 다룰 수 있게 되기 때문입니다. 소릿값과 글자를 함께 머릿속에서 연결 지어 볼 수 있고요. 이처럼 글자의 소릿값을 알면 소리에 민감해져 음운론적 인식도 함께 성장하게 됩니다. 즉, 읽기 발달에 필요한 밑바탕을 단단히 다져서 '읽기를 배우는 과정'을 촉진하게 되는 것이죠.[1] 더불어 발음도 정확해지고, 읽기 유창성도 향상되고, 장차 쓰기를 할 때도 철자에 더 민감해지는 효과도 있습니다.

따라서 유아기 한글을 가르칠 때는 소릿값 지도가 중요합니다. 아이에게 소릿값을 지도할 때는 놀이식으로 발달 수준에 맞게 지도해야 하고요. 소릿값에 대한 인식, 음운론적 인식을 자연스럽게 기르는 가장 좋은 방법은 그림책을 소리 내어 읽어 주는 것입니다. 그림책에 나오는 단어로 시작하여 끝말잇기, 그림책을 읽다가 같은 소리가 나올 때 손뼉치기도 해 볼 수 있어요.

> **• 용어 설명 •**
>
> **- 알파벳 원리(alphabet principle):** 한글, 영어와 같은 알파벳 문자 체계에서 하나하나의 글자가 각각 다른 소리를 나타낸다는 원리를 의미한다. 이는 글자가 소리를 나타내는 표음문자 체계의 가장 중요한 원리라 할 수 있다. 한글은 표음문자이므로 한글을 배우는 아동이 알파벳 원리를 알면 한글을 더 잘 익히게 된다.

평소 '피자–자피'처럼 짧은 단어를 거꾸로 말해 보는 말놀이도 좋습니다. 그리고 친숙한 가족 이름을 이용한 말놀이도 좋아요. 예를 들어, 가족 이름에 받침을 빼서 말해 보거나, 특정 받침을 넣어서 말해 보기도 가능합니다. '김철수'라면 '기처수', '깅청숭'처럼 말해 보는 거죠. 이렇게 말놀이를 하면 아이들이 재밌게 소릿값에 대한 인식을 키워 나갈 수 있습니다.

또 글자를 적어 보고 이것을 소릿값과 연결하는 놀이도 가능합니다. 접착식 메모지에 글자를 하나씩 적고 이 글자들을 조합해 보면서 다양한 단어를 만들 수 있습니다. 가족의 이름을 모두 스케치북에 쓴 다음 반복되는 자음과 모음을 찾아보고, 자모를 지우거나 바꿔서 말해 보는 것도 좋아요. 또 가족 이름의 자음과 모음을 각각 메모지에 적어서 글자를 조합하거나, 받침을 빼거나 바

1 Bradley & Jones(2007)

꿔 보는 것도 재미가 있고요. 이렇게 글자 카드를 이용하면 쓰기, 읽기를 하면서 글자의 음절 단위를 인식하게 되어 음운론적 인식도 키울 수 있어 좋습니다.

소릿값 인식을 도와주는 놀이들을 살펴보았는데요. 평소에 자투리 시간을 이용해서 자주 해 보세요.

자모책 읽기의 효과

아이가 재밌게, 놀이처럼 글자의 소릿값을 배우려면 어떻게 해야 할까요? 많은 연구를 통해 그 효과가 입증된 '자모책'을 활용하길 권합니다. 자모책은 자음과 모음에 대한 정보를 전달하는 정보그림책의 하나로서 'ㄱ, ㄴ, ㄷ' 또는 '가나다' 순으로 글자가 제시되고 각 글자로 시작하는 단어들로 만든 책입니다.[2] 알파벳북은 많이 보셨는데 한글 자모책은 낯설다고요? 좋은 책이 많이 출간되어 있으니 관심 갖고 찾아보세요. 한글 자모 순서대로 아이들이 좋아하는 동물이나 사물 그림들이 나오는 자모책도 있고, 재미있는 이야기로 연결되는 자모책도 있습니다. 숨은 그림 찾기, 수수께끼와 같이 재미 요소가 있는 자모책도 있고, 신체로 자모를 표현하며 읽을 수 있는 자모책도 있습니다. 이처럼 자모책은 학습지처럼 반복적이고 부자연스러운 방식이 아니라 재미있는 설정이나 이야기를 통해 글자를 보여 줍니다. 자모책을 읽으면 맥락이 있는 그림책 읽기라는 흥미로운 방식을 통해 글자와 자연스럽게 가까워지고 글자에 관심을 갖게 해줍니다. 또 그림책 읽기에 대한 흥미도 높여 주고, 글자를 조작하는 과정을 통해 상상력, 심미감, 즐거움도 느끼게 해 줘서 장점이 아주 많습니다.[3]

자모책 읽기는 유아의 문해력 발달에 매우 효과적인 것으로 나타납니다. 일반적인 그림책을 읽을 때보다 자모책을 읽을 때 부모와 자녀는 자모지식과 글에 대한 대화를 훨씬 더 많이 하게 된다고 해요.[4] 그래서 부모가 자모책을 읽어 주면 유아의 발현적 문해의 발달을 촉진하게 됩니다.[5] 한 연구에서는 교사와 자모책 읽기를 한 유아들이 그렇지 않은 유아들보다 읽기의 기초가 되는 음운론적 인식이 더 많이 향상되었다고 하였습니다. 자모책을 읽은 후 확장 활동까지 했을 때는 그 효과는 더 크게 나타났고요.[6] 이 외에 자모책은 단어 읽기와 읽기 흥미를 향상하는 데에도 긍정적인 효과가 있는 것으로 나타났습니다.[7]

자모책을 통해 유아는 자음과 모음의 모양, 이름 그리고 각 자음과 모음에 대응되는 소릿값을 익힐 수 있고, 낱글자가 모여 음절과 단어를 이룬다는 지식을 습득할 수 있어요. 한글 자음과 모음에 대한 지식은 유아의 단어 읽기와 밀접한 관련이 있으니,[8] 자음과 모음에 대한 지식을 유아의 눈높이에 맞춰 재미있게 전달하는 자모책이 유아의 문해력 발달에 좋은 건 당연하겠죠?

---

2 최나야, 아이종이(2011)
3 현은자, 김세희(2005)
4 Bradley & Jones(2007)
5 Bus & Ijzendoorn(1998)
6 이지영, 김민진, 박지혜(2017)
7 최수윤, 김민진(2016)
8 최나야, 이순형(2007), Snow, Burns, & Griffin(1998)

자모책 활용하기

자모책이 낯설어서 아이에게 읽어 주기 어렵다고 느끼세요? 자모책 읽는 방법과 함께하면 좋은 활동을 살펴보겠습니다. 먼저 자모책을 읽을 때는 각 자모책이 가지고 있는 재미 요소에 집중하면 좋습니다. 자모책마다 주제와 내용이 제각각인데요. 아이가 관심 가질 만한 재미 요소를 가진 자모책을 선택하면 좋아요. 다양한 단어를 소개하는 자모책을 읽는다면 비슷한 소리가 나는 단어에 대해 이야기를 나누고, 글자의 모양에 초점이 있는 자모책을 읽는다면 모양에 대해 이야기를 나누면 됩니다. 자모책에서 몸을 이용하여 자음과 모음 모양을 만들었다면 신나게 몸을 움직이며 책을 읽으면 되지요. 책을 읽은 후 독후 활동을 할 때에도 각 자모책의 특성을 살리면 됩니다.

자모책을 읽을 때는 평소보다 속도를 더 늦춰서 읽어 주세요. 아이가 글자와 이름, 모양, 소리와 책의 재미 요소를 충분히 감상할 수 있게 해 주고 관심을 보이는 부분에 대해 대화해 보세요. 그리고 대부분의 자모책은 한글의 자음, 모음과 그림이 비슷하게 반복되는 구조를 가지기 때문에 다음에는 무엇이 나올지 예측하면서 읽을 수 있습니다. 이렇게 읽으면 일반적인 그림책을 읽을 때와는 또 다른 재미를 느낄 수 있죠.

자모책은 단순히 읽기에서 그치지 않고 다른 활동으로 확장할 때 그 효과가 더 큽니다.[9] 따라서 아이와 자모책을 읽으며 다양한 독후 활동을 해 보세요. 아이와 해 볼 수 있는 몇 가지 활동을 소개해 드릴게요.

먼저 아이와 직접 나만의 자모책을 만들어 보세요. 'ㄱㄴㄷ', '가나다' 순으로 떠오르는 단어들을 모아서 책을 만드는 거죠. 아는 단어 중에서 같은 소리로 시작하는 단어를 찾는 거라서 소릿값에 대한 인식이 중요해요. 단어의 소리에 민감하면 머릿속의 사전이 잘 정리됩니다. 아이가 소리를 기준으로 단어를 많이 떠올릴 수 있다면 머릿속 사전이 체계적으로 잘 정리되었음을 뜻합니다. 즉, 각 자음과 모음이 들어간 단어들을 떠올리고 써 보는 활동을 하면 아이가 글자의 소릿값도 잘 알게 되고 어휘력도 발달시킬 수 있어요.

다음으로 아이가 자음과 모음에 어느 정도 익숙하다면, 자모책을 여러 권 함께 보면서 한글의 원리를 찾아보게 하세요. 일단 아이는 자모책의 순서 원리를 발견하게 될 거예요. 기역 다음에 니은, 그다음에 디귿이 나오는 게 똑같다는 것을 말이죠.

또 글자 이름에 대한 지식도 중요한 부분인데요. 자모책에서 'ㄱ' 옆에 '기역', 'ㄴ' 옆에 '니은'과 같이 글자 이름이 쓰인 지면을 보면서 이름 글자에 각각 'ㄱ, ㄴ…'이 몇 개씩 있는지 찾아보는 것도 가능합니다. 아이에게 "기역 이름에서 기역을 찾아볼까? 몇 개가 들어가지?"와 같이 질문하면, 아이는 모든 자음 글자 이름에 각 자음이 두 번 들어간다는 걸 알게 될 것입니다. 규칙적으로 첫 글자의 초성, 두 번째 글자의 종성에 들어가죠. 손가락으로 짚거나 그 위에 따라 쓰게 해 보세요.

그리고 같은 소리가 들어가는 단어가 강조된

---

9 이지영, 김민진, 박지혜(2017), Bradley & Jones(2007)

책들이라면 여러 책에서 중복되는 단어들을 발견할 수도 있어요. 그런 공통적인 단어들을 바탕으로 서로 다르지만 같은 소리가 들어가는 단어들의 목록을 넓혀 나갈 수 있지요. 시각적으로 글자의 모양을 보면서, 같은 모양의 글자는 같은 소리를 낸다는 것을 깨닫는 것이 중요합니다. 이게 바로 '알파벳 원리'의 습득이지요. 이걸 알고 나면 각 글자의 소릿값을 익히는 것은 시간문제입니다.

일반적인 자모지식에는 글자의 모양, 이름, 소리가 포함됩니다. 그런데 한글에서는 몇 가지 원리가 더 들어갈 수 있어요. 가획원리와 합성원리입니다. 가획원리란 한글의 제자원리에서 아주 중요한 부분이에요. 한 글자에 획을 하나 더 그어서 다른 글자가 만들어지는 거지요. 아이가 자모책을 보면서 이러한 원리를 알게 될 수 있습니다. 기역과 키읔 페이지를 함께 펼쳐 놓고 둘의 모양을 비교해 보는 거예요. 기역에 선을 하나 그으면 키읔이 되고 /그/ 소리가 /크/ 소리로 바뀐다는 걸 발견할 수 있어요. 물론 이런 소리가 쓰이는 단어들이 함께 나오므로 도움이 됩니다. 이때 "기역에 선을 그으니까 /그/가 /크크크/처럼 소리가 거칠거칠해졌네."와 같이 재미있는 설명을 함께 해 주면 좋습니다. 마찬가지로 모음 'ㅏ'에 선을 하나 더 그으면 'ㅑ'가 된다는 것을 알 수 있어요. 또는 기역과 쌍기역을 놓고 /그/와 /끄/ 소리를 비교해 보면 쌍자음이 되는 원리도 알 수도 있고요. 이때 "기역 두 개가 나란히 서니까 소리가 세진대."와 같이 쉬운 설명을 덧붙이면 좋습니다.

합성원리는 무엇일까요? 자음과 모음이 만나서 하나의 글자(음절)를 이루는 것을 말해요. 자모책에서는 ㄱ, ㄴ, ㄷ처럼 낱자뿐 아니라, 가나다…의 음절 단위로 소개하기도 해요. 자모책에서는 자음과 모음이 이렇게 결합되어 쓰이는 것을 일반적인 책에서보다 더 명확하게 볼 수 있습니다. 예를 들어, 모음 'ㅏ'가 지면마다 반복되며 같은 소리를 내는 것을 보면서 이 모음의 소릿값을 명확하게 인식할 수 있고, 그림과 함께 그런 단어를 보면서 쉽게 읽게 되는 효과가 있어요. '이게 가지구나. 이건 나비라고 쓰인 거구나' 하면서요.

아이가 자모책을 통해 한글의 원리를 스스로 발견할 수 있도록 도와주세요. 스스로 원리를 발견해서 깨닫는 힘은 굉장히 큽니다. 이렇게 스스로 찾아 배우면 문해력이 쑥쑥 자랄 뿐 아니라 사고력과 학습동기가 탄탄해져 공부도 잘하게 됩니다.

• 용어 설명[10] •

- 가획원리: 한글 자음의 제자원리로 기본자에 획을 더해서 글자가 만들어지는 원리를 의미한다. 기본자 ㄱ, ㄴ, ㅁ, ㅅ, ㅇ에 획을 더해서 ㅋ, ㄷ, ㅂ, ㅈ, ㅊ, ㅎ와 같은 가획자가 만들어진다. 기본자가 가획자가 될 때 '거셈'이라는 음운 자질이 추가된다.

- 합성원리: 자음자와 모음자가 결합하여 '가', '강'처럼 글자가 구성되는 원리를 말한다. 한글은 음소문자이나 음절 단위로 조합해 사용한다.

10 김진희(2012), 최나야(2017)

1

노래 부르며 그림책 읽기

- 단어의 첫소리에 주목해서 읽기 -

난이도	★☆☆☆☆	소요 시간	15 분
기대 효과	새로운 방법으로 그림책을 읽으며 읽기의 즐거움을 경험해요. 가나다 순서에 따라 자음의 모양과 소리에 관심을 가져요.		

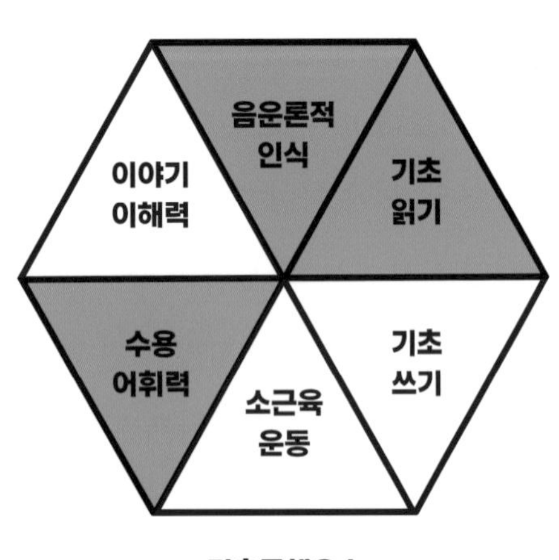

기초문해요소

2세	3세	4세	5세	저학년

추천연령

언어	수학	과학	사회
미술	음률	조작	신체

통합영역

준비물

『기차 ㄱㄴㄷ』 그림책(글·그림 박은영 / 비룡소, 2007), 색종이를 코팅하여 만든 무지개 기차,
기차 ㄱㄴㄷ에 나오는 단어 카드(예: 기다란, 기차, 나무, 다리, 랄랄랄, 마을, 비바람, 숲, 언덕, 자동차, 창문, 커다란, 컴컴한, 터널 통과, 풀밭, 해),
기차 ㄱㄴㄷ 노래 음원 동영상

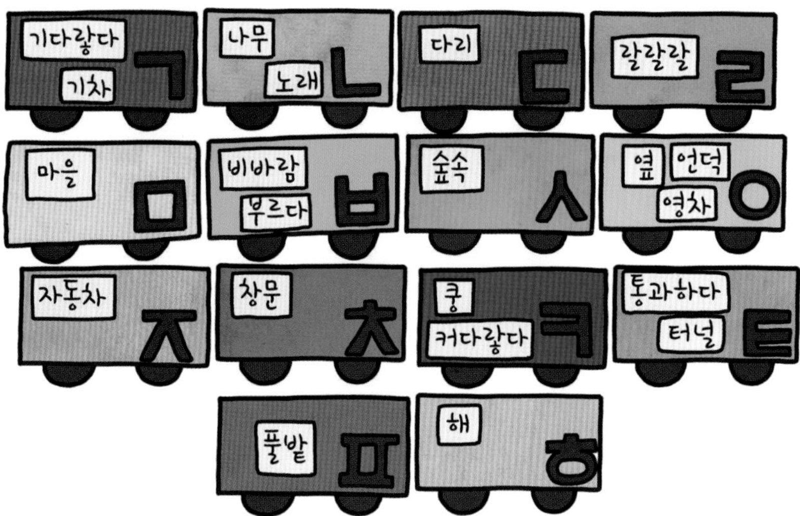

활동 방법

❶ 『기차 ㄱㄴㄷ』 그림책의 그림을 노래를 부르며 한 장씩 읽어요. 노래를 부르며 다양하게 반복해 보면서 읽어 보는 것이 좋아요. 손유희도 따라 해 보세요.

❷ 그림책을 다시 읽으며 단어의 첫소리에 주목해요. 같은 소리로 시작하는 단어를 찾아 무지개 기차에 단어 카드를 붙여요(예: 'ㄱ'으로 시작하는 '기다란'과 '기차'를 'ㄱ' 기차에 카드 붙이기).

추천 질문

"표지에 뭐가 보이니?"
"'기역'으로 시작해서 '기역' 기차에 탈 수 있는 단어 카드는 뭐가 있을까?
맞아, 기차가 /그/라는 소리로 시작하지. /그/로 시작하는 단어가 여기에 또 있을까?"

『기차 ㄱㄴㄷ』 노래 음원 등영상

기차놀이를 하며 기차 ㄱㄴㄷ 노래를 부르는 유아들

도움말

- 동시 그림책 또는 의성어와 의태어가 반복적으로 나와 음률이 강한 그림책을 읽을 때는 노래로 부르며 읽어 보세요.
- 자음을 손으로 따라 쓰는 걸 보여 주며 읽어 주면 좋아요(예: 기차의 'ㄱ' 손으로 따라 써 주기). 첫소리를 강조하여 발음하면 아이가 자음의 소리와 모양에 주의를 기울이게 됩니다.

2

단어 블록과 모형으로 기차놀이

- 단어를 상위범주와 첫소리에 따라 분류하기 -

난이도	★★★☆☆	소요 시간	**20** 분
기대 효과	단어를 상위범주에 따라 분류해 보며 상위언어인식을 길러요. 단어의 첫소리에 주목해 살펴보면서 음운론적 인식을 길러요.		

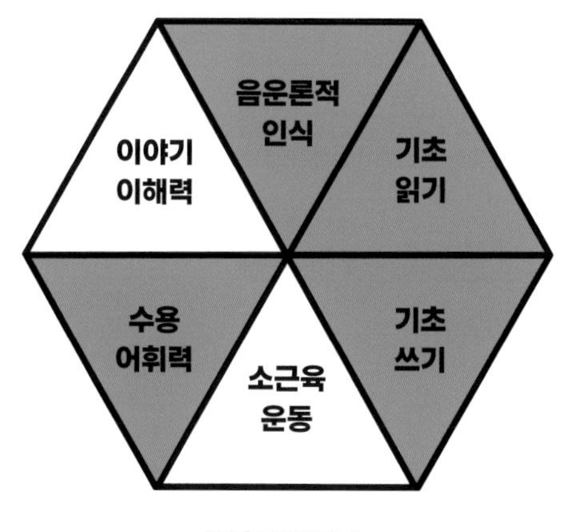

기초문해요소

추천연령

언어	수학	과학	사회
미술	음률	조작	신체

통합영역

준비물

실물모형의 놀잇감(과일, 채소, 동물), 종이 벽돌 블록(동물, 과일, 채소, 한글),
ㄱ부터 ㅎ까지 종이 상자로 만든 기차 14량(바구니로 대체 가능), 범주별로 적을 수 있도록 가운데
'과일, 채소, 동물'이라고 적은 도화지, 라벨지, 사인펜

활동 방법

❶ 과일, 채소, 동물 놀잇감(실물모형 놀잇감, 블록)을 준비해요. 놀잇감과 블록에 과일, 채소, 동물의 이름을 적어요(예: 수박 모형에 '수박'이라고 라벨지로 적어 붙이기). 놀잇감을 한곳에 모두 섞어요.

추천 질문 **"여기에 동물, 과일, 채소 놀잇감이 모두 섞여 있어. 엄마/아빠가 놀잇감들의 이름을 적어 뒀어. 뭐라고 적혀 있나 살펴볼래?"**

❷ 놀잇감 중에 과일/채소/동물에 해당하는 놀잇감을 골라요. 놀잇감의 이름을 도화지에 적은 다음 상위범주에 맞게 분류해서 붙여요.

추천 질문 **"ㅇㅇ가 찾은 토끼는 그럼 어디에 붙여 주면 좋을까? 과일, 채소, 동물 중 어디에 붙여야 할까? 맞아, 동물이지. 우리처럼 움직일 수 있는 친구들을 '동물'이라고 해."**

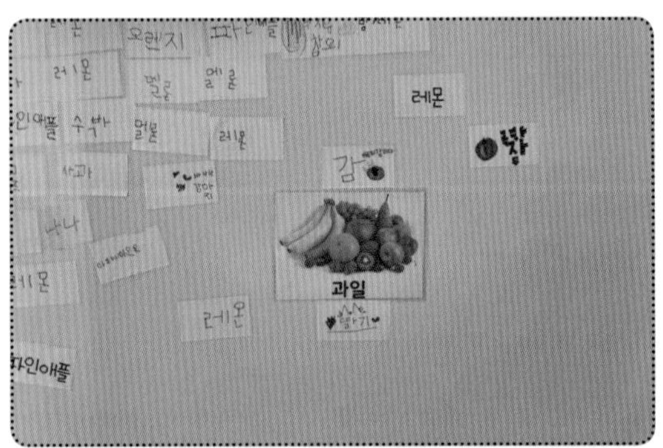

과일 이름을 모은 우드락판

❸ 놀잇감의 첫소리를 살펴보고 ㄱ ㄴ ㄷ 한글기차 중 같은 소리의 기차에 놀잇감을 넣어요(예: 수박, 샐러리, 시금치, 상추, 사과, 석류, 살구 → 'ㅅ'기차).

도움말

- 단어를 범주별로 분류하기 전에 단어의 상위범주의 의미에 대해 알아보면 아이가 단어를 범주별로 분류하는 데 도움이 돼요.

추천 질문 **이번엔 '과일'이랑 '채소'로 나누어 볼까? '과일'은 우리들이 먹을 수 있는 열매야. 맛이 달거나 셔, 새콤달콤하지. '사과나무', '포도나무'처럼 나무에서 자라는 경우가 많아. '채소'는 밭에서 기르는 식물이야. 열매도 있지만 잎이나 줄기, 뿌리를 많이 먹어. 입으로 씹으면 아삭아삭해."**

채소 이름을 모은 우드락판

같은 소리 'ㅅ'로 시작되는 것끼리 분류 ('ㅅ' 기차 칸에 넣기)

- 단어의 첫소리에 주목할 수 있도록 첫소리의 소릿값을 강조해서 말해요.

추천 질문

**"고구마는 /그/소리가 나는 '기역'으로 시작하지.
그럼 고구마는 어떤 한글 기차에 넣으면 될까?"**

3

메모지로 하는 기차놀이

- 한 글자씩 적으며 끝말잇기하기 -

난이도	★★★☆☆	소요 시간	15 분
기대 효과	같은 소리로 시작하는 단어를 떠올리며 어휘력, 음운론적 인식을 길러요. 단어를 음절 단위로 쪼개어 하나씩 적어 보며 글자의 소릿값에 관심을 가질 수 있어요.		

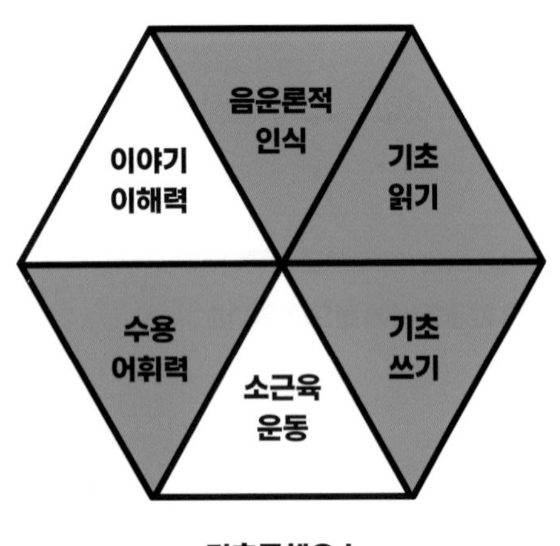

기초문해요소

2세	3세	4세	5세	저학년

추천연령

언어	수학	과학	사회
미술	음률	조작	신체

통합영역

준비물

접착식 메모지(또는 색종이를 코팅하여 만든 끝말잇기용 무지개 기차), **유성매직**(또는 보드마커),
아이가 반복해서 읽어 본 그림책

활동 방법

1. 그림책을 펼쳐서 끝말잇기를 할 첫 단어를 골라요(예: 나무).
2. 접착식 메모지에 단어를 한 음절씩 적어요(예: 나 / 무).
3. 뒤에 있는 글자의 음절을 접착식 메모지에 한 번 더 적고, 같은 소리의 음절로 시작하는 단어를 떠올려 적어요.

추천 질문 **"메모지에 '나무'라고 적었어. 그럼 그다음에 오는 단어는 나무의 '무'로 시작해야 해. '무'로 시작하는 단어에는 어떤 것들이 있을까?"**

도움말

- 유아가 끝말잇기를 이해하고 따라 하기 위해선 단어를 음절 단위로 쪼갤 수 있고, 단어의 끝음절을 머릿속에 기억한 뒤, 같은 소리의 음절로 시작하는 단어를 떠올릴 줄 알아야 해요. 간단해 보이지만 유아의 어휘력과 음운론적 인식, 실행기능이 모두 필요한 놀이이죠. 유아가 아직 끝말잇기를 잘하지 못한다면 메모지와 같은 구체물에 적으며 해 보세요. 그러면 '단어의 끝음절이 다음 단어의 첫음절이 되어야 한다'는 규칙을 눈으로 구체적으로 볼 수 있어서 끝말잇기를 처음 해 보는 유아에게 적합해요.

- 메모지를 조합해 단어 만들기 활동으로 확장할 수 있어요(예: 나/무/지/개/리/본 → 무지, 나리). 어려운 단어가 만들어졌을 때는 어떤 의미인지 알기 쉽게 문장에 넣어 단어를 사용하는 예를 보여 주세요.
- 색종이로 기차를 만들 때, 코팅을 하면 좋아요. 코팅한 기차판 위에 보드마커로 쓰고, 물티슈로 지우며 끝말잇기에 여러 번 사용할 수 있어요.

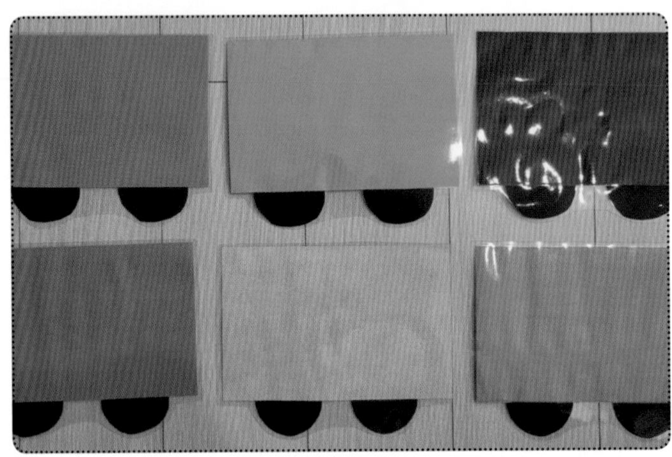

끝말잇기용 무지개 기차

4

우리가 만드는 단어사전

- 같은 소리로 시작하는 단어로 자모책 만들기 -

난이도	★★☆☆☆	소요 시간	25 분
기대 효과	같은 소리로 시작하는 단어를 함께 떠올려 어휘력을 길러요. 말로 이야기한 단어를 글로 어떻게 적는지 관찰하고 따라 적으며 기초 읽기와 쓰기를 경험해요.		

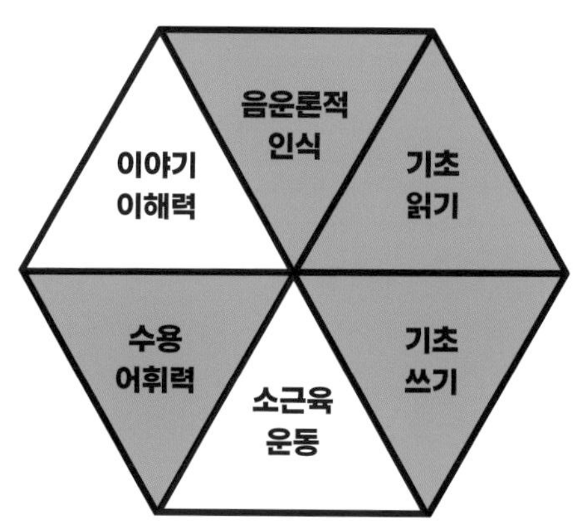

기초문해요소

추천연령

언어	수학	과학	사회
미술	음률	조작	신체

통합영역

준비물

『맛있는 ㄱㄴㄷ』 그림책(김인경 글·그림 / 길벗어린이, 2009),

도화지로 제작한 커다란 빈 그림책(페이지마다 자음이 하나씩 적혀있도록 제작해야 함), 색연필, 사인펜

『맛있는 ㄱㄴㄷ』 그림책 예시

활동 방법

❶ 도화지에 ‘ㄱ’부터 ‘ㅎ’까지 한글 자음을 순서대로 하나씩 적은 빈 그림책을 만들어요.

❷ 순서대로 페이지를 펴고 같은 소리로 시작하는 ‘단어’를 함께 떠올려요(예: ㄱ－고구마, 감자, 가위 등). 『맛있는 ㄱㄴㄷ』 그림책을 함께 읽으며 같은 소리로 시작하는 단어를 알아본 다음 생각해요.

❸ 생각한 단어를 그림으로 그려서 표현해도 됩니다. 아이가 말한 단어를 적어서 보여 주어 아이가 보고 따라 쓰게 합니다.

❹ 각 단어를 어떻게 설명할지 이야기 나누어 보고, 단어에 대한 설명도 적어요.

❺ 그림책을 모두 완성한 다음에, 그림책의 제목도 지어서 써 보세요.

❻ 완성한 그림책을 다시 읽으며 이야기 나눠요.

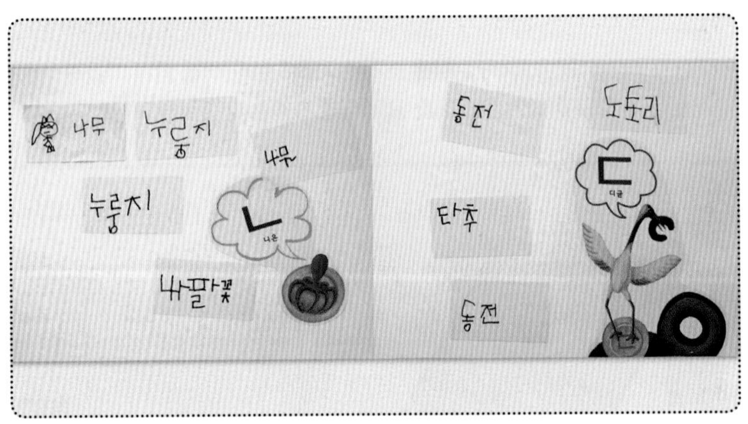

유아들이 직접 만든 같은 소리로 시작하는 단어 사전

도움말

- 아이가 말한 단어를 종이에 적어 줄 때, 글자를 쓰는 순서를 눈여겨볼 수 있도록 천천히 음소 하나씩 천천히 적어 주세요.
- 여러 명의 아이와 함께 활동할 때는 빈 라벨지를 준비하여 칸마다 하나씩 적게 한 뒤 떼어서 그림책에 붙여요. 단어를 쓴 라벨지를 한 곳에 섞어 놓은 뒤, 같은 소리로 시작하는 단어를 찾아 그림책에 붙이면서 단어의 형태에 한 번 더 집중할 수 있어요.

5

색종이 글자놀이

- 색종이로 자음, 모음을 만들고 그림으로 표현하기 -

난이도	★★☆☆☆	소요 시간	**20** 분
기대 효과	색종이로 글자를 만들며 자음과 모음의 형태에 관심을 가져요. 색종이를 오리고 이를 활용해 꾸미며 소근육운동 능력이 발달해요.		

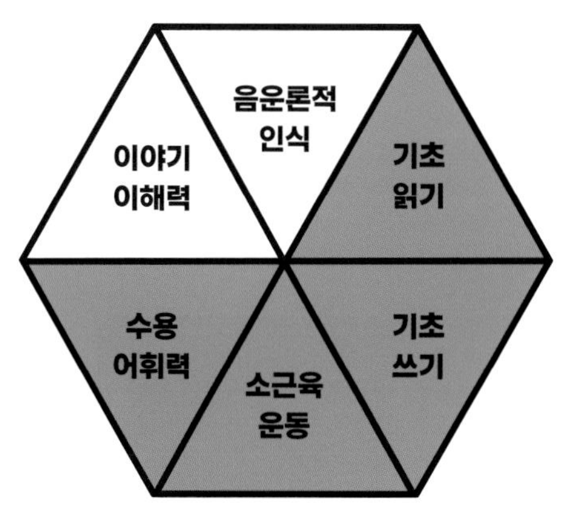

기초문해요소

2세	3세	4세	5세	저학년

추천연령

언어	수학	과학	사회
미술	음률	조작	신체

통합영역

준비물

『표정으로 배우는 ㄱㄴㄷ』 그림책(솔트앤페퍼 기획·그림 / 소금과후추(킨더랜드), 2017), 색종이, 아동용 안전가위, 풀, 도화지, 크레파스, 자음/모음 글자판, 색종이로 만든 자음/모음 모형, 종이접시

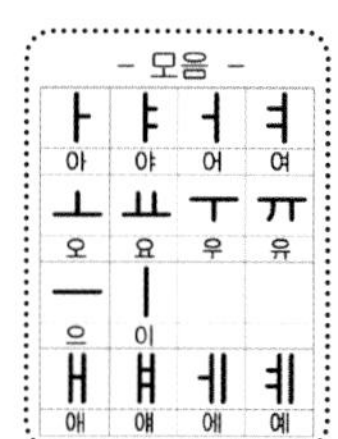

활동 방법

❶ 『표정으로 배우는 ㄱㄴㄷ』 그림책을 읽으며 자음의 형태에 관심을 가져요.

❷ 색종이를 잘라 자음/모음을 표현해요. 색종이를 어떻게 자르면 자음/모음의 모양과 같아질지 고민하고 스스로 잘라요. 아이가 어려워하면 색종이에서 잘라내야 할 부분을 점선으로 표시해 주세요.

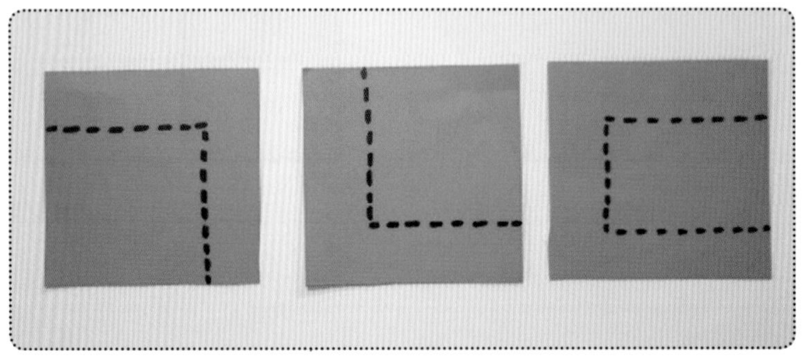

점선을 따라 자르면 자음이 되도록 안내선을 미리 그린 모습

❸ 색종이로 자른 자음/모음을 활용해 그림을 그리는 활동으로 확장할 수 있어요(예: 'ㄱ'모양 색종이를 도화지에 붙이고 '가방' 그리기).

색종이로 만든 자음 모양을 활용해 그린 그림

④ 그림책에 나오는 것처럼 자음을 활용해서 얼굴 표정을 만들 수 있어요. 종이접시나 도화지에 색종이 글자를 붙여서 표현해요.

도움말

- 대칭적인 형태의 글자는 반으로 접은 다음에 자르면 더욱 재미있어요. 반으로 접은 다음 어떻게 자르면 될지 연필로 도안을 그려 주세요(예: ㄷ, ㅁ, ㅂ, ㅅ, ㅇ, ㅈ, ㅊ, ㅌ, ㅍ, ㅎ).
- 색종이에 아이가 글자를 적고 나서 가위로 따라 잘라도 돼요. 자음과 모음을 조합해서 얼굴 만들기 활동으로 확장할 수 있어요.

색종이로 만든 글자로 표현한 얼굴

6

한글의 비밀을 찾아라

- 자모책에서 한글에 숨어 있는 규칙 발견하기 -

난이도	★★★★☆	소요 시간	30 분
기대 효과	자모책에서 한글의 규칙을 찾아보며, 한글의 구성 원리를 이해해요.		

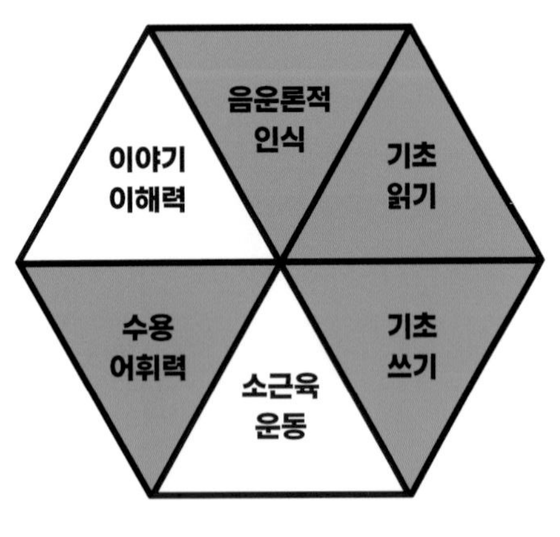

기초문해요소

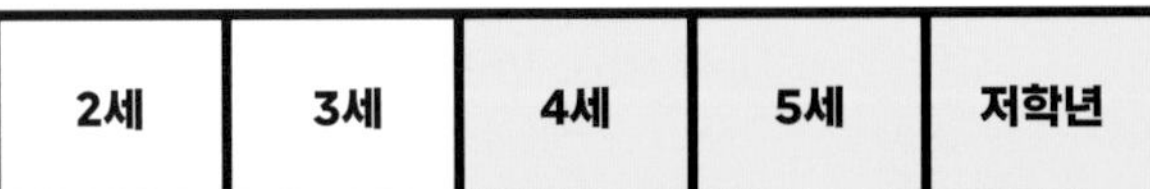

추천연령

언어	수학	과학	사회
미술	음률	조작	신체

통합영역

준비물

도화지, 색연필, 힌트쪽지, 한 음절 카드, 자모 그림책

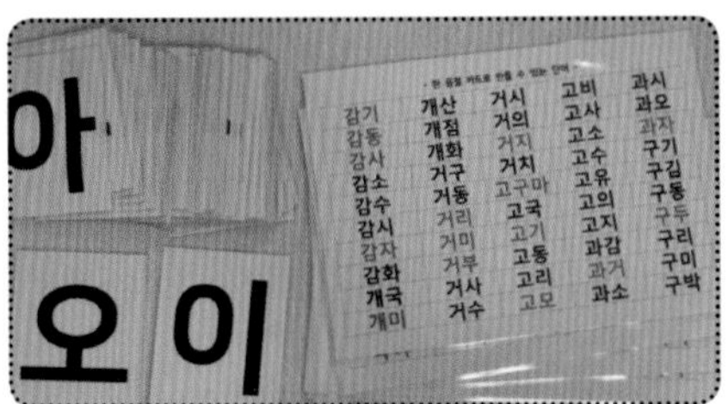

한 음절 글자 카드

추천하는 자모 그림책

『기차 ㄱㄴㄷ』 (박은영 글·그림 / 비룡소, 2007)

『뭐든지 나라의 가나다』 (박지윤 글·그림 / 보림, 2020)

『개구쟁이 ㄱㄴㄷ』 (이억배 글·그림 / 사계절, 2005)

『요리요리 ㄱㄴㄷ』 (정인하 글·그림 / 책읽는곰, 2013)

『꽃이랑 소리로 배우는 훈민정음 ㄱㄴㄷ』(바람하늘지기 기획, 노정임 글, 안경자 그림 / 웃는돌고래, 2011)

『움직이는 ㄱㄴㄷ』 (이수지 지음 / 길벗어린이, 2006)

『소리치자 가나다』 (박정선 기획·구성, 백은희 그림 / 비룡소, 2007)

『어서오세요! ㄱㄴㄷ 뷔페』 (최경식 글·그림 / 위즈덤하우스, 2020)

『맛있는 ㄱㄴㄷ』 (김인경 글·그림 / 길벗어린이, 2009)

『생각하는 ㄱㄴㄷ』 (이지원 기획, 이보나 흐미엘레프스카 그림 / 논장, 2005)

『가나다는 맛있다』 (우지영 글, 김은재 그림 / 책읽는곰, 2016)

『표정으로 배우는 ㄱㄴㄷ』 (솔트앤페퍼기획·그림 / 소금과후추(킨더랜드), 2017)

활동 방법

1. 자모 그림책 여러 권을 함께 읽어요.
2. 자모 그림책에서 공통점과 차이점을 비교하며 한글의 규칙을 찾아요.
3. 찾은 규칙을 도화지에 끼적여 표현해요.

도움말

- 아이들이 그림책에서 한글의 원리를 찾아내는 것을 어려워하면 '힌트쪽지'를 활용해서 그림책에서 찾을 수 있는 규칙을 찾게 도와주세요.
- 아이가 그림책에서 찾은 규칙을 아이의 손으로 직접 끼적이며 표현할 수 있게 해주세요. 아이가 말한 것을 문장으로 대신 적어 주시는 것도 좋아요.

- 이러한 발견학습(discovery learning)은 유아기에 진정한 학습이 일어나는 기회를 제공합니다. 어릴 때 규칙이나 전략을 스스로 찾아내면 성공적인 학습자가 된답니다.

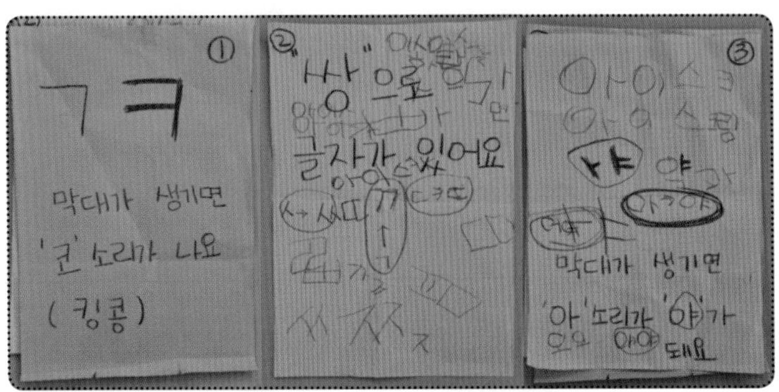

자모 그림책을 읽으며 발견한 한글의 규칙

• 힌트 쪽지 만들기 •

- 글자들의 이름에 반복해서 나오는 부분이 있나요?(예: 기역, 니은, 디귿)
- 글자들이 나오는 순서를 비교해봐요.
- 단어의 첫 시작 글자를 유심히 살펴봐요.
- 단어의 반복되는 소리에 주목해요.
- 같은 모양 글자를 찾아봐요.
- 글자들 모양을 보며 비슷한 모양을 찾아봐요.
- 비슷하면서도 다른 모양을 찾아봐요.
- 책을 돌리면서 글자의 모양과 소리가 달라지는지 살펴봐요.
- ㄱ에 선을 그으면 'ㅋ' 소리가 나요(자음의 가획원리).
- 글자들이 어떤 소리를 내는지 살펴봐요.
- ㄱ이랑 ㄱ이랑 나란히 서면 힘이 세져요(쌍자음).

• 힌트 쪽지를 얻기 위한 미션 •

- 한글 블록으로 글자 만들기: 한글 자모 블록을 조합하여 친숙한 단어(예: 이름, 과일)를 만들어요.
- 같은 소리로 시작하는 단어 다섯 개 말하기: 같은 소리로 시작하는 단어를 다섯 개 이상 말하면 성인이 화이트보드판에 적어요(예: ㄱ-감자, 고구마, 가지, 가방, 가위).
- 한 음절 카드 조합하여 단어 만들기: 접착식 메모지 또는 도화지를 카드 크기로 잘라서 만든 종이에 글자를 '한 음절'씩 적어요. 글자 카드를 조합해 단어를 만들어요.

한글의 원리와 그림책에 대한 질문 및 설명	그림책
<ㄱ, ㄴ, ㄷ 자음의 순서> ● 글자들이 나오는 순서를 비교해 볼까? (ㄱ, ㄴ, ㄷ…) 가, 나, 다, 라 이렇게 순서가 똑같네. ● (글자를 하나씩 짚어 주면서) 기역, 니은, 디귿, 리을, 미음, 비읍, 시옷… 이렇게 똑같은 순서로 글자들이 나오고 있네.	『소리치자 가나다』 『표정으로 배우는 ㄱㄴㄷ』
<같은 글자로 시작하면 같은 소리가 나요> ● 이 단어는 어떤 소리로 시작하지? ● (같은 소리로 시작하는 단어들이 적혀 있는 페이지를 보면서) 여기 있는 음식들 이름의 첫소리가 어때? 같은 소리로 시작하는 단어가 있니? ● '기역'으로 시작하는 단어는 똑같이 /그/라는 소리가 나네. 또 어떤 단어가 이 소리랑 똑같은 소리로 시작될까?	『뭐든지 나라의 ㄱㄴㄷ』 『개구쟁이 ㄱㄴㄷ』 『맛있는 ㄱㄴㄷ』 『어서오세요! ㄱㄴㄷ 뷔페』
<자음의 이름: 초성과 종성에 반복해서 나와요> ● 여기 적혀 있는 '기역, 니은, 디귿, 리을…'은 글자들의 이름이에요. 글자 이름들을 잘 보니깐 비슷한 부분이 있어요. 어떤 게 비슷한 거 같나요? '기역'에는 ㄱ이 몇 번 들어 있나 찾아볼까? ● (앞의 초성과 뒤의 종성으로 손으로 가리키며) 여기랑 여기랑 똑같은 글자예요. 글자 이름에는 글자가 두 번씩 반복해서 나오네!	『고양이는 다 된다 ㄱㄴㄷ』 『요리요리 ㄱㄴㄷ』 『꽃이랑 소리로 배우는 훈민정음 ㄱㄴㄷ』 『요리요리 ㄱㄴㄷ』
<자음 가획원리> ● ㄱ/ㅋ 가리키면서 /그/와 /크/ 소리 내고 두 글자가 어디가 달라? 기역에 막대를 하나 더 그으면 어떤 소리로 변하니?	『가나다는 맛있다』 『꽃이랑 소리로 배우는 훈민정음 ㄱㄴㄷ』
<모음 가획원리> ● (모음 부분을 가리키면서) 아이스크림의 '아'랑 약과의 '야'랑 어떻게 달라? ● (아이스크림의 '아'에 막대를 하나 더 그으면서) 여기에 막대 하나 더 그으면 어떤 소리로 변해? ● 이거는 '아', 이건 '야' (손으로 가획하는 모습을 보여 주면서) 막대 하나가 더 있는 거네.	『가나다는 맛있다』
<쌍자음: 나란히 서면 소리가 세져요> ● 글자가 두 번 쓰일 수 있는 경우도 있나 봐! (쌍자음: ㄲ, ㄸ, ㅃ, ㅆ, ㅉ) 어, 그런데 'ㄹ'이나 'ㅇ'은 두 번 쓰여 있지가 않네? 그림책에서 쌍자음이 나올 때마다 종이에 적어 볼까? ('ㄱ → ㄲ'라고 화살표로 표시해서 적기) ● 'ㄱ'을 이렇게 나란히 쓰면 어떤 소리가 되나요? (기역을 가리키며) /그/, (쌍기역을 가리키며) /끄/, 기역이랑 기역이 만나니깐 소리가 세졌어요.	『꽃이랑 소리로 배우는 훈민정음 ㄱㄴㄷ』 『가나다는 맛있다』

그림책	자모 그림책에서 발견할 수 있는 규칙								
	같은 글자가 반복해서 나온다	같은 모양의 자음 14개가 나온다	가나다의 순서가 똑같이 나열된다	기역, 니은, 디귿 등 글자의 이름에 동일한 글자가 초성과 종성에 똑같이 들어간다	같은 모양의 글자가 있으면 같은 소리가 난다	같은 소리로 시작하는 단어들이 많이 나온다	모음의 생김새가 비슷하고 가획원리에 따라 소리가 달라진다	몸으로 글자 모양을 표현할 수 있다	자음이 두 개가 모이면 소리가 더 세진다 (ㅂ->ㅃ)
『기차 ㄱㄴㄷ』	○	○	○		○				
『뭐든지 나라의 ㄱㄴㄷ』	○	○	○		○	○			
『요리요리 ㄱㄴㄷ』	○	○	○	○	○				
『개구쟁이 ㄱㄴㄷ』	○	○	○		○	○			
『꽃이랑 소리로 배우는 훈민정음 ㄱㄴㄷ』	○	○		○	○	○			○
『움직이는 ㄱㄴㄷ』		○	○						
『소리치자 가나다』		○	○						
『어서오세요! ㄱㄴㄷ 뷔페』	○	○	○		○	○			
『맛있는 ㄱㄴㄷ』	○	○	○	○	○	○			
『생각하는 ㄱㄴㄷ』	○	○	○		○	○		○	
『가나다는 맛있다』	○	○	○		○	○	○		○
『표정으로 배우는 ㄱㄴㄷ』	○	○	○		○				
『고양이는 다 된다 ㄱㄴㄷ』	○	○	○	○	○			○	
『요렇게 해봐요 내몸으로 ㄱㄴㄷ』	○	○	○		○	○		○	

7

『우리가족 ㄱㄴㄷ책』 만들기

- 우리 가족을 표현하는 단어로 그림책 만들기 -

난이도	★★★☆☆	소요 시간	30 분
기대 효과	자신의 생각을 문장으로 표현하고 적어 보며 어휘력과 기초쓰기를 경험할 수 있어요. 문장과 어울리는 적절한 그림과 사진을 넣으며 그림책 작가가 되어 보는 통합적인 문해 활동을 경험해요.		

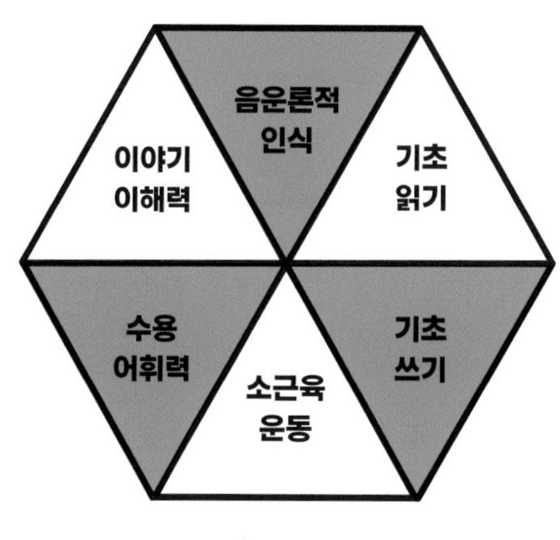

기초문해요소

2세	3세	4세	5세	저학년

추천연령

언어	수학	과학	사회
미술	음률	조작	신체

통합영역

준비물

도화지, 스테이플러, 색테이프, 색연필, 크레파스, 자모 그림책

활동 방법

❶ 'ㄱ'부터 'ㅎ'까지 한글 자음을 순서대로 하나씩 적으며 자녀(또는 다른 가족)를 표현할 수 있는 '단어'를 함께 떠올리고 적어요(예: ㄱ—○○는 '고마워요'라는 말을 자주해요. ㄴ—○○는 '노'래 부르기를 좋아해요).

❷ 떠올린 단어를 활용해 우리 가족을 표현하는 문장을 만들어요(문장을 해당 글자로 시작하거나 그 글자를 강조해 잘 보이게 씁니다).

❸ 그림(또는 사진)을 함께 넣어 우리 가족 그림책을 만들어요.

❹ 완성된 그림책을 함께 읽어요.

가정에서 부모님과 아이가 함께 만든 가족 ㄱㄴㄷ 책

도움말

- 아이가 '우리 가족'에 대해 다양한 생각을 떠올려 볼 수 있도록 생각나는 대로 말하고, 엄마/아빠가 아이가 말하는 단어를 적어요. 떠올린 단어를 활용해서 문장으로 표현해 보는 과정을 함께해요(예: 사랑해 → 우리 가족은 서로 사랑한다고 말해요).
- 아이에게 질문을 해서 더 구체적인 문장을 만들 수 있어요(예: 하하호호 웃어 → "우리 가족이 언제 하하호호 웃어? 다 같이 웃으면 ○○는 기분이 어때?" → 우리 가족은 다 같이 맛있는 걸 먹으며 '하하호호' 웃어요. 다 같이 먹어서 '행복'해요.).

8

글자랑 소리랑 놀이

- 친숙한 이름을 활용해 말놀이하기 -

난이도	★★★☆☆	소요 시간	20 분
기대 효과	구체적인 실물을 활용해 말놀이를 하며 음운론적 인식을 길러요.		

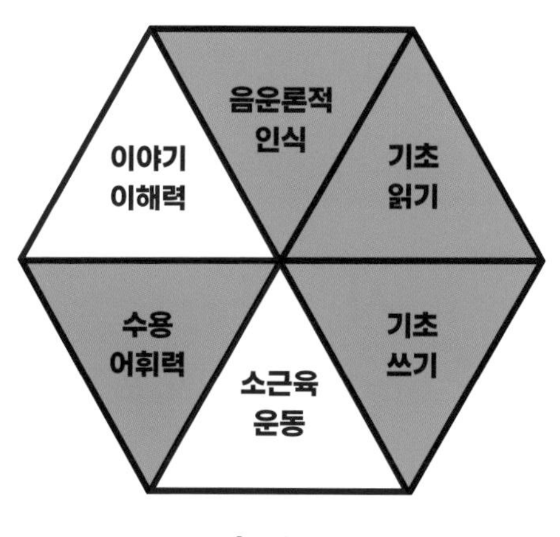

기초문해요소

추천연령

언어	수학	과학	사회
미술	음률	조작	신체

통합영역

준비물

도화지, 색연필, 접착식 메모지, 한글 블록

활동 방법

1. 우리 가족 이름을 모두 도화지에 쓰고, 같은 글자가 있는지 찾아 동그라미 쳐요.

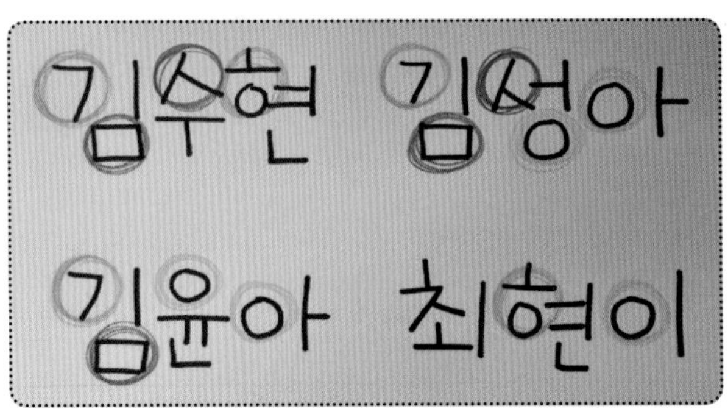

가족 이름에서 찾은 글자

2. 우리 가족 이름을 모두 한글 블록으로 만들어요.
3. 받침이 있는 글자에서 받침을 전부 빼고 소리 내어 읽어 봅니다. 이름이 어떻게 바뀌는지 비교해서 들어요.
4. 아이가 좋아하는 과자나 과일 이름들(2~3음절)을 준비해 주세요(예: 사과, 딸기, 포도, 새우깡, 양파링, 홈런볼 등). 접착식 메모지에 한 글자씩 써 주세요. 메모지를 바닥에 섞어 둡니다. 아이와 함께 메모지를 살펴보고 한 글자씩 천천히 읽어요. 합쳐서 단어가 되는 것을 찾아내어 나란히 붙입니다.

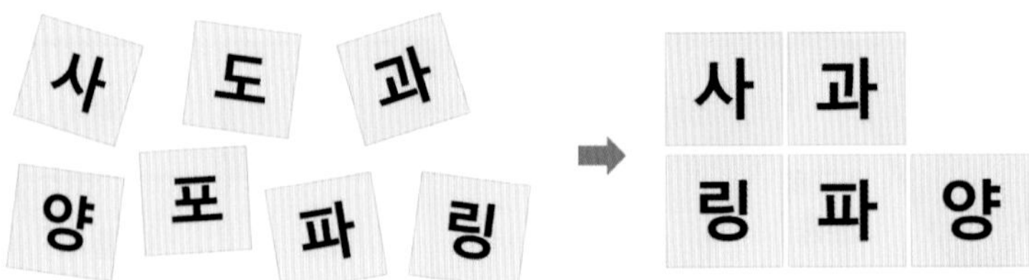

5. 4에서 완성한 단어의 글자 순서를 거꾸로 바꿔요(예: 사과–과사, 양파링–링파양). 소리 내어 읽으면서 재미를 느껴요.

도움말

- 아이에게 익숙한 이름을 활용하여 한글 블록으로 글자를 합성하는 놀이를 해요. 음소 단위의 소릿값에 관심을 가질 수 있도록 돕고, 자음과 모음을 합쳐 음절을 구성하는 과정을 이해할 수 있도록 도와요(예: ㅇ + ㅣ = 이).
- 한글 블록으로도 글자 합성 놀이를 해 볼 수 있어요. 먼저 아이의 이름으로 글자를 만드는 놀이를 시작해요(예: 김수현 → ㄱ+ㅣ+ㅁ, /그/ 소리나는 '기역'이랑 /이/ 소리 나는 '이'랑 /음/ 소리 나는 '미음'을 더하면 /그이음, 김!/).

9

내 이름 소리 놀이

- 내 이름을 음소 단위로 쪼개기 -

난이도	★★★★☆	소요 시간	20 분
기대 효과	음절 단위의 글자를 음소로 쪼개어 보는 활동을 통해 음운론적 인식 능력을 길러요.		

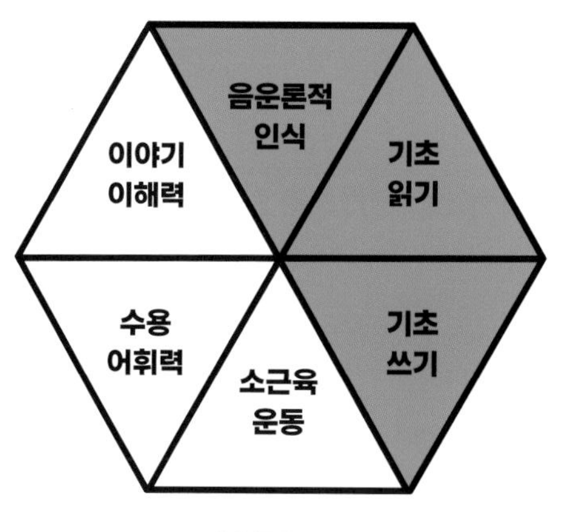

기초문해요소

2세	3세	4세	5세	저학년

추천연령

언어	수학	과학	사회
미술	음률	조작	신체

통합영역

준비물

아이의 이름으로 만든 소릿값 카드(앞에는 이름의 자음과 모음을 하나씩 적고 눈 모양 그리기, 뒤에는 소릿값을 적고 입 모양 그리기),
이름으로 만든 글자판(이름을 아래에 적고, 음소 단위로 쪼개어 적은 다음 각각의 소릿값도 적기)

활동 방법

❶ 내 이름 소릿값으로 만들어진 카드와 놀이판을 준비해요.

❷ 내 이름의 자음과 모음이 어떤 소릿값을 갖고 있는지 카드를 하나씩 살펴보며 알아보세요('눈' 그림이 그려진 부분이 글자의 모양 [예: ㅂ], '입술' 모양이 그려진 부분이 글자의 소리예요, [예: /브/]).

❸ 자음이 초성에 올 때와 종성에 올 때 소리가 다르다는 점을 발견해요(예: 초성-ㅁ /므/, 종성-/음/).

활동 예시 **'미음'이 첫소리에 오면 '므' 소리가 난대. 그런데 글자의 받침에 들어가면 '음' 소리야.**

❹ 아이의 이름에 들어간 자음과 모음을 빠르게 읽으면 어떻게 소리 나는지 이야기 나누어 보세요.

활동 예시 **/브/, /아/, /윽/, /스/, /우/, /흐/, /여/, /은/, 빠르게 읽으면 /브아윽/, /스우/, /흐여은/, 박수현!**

❺ 도화지를 카드 모양으로 잘라 자음과 모음을 앞에 쓰고 뒤에는 소릿값을 쓰고 빠르게 소릿값을 맞혀 보는 놀이도 좋아요(예: 'ㄱ'을 앞에 쓰고 뒤에는 '그' 적기, 카드들을 뒤섞어 놓고 그중에서 하나 꺼내 어떤 소리인지 빠르게 맞히는 놀이로 확장하기).

도움말

- 자음과 모음의 소릿값의 차이를 한눈에 살펴볼 수 있도록 글자판을 만들어 비교해 보는 것도 좋아요.

활동 예시 **"(카드 함께 활용) 여기에서 /그/ 소리 나는 기역은 어디 있지? 그, 그, 그!"**

- <달달 무슨 달> 노래 음을 활용해서 노래 부르며 찾는 것도 좋아요.

활동 예시 **"그, 그, 그, 그, 그, 그 소리 나는 기역, 어디어디 있나? 여~기 있지!"**

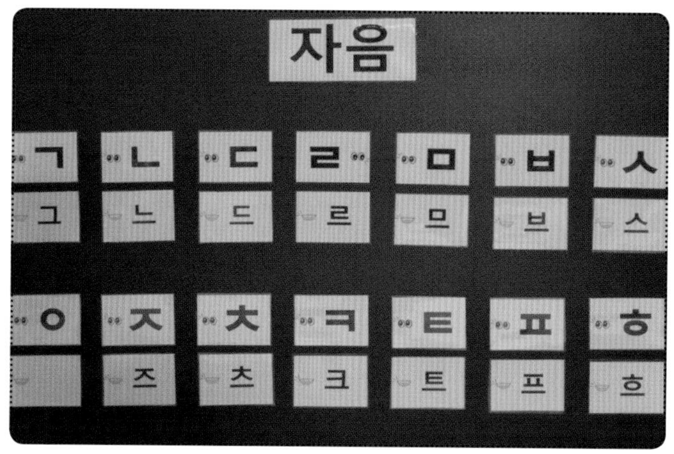

자음 소릿값 카드판

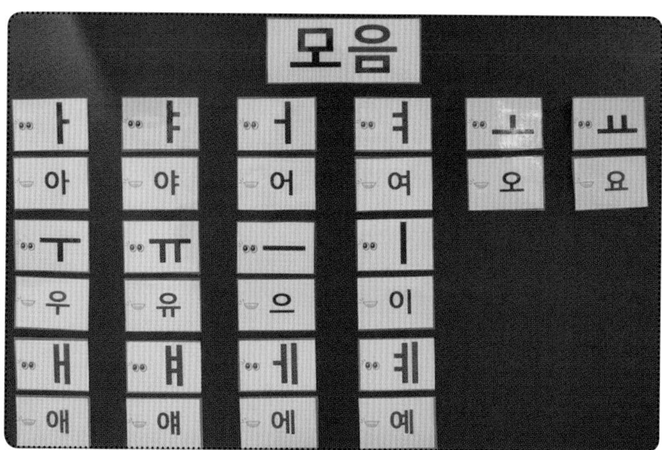

모음 소릿값 카드판

- 'ㅇ'은 초성일 때는 음가(소릿값)가 없어요.

추천 질문 **"'이응'은 무슨 소리가 날까?**
'이응'이 첫소리에 올 때는 소리가 없어. '우유'라는 단어를 보면 (이응을 손으로 가리며)
이렇게 위에 '이응'이 없어도 '우유'라는 소리가 될 수 있어."

카드 앞(글자의 형태) 카드 뒤(글자의 소리)

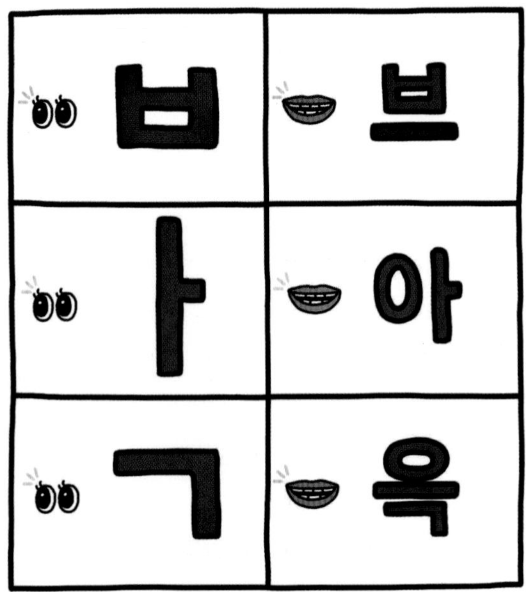

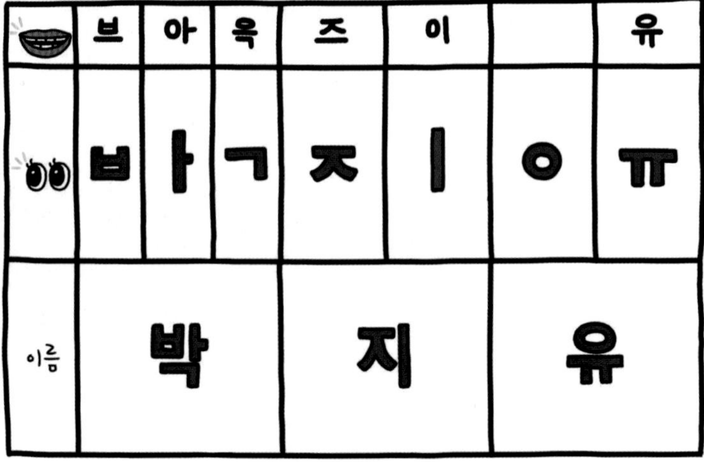

이름으로 만든 글자판

그림책 함께 읽는 부모

- 자모책 활용법 -

자모 그림책은 글자의 이름, 형태, 소리, 체계 등을 담고 있는 정보 그림책의 한 종류입니다. 특히 '한글'을 다루고 있는 자모 그림책은 초점에 따라 읽으며 활용할 수 있는 방법이 다양합니다.

먼저, 글자의 형태를 강조한 자모책은 아이가 한글에 막 관심을 갖기 시작할 때 활용하면 좋습니다. 글자의 형태와 이름이 크게 강조되어 그림책에 그림처럼 나타난 경우가 많거든요. 그림책의 글자를 손으로 따라 그려 보면서 글자의 이름과 형태를 눈으로 손으로 느낄 수 있도록 해 주세요. 글자의 형태에 주목하여 어떤 점이 다른지, 비슷한지 눈여겨볼 수 있도록 질문하시는 것도 좋습니다.

"기역을 이렇게 뒤집으니까 니은 모양이 되네."
"디귿이 어디 숨어 있을까?"
"이응은 동그라미, 미음은 네모, 우리 손으로도 따라 그려 볼까?"

글자의 모양을 몸으로 표현할 수 있는 그림책들도 많습니다. 동물 친구들의 모습이 글자 모양처럼 되어 있는 그림들을 보면서 어디에 글자 모양이 숨어 있는지 찾아보세요. 아이들은 몸으로 글자를 나타낸 그림책을 보며 온몸으로 표현하는 활동을 재미있어합니다. 몸으로 글자를 만들어 보며 글자의 이름과 소리를 기억할 수 있도록 놀이해 보세요.

"엄마랑 아빠랑 다 같이 힘을 합쳐서 /브/ 소리가 나는 비읍 모양 만들어 볼까?"
"고양이가 리을 모양이 됐대. 어떻게 리을 모양을 만든 거 같아?"

같은 소리로 시작하는 단어들이 나열되어 있어 소릿값에 관심을 가질 수 있도록 돕는 자모 그림책도 있습니다. '기역'으로 시작하는 기린, 가방, 가지, 가위와 같이 단어의 첫소리에 주목하게 해 주세요. 반복해서 나오는 자음이 있다는 걸 눈으로 발견하고, 더불어 반복적으로 비슷한 소리가 난다는 걸 경험하며 글자가 소리를 나타낸다(알파

『요리요리 ㄱㄴㄷ』
(정인하 글·그림
/ 책읽는곰, 2013)

『개구쟁이 ㄱㄴㄷ』
(이억배 글·그림
/ 사계절, 2005)

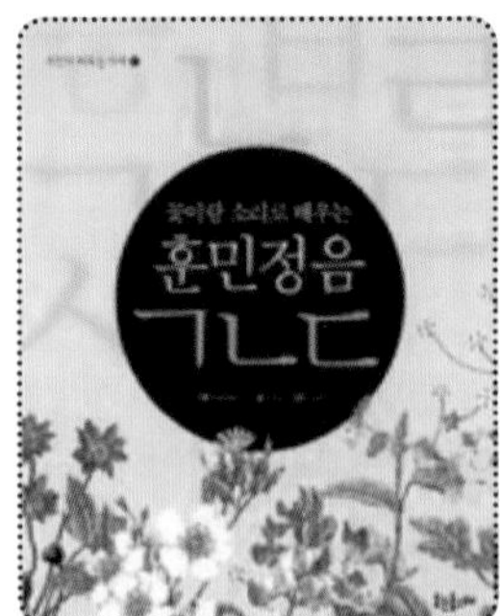

『훈민정음 ㄱㄴㄷ』
(노정임 글, 안경자 그림
/ 웃는돌고래, 2011)

『가나다는 맛있다』
(우지영 글, 김은재 그림
/ 책읽는곰, 2016)

『어서오세요! ㄱㄴㄷ 뷔페』
(최경식 글·그림, 박정섭 곡
/ 위즈덤하우스, 2020)

『뭐든지 나라의 가나다』
(박지윤 글·그림
/ 보림, 2020)

『맛있는 ㄱㄴㄷ』
(김인경 글·그림
/ 길벗어린이, 2009)

『생각하는 ㄱㄴㄷ』
(이지원 기획,
이보나 흐미엘레프스카 그림
/ 논장, 2005)

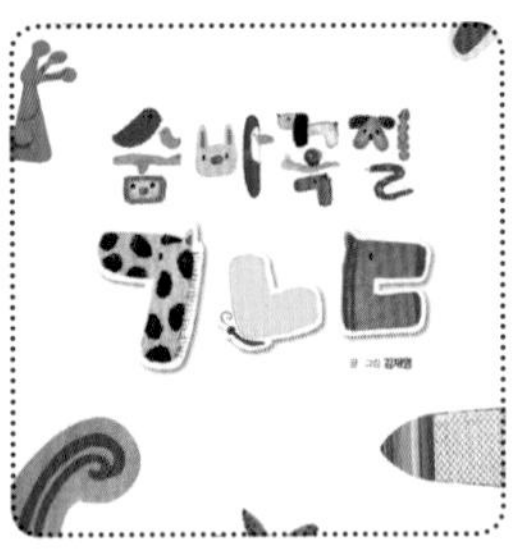

『숨바꼭질 ㄱㄴㄷ』
(김재영 글·그림
/ 현북스, 2013)

『표정으로 배우는 ㄱㄴㄷ』
(솔트앤페퍼 기획·그림
/ 소금과후추(킨더랜드), 2017)

『요렇게 해봐요』
(김시영 글·그림
/ 마루벌, 2011)

『고양이는 다 된다 ㄱㄴㄷ』
(천미진 글, 이정희 그림
/ 발견, 2019)

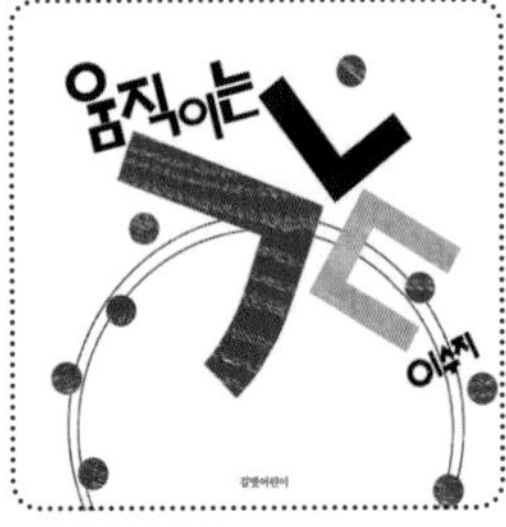

『움직이는 ㄱㄴㄷ』
(이수지 지음
/ 길벗어린이, 2006)

『소리치자 가나다』
(박정선 기획·구성, 백은희 그림
/ 비룡소, 2018)

『손으로 몸으로 ㄱㄴㄷ』
(전금하 지음
/ 문학동네, 2008)

『동물친구 ㄱㄴㄷ』
(김경미 글·그림
/ 웅진주니어, 2006)

벳 원리)는 걸 알게 됩니다. 소릿값을 연결할 수 있도록 강조해 주면 좋아요.

"기린, 갈치, 고구마 모두 /그/소리가 나는 '기역'으로 시작하네. 이렇게 /그/소리 나는 '기역'으로 시작하는 단어로 ㅇㅇ가 아는 게 또 뭐가 있어?"

가나다 순서대로 이야기가 전개되는 자모 그림책도 많습니다. 이런 종류의 그림책은 의미 있는 맥락 속에서 자음에 관심을 가질 수 있도록 돕는다는 점에서 가치가 있습니다. 그림책의 내용을 읽어 익숙해진 뒤에 자모에 관심을 더 가져 볼 수 있도록 유도해 주세요.

"가방 가게에 가서, 어? 계속 똑같은 소리로 시작하네. (가를 강조해서 읽으면서)'가'방 '가'게에 '가'서."
"나는 늑대를 샀네. 여기에서 똑같은 모양인 글자가 어디 있어? 맞아, 이렇게 생긴 게 '니은'이야. 다른 페이지에서도 니은이 어디 있나 찾아볼까?"

다양한 종류의 자모 그림책들을 펼쳐 놓고 공통점과 차이점을 찾아보며 한글의 비밀을 찾아보는 것은 자모책을 최고 수준으로 활용할 수 있는 방법입니다. 반복해서 나오는 공통점을 찾아보면 좋아요.

한글은 'ㄱ, ㄴ, ㄷ…' 순서대로 나열된다, '기역, 니은, 디귿'처럼 글자의 이름에 각 글자의 자음이 두 번씩 반복해서 나온다, 자음과 모음은 가획원리에 따라 소릿값이 달라진다('ㅈ'에 가획을 하면 'ㅊ'으로 변화, 'ㅏ'에 가획을 하면 'ㅑ'로 변화), 자음이 나란히 오면 소리가 거세지는 쌍자음이 된다, 쌍자음은 일부만 가능하다 등을 발견할 수 있습니다. 아이들이 탐정 놀이를 하듯 스스로 한글의 비밀을 찾을 수 있도록 어른이 옆에서 적절하게 질문해 주면 좋습니다.

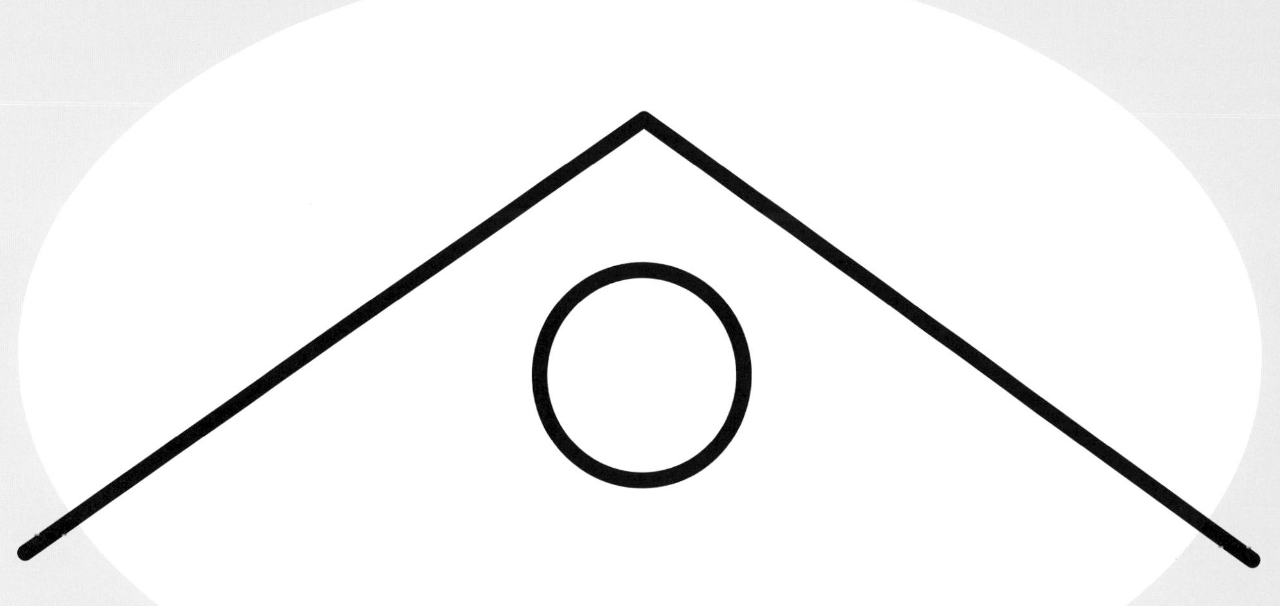

13.

식당: 배고플 땐 메뉴판

경험은 최고의 교과서

아이가 책상에 오래 앉아 있을수록 문해력이 좋아질까요? 사실 책상에 앉아서 익힐 수 있는 문해력은 제한적입니다. 아이들이 진짜 문해력을 키우기 위해서는 책상머리에서 벗어나 실제 살아가는 세상 속에서 살아 있는 지식을 배워야 합니다. 문해력은 결국 우리가 살아가는 세상과 소통하기 위해 쓰이기 때문이에요. 문해력이 발달하기 위해서는 언어와 문자에 대한 지식 외에도 다양한 지식이 필요합니다. 우리 사는 세상에 대한 지식이 필요한 것이죠.

특히 유아는 실제 살아 있는 맥락 속에서 잘 배웁니다. 아침에 일어나서 부모님과 인사를 하고, 씻고, 옷을 입고, 차를 타고, 기관에 등원을 하고, 일과에 따라 하루 생활을 하고, 식사 시간이 되면 "잘 먹겠습니다" 감사 인사 후 밥을 먹고, 주말이면 외출을 해서 친척들도 만나고 외식도 합니다. 이렇게 반복적인 일상은 특별하지 않게 느껴질 수 있지만, 반복적이고 일상적인 사건들을 통해 유아는 이 세상을 살아가는 데 꼭 필요한 지식을 배우고 이를 통해 문해력까지 익히게 됩니다. 배움의 기회는 늘 우리 가까이에 있으니까요.

유아는 일상 속에서 사건들을 경험하면서 사건을 이해하는 인지적 틀을 구성해 갑니다. 어떤 맥락 속에서 진행되는 단계적인 사건들에 대한 지식을 '스크립트(script) 지식' 또는 '대본 지식'이라고 합니다.[1] 아이가 생일 파티 놀이를 하는 모습을 본 적 있으시죠? 생일 파티를 여러 번 경험해 본 유아는 '생일 파티'라는 사건에 대해서 나름의 '스크립트 지식'을 가지고 있습니다. 생일 파티에 누가 참석해서 무엇을 어떤 순서로 진행하는지 아는 거예요. 먼저 생일 파티를 하기 전에는 케이크와 맛있는 음식을 준비해서 상에 차리고, 생일을 축하해 줄 초대받은 사람들이 모두 모입니다. 그리고 생일을 맞은 친구에게 고깔모자를 씌우고 다 같이 생일 축하 노래를 불러 주죠. 그러면 주인공은 케이크의 촛불을 끄고 박수를 받습니다. 친구들은 "생일 축하해!"라는 말과 함께 각자 준비한 선물들을 선물해요. 이와 같은 유아의 스크립트 지식은 일상생활에서의 경험을 통해 구성됩니다.

스크립트 지식은 왜 중요할까요? 그것은 바로 스크립트가 유아의 인지, 사회성, 언어를 포함한 여러 영역의 발달을 촉진하기 때문입니다. 스크립트는 사건의 원인과 결과를 다루고 있어서 스크립트 지식은 인과관계와 같은 논리적인 사고능력을 키워 줍니다.[2] 또한 스크립트 지식은 사회적 의사소통이 일어나는 맥락을 다뤄서 사회적 기술과 의사소통 능력 향상에 효과적입니다.[3] 무엇보다도 스크립트 지식은 더 발달된 언어를 이끌어내는 데 도움을 줍니다. 유아는 스크립트 지식이 많은 상황에서 더 복잡하고 긴 문장을 사용하고 더 높은 수준의 대화 기능을 사용하게 됩니다.[4] 예를 들어, '생일 파티'라는 스크립트를 잘 알고 있는 유아는 그렇지 않은 유아보다 '생일 파티' 놀이를 하면서 친구와 더 많은 이야기를 주고받고 풍부한 놀이를 할 수 있게 되죠.

---

1 성미영, 이순형(2002), Schank & Abelson(1977)
2 성미영(2002)
3 임해림, 박찬옥(2015)
4 Conti-Ramsden & Friel-Patti(1986)

또한 스크립트는 유아의 학습을 촉진하는 데 유용하게 활용됩니다. 이러한 효과 덕분에 언어 발달이 지연된 아이들의 언어이해력, 표현력, 의사소통 능력을 증진할 때 친숙한 스크립트를 많이 활용합니다. 스크립트는 어떤 상황에서 쓰이는 상황 언어를 배우는 학습 기회를 제공해요.[5] 여러 연구에서 유아에게 스크립트 지식을 사용한 중재를 실시하였을 때, 언어이해력과 표현력, 사회적 의사소통 능력이 향상되는 것으로 나타났습니다.[6]

문해력을 키우는 스크립트 맥락, 식당

일상적인 활동, 즉 스크립트가 유아의 문해력 발달에 필요하다면, 어떻게 접근하는 것이 좋을까요? 여러 스크립트 중에서 유아 문해력을 키우는 데 효과 만점인 '식당'을 예로 들까 합니다. '식당'에서는 맛있는 음식을 사람들과 함께 나누어 먹으며 즐거운 상호작용이 활발하게 일어나게 됩니다. '식당'을 활용한 상호작용이나 놀이를 하면 매우 즐겁고, 다른 사람과 소통할 수 있고, 오감을 자극할 수 있어 잘 활용하면 교육적 효과가 큽니다.

여러분은 '식당'이 문해 자료가 풍부한 맥락임을 알고 계셨나요? 식당 간판, 메뉴판, 자리 배치표 모두 실제적이어서 훌륭한 문해 자료가 됩니다. 식당을 활용하는 활동의 좋은 점은 이러한 실제적인 문해 자료를 스크립트를 통해 재밌게 활용할 수 있다는 거예요. 경험으로 얻은 스크립트 지식과 함께 언어이해력, 표현력, 사회적 의사소통 능력, 그리고 읽기 및 쓰기 능력까지 함께 키울 수 있으니 정말 효과적인 기회입니다.

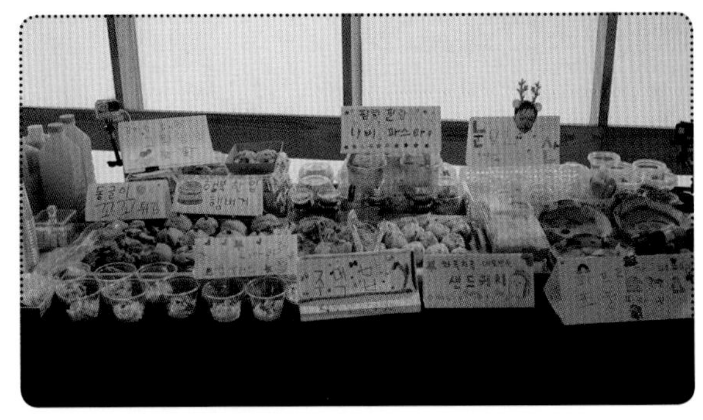

그림 1. 유아들이 만든 식당 메뉴이름표 작품들

스크립트 지식과 언어표현력을 함께 키우기 위해, 식당에서 늘 쓰이는 말을 다뤄보면 좋습니다. 실제 아이와 식당에 갔을 때 메뉴를 주문하는 모습을 보여 주거나, 아이에게 직접 주문을 해 보게 하는 것도 좋습니다. 이때 메뉴판을 아이와 함께 주의 깊게 살펴보세요.

평소 집에서 식당 놀이를 하면서 직원이나 손님 역할을 하면서 연습하는 것도 효과적입니다. 식당 직원 입장에서는 "메뉴판 드릴까요?", "주문하시겠어요?"와 같은 말을 할 수 있고, 손님 입장에서는 "메뉴판 주세요.", "여기에서 제일 인기 있는 메뉴가 뭐예요?", "햄버거 1개, 피자 1판, 콜라 2잔 주세요.", "얼마예요? 쿠폰 써도 되나요?"와 같이 다양한 말을 할 수 있죠. 이때 가족이 실제로 식당에 갔던 경험을 바탕으로 놀이에 구체성을 더해 주면 아이가 더 정교한 스크립트를 만들 수 있어요. "아이랑 먹을 거니까 짬뽕은 너무 맵지 않게 1단계로 해 주세요."처럼요.

식당 놀이를 하면서 놀이에 필요한 다양한 문

5 Nelson(1986)
6 임해림, 박찬옥(2015), 정재은, 지성애(2013), 최진혁, 김대용, 김보람(2016)

해 자료를 직접 만들어 보세요. 아이가 스크립트 지식이 쌓이고 식당 놀이의 재미를 알게 되면, 자발적으로 필요한 문해 자료를 만들 수 있습니다. 식당 간판도 직접 쓰고 꾸밀 수 있고, 메뉴판에 메뉴를 적고 가격도 매겨볼 수 있고요. 주문을 받는 주문서도 만들어서 활용할 수 있습니다. 그리고 계산을 할 때 사용할 카드나 종이 지폐, 동전에도 직접 글자와 숫자를 적어서 제작할 수 있어요. 자기가 직접 만든 것들로 식당을 꾸미고 놀이를 하면 더 재미나겠죠?

식당 놀이는 아이가 자발적으로 읽기와 쓰기를 할 수 있도록 동기 부여를 할 수 있고, 사회에서 글자가 지니는 가치를 알게 하여 글자에 대한 관심을 불러일으킵니다. 놀이 공간에 다양한 필기도구와 종이조각들을 준비해 주세요.

식당으로 문해력 키우기

이처럼 '식당'이라는 주제로 유아의 읽기와 쓰기, 사회적 의사소통 능력까지 여러 능력을 폭넓게 발달시킬 수 있습니다. 이번에는 문해력에 초점을 맞춰서 '식당'과 관련된 구체적인 문해 활동들을 조금 더 살펴보겠습니다.

첫째, 식당이 나오는 그림책을 함께 읽어 보세요. 그림책에 식당이 나오면 당연히 맛있는 음식도 함께 나오겠죠? 맛있는 음식들이 나오는 책은 그림책과 아직 친하지 않은 아이들과 함께 읽기에도 좋습니다. 맛있는 음식에 대해 이야기를 나누고, 식당에 갔던 경험을 떠올려서 책 내용과 연결할 수 있어요. 그리고 그림책을 읽으며 한식, 일식, 중식, 양식 등 다양한 나라의 음식에 대해서 이야기를 나누고, 음식의 맛 표현도 해 볼 수 있어요. 아직 먹어 보지 못한 음식이 책에 나왔다면 기억해 놨다가 다음 기회에 먹어 보기로 약속할 수도 있고요. 그림책에 맛있는 초밥이 나왔다면 점토로 초밥을 만들고 식당 놀이로 확장할 수도 있을 거예요. 이처럼 식당이 나오는 책은 아이의 흥미에 맞춰 풍부한 언어적 상호작용을 할 수 있어서 유용합니다.

또 식당이 나오는 책을 읽을 때 문어와 구어에 함께 익숙해지는 기회로 삼으며 좋습니다. 아이들은 책을 읽으며 문어에 익숙해지는데요. 구어와 다른 표현들에 친숙해져야 글 읽기가 유창해질 수 있어요. 식당이 나오는 책에는 문어와 구어가 적절히 잘 섞여 있는 경우가 많습니다. 『쌍둥이 할매식당』 책을 보면 "문을 열자마자 기다렸다는 듯 사람들이 들어섰어요.", "군침을 삼키며 말했어요."와 같이 이야기를 설명하는 문어와 함께 "어서 오세요.", "잘 먹겠습니다!"와 같이 친숙한 구어도 섞여 나옵니다. 앞서 제시된 문어를 '책 말투'라고도 하는데요. 일상생활에서 잘 쓰이지 않지만 아이가 앞으로 읽을 책에는 점점 더 많이 나오게 되죠. "옛날옛적에… 행복하게 살았답니다."와 같은 문장이에요. 부모가 구어와 문어가 함께 나오는 책을 읽어 주면서 아이에게 읽기 모델이 되어 줄 수 있어요. 상황과 내용에 따라 어떻게 읽고 말해야 할지 아이에게 충분히 들려주셔야 해요. 책 말투와 억양은 많은 연습과 상호작용을 통해 습득됩니다.[7] 엄마와 아이가 구어와 문어 부분을 서로

7 Laurie, Marian(2010)

그림 2. 초대장 만드는 활동

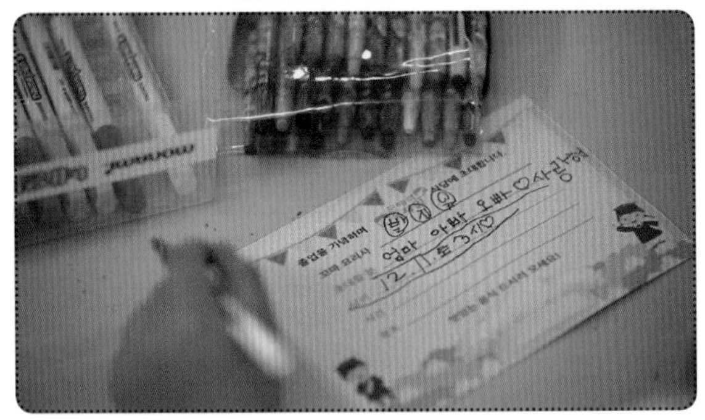

그림 3. 식당 초대장 만드는 유아

돌아가면서 읽어 보면 좋은 연습이 될 수 있어요. 이때 책 읽는 목소리를 녹음해서 들어 보면 스스로 억양이나 읽기 속도 등을 점검할 수 있습니다.

둘째, 식당과 관련된 책을 읽고 독후 활동으로 문해 활동을 해 보세요. 책에 나온 식당의 메뉴판을 만들어 보세요. 메뉴 이름도 적어 보고, 가격도 적어 보면 문자, 숫자, 기호 등을 다양하게 쓸 수 있어요. 이후에 식당 놀이에 활용하기에도 좋고요. 우리 집 저녁 식사 메뉴판을 만들거나 식당 초대장을 만들 수도 있습니다. 아이가 초대장을 어떻게 써야 할지 어려워한다면 '누가, 언제, 어디로, 어떻게, 왜'와 같은 육하원칙을 알려 주세요. 신문 기사와 같이 사건을 소개하는 글을 쓰는 기초를 다질 수 있어서 쓰기 발달에 도움이 됩니다. 또한 아이가 만든 초대장, 메뉴판 등 자료를 가지고 식당 놀이를 자주 해 주세요. 자기가 만든 자료로 놀이를 할 때 아이가 자신감을 가지게 되고 문해 활동의 가치를 스스로 발견할 수 있습니다.

이 장에서는 식당을 예로 들었지만, 다양한 가게들, 미용실, 교실, 우체국, 공항, 병원 등 지역사회의 일상적이고 다양한 공간이 놀이와 문해 학습의 맥락이 될 수 있습니다. 풍부한 경험이 쌓여야 유아의 지식도 구성됩니다. 유아가 다양한 경험을 하고 그 경험을 통해 문해력을 자연스럽고 재미있게 쌓아 나갈 수 있도록 도와주세요.

1

『고민 식당』 : 식당 메뉴판 만들기

- 메뉴판에 음식 이름 표현하기 -

난이도	★★★☆☆	소요 시간	25 분
기대 효과	음식 이름을 통해 다양한 어휘에 관심을 가질 수 있어요. 음식 이름을 표현하며 소근육 발달과 기초쓰기를 경험해요. 식당 메뉴판 만들기를 하면서 환경인쇄물 개념에 친숙해져요.		

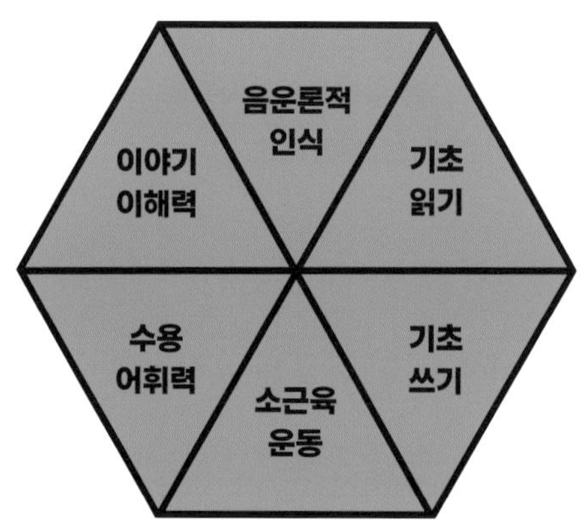

기초문해요소

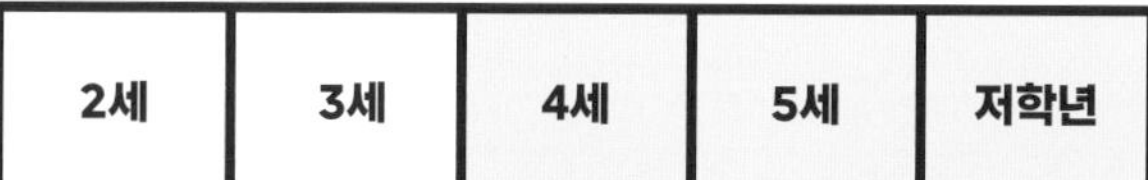

2세	3세	4세	5세	저학년

추천연령

언어	수학	과학	사회
미술	음률	조작	신체

통합영역

준비물

『고민식당』 그림책(이주희 글·그림 / 한림출판사, 2019), 식당 메뉴판 틀, 메뉴 라벨지, 필기도구

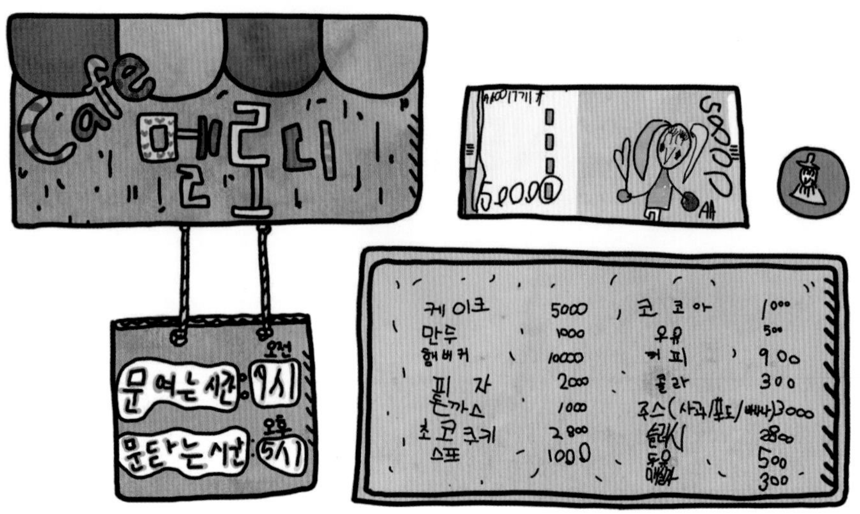

활동 방법

❶ 식당에서 메뉴판이 왜 필요한지 이야기 나눠요.

추천 질문

"아빠가 퀴즈를 하나 낼게. 식당에서 음식을 주문할 때 보는 종이인데, 음식 그림과 음식 이름을 써 놓은 종이를 뭐라고 부를까?"(정답: 메뉴판)

"맞아. 메뉴판에는 음식 이름, 그림, 요리사 얼굴 사진을 손님들이 알아보기 쉽게 표현해야 해."

❷ 메뉴 라벨지에 음식 이름을 따라 써요.

❸ 메뉴판 틀에 메뉴 라벨지를 붙여요. 빈 종이에 메뉴 이름을 표현하고, 스케치북에 풀로 붙여서 메뉴판을 만들어도 괜찮아요.

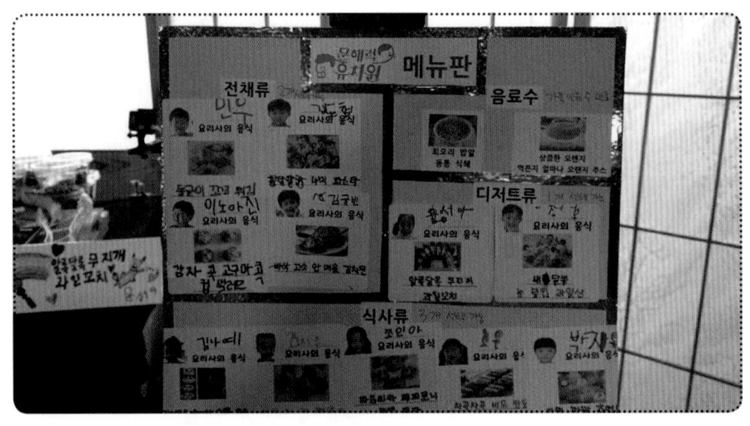

문해력 유치원 유아들이 다 같이 만든 식당 메뉴판

메뉴 라벨지

재미있게 그림책 읽기

- 표지와 면지를 탐색하며 그림책의 내용과 연결하는 경험은 이야기 이해력과 어휘력의 발달을 도와요.

추천 질문

"그림책의 본문이랑 겉표지를 연결하는 부분을 '면지'라고 해.
앞표지와 본문을 연결하는 면지는 '앞면지', 뒤표지와 본문을 연결하는 면지는 '뒷면지'야."
"제목이 『고민식당』이래. '고민' 이란 낱말을 아니?"
(아이의 대답을 기다린 후)
"고민은 마음 속으로 걱정하면서 괴로워하는 거야.

- 그림책의 앞면지와 뒷면지를 활용한 '다른 그림 찾기'를 하면, 그림을 세심하게 관찰하면서 집중력이 향상돼요.

추천 질문

"앞면지에는 어떤 그림이 보이니? 뒷면지의 그림과 다른 점이 있을까?"

(앞면지에는 친구들한테 고민이 많이 있어요. 뒷면지에는 고민을 해결했어요.)

"그렇구나. 고민식당에 다녀와서 마지막에는 고민이 모두 해결된 걸까?"

(네, 맛있는 음식 먹고 고민을 해결했어요. 그래서 마지막에는 기분이 좋아 보여요.)

『고민식당』 앞면지

『고민식당』 뒷면지

- 이야기 속 음식 이름을 듣고·읽고·말해 보면서 다양한 어휘에 관심을 가질 수 있어요. 접착식 메모지에 음식 그림을 그리고, 음식 이름을 써서 그림책 속 주인공에게 붙이는 방법도 아이들이 재밌어해요.
- 그림책 이야기와 아이의 경험을 연결 지어 봅니다. 고민 캐릭터가 나올 때마다 같은 고민을 해 본 적 있는지 부모님과 함께 이야기 나눠요.

도움말

- 라벨지를 구하기 힘들 때는 종이에 음식 이름을 써서 풀로 붙이거나, 접착식 메모지를 활용할 수 있어요.
- 아이가 음식 메뉴 이름 쓰기를 어려워하면 부모님이 먼저 연필로 써 주고, 그 글자 위에 아이가 사인펜으로 따라 쓰면 어렵지 않아요.

확장 활동

• 메뉴 이름 차트 •

- 난이도 ★★★★☆ / 추천 연령: 4세~초등 1학년
- 소요 시간: 20분
- 기초문해요소: 어휘력, 기초읽기
- 통합영역: 언어, 과학
- 준비물: 음식 메뉴 그림·글자 카드

- 활동 방법

❶ 다양한 음식 그림·글자 카드를 준비해요.
❷ 아이가 해당 범주 칸에 붙여서 범주별 이름 차트를 완성해요.
❸ 음식 범주: 빵, 밥, 디저트류, 전채류, 음료수 등

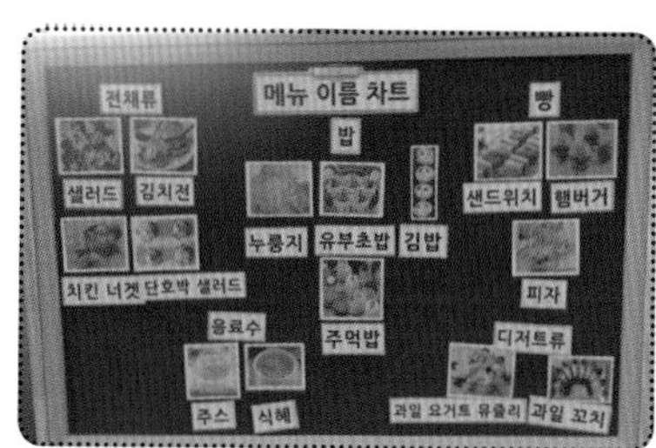

완성한 메뉴 이름 차트

- 기대효과

범주별 메뉴 이름을 다루는 활동을 하면서 어휘력이 특히 강조돼요. 이름 차트로 만들면서 '조직화'를 배우고 '범주화'를 연습하며 '기초읽기' 능력의 향상을 도울 수 있어요.

- 도움말

음식 그림·글자 카드를 직접 만들어 활용할 수 있어요. 접착식 메모지 또는 빈 종이에 가족들이 좋아하는 음식 그림과 음식 이름을 표현하면, 손쉽게 음식 카드를 만들 수 있어요.

2

내가 꾸미는 케이크

- 케이크에 메시지 새기기 -

난이도	★★★☆☆	소요 시간	20 분
기대 효과	초코펜을 사용하며 소근육운동 능력과 기초쓰기 능력이 발달해요. 쓰기 발달 수준에 맞는 흥미로운 요리를 경험해요.		

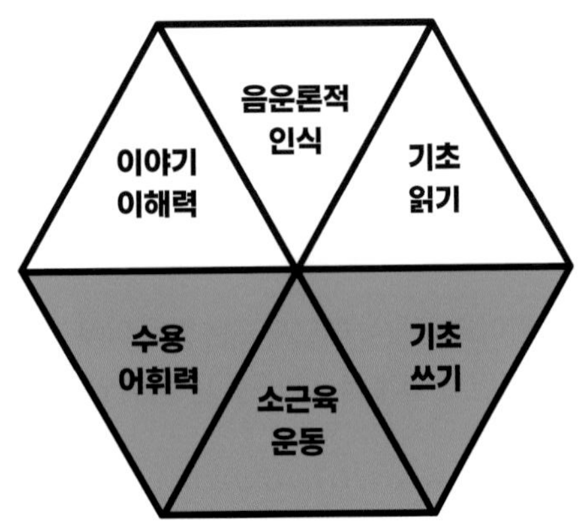

기초문해요소

2세	3세	4세	5세	저학년

추천연령

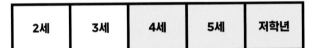

언어	수학	과학	사회
미술	음률	조작	신체

통합영역

준비물

케이크, 다양한 색깔의 초코펜, 흰색 아이싱펜, 진저맨 쿠키, 작은 접시 또는 쟁반, 다양한 토핑들, 종이, 연필

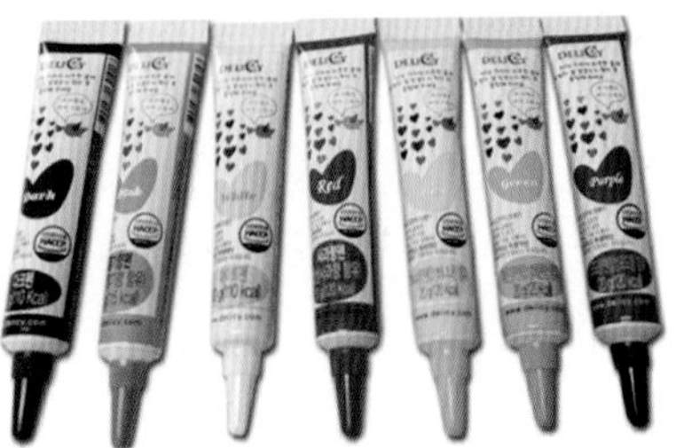

다양한 색깔의 초코펜

활동 방법

❶ 케이크에 메시지를 새기는 이유를 이야기 나눠요.

활동 예시 **"빵가게에서 특별한 날, 소중한 사람을 위해 케이크에 이름을 새겨 주기도 한대. 오늘은 OO이 동생의 생일이니까 기념하면서 축하 메시지를 새겨 보자."**

❷ 케이크에 다양한 색깔의 초코펜으로 메시지를 써요.

❸ 진저맨 쿠키를 아이싱, 초코펜, 토핑으로 꾸며요. 다양한 방법으로 자신을 표현(자기 이름, 가족 이름, 자기 얼굴 꾸미기 등) 해요.

❸ 완성한 쿠키를 케이크에 꽂아 장식해요.

문해력 유치원 대형케이크에 메시지 새기기 협동작품

도움말

- 쓰기 과정에서 부모님은 아이의 발달 수준에 따른 적절한 비계 설정과 모델링을 해 주세요. 초코펜으로 이름 쓰기를 어려워하는 아이는 부모님이 초코펜으로 이름을 대신 두껍게 써 주고, 이름 글자 테두리 안을 초코펜으로 채워 나가는 활동으로 진행해 보세요.

활동 예시

"엄마, 저 글씨 못 써요. 도와주세요."
"엄마가 초코펜으로 두껍게 먼저 써 줄게.
그러면 OO이가 글자 테두리 안에 초코펜을 꾹꾹 눌러서 채워 줄 수 있니?"

- 아이가 쓰고 싶은 메시지를 말하면 먼저 부모님이 종이에 받아써 주세요. 아이가 종이 위의 글자를 보면서 케이크에 메시지를 새기면 쉽게 활동할 수 있어요.
- 식빵 위에 각종 과일잼펜으로 글자를 써 볼 수도 있어요.

3

우리 집 저녁 식탁 꾸미기

- 저녁 식사 메뉴판 만들기 -

난이도	★★★☆☆	소요 시간	20 분
기대 효과	음식과 주재료의 이름으로 다양한 어휘를 경험하며 어휘력이 발달해요. 음식을 그림과 글자로 표현하며 소근육운동 능력과 기초쓰기 능력이 향상돼요.		

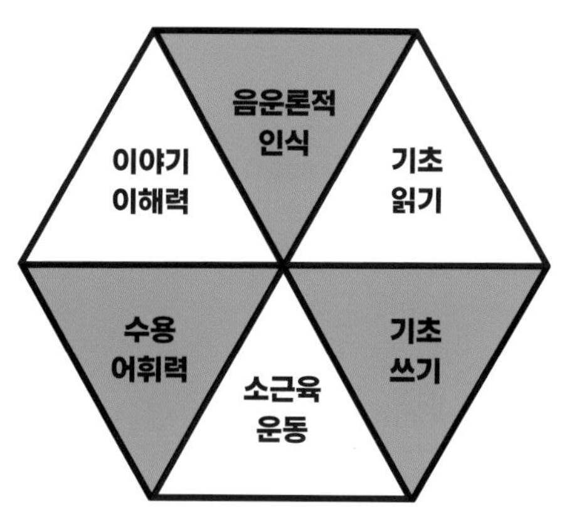

기초문해요소

2세	3세	4세	5세	저학년

추천연령

언어	수학	과학	사회
미술	음률	조작	신체

통합영역

준비물

'우리 집 저녁 식탁' 활동지, 색연필, 사인펜

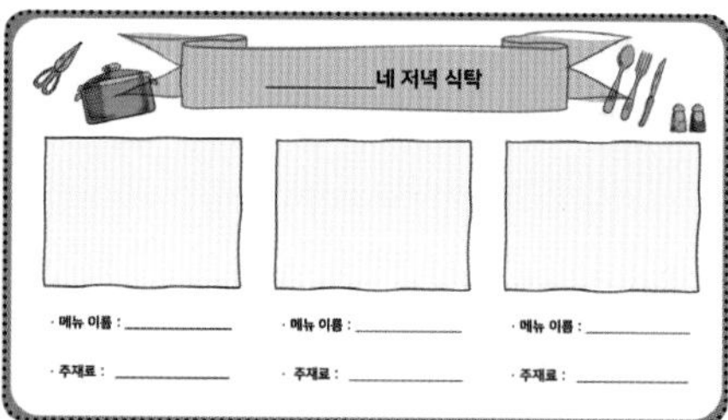

활동 방법

❶ 부모님과 함께 먹고 싶은 음식 메뉴를 이야기 나눠요.
❷ 정한 메뉴를 '우리 집 저녁 식탁' 활동시에 그림과 글자로 표현해 보세요.
❸ 음식의 주재료를 한두 개의 단어로 씁니다.
❹ 완성한 저녁 식탁 메뉴판을 실제 가족들의 식사 준비에 활용합니다.

도움말

- 아이의 쓰기 발달 단계를 잘 파악하여 적절한 도움을 주세요. 아이가 쓰고 싶어 하는 단어를 말하면 부모님이 빈 종이에 받아써 주거나, 부모님이 활동지에 연필로 연한 글씨를 써 주고, 아이가 사인펜으로 따라 쓰는 방법도 있어요.
- 완성한 메뉴판의 음식을 실제로 아이와 함께 요리하는 경험으로 확장할 수 있어요.
- 활동에 익숙해지면, '○○네 주말 식탁', ○○네 간식 식탁' 의 활동으로 확장해요.
- 냉장고에 붙이거나 식탁 유리 아래에 끼워 두면 훌륭한 환경인쇄물이 됩니다.

확장 활동

• 스케치북에 식판 그리기 •

- 난이도 ★★★☆☆ / 추천 연령: 4세~초등 1학년
- 소요 시간: 20분
- 기초문해요소: 어휘력, 소근육운동, 기초쓰기
- 통합영역: 언어, 미술, 신체
- 준비물: 스케치북, 색연필, 사인펜

- 활동 방법

❶ 스케치북에 식판을 그려요.
❷ 밥·반찬·국 칸에 음식 그림과 음식 이름 글자로 꾸며 보세요.

아이가 꾸민 식판의 음식 메뉴

아이가 만든 음식 메뉴로 만든 실제 저녁 식사 메뉴

- 기대효과

아이가 표현한 음식을 실제로 만들어 주면, 그 음식들은 남김없이 골고루 다 먹으려고 노력할 거예요. 문해와 관련지어 자연스럽게 영양교육도 진행할 수 있어요.

4

식당 놀이

- 주문받고 서빙하며 문해의 실제성 경험하기 -

난이도	★★★☆☆	소요 시간	30 분

기대 효과	식당에서 필요한 언어 도식을 경험하며 생동감 있게 놀이해요. 메뉴판과 주문기록지로 문해의 '실제성'을 경험해요. 식당에서 필요한 언어 표현과 예절을 익히며, 부모와 아이가 함께 하는 문해 활동이 돼요.

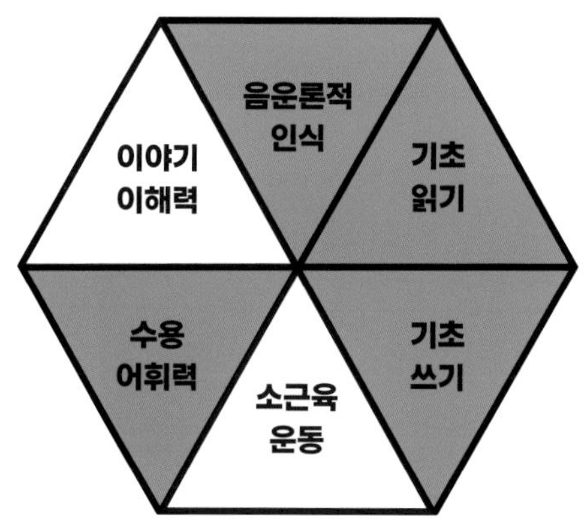

기초문해요소

2세	3세	4세	5세	저학년

추천연령

언어	수학	과학	사회
미술	음률	조작	신체

통합영역

준비물

요리사 의상, 아이가 만든 메뉴판, 주문기록지, 연필, 큰 트레이, 실제 음식 또는 음식 모형 놀잇감

문해력 유치원 식당

손님 이름 ________네 가족

전채류 (2개 선택 가능)

메뉴	선택	메뉴	선택
팔랑팔랑 나비 파스타		바삭 고소 안 매운 김치전	
동글이 꼬꼬 튀김		단호박 콕 고구마 콕 컵 샐러드	

식사류 (3개 선택 가능)

메뉴	선택	메뉴	선택
주먹 짝짝 주먹밥		김이랑 밥이랑 그림 김밥	
파프리카 페퍼로니 표정 피자		행복 한 입 햄버거	
차곡차곡 네모반듯 샌드위치			

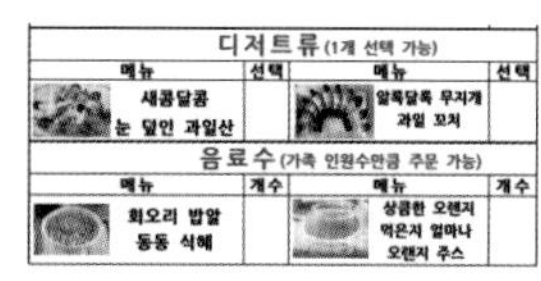

디저트류 (1개 선택 가능)

메뉴	선택	메뉴	선택
새콤달콤 눈 덮인 과일산		알록달록 무지개 과일 꼬치	

음료수 (가족 인원수만큼 주문 가능)

메뉴	개수	메뉴	개수
회오리 밥알 동동 식혜		상큼한 오렌지 먹은지 얼마나 오렌지 주스	

주문기록지

활동 방법

1. 손님(부모님)과 요리사·주문접수·서빙(아이)로 역할을 나눠요.
2. 아이가 테이블로 가서 메뉴판과 주문기록지를 이용해 주문을 받아요.
3. 주문받은 음식을 쟁반에 올려 서빙해요.
4. 역할을 바꿔서 놀이해요.

문해력 유치원 유아들이 가족들과 함께 만들어 온 음식들

도움말

- 식당 놀이를 통해 식당에서 경험할 수 있는 도식에 맞게 손님을 안내하고("어서 오세요", "자리로 안내해드릴게요."), 메뉴판과 기록지를 이용해 주문을 받고, 메뉴에 대해 말로 설명할 수 있어요. 주문대로 음식을 서빙하고, 식당에서 필요한 질문이나 대

답을 ("무엇을 드시겠어요?, 음식 맛은 괜찮으세요? 더 필요한 것 있으세요?" 등) 사용해 봅니다.

- 아이가 극놀이를 하고 싶어 할 때 부모님이 적극적으로 함께 참여해 주세요. 놀아주는 게 아니라 신나게 같이 노는 기분으로요. 병원, 미용실, 식당, 주유소 전부 놀이가 될 수 있어요. 사전경험과 지식을 살려 대화를 주고받고, 소품도 사용해 보세요. 특히 종이와 필기도구는 옆에 꼭 갖춰 두세요.

확장 활동

• 식탁에 자리 배치표 만들기 •

- 난이도 ★★★☆☆ / 추천 연령: 만 4세~초등 1학년
- 소요 시간: 15분
- 기초문해요소: 소근육운동, 기초쓰기
- 통합영역: 언어, 미술, 사회
- 준비물: 이름 삼각대(도화지), 색연필, 사인펜, 스티커

- 활동 방법

❶ 식탁에 자리 배치를 알려 줄 이름 삼각대를 만들어요.

❷ 다양한 쓰기도구를 사용하여 이름 삼각대에 'OOO 가족'이라고 쓰고 가족 얼굴을 그림으로 표현해요.

❸ 완성한 작품은 식당놀이에서 유용하게 사용해요.

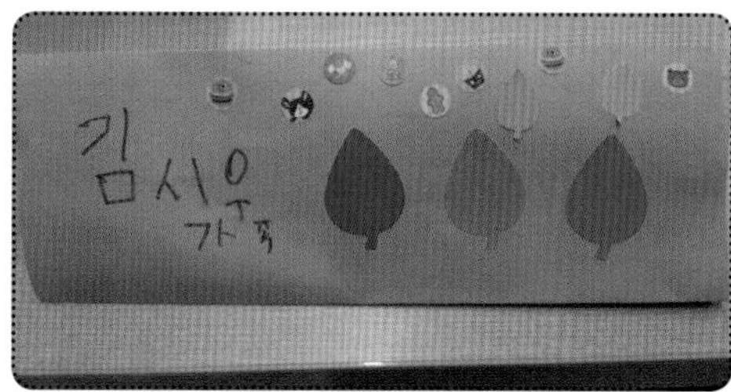

유아가 만든 식탁 자리 배치표

5

나의 음식 소개하기

- 말놀이로 음식 이름 짓고, 발표하기 -

난이도	★★★★☆	소요 시간	20 분

기대 효과	음식을 소개하며 언어표현력과 발표력이 향상돼요. 삼각 이름표를 보고 읽으면서 '발현적 읽기'를 경험해요. 질문을 주의 깊게 듣고 적절하게 대답하는 연습이 돼요.

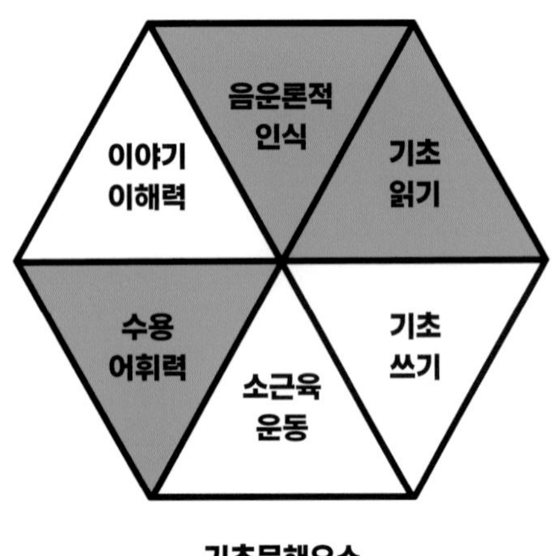

기초문해요소

2세	3세	4세	5세	저학년

추천연령

언어	수학	과학	사회
미술	음률	조작	신체

통합영역

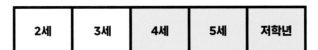

준비물

내가 (좋아하는, 만든) 음식, 삼각 이름표, 색연필, 사인펜

활동 방법

❶ 내가 (좋아하는, 만든) 음식의 이름을 재미나게 붙여 말놀이를 해요.

❷ 삼각 이름표에 음식 이름을 표현해요.

❸ 내가 (좋아하는, 만든) 음식을 가족들에게 소개해요(예: 주먹밥, 유부초밥, 과일 꼬치 등).

❹ 가족들과 음식에 대한 질문을 주고받아요.

(음식 이름, 누가 만들었는지, 만드는 방법, 음식의 맛 등)

음식 이름 삼각 이름표

도움말

- 말놀이로 음식 메뉴 이름을 지을 때는 같은 자음이 여러 번 반복되는 형식을 사용하면 아이들의 음운론적 인식의 향상에 도움이 됩니다. 음식 이름을 말놀이로 흥얼거리며 지으면 아이들이 쉽게 외울 수 있어요.

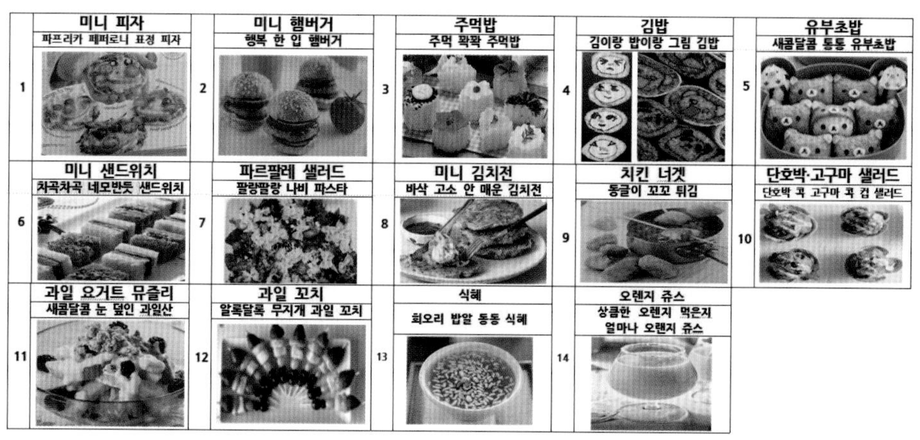

번호	메뉴	이름
1	미니 피자	파프리카 페퍼로니 표정 피자
2	미니 햄버거	행복 한 입 햄버거
3	주먹밥	주먹 꽉꽉 주먹밥
4	김밥	김이랑 밥이랑 그림 김밥
5	유부초밥	새콤달콤 통통 유부초밥
6	미니 샌드위치	차곡차곡 네모반듯 샌드위치
7	파르팔레 샐러드	팔랑팔랑 나비 파스타
8	미니 김치전	바삭 고소 안 매운 김치전
9	치킨 너겟	동글이 꼬꼬 튀김
10	단호박·고구마 샐러드	단호박 콕 고구마 콕 컵 샐러드
11	과일 요거트 뮤즐리	새콤달콤 눈 덮인 과일산
12	과일 꼬치	알록달록 무지개 과일 꼬치
13	식혜	회오리 밥알 동동 식혜
14	오렌지 쥬스	상큼한 오렌지 먹은지 얼마나 오렌지 쥬스

문해력 유치원 식당 놀이 음식 메뉴

- 가정에서 쉽게 할 수 있는 어린이 요리 활동은 수학·과학·언어 문해력 발달에 통합적으로 도움이 됩니다. 예를 들면 '과일 꼬치 만들기' 활동은 눈–손의 협응력, 소근육운동, 패턴 인식, 색 인식, 수 세기의 발달을 도와요.

6

초대장 만들기

- 초대장의 내용 요소 이해하고 표현하기 -

난이도	★★★★☆	소요 시간	15 분
기대 효과	'누가·언제·어디서·누구를'을 이해하고, 계획에 맞게 초대장을 완성해요. 초대장을 만드는 경험은 어휘력과 이야기 이해력 발달에 도움이 돼요. 계획에 맞게 카드를 완성해서 초대놀이를 하며 실제적인 문해를 경험해요.		

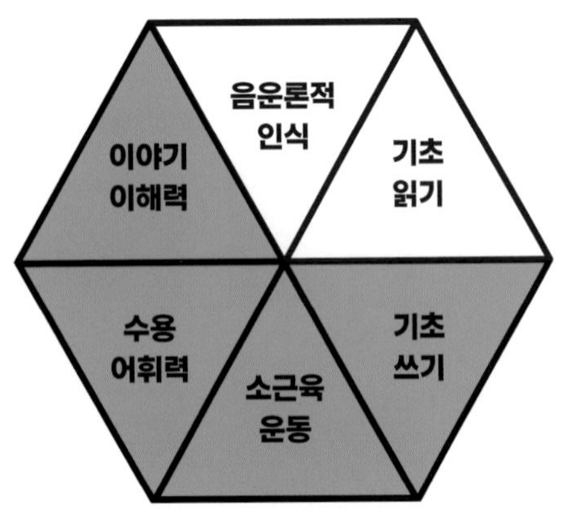

기초문해요소

2세	3세	4세	5세	저학년

추천연령

언어	수학	과학	사회
미술	음률	조작	신체

통합영역

준비물

초대장 도안, 봉투, 필기도구, 스티커

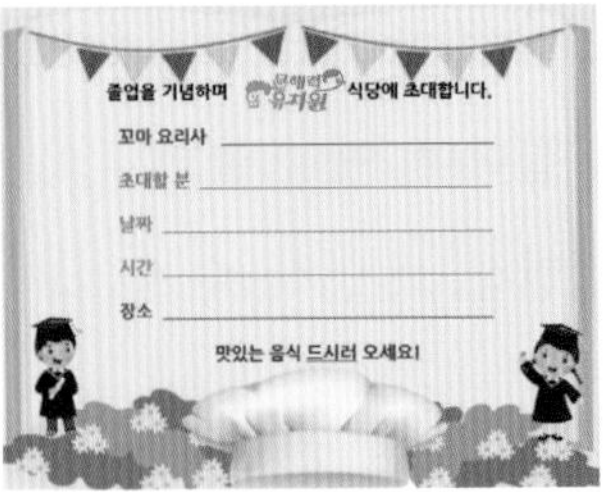
졸업을 기념하며 유치원 식당에 초대합니다.
꼬마 요리사 ____________
초대할 분 ____________
날짜 ____________
시간 ____________
장소 ____________
맛있는 음식 드시러 오세요!

식당 초대장 도안

활동 방법

1. 초대장에 '꼬마 요리사 이름, 초대할 분, 날짜, 시간, 장소'를 표현해요.
2. 초대장에 들어갈 내용을 아이가 따라 써 보게 해요.

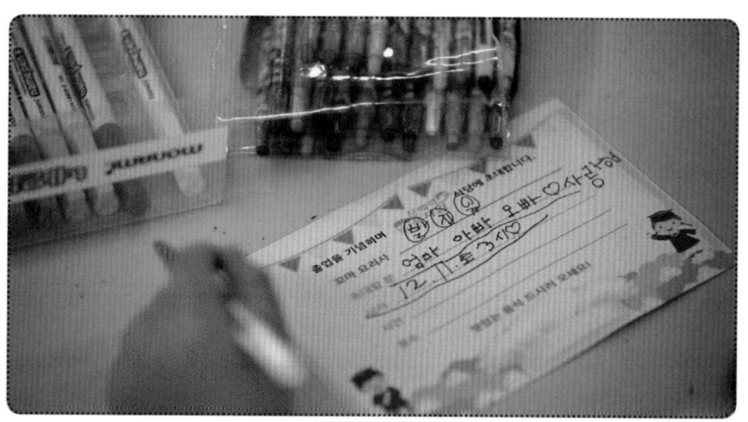

아이들이 만든 초대장

도움말

- 초대장을 만들어 〈4.식당 놀이〉 에 활용할 수 있어요.

• 쉽게 만들어 놀이에 활용할 수 있는 문해력 자료들 •

- 식당/카페 놀이: 메뉴판, 영수증, 예약표, 주문 기록지
- 우체국 놀이: 봉투, 우표, 편지지, 택배 박스
- 병원 놀이: 환자 기록지, x-ray용지, 진료예약 일정표
- 동물원/수족관 놀이: 동물 안내판, 브로셔
- 캠핑 놀이: 지도, 나침반
- 사무실 놀이: 문서, 키보드, 컴퓨터, 달력, 접착식 메모지
- 미용실 놀이: 머리 모양 안내판, 염색 색깔 선택판, 영수증

7

식당에 가서 주문하기

- 음식 주문할 때 필요한 말 사용하기 -

난이도	★★★★☆	소요 시간	20 분

기대 효과	메뉴판을 보고 직접 주문할 때 필요한 말(스크립트)을 사용해요. 가정과 지역사회의 일상생활 속에서 쉽게 활용할 수 있는 활동이에요. 부모-아이가 함께하는 실제적인 문해 활동이에요.

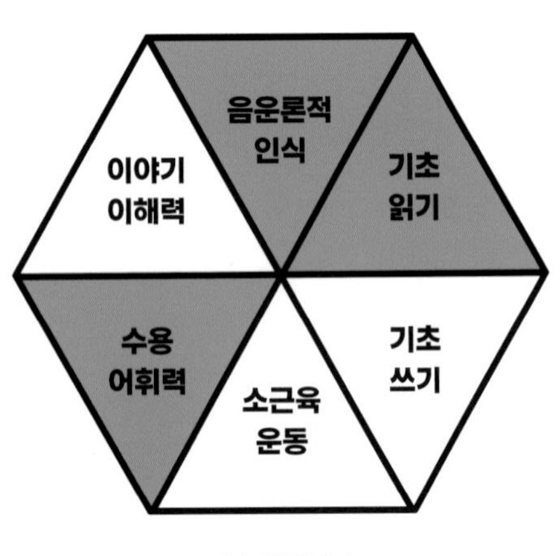

기초문해요소

2세	3세	4세	5세	저학년

추천연령

언어	수학	과학	사회
미술	음률	조작	신체

통합영역

준비물

스마트폰

활동 방법

1. 부모님과 함께 식당(예: 카페, 패스트푸드점, 뷔페식당, 한식당, 중식당, 패밀리 레스토랑 등)에 가서 다른 사람들이 어떻게 주문하는지 먼저 살펴봐요.
2. 음식을 주문하는 방법에 대해 부모님과 함께 이야기 나눠요.
3. 아이가 주문하는 과정을 부모님이 동영상으로 찍어 주세요.
4. 식사를 마치고 나면, 동영상에서 아이가 주문하는 과정을 함께 살펴봅니다.

도움말

- 메뉴판 설명을 통해 음식 주문하기, 식사하기, 필요한 것을 요청하고 인사하기, 음식값 내기 등 필요한 말을 표현하는 경험을 해요.
- 다른 종류의 식당에 방문하면, 각각의 장소마다 도식(방문과 주문에 관련된 스크립트)이 다르게 활용돼요.
- 아이가 실제 식당에 가서 주문하기를 어려워하면, 먼저 가정에서 식당 놀이를 통해 주문하는 방법을 재미있게 연습해 보세요.

그림책 함께 읽는 부모

- 그림책으로 마음 읽어 주기 -

아이들이 느끼는 감정에 대해 스스로 이해하고 이에 대해 표현하거나, 적절히 대처할 수 있도록 도와줄 필요가 있습니다. 긍정적인 감정, 부정적인 감정 모두 아이의 감정이고 이 감정은 소중하다는 걸 알려 주는 것이 중요합니다. 특히 부정적인 감정의 경우 실타래처럼 얽혀 있는 감정을 언어로 표현하는 과정만으로도 기분이 나아질 수 있거든요.

아이들이 느끼는 감정과 기분을 억누르거나 부정하는 일이 없도록 그림책을 통해 감정에 대해 섬세하게 이해하고 이를 표현할 수 있도록 도와주세요. 이러한 경험은 자신의 감정에서 더 나아가 타인의 감정에도 민감히 반응하고 공감할 수 있는 아이로 자라날 수 있도록 돕습니다. 소위 정서지능이 높은 아이로 자랄 수 있지요. 감정, 기분과 관련된 그림책을 읽어 보며 자신의 경험을 말해 보거나, 타인의 감정에 대해 생각해 볼 수 있도록 도와주세요. 평상시에도 아이들이 상황에 따라 느끼는 감정에 대해 읽어 주면 아이가 점점 자신의 감정을 표현하고 이를 적절히 조절할 수

< 감정과 관련한 그림책의 예시 >

『눈물바다』
(서현 글·그림
/ 사계절, 2009)

『소피가 화나면, 정말 정말 화나면』
(몰리 뱅 글·그림, 박수현 옮김
/ 책읽는곰, 2013)

『아홉 살 마음 사전』
(박성우 글, 김효은 그림
/ 창비, 2017)

『내 마음을 보여 줄까?』
(윤진현 글·그림
/ 웅진주니어, 2010)

있게 됩니다.

자신의 감정을 이해하고 말로 표현할 수 있도록 돕는 감정과 관련된 그림책이 다양합니다. 아이들이 느낄 수 있는 감정을 상황에 따라 보여 주며 이때 어떤 감정을 느끼는지, 어떤 감정어휘로

표현할 수 있는지를 보여 줍니다. 그림책을 보며 아이의 경험에 대해 묻고 이때 어떤 기분이었는지 표현해 보는 시간을 가져 보세요. 이런 기분이 들었을 때 어떻게 대처할 수 있을지도요.

"○○도 이 친구처럼 엉엉 울고 싶었던 적이 있어? 언제 울고 싶었어? 실컷 울고 났을 때는 기분이 어땠어? 속상한 일이 있으면 눈물을 참지 않고 울어도 돼."

그림책에 나오는 감정어휘를 활용해서 마음 사전을 만들어 보는 것도 좋아요. 언제 그런 감정을 느꼈는지 그림으로 표현하고 이때의 기분을 단어나 문장으로 나타내 보세요. 여러 그림책들을 읽어 보며 이야기를 나누고, 아이가 느꼈던 기분을 한 장씩 차곡차곡 쌓아서 만들어 보는 것도 좋아요. 감정과 관련된 낯선 단어들도 배워서 이해하고 사용할 수 있게 됩니다.

"○○는 언제 '섭섭한' 마음이 들었어? ○○가 친구 주려고 열심히 준비했는데 친구가 소중하게 생각해 주지 않아서 섭섭했구나."

아이들이 흔히 경험하는 분리불안과 관련한 그림책으로 부모님과 잠시 헤어져 있는 것을 힘들어하는 아이들의 마음도 헤아려 주세요. 부모님도 아이와 헤어져 있는 동안 힘들었지만 다시 만날 걸 알기 때문에 믿고 기다릴 수 있었다고 말해 주세요. 그림책을 읽다 보면 아이와 부모님 모두 마음이 따뜻해질 거예요.

"○○도 이 친구처럼 엄마, 아빠랑 잠깐 헤어져 있는 동안 기분이 어땠어? 엄마, 아빠도 ○○가 너무 보고 싶어서 슬펐지만 다시 만날 걸 아니까 기다릴 수 있었어."

동생이 생겼을 때의 불안한 마음도 그림책을 읽으며 아이와 이야기 나누어 주면 좋아요. 동생

< 감정어휘와 관련한 그림책의 예시 >

『내 마음 ㅅㅅㅎ』
(김지영 지음
/ 사계절, 2021)

『내 마음은 보물상자』
(조 위테크 글, 크리스틴 루세 그림
조정훈 옮김 / 키즈엠, 2016)

『컬러몬스터: 감정의 색깔』
(아나 예나스 글·그림 김유경 옮김
/ 청어람아이, 2020)

<분리 불안과 관련한 그림책의 예시 >

『우리는 언제나 다시 만나』
(윤여림 글, 안녕달 그림
/ 위즈덤하우스, 2017)

『엄마 껌딱지』
(카롤 피브 글, 도로테 드 몽프레 그림
이주희 옮김 / 한솔수북, 2017)

『유치원 가지 마 벤노!』
(마레 제프 지음, 타르실라 크루스 그림
유수현 옮김/ 소원나무, 2016)

<동생과 관련한 그림책의 예시 >

『동생만 예뻐해!』
(데니 데스몬드 지음
이보연 옮김 / 다림, 2014)

『피터의 의자』
(에즈러 잭 키츠 글·그림
이진영 옮김 / 시공주니어, 1996)

이 태어나기 전, 동생이 태어나고 나서도 반복해서 읽을 수 있습니다. 모든 게 달라져 버릴 것만 같은 불안함, 자신의 자리를 빼앗겨 버릴 것 같은 두려운 마음을 읽어 주세요.

"동생이 태어난다고 하니까 모든 게 달라져 버릴 것 같아서 무서운가 봐. ○○도 동생이 태어나기 전에 이런 기분이었어?"라고 넌지시 물어봐 주시는 것도 좋아요.

참고문헌

- 21세기교육연구회 (2013). 『스포츠가 아이의 미래를 바꾼다』. 테이크원.
- 강병재 (2018). 유아의 스마트 기기 사용 정도 변화에 따른 만족지연능력 및 자아탄력성의 변화. 『열린유아교육연구』, 23(6), 237-259.
- 강정숙 (2008). 글 없는 그림책 읽기 활동이 유아의 가상적 내러티브에 미치는 영향. 『한국유아교육연구』, 10(8), 223-259.
- 곽지혜 (2016). 디지털기기에 대한 영아의 사용 현황 및 부모의 인식과 언어발달 간의 관계. 이화여자대학교 석사학위논문.
- 김경아, 황윤세 (2011). 동화를 활용한 요리활동이 유아의 창의성에 미치는 영향. 『어린이미디어연구』, 10(2), 1-21.
- 김미숙, 장영숙 (2016). 글 없는 그림책을 활용한 이야기 꾸미기 활동이 유아의 구어능력 및 창의성에 미치는 영향. 『미래유아교육학회지』, 23(1), 77-99.
- 김소희 (2020.4.21.). "스마트폰만 붙들고 있는 우리 아이, 괜찮을까요?". 조선비즈. https://biz.chosun.com/site/data/html_dir/2020/04/17/2020041703409.html
- 김순환, 정종원, 김민정 (2013). 만 5세 읽기능력, 어휘력 및 개인·환경 변인에 따른초등학교 3학년 읽기이해능력과 어휘력. 『유아교육연구』, 33(4), 363-384.
- 김용주, 문진화, 설인준, 노주형, 고민숙, 이진 (2016). 유아 스마트기기 사용 및 이용수준 현황. *Annals of Child Neurology*, 24(3), 157-163.
- 김은지, 김명순, 손승희 (2016). 가정의 소득수준에 따른 유아의 환경인쇄물 읽기능력과 어휘력의 관계. 『열린부모교육학회』, 8(3), 43-58.
- 김지연, 이하연, 이가림 (2021). 미디어 이용시간 및 책 읽기 시간에 따른 아동의 의사소통능력 차이: 군집유형별 분석을 중심으로. 『한국생활과학회지』, 30(5), 733-746.
- 김지현 (2015). 협동적 요리활동이 유아의 과학적 태도 및 친사회적 행동에 미치는 영향. 『한국유아교육연구』, 17(2), 135-160.
- 김진희 (2012). '한글 창제의 원리'의 교육 내용에 대한 비판적 고찰. 『우리말교육현장연구』, 6(2), 97-126.
- 김태연, 이순형 (2014). 읽기매체의 종류에 따른 유아의 이야기 이해도 차이: 종이책과 전자책. 『아동학회지』, 35(4), 249-262.
- 김혜란, 이경화, 서호찬 (2014). 유아의 다중지능 향상을 위한 요리 활동프로그램의 효과 검증. 『뇌교육연구』, 14, 49-73.
- 김효진, 손승희, 나종혜 (2013). 유아의 환경인쇄물 읽기 능력과 음운론적 인식 능력 간의 관계. 『한국보육지원학회지』, 9(6), 107-127.
- 노보람 (2020). 취학 직전 유아의 쓰기 발달: 쓰기 운동조절 및 쓰기 표현 유형을 중심으로. 서울대학교 박사학위논문.
- 문병환, 이상미 (2018). 환경 인쇄물을 활용한 언어활동이 유아의 인쇄물 개념 및 읽기·쓰기 흥미에 미치는 영향. 『학습자중심교과교육연구』, 18(22), 409-432.
- 문진화 (2021.8.2.). 아이의 건강한 디지털 기기 사용, 부모와 함께하며 시작해야. 중앙일보. https://jhealthmedia.joins.com/article/article_view.asp?pno=24188
- 박수옥, 장유진, 최나야 (2019). 어머니의 문해지도와 학습관여가 학령초기 아동의 언어능력에 미치는 영향: 언어교육에의 함의를 중심으로. 『학습자중심교과교육연구』, 19(22), 345-362.
- 박은혜, 박신영 (2014). 만 3~5세 유아의 연령별 읽기와 쓰기에 대한 어머니의 기대수준과 실제 지도수준. 『교육과학연구』, 45(3), 167-192.
- 박태숙, 선현아 (2012). 언어경험접근법을 활용한 요리활동이 유아의 쓰기능력과 언어표현능력에 미치는 영향. 『한국영유아보육학』, 71, 243-264.
- 박현경 (2015). 그림책을 활용한 요리 활동이 유아의 수학적 개념 발달에 미치는 효과. 『영유아교육보육연구』, 8, 43-57.
- 서울특별시육아종합지원센터, 스마트쉼센터 (2021). 『엄마, 아빠는 하면서 왜 나는 안 돼요?』. http://seoul.childcare.go.kr/ccef/community/data/DataSl.jsp?BBSGB=50&BID=84056&-flag=Sl
- 성미영 (2002). 과제 상황별 유아의 스크립트 지식과 주제 수행기술 및 스크립트 향상 훈련 효과: 저소득층 유아와 중류층 유아의 비교. 서울대학교 박사학위논문.
- 성미영, 이순형 (2002). 과제 상황 및 계층에 따른 만 5세 유아

의 스크립트 지식. 『대한가정학회지』, 40(11), 1-12.

- 성지현, 변혜원, 남지해 (2015). 유아의 스마트기기 이용과 발달 수준 및 공감 능력과의 관계 탐색. 『유아교육연구』, 35(2), 369-394.
- 손승희, 김명순 (2014). 유아의 환경인쇄물 읽기능력 검사 도구 개발 및 타당화 연구. 『생태유아교육연구』, 13(4), 179-204.
- 신하나, 정세훈 (2018). 아동 청소년의 스마트폰 중독 수준에 영향을 미치는 개인적 및 사회환경적 예측요인에 관한 연구. 『사이버커뮤니케이션학보』, 35(3), 5-50.
- 심지현, 배선영 (2016). 어머니 문해행동과 유아의 인쇄물개념 및 쓰기능력 간의 관계. 『생애학회지』, 6(3), 33-48.
- 안정임, 서윤경, 김성미 (2013). 미디어 리터러시 구성요인과 부모의 중재 행위, 아동의 이용조절 인식간의 상관관계. 『언론과학연구』, 13(2), 161-192.
- 오주현, 박용완 (2019). 영유아의 스마트 미디어 사용 실태 및 부모 인식 분석. 『육아정책연구』, 13(3), 3-26.
- 오한나, 전경원 (2019). 글 없는 그림책에 나타난 창의성 내용 분석. 『창의력교육연구』, 19(3), 67-85.
- 윤진주 (2004). 글 없는 그림책을 활용한 이야기 꾸미기가 유아의 언어 표현력과 이야기 구조 개념에 미치는 영향. 『어린이미디어연구』, 3, 137-152.
- 윤혜경 (1997). 한글 읽기에서 '글자 읽기' 단계에 관한 연구. 『인간발달연구』, 4(1), 66-74.
- 이경열, 김명순 (2004). 유아용 이야기 이해력 평가도구 타당화 연구. 『유아교육연구』, 24(3), 243-258.
- 이경우 (1998). 『좋은 그림책을 활용한 창의력 개발: 글 없는 그림책을 중심으로』. 서울: 한국교육정보.
- 이기숙, 김순환, 김민정 (2011). 유아기의 기본적인 언어능력이 초등학교 1학년 국어 학력과 어휘에 미치는 영향. 『유아교육연구』, 31(5), 299-322.
- 이명숙, 전병운 (2016). 초기 문해 지도를 위한 균형적 언어접근법의 연구동향. 『지적장애연구』, 18(4), 185-213.
- 이연규 (2016). 글 없는 그림책 관련 연구동향. 『어린이문학교육연구』, 17(4), 75-97.
- 이연옥, 노영주 (2012). 독서프로그램이 소외계층 아동에게 미치는 효과와 의미: 도서관과 함께 책읽기프로그램을 중심으로. 『한국도서관·정보학회지』, 43(1), 73-98.
- 이영신, 이지현, 김지연 (2018). 미디어 이용시간 및 부모의 상호작용에 따른 아동의 어휘력 차이-군집유형별 분석을 중심으로. 『열린부모교육연구』, 10(1), 95-114.
- 이임숙, 조증열 (2003). 초등학생의 읽기와 인지-언어적 변인들과의 인과적 관계. 『한국심리학회지: 발달』, 16(4), 211-225.
- 이지영, 김민진, 박지혜 (2017). 글자그림책 읽기 활동이 유아의 단어재인 및 읽기흥미에 미치는 영향. 『유아교육학논집』, 21(2), 283-306.
- 이차숙 (2005). 『유아언어교육의 이론과 실제』. 서울: 학지사.
- 임여주, 정연경 (2014). 공공도서관 어린이 독서프로그램의 효과 측정 영역 개발에 관한 연구. 『한국문헌정보학회지』, 48(2), 89-107.
- 임영심, 전순한 (2009). 유아교육기관-지역의 공공도서관-가정의 순환적 그림책 읽기 활동이 유아의 읽기태도와 이야기이해도에 미치는 영향. 『열린유아교육연구』, 15(3), 313-332.
- 임해림, 박찬옥 (2015). 스토리텔링을 활용한 요리활동이 만 3세 유아의 언어표현력과 정서인식에 미치는 영향. 『유아교육학논집』, 19(3), 343-368.
- 장문영, 허서윤, 김은경, 감선희, 손미남, 정주리 (2009). 글씨쓰기 보조도구 사용이 전학령기 아동의 글씨쓰기 수행 능력에 미치는 효과 및 만족도. 『보조공학저널』, 3, 39-53.
- 정명숙 (2008). 과학활동과 통합된 요리활동이 예비 유아 교사의 과학에 대한 태도와 지식에 미치는 영향. 『열린유아교육연구』, 13(1), 1-21.
- 정수정, 최나야 (2012). 만 5세 때의 가정문해환경과 독서경험이 초등학교 1학년 아동의 읽기동기와 읽기능력에 미치는 영향. 『어린이미디어연구』, 11(2), 193-223.
- 정수지 (2021). 부모와의 어휘 상호작용이 유아의 수용어휘 크기에 미치는 영향: 단어인식과 우연적 단어학습의 이중매개효과. 서울대학교 박사학위논문.
- 정수지, 최나야 (2020). 부모-유아 어휘 상호작용 척도의 개발 및 타당화. *Family and Environment Research*, 58(3), 429-445.
- 정재은, 지성애 (2013). 유아 사회극놀이 중재모형 개발 및 효과. 『유아교육연구』, 33(4), 291-318.
- 조민수, 최세린, 김경미, 이윤영, 김성구 (2017). 미디어 노출이 언어발달에 미치는 영향. 『대한소아신경학회지』, 25(1), 34-38.
- 조선하, 우남희 (2004). 한국 유아의 창안적 글자쓰기 발달 과정 분석, 『유아교육연구』, 24(1), 315-339.
- 조지은, 송지은 (2019). 『언어의 아이들』. 서울: 사이언스북스.
- 주유빈 (2014). 균형적 언어 접근법을 이용한 한글 교육 앱북 제안: 작품 〈삐삐의 손수건〉을 중심으로. 이화여자대학교 석사학위논문.
- 최나야 (2009). 유아의 쓰기 발달과 자모 지식: 만 4~6세 유아

들의 자유 쓰기와 이름 쓰기 분석. 『유아교육연구』, 29(6), 67-89.

- 최나야 (2017). 『아동학 강의: 아동에 대한 질문과 대답』. 서울: 학지사.
- 최나야 (2017). 유아 문해활동 선호도 검사의 개발 및 타당화. 『인간발달연구』, 24(1), 1-23.
- 최나야, 아이종이 (2011). 『그림책을 활용한 통합적 유아교육활동』. 경기: 교문사.
- 최나야, 이순형 (2007). 한글 자음과 모음에 대한 유아의 지식이 단어 읽기에 미치는 영향. 『한국가정관리학회지』, 25(3), 151-168.
- 최나야, 전은옥, 송재명 (2018). 초등학교 1학년 아동의 받아쓰기 수행: 어머니의 학업지도 스트레스, 쓰기지도의 군집 예측 가능성. 『인간발달연구』, 25(2), 223-247.
- 최나야, 정수정 (2013). 그림책과 이야기 구조도식을 활용한 학교도서관 프로그램의 효과. 『한국도서관·정보학회지』, 44(4), 177-207.
- 최나야, 정수지, 최지수, 박상아, 김효은 (2022). 균형적 통합적 유아 문해교육 프로그램이 유아의 기초문해력에 미치는 효과. 『인지발달중재학회지』, 13(1), 21-49.
- 최나야, 최지수, 노보람, 오태성 (2021). 그림책을 활용한 부모-자녀 말놀이 프로그램이 책 읽기 상호작용, 만 4세 유아의 이야기 이해와 음운론적 인식에 미치는 효과. 『인지발달중재학회지』, 12(1), 71-102.
- 최수윤, 김민진 (2016). 글자책 읽기 후 음운인식 활동이 유아의 음운인식 발달에 미치는 영향. 『어린이미디어연구』, 15(3), 157-182.
- 최윤정, 최나야 (2017). 발현적, 관습적 쓰기에 관한 어머니의 신념, 지도, 자료 활용이 유아의 쓰기 능력에 미치는 영향. 『한국가정관리학회지』, 35(2), 47-61.
- 최지수 (2020). 또래와 함께 읽기 맥락에 따른 유아의 읽기 반응, 이야기 이해와 친사회적 선택: 글 없는 그림책 읽기에서의 협동과 경쟁 비교. 서울대학교 석사학위논문.
- 최지수, 최나야 (2020). 유아의 글 없는 그림책 일기 반응과 이야기 이해: 또래와의 협동과 경쟁 읽기 비교. 『아동학회지』, 41(5), 31-44.
- 최지수, 최나야, 서지효 (2022). 그림책의 그림 가리키기와 부연 설명에 따른 유아의 이야기 이해의 차이. 2022 춘계연합학술대회 한국인간발달학회.
- 최진혁, 김대용, 김보람 (2016). 스크립트활용 중재가 장애유아의 언어적 의사소통에 미치는 영향. 『자폐성 장애연구』, 16(2), 133-150.
- 한국심리학회 (2014). 심리학용어사전. 네이버 지식백과. https://terms.naver.com/list.naver?cid=41991&categoryId=41991
- 한국언론진흥재단 (2020). 『2020 어린이 미디어 이용 조사』. 경기도: 꽃피는청춘.
- 현은자, 김세희 (2005). 『그림책의 이해』. 파주: 사계절.
- 현정희, 이지현 (2014). 유아의 읽기능력에 미치는 의미중심 접근법과 균형적 언어접근법의 효과에 관한 메타분석. 『열린유아교육연구』, 19(6), 317-339.
- Ackerman, P. L. (1988). Determinants of individual differences during skill acquisition: Cognitive abilities and information processing. *Journal of Experimental Psychology: General*, 117(3), 288-318.
- Avgerinou, M. D., & Pettersson, R. (2011). *Toward a cohesive theory of visual literacy. Journal of Visual Literacy*, 30(2), 1-19.
- Ball, E. W., & Blachman, B. A. (1991). Does phoneme awareness training in kindergarten make a difference in early word recognition and developmental spelling?. *Reading Research Quarterly*, 1, 49-66.
- Barenberg, J., Berse, T., & Dutke, S. (2011). Executive functions in learning processes: do they benefit from physical activity?. *Educational Research Review*, 6(3), 208-222.
- Beck, A. J. (2002). Parental involvement in the development of young writers. *Childhood Education*, 79(1), 48-49.
- Berninger, V. W., Vermeulen, K., Abbott, R. D., McCutchen, D., Cotton, S., Cude, J., Dorn, S., & Sharon, T. (2003). Comparison of three approaches to supplementary reading instruction for low-achieving second-grade readers. *Language, Speech & Hearing Services in Schools*, 34(2), 101-116.
- Bhatia, P., Davis, A., & Shamas-Brandt, E. (2015). Educational gymnastics: The effectiveness of Montessori practical life activities in developing fine motor skills in kindergartners. *Early Education and Development*, 26(4), 594-607.
- Biemiller, A. (1999). *Language and reading success* (Vol. 5). Cambridge, MA: Brookline Books.
- Biemiller, A. (2005). Size and sequence in vocabulary development: Implications for choosing words for primary grade vocabulary instruction. In A. Hiebert. & M. Kamil, (Eds.), *Teaching*

and Learning Vocabulary: Bringing Research to Practice (pp. 223-242). Mahwah, NJ: Erlbaum.

- Biemiller, A., & Slonim, N. (2001). Estimating root word vocabulary growth in normative and advantaged populations: Evidence for a common sequence of vocabulary acquisition. *Journal of Educational Psychology*, 93(3), 498-520.
- Bloodgood, J. W. (1999). What's in a name? Children's name writing and literacy acquisition. *Reading Research Quarterly*, 34(3), 342-367.
- Bradley, B. A., & Jones, J. (2007). Sharing alphabet books in early childhood classrooms. *The Reading Teacher*, 60(5), 452-463.
- Bus, A. G., & Van Ijzendoorn, M. H. (1988). Mother-child interactions, attachment, and emergent literacy: A cross-sectional study. *Child Development*, 59(5), 1262-1272.
- Cahill, M., Joo, S., & Campana, K. (2020). Analysis of language use in public library storytimes. *Journal of Librarianship and Information Science*, 52(2), 476-484.
- Cameron, C. E., Brock, L. L., Murrah, W. M., Bell, L. H., Worzalla, S. L., Grissmer, D., & Morrison, F. J. (2012). Fine motor skills and executive function both contribute to kindergarten achievement. *Child Development*, 83(4), 1229-1244.
- Chaddock-Heyman, L., Erickson, K. I., Chappell, M. A., Johnson, C. L., Kienzler, C., Knecht, A., Drollette, E. S., Raine, L. B., Scudder, M. R., Kao, S. C., Hillman, C H., & Kramer, A. F. (2016). Aerobic fitness is associated with greater hippocampal cerebral blood flow in children. *Developmental Cognitive Neuroscience*, 20, 52-58.
- Chandler, P., & Tricot, A. (2015). Mind your body: The essential role of body movements in children's learning. *Educational Psychology Review*, 27(3), 365-370.
- Chang, H. Y., Park, E. J., Yoo, H. J., won Lee, J., & Shin, Y. (2018). Electronic media exposure and use among toddlers. *Psychiatry investigation*, 15(6), 568-573.
- Chung, H. J., Yang, D., Kim, G. H., Kim, S. K., Kim, S. W., Kim, Y. K., Kim, Y. A., Kim, J. S., Kim, J, K., Kim, C., Sung, I, K., Shin, S, M., Oh, K, J., Yoo, H, J., Lim, S, J., Lee, J., Jeong, H, I., Choi, J., Kwon, J, Y., & Eun, B. L. (2020). Development of the Korean Developmental Screening Test for Infants and Children (K-DST). *Clinical and Experimental Pediatrics*, 63(11), 438-446.
- Conti-Ramsden, G., & Friel-Patti, S. (1986). Mother-child dialogues: considerations of cognitive complexity for young language learning children. *British Journal of Disorders of Communication*, 21(2), 245-255.
- Cunningham, A. E., & Stanovich, K. E. (1991). Tracking the unique effects of print exposure in children: Associations with vocabulary, general knowledge, and spelling. *Journal of Educational Psychology*, 83(2), 264-274.
- Diamond (2013). Executive functions. *Annual Review of Psychology*, 64, 135-168.
- Dickinson, D. K., & Tabors, P. O. (2001). *Beginning Literacy with Language: Young Children Learning at Home and School*. Baltimore: Brookes.
- Escolano-Perez, E., Herrero-Nivela, M. L., & Losada, J. L. (2020). Association between preschoolers' specific fine (but not gross) motor skills and later academic competencies: Educational implications. *Frontiers in Psychology*, 11, 1044.
- Fischer, J. P., & Koch, A. M. (2016). Mirror writing in typically developing children: A first longitudinal study. *Cognitive Development*, 38, 114-124.
- Fosnot, C. T., & Perry, R. S. (1996). *Constructivism: A psychological theory of learning. Constructivism: Theory, Perspectives, and Practice*, 2(1), 8-33.
- Gaul, D., & Issartel, J. (2016). Fine motor skill proficiency in typically developing children: On or off the maturation track?. *Human Movement Science*, 46, 78-85.
- Gejl, A. K., Malling, A. S. B., Damsgaard, L., Veber-Nielsen, A. M., & Wienecke, J. (2021). Motor-enriched learning for improving pre-reading and word recognition skills in preschool children aged 5–6 years – study protocol for the PLAYMORE randomized controlled trial. *BMC Pediatrics*, 21(1), 1-18.
- Gilakjani, A. P. (2012). Visual, auditory, kinaesthetic learning styles and their impacts on English language teaching. *Journal of Studies in Education*, 2(1), 104-113.
- Green, C. R. (1998). This is my name. *Child Education*, 74(4), 226-231.
- Grissmer, D., Grimm, K. J., Aiyer, S. M., Murrah, W. M., & Steele, J. S. (2010). Fine motor skills and early comprehension of the world: two new school readiness indicators. *Developmen-*

tal Psychology, 46(5), 1008-1017.

- Haartsen, R., Jones, E. J., & Johnson, M. H. (2016). Human brain development over the early years. *Current Opinion in Behavioral Sciences*, 10, 149-154.
- Haney, M. R. (2002). Name writing: A window into the emergent literacy skills of young children. *Early Childhood Education Journal*, 30(2), 101-105.
- Hart, B., & Risley, T. R. (1995). *Meaningful Differences in the Everyday Experience of Young American Children*. Baltimore, MD: Paul H Brookes Publishing.
- Jalongo, M. R., Dragich, D., Conrad, N. K., & Zhang, A. (2002). Using wordless picture books to support emergent literacy. *Early Childhood Education Journal*, 29(3), 167-177.
- Jeynes, W. H., & Littell, S. W. (2000). A meta-analysis of studies examining the effect of whole language instruction on the literacy of low-SES students. *The Elementary School Journal*, 101(1), 21-33.
- Jill, K. (1995). Cooking in the kindergarten. Young Children, 50(6), 32-33.
- Jones, G., & Rowland, C. F. (2017). Diversity not quantity in caregiver speech: Using computational modeling to isolate the effects of the quantity and the diversity of the input on vocabulary growth. *Cognitive Psychology*, 98, 1-21.
- Kim, Y. S., Petscher, Y. (2011). Relations of emergent literacy skill development with conventional literacy skill development in Korean. *Reading and Writing*, 24(6), 635-656.
- Kirkland, L., Aldridge, J., & Kuby, P. (1991). Environmental print and the kindergarten classroom. *Reading Improvement*, 28, 219-222.
- Kolodziej, N. J., & Columba, L. (2005). Invented spelling: Guidelines for parents. *Reading Improvement*, 42(4), 212-223.
- Kumar, S. (2019). *Child Development and pedagogy* (5th ed., pp. 7-8). Noida: Pearson India Education Pvt, Ltd.
- Laurie Makin, & Marian Whitehead (2010). *How to develop children's early literacy: A guide for professional carers and educators* (최나야, 역). 서울: 시그마프레스. (원서출판 2003).
- Leisman, G., Moustafa, A. A., & Shafir, T. (2016). Thinking, walking, talking: integratory motor and cognitive brain function. *Frontiers in Public Health*, 4, 94.
- Lindauer, S. L. K. (1988). Wordless books: An approach to visual literacy. *Children's Literature in Education*, 19(3), 136-142.
- Lonigan, C. J. (2006). Development, assessment, and promotion of preliteracy skills. *Early Education and Development*, 17(1), 91-114.
- Mavilidi, M. F., Okely, A. D., Chandler, P., Cliff, D. P., & Paas, F. (2015). Effects of integrated physical exercises and gestures on preschool children's foreign language vocabulary learning. *Educational Psychology Review*, 27(3), 413-426.
- McBride-Chang, C., Tardif, T., Cho, J. R., Shu, H. U. A., Fletcher, P., Stokes, S. F., Wong, A., & Leung, K. (2008). What's in a word? Morphological awareness and vocabulary knowledge in three languages. *Applied Psycholinguistics*, 29(3), 437-462.
- Nelson, K. (1986). *Event knowledge: Sturcture and function in development*. Hillsdale, NJ: Lawrence Erlbaum.
- Neumann, M. M., Hood, M., Ford, R. M., & Neumann, D. L. (2012). The role of environmental print in emergent literacy. *Journal of Early Childhood Literacy*, 12(3), 231-258.
- Novack, R. (2014). Reading in and through nature: an outdoor pedagogy for reading literature. *Language Arts Journal of Michigan*, 29(2), 62-69.
- Nueman, S. B. & Dickinson, D, K. (2011). *Handbook of Early Literacy Research*. New York, London: The Guilford Press.
- Pan, B. A. (2011). *Assessing Vocabulary Skills. In E. Hoff (Ed.), Research methods in child language: A practical guide* (Vol. 9). West Sussex: UK: Blackwell Publishing Ltd.
- Pan, B. A., Rowe, M. L., Singer, J. D., & Snow, C. E. (2005). Maternal correlates of growth in toddler vocabulary production in low income families. *Child Development*, 76(4), 763-782.
- Park, J., Choi, N., Kiaer, J., & Seedhouse, P. (2019). Young children's L2 vocabulary learning through cooking: The case of Korean EFL children. *The Asian EFL Journal*, 21(1), 110-139.
- Penno, J. F., Wilkinson, I. A., & Moore, D. W. (2002). Vocabulary acquisition from teacher explanation and repeated listening to stories: Do they overcome the Matthew effect?. *Journal of Educational Psychology*, 94(1), 23-33.
- Perry, K. H. (2009). Genres, contexts, and literacy practices: Literacy brokering among Sudanese refugee families. *Reading Research Quarterly*, 44(3), 256-276.
- Peterson, S. S., Jang, E., Jupiter, C., & Dunlop, M. (2012).

Preschool early literacy programs in Ontario public libraries. Partnership: The Canadian Journal of Library and Information. *Practice and Research*, 7(2), 1-22.

- Pintrich, P. R., & Schunk, D. H. (2002). *Motivation in education: Theory. Research, and Applications* (2nd ed.), Merrill Prentice Hall, Columbus, Ohio.
- Pitchford, N. J., Papini, C., Outhwaite, L. A., & Gulliford, A. (2016). Fine motor skills predict maths ability better than they predict reading ability in the early primary school years. *Frontiers in Psychology*, 7, 1-17.
- Puranik, C. S., Lonigan, C. J., & Kim, Y. S. (2011). Contributions of emergent literacy skills to name writing, letter writing, and spelling in preschool children. *Early Childhood Research Quarterly*, 26(4), 465-474.
- Robertson, J. (2021, May 3). The joy of reading outside. Scottish Book Trust. https://www.scottishbooktrust.com/articles/the-joy-of-reading-outside
- Rowe, M. L. (2012). A longitudinal investigation of the role of quantity and quality of child& directed speech in vocabulary development. *Child Development*, 83(5), 1762-1774.
- Rule, A. C., Stewart, R. A. (2002). Effects of practical life materials on kindergartners' fine motor skills. *Early Childhood Education Journal*, 30(1), 9-13.
- Schank, R. C., & Abelson, R. P. (1977). *Scripts, plans, goals, and understanding: An inquiry into human knowledge structures*. Hillsdale, NJ: Erlbaum.
- Schunk, D. H. (2012). *Learning theories: An educational perspective* (6th ed.). Boston: Pearson.
- Selin, A. (2004). *Pencil grip: A descriptive model and four empirical studies*. Åbo Akademi University Press.
- Sénéchal, M., Thomas, E., & Monker, J. A. (1995). Individual differences in 4-year-old children's acquisition of vocabulary during storybook reading. *Journal of Educational Psychology*, 87(2), 218-229.
- Serafini, F. (2014). Exploring wordless picture books. *The Reading Teacher*, 68(1), 24-26.
- Snow, C. E., Burns, M. S., & Griffin, P. (Eds.). (1998). *Preventing reading difficulties in young children*. Washington, DC: National Academy Press.
- Son, S. H., & Meisels, S. J. (2006). The relationship of young children's motor skills to later reading and math achievement. *Merrill-Palmer Quarterly*, 52(4), 755-778.
- Souto, P. H. S., Santos, J. N., Leite, H. R., Hadders-Algra, M., Guedes, S. C., Nobre, J. N. P., Rodrigues, L., & Morais, R. L. D. S. (2020). Tablet use in young children is associated with advanced fine motor skills. *Journal of Motor Behavior*, 52(2), 196-203.
- Stgeorge & Freeman (2017). Measurement of father-child rough-and-tumble play and its relations to child behavior. *Infant Mental Health Journal*, 38(6), 709-725.
- Timinkul, A., Kato, M., Omori, T., Deocaris, C. C., Ito, A., Kizuka, T., Sakairi, Y., Nishijima, T., Asade, T., & Soya, H. (2008). Enhancing effect of cerebral blood volume by mild exercise in healthy young men: a near-infrared spectroscopy study. *Neuroscience Research*, 61(3), 242-248.
- Trubek, A. B., & Belliveau, C. (2009). Cooking as Pedagogy: Engaging the Senses through Experential Learning. *Anthropology News*, 50(4), 16.
- UNESCO (1994). *UNESCO Public Library Manifesto*, 1994. UNESCO Digital Library. https://unesdoc.unesco.org/ark:/48223/pf0000112122.
- Wagner, R. K., Torgesen, J. K., Laughon, P., Simmons, K., & Rashotte, C. A. (1993). Development of young readers' phonological processing abilities. *Journal of Educational Psychology*, 85(1), 83-103.
- Waldron, C. H. (2018). "Dream more, learn more, care more, and be more": the imagination library influencing storybook reading and early literacy. *Reading Psychology*, 39(7), 711-728.
- Weizman, Z. O., & Snow, C. E. (2001). Lexical output as related to children's vocabulary acquisition: Effects of sophisticated exposure and support for meaning. *Developmental Psychology*, 37(2), 265-279.
- Welsch, J. G., Sullivan, A., & Justice, L. M. (2003). That's my letter!: What preschoolers' name writing representations tell us about emergent literacy knowledge. *Journal of Literacy Research*, 35(2), 757-776.
- Zampini, L., Suttora, C., D'Odorico, L., Zanchi, P. (2013). Sequential reasoning and listening text comprehension in preschool children. *European Journal of Developmental Psychology*, 10(5), 563-579.

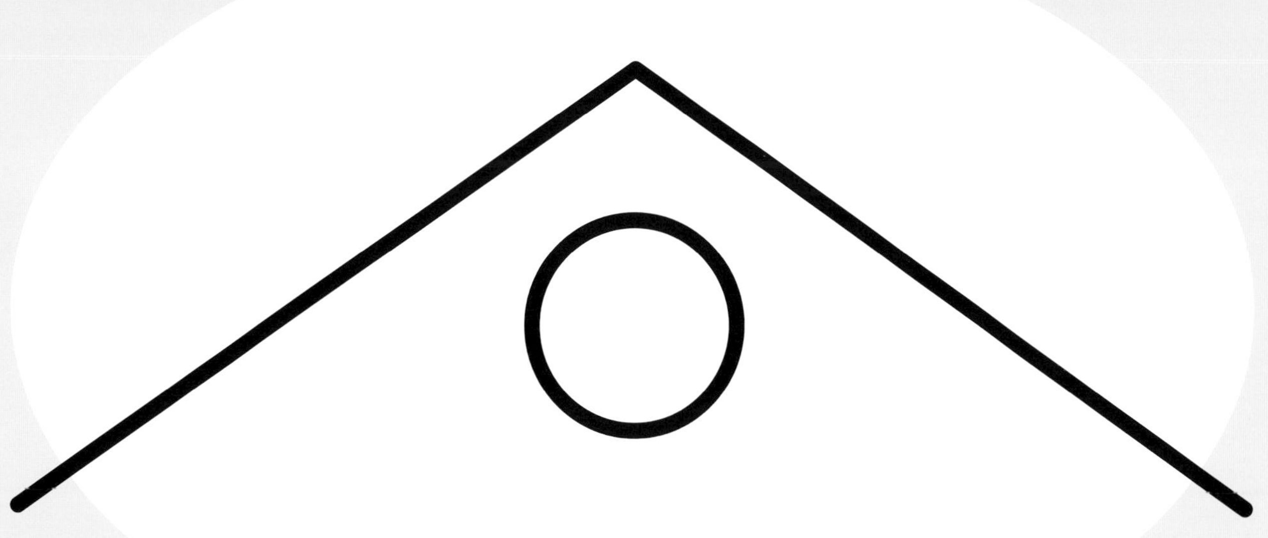

부록 1.
자모 소릿값 카드

1. 카드의 테두리를 따라 잘라요. 눈이 그려져 있는 부분이 카드의 앞면, 입이 그려져 있는 부분이 카드의 뒷면입니다.
2. 글자의 모양을 눈으로 보고(예: ㄱ), 뒤집어서 글자의 소리를 확인합니다(예: 그).
3. 자세한 활동 방법은 <자모책>의 활동 <내 이름 소리 놀이>를 참고해 주세요.

ㄱ

기역

ㄴ

니은

ㄷ

디귿

ㄹ

리을

ㅁ

미음

ㅂ

비읍

ㅅ

시옷

ㅇ

이응

느
그
르
드
브
므
스

ㅈ
지읒

ㅊ
치읓

ㅋ
키읔

ㅌ
티읕

ㅍ
피읖

ㅎ
히읗

ㅏ

ㅑ

츠
즈
트
크
흐
프
야
아

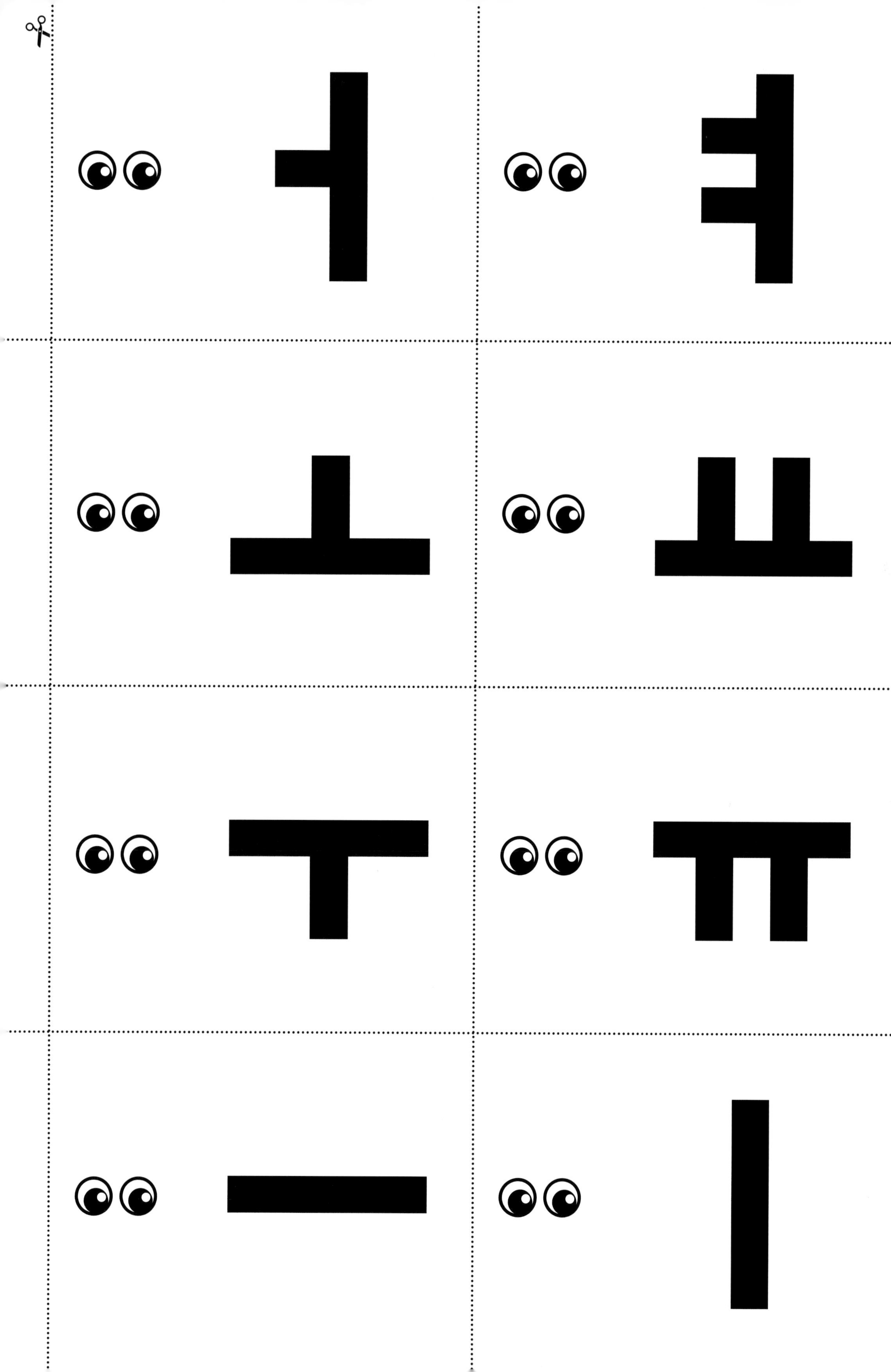
ㅓ
ㅕ
ㅗ
ㅛ
ㅜ
ㅠ
ㅡ
ㅣ

여

어

요

오

유

우

이

으

이름

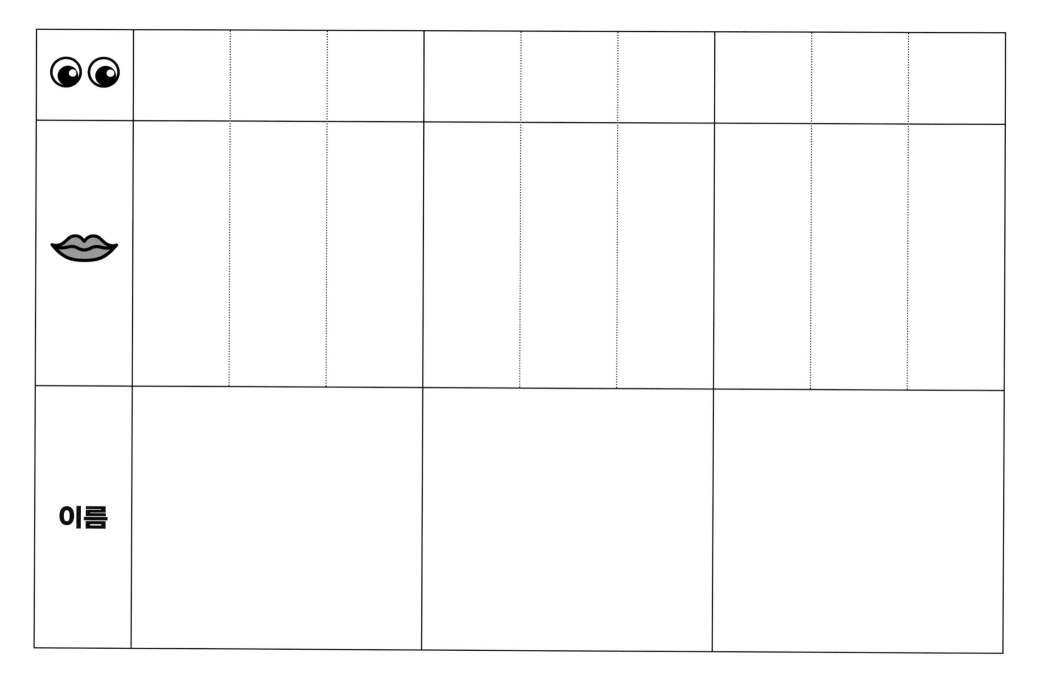

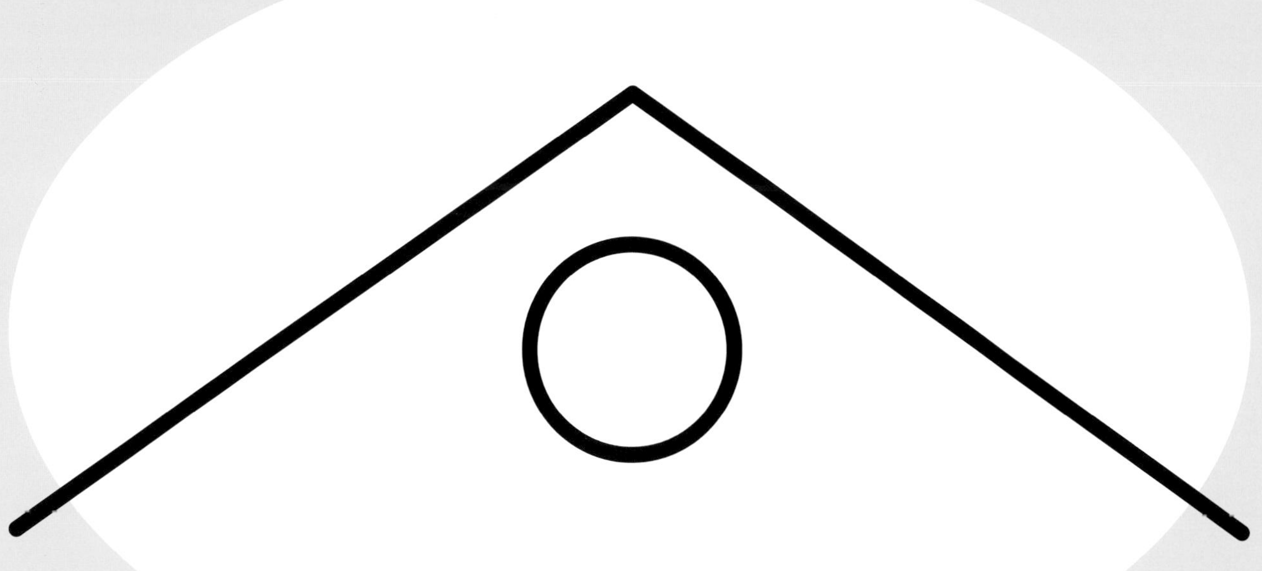

부록 2.

상징 인식 카드

1. 카드를 테두리를 따라 잘라요. 같은 모양의 상징 카드를 총 두 장씩 만들 수 있어요.
2. 상징이 보이지 않도록 카드를 모두 뒤집어 둔 상태에서 하나씩 뒤집어 보며 같은 모양 찾기 놀이를 할 수 있어요.
3. 자세한 활동 방법은 <환경인쇄물>의 활동 <스피드 카드 게임>을 참고해 주세요.

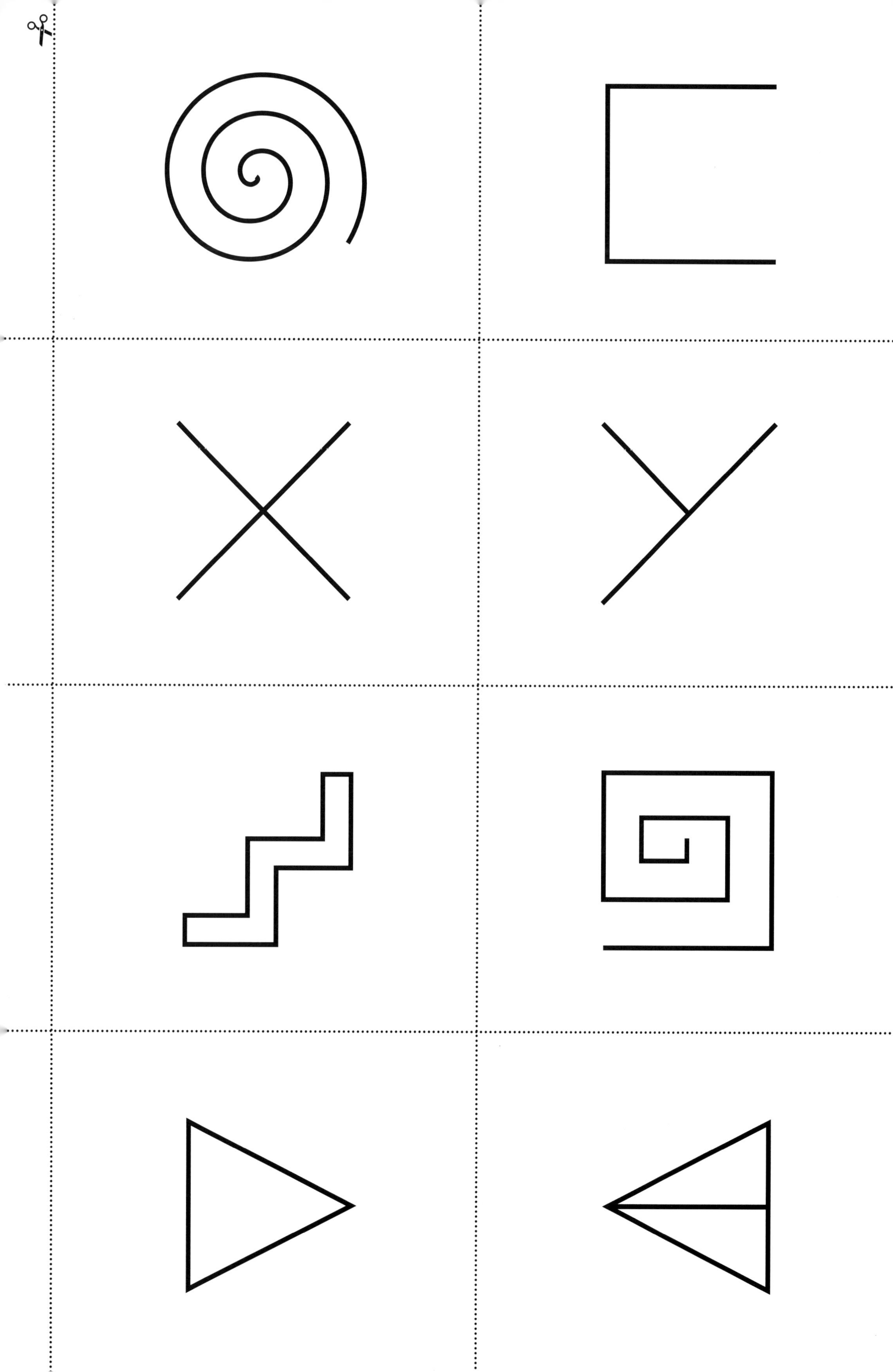

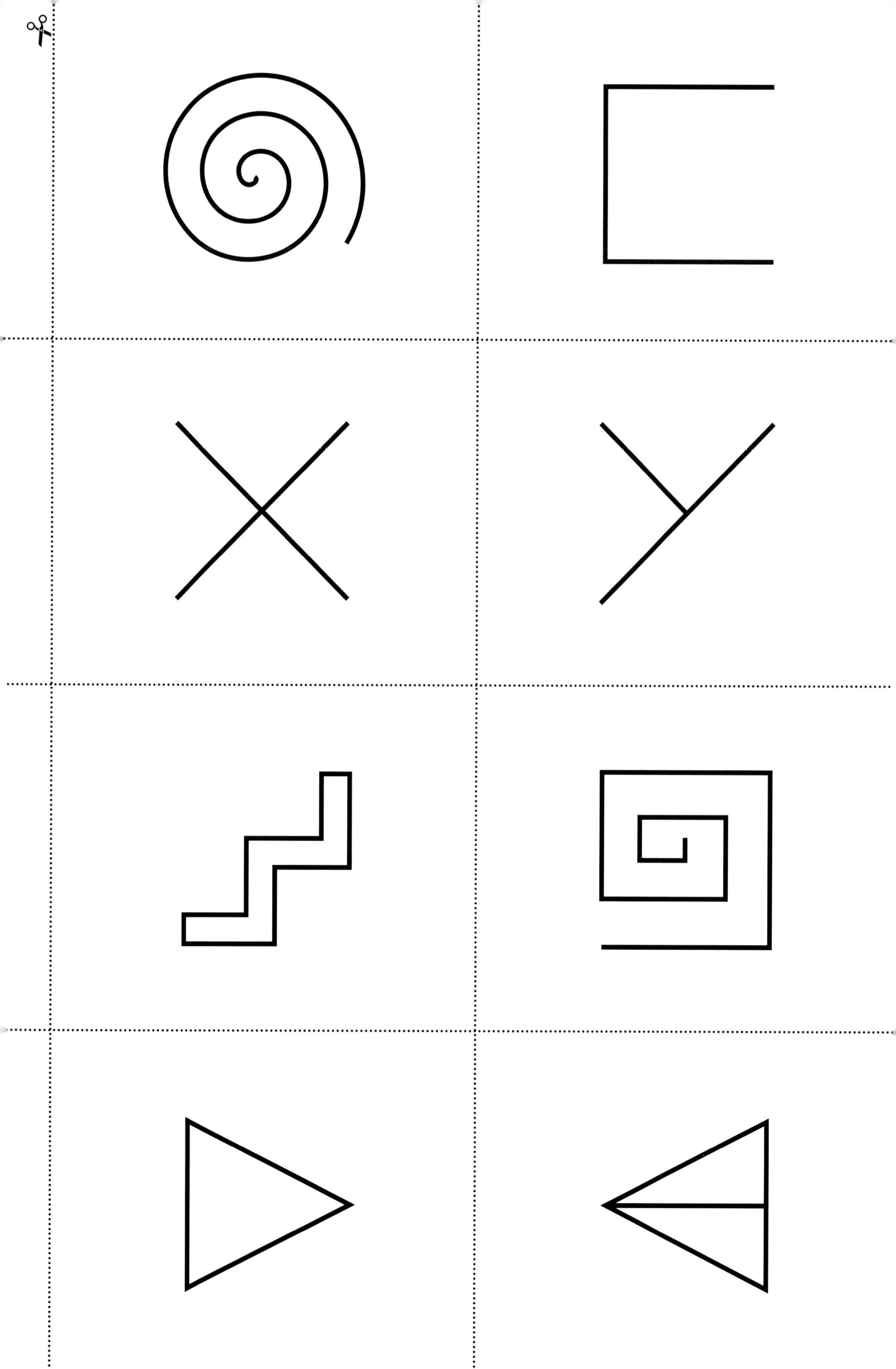

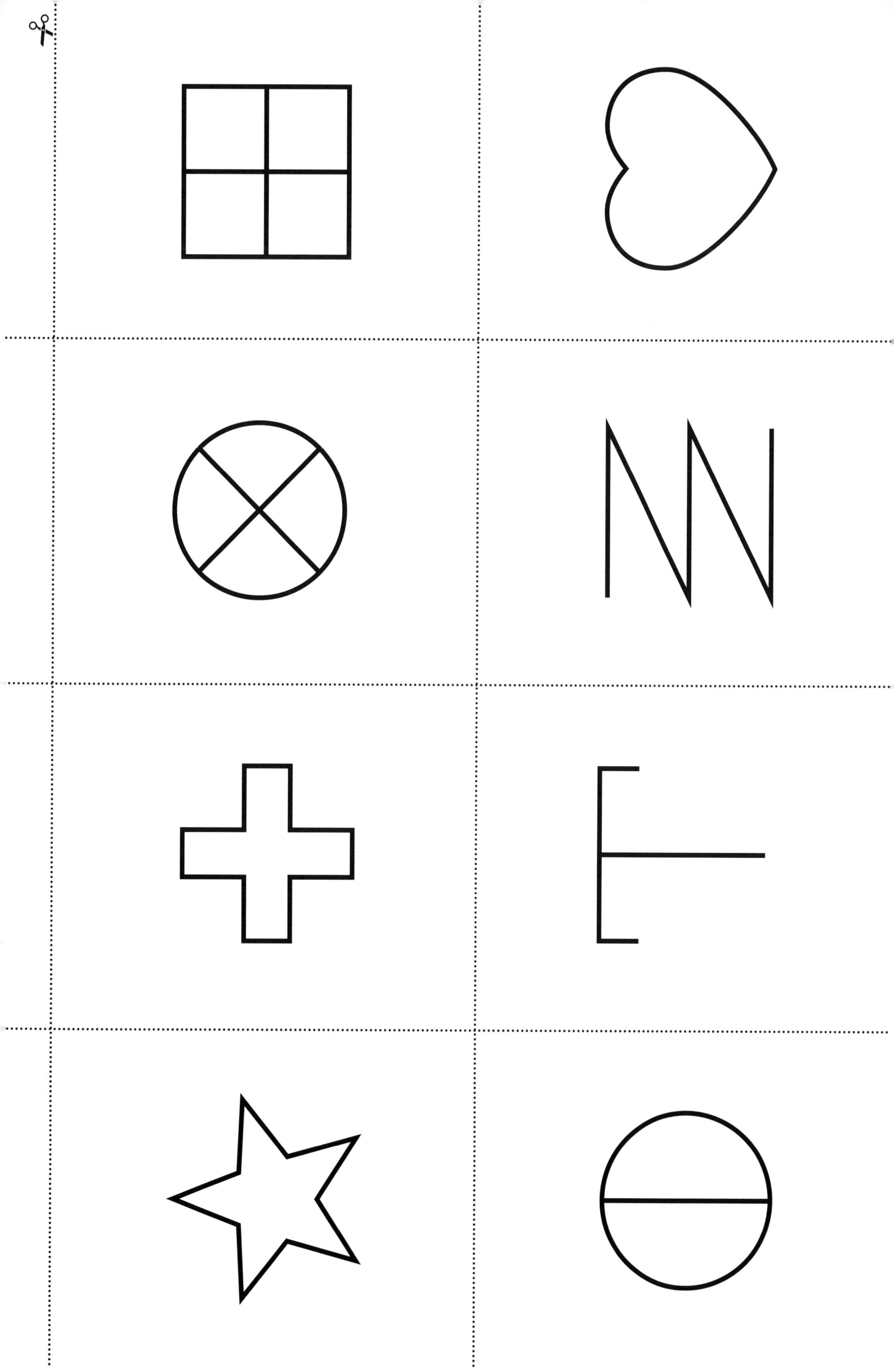

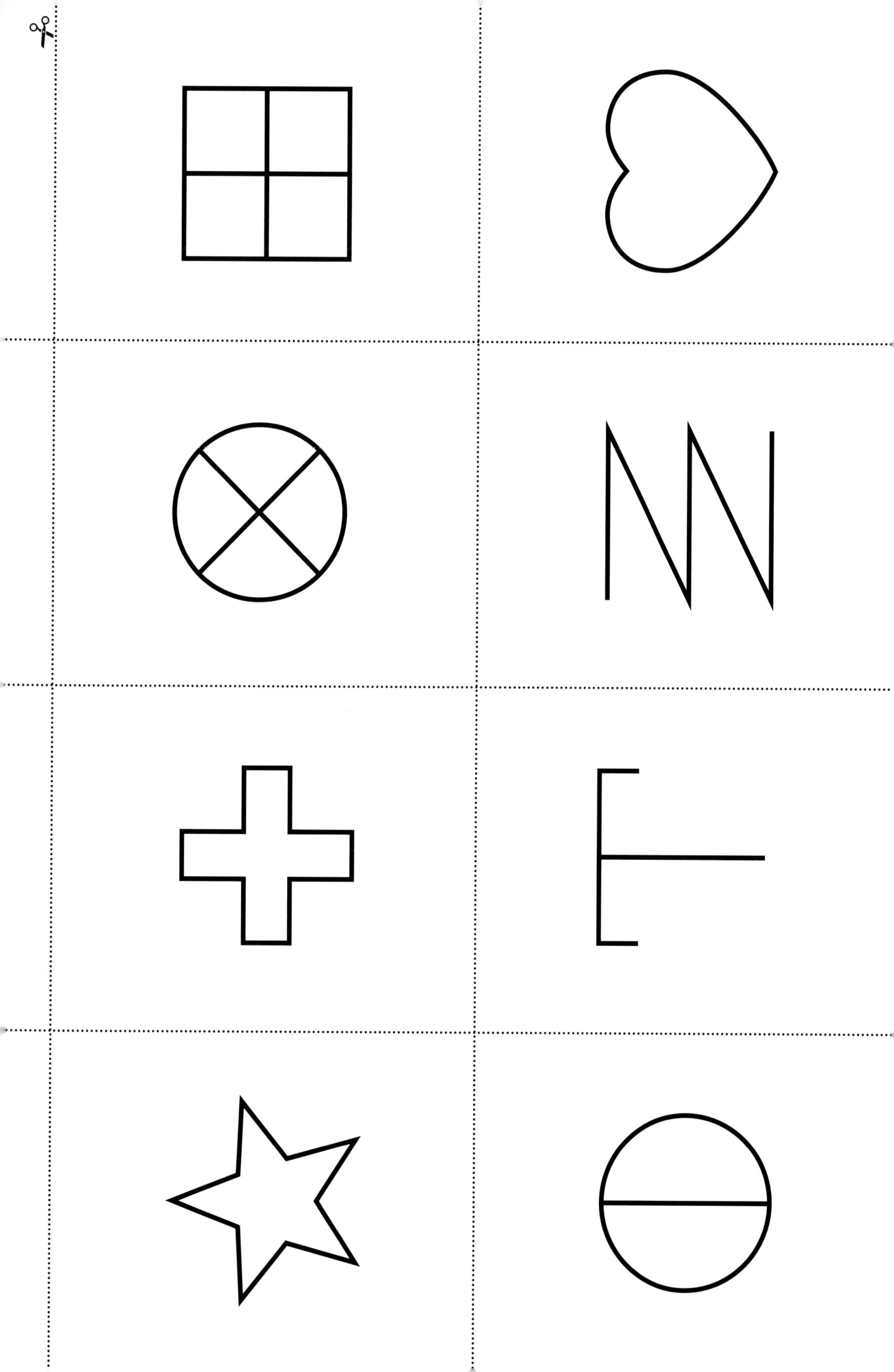

이 책에 수록한 제작품의 이미지 사용을 허락해주신 김규빈, 김나예, 김도현, 김시우, 김소은, 도민우, 박지유, 이노아진, 이루하, 이정후, 윤성아, 조인아 님과 학부모님께 감사드립니다.

EBS 문해력 유치원

1판 1쇄 발행 2022년 6월 30일
1판 8쇄 발행 2024년 9월 10일

지은이 최나야, 정수지, 최지수, 김효은, 박상아
펴낸이 김유열 | **디지털학교교육본부장** 유규오 | **출판국장** 이상호 | **교재기획부장** 박혜숙
교재기획부 장효순 | **북매니저** 윤정아, 이민애, 정지현, 경영선
책임편집 김승규 | **디자인** 마인드윙 | **일러스트** 그림요정더최광렬 | **인쇄** 재능인쇄

펴낸곳 한국교육방송공사(EBS)
출판신고 2001년 1월 8일 제2017-000193호
주소 경기도 고양시 일산동구 한류월드로 281
대표전화 1588-1580 | **이메일** ebsbooks@ebs.co.kr
홈페이지 www.ebs.co.kr

ISBN 978-89-547-6285-4 13590
ⓒ 2022, 최나야, 정수지, 최지수, 김효은, 박상아

이 책은 저작권법에 따라 보호받는 저작물이므로 무단 전재 및 무단 복제를 금합니다.
파본은 구입처에서 교환해 드리며, 관련 법령에 따라 환불해 드립니다. 제품 훼손 시 환불이 불가능합니다.